普通高等教育"十四五"规划教材

冶金工业出版社

有害气体控制工程

陈 岚　齐立强　郝润龙　王乐萌　编著

本书数字资源

U0315563

北　京

冶　金　工　业　出　版　社

2021

内 容 提 要

本书共 8 章，围绕大气污染物中气态污染物的控制技术，系统地介绍了有害气体污染和治理的背景知识、吸收法、吸附法和催化转化法治理气态污染物原理，并对重点污染物包括氮氧化物、二氧化硫、汽车尾气及挥发性有机污染物（VOCs）的控制技术进行了详细阐述。

本书可作为高等院校环境工程、环境科学或能源与动力工程专业本科生及研究生的教材，也可供从事电力环保以及工业窑炉烟气污染物控制相关的工程技术人员使用。

图书在版编目（CIP）数据

有害气体控制工程/陈岚等编著 . —北京：冶金工业出版社，2021.10

普通高等教育"十四五"规划教材
ISBN 978-7-5024-8909-0

Ⅰ.①有… Ⅱ.①陈… Ⅲ.①有害气体—大气扩散—污染防治—高等学校—教材 Ⅳ.①X511

中国版本图书馆 CIP 数据核字（2021）第 176248 号

出 版 人　苏长永
地　　址　北京市东城区嵩祝院北巷 39 号　邮编　100009　电话　（010）64027926
网　　址　www.cnmip.com.cn　电子信箱　yjcbs@cnmip.com.cn
责任编辑　于昕蕾　美术编辑　彭子赫　版式设计　郑小利
责任校对　李　娜　责任印制　李玉山
ISBN 978-7-5024-8909-0
冶金工业出版社出版发行；各地新华书店经销；三河市双峰印刷装订有限公司印刷
2021 年 10 月第 1 版，2021 年 10 月第 1 次印刷
787mm×1092mm　1/16；20.25 印张；491 千字；314 页
49.00 元

冶金工业出版社　投稿电话　（010）64027932　投稿信箱　tougao@cnmip.com.cn
冶金工业出版社营销中心　电话　（010）64044283　传真　（010）64027893
冶金工业出版社天猫旗舰店　yjgycbs.tmall.com
（本书如有印装质量问题，本社营销中心负责退换）

前　言

随着经济和工业的发展，环境污染与控制越来越受到人们的关注。"良好生态环境是最普惠的民生福祉""环境就是民生，青山就是美丽，蓝天也是幸福""发展经济是为了民生，保护生态环境同样也是为了民生""绿水青山就是金山银山""生态兴则文明兴，生态衰则文明衰"，这些话阐明了习总书记生态文明思想中以人为本、人与自然和谐为核心的生态理念以及以绿色为导向的生态发展观。

本书内容针对大气污染中气态污染物的控制和治理进行展开，结合多年讲授"有害气体控制工程"课程的经验，在参考众多文献资料的基础上编写而成。共分8章：第1章概述了有害气体污染和治理的背景知识，第2章讲述了吸收法治理气态污染物，第3章讲述了吸附法治理气态污染物，第4章讲述了催化转化法治理气态污染物，第5章讲述了氮氧化物控制技术，第6章讲述了二氧化硫控制技术，第7章讲述了汽车尾气净化技术，第8章讲述了挥发性有机污染物（VOCs）的治理。

本书由齐立强、陈岚统筹，参加编著的有齐立强（第1章）、陈岚（第2~4章）、郝润龙（第5和6章）、王乐萌（第7和8章）。全书由齐立强主审，并修改定稿。

本书注重理论联系实际，注重工程角度的专业应用，可作为高等院校环境工程、环境科学及相关专业的本科生和研究生的教材使用，也可供从事与有害气体控制工程领域相关的科研、管理、设计、工程技术人员参考。

编写本书时，参考了大量的教材、专著、标准和国内外相关文献资料等，在此，向这些教材、专著、标准、文献资料等的作者们表达衷心的感谢！

由于编著者经验不足、水平有限，书中错误和疏漏之处在所难免，欢迎各位专家和广大读者批评指正！

编著者

2021年1月

目　　录

1 概　　述

1.1　大　气　污　染

大气污染指的是由于人类活动或自然过程引起某些物质进入大气中，呈现出足够的浓度，达到足够的时间，并因此危害了人体的舒适、健康和福利或环境的现象。对大气污染主要从如下角度展开介绍。

1.1.1　大气组成

一般说到大气或空气，"大气（atmosphere）"指的是环绕地球的全部空气的综合（entire mass of air which surrounds the Earth），"环境空气（ambient air）"是指人类、植物、动物和建筑物暴露于其中的室外空气（outdoor air to which people，plants，animals and structures are exposed）。两个定义从英文释义来说范围有所不同，大气范围比较大，空气所指的范围相对较小。在环境科学与工程研究领域里提到的"空气"，常常指的是和人类（或特定生态关注对象）密切联系的区域、空间或特定设备特定场所内的空气，在不特意提到的情况下，大气和空气常作为同义词使用。空气是一种气体混合物，即多种组分混合而成。经过分析可知，大气组成主要有三部分：干燥清洁的空气、水蒸气和其他各种杂质。

（1）干燥清洁的空气。干燥清洁的空气的主要成分是氮、氧、氩、二氧化碳等气体。氮、氧、氩的含量占全部干洁空气的99.97%（体积分数），加上微量的氖、氦、氪、氙等稀有气体，组成空气的恒定组分。

由于大气的垂直运动、水平运动、湍流运动及分子扩散，使不同高度、不同地区的大气得以交换和混合。因而从地面到90km的高度，干燥洁净空气（除 CO_2 外）的组成基本保持不变。在自然界大气的温度和压力下，所有成分都处于气态，不易液化。因此，干洁空气可以看成是理想气体。

（2）水蒸气。水蒸气和前面所提到的二氧化碳是大气中的可变组分，在一般情况下，二氧化碳的含量为 0.02%~0.04%。但受到大海、冰川、生物、季节的影响，二氧化碳的量也会相应改变，且随着全球经济的发展，二氧化碳排放量成为全球关注的问题。

一般情况下，水蒸气的含量为4%以下。大气中的水蒸气含量平均不到0.5%，随着时间、地点和气象条件等不同而有较大变化，变化范围为 0.02%~6%。水蒸气含量虽然少，但导致了各种复杂的天气现象，如云、雾、雨、雪、霜、露等。这些天气变化导致大气中湿度变化，还导致大气中热能的输送和交换。这里必须要注意的是水蒸气吸收太阳辐射的能力较弱，但吸收地面长波辐射的能力却较强，所以大气水蒸气对地面的保温起着重要的作用。

（3）大气中的各种杂质。大气中的各种杂质是由于自然过程和人类活动排放到大气中的各种悬浮微粒和气态物质形成的。大气中的悬浮微粒，除了由水蒸气凝结成的水滴和冰晶外，主要是各种有机的或无机的固体微粒。有机微粒数量较少，主要是指植物花粉、微生物、细菌、病毒等。无机微粒数量较多，主要有岩石或土壤风化后的尘粒、流星在大气层中燃烧后产生的灰烬、火山喷发后留在空中的火山灰、海洋中浪花溅起在空中蒸发留下的盐粒，以及地面上燃料燃烧和人类活动产生的烟尘等。大气中的各种气态物质，也是由于自然过程和人类活动产生的，主要有硫氧化物、氮氧化物、一氧化碳、二氧化碳、硫化氢、氨、甲烷、甲醛、烃蒸气、恶臭气体等。

在大气中的各种悬浮微粒和气态物质中，有许多是引起大气污染的物质。它们的分布是随时间、地点和气象条件变化而变化的，通常是陆地上多于海洋上，城市里多于乡村，冬季多于夏季。它们的存在，对辐射的吸收和散射，对云、雾和降水的形成，对大气中的各种光学现象，都具有重要影响，因此对大气污染也具有重要影响。

1.1.2　大气污染物

大气污染物是指由于人类活动或自然过程排入大气的并对人或环境产生有害影响的物质。大气污染物通常情况下不是一种物质，因此对大气污染物进行分类，有助于甄别和理解。

1.1.2.1　按存在状态分类

大气污染物的种类很多，按其存在状态可概括为两大类：气溶胶状态污染物和气体状态污染物。

A　气溶胶状态污染物

在大气污染中，气溶胶系指沉降速度可以忽略的小固体、液体粒子或它们在气体介质中的悬浮体。如果按气溶胶的来源和物理性质进行分类，可分为：

粉尘（dust）：粉尘系指悬浮于气体介质中的小固体粒子，能因重力作用发生沉降，但在一段时间内能保持悬浮状态。粉尘的粒子形状常常不规则，粒子的尺寸范围在气体除尘技术中一般为 $1 \sim 200 \mu m$。

烟（fume）：一般指的是冶金过程形成的固体颗粒的气溶胶。烟是由熔融物质挥发后产生的气态物质的冷凝物，在生成过程中总是伴有诸如氧化之类的化学反应。烟颗粒的尺寸很小，一般为 $0.01 \sim 1 \mu m$。

飞灰（fly ash）：飞灰是指燃料燃烧产生的烟气飞出的分散较细的灰分。

黑烟（smoke）：黑烟一般指由燃料产生的能见气溶胶。

雾（fog）：雾是气体中液滴悬浮体的总称。气象学中指的是造成能见度小于 1km 的小水滴悬浮体。在工程中，雾一般泛指小液体粒子悬浮体，它可能是由于液体蒸汽的凝结、液体的雾化以及化学反应过程中形成的，如水雾、酸雾、碱雾、油雾等。

在某些情况下，粉尘、烟、飞灰、黑烟等小固体颗粒气溶胶的界限，通常很难明显区分开，在各种文献特别是工程实践中，使用的较为混乱。根据我国的习惯，一般将冶金过程和化学过程中形成的固体颗粒气溶胶称为烟尘；将燃料燃烧过程中产生的飞灰和黑烟在不需区分时也称为烟尘。其他情况以及泛指小固体颗粒的气溶胶时，通称为粉尘。

在我国的环境空气质量标准中，按粒子的颗粒的大小，分为总悬浮颗粒物（total suspended particles）和可吸入颗粒物（inhalable particles）。

总悬浮颗粒物（TSP）：总悬浮颗粒物指悬浮在空气中，空气动力学当量直径不大于 $100\mu m$ 的颗粒物。总悬浮颗粒物可分为一次颗粒物和二次颗粒物。

可吸入颗粒物（PM_{10}）：可吸入颗粒物通常是指悬浮在空气中，空气动力学当量直径不大于 $10\mu m$ 的颗粒物，又称 PM_{10}。可吸入颗粒物在环境空气中持续的时间很长，对人体健康和大气能见度的影响都很大。

B 气体状态污染物

气体状态污染物简称气态污染物，是以分子状态存在的污染物，大部分为无机气体。常见的有五大类：以 SO_2 为主的含硫化合物，以 NO 和 NO_2 为主的含氮化合物，CO_x（即碳氧化物，包括一氧化碳和二氧化碳）、碳氢化合物（即有机化合物，比如醛、酮等）以及卤素化合物（比如氟化氢、氯化氢等）等。

硫氧化物：主要有二氧化硫，是目前大气污染物中数量较大、影响范围广的一种气态污染物。大气中二氧化硫的来源很广，几乎所有工业企业都可能产生。它主要来自化石燃烧过程，以及硫化物矿石的焙烧、冶炼等热过程，比如火力发电厂、有色金属冶炼厂、硫酸厂、炼油厂以及所有烧煤或油的工业炉窑等。

氮氧化物：氮和氧的化合物有 NO、NO_2 等，总起来用氮氧化物表示。其中造成大气污染的主要污染物是 NO、NO_2，NO 毒性比 NO_2 弱，进入大气后可以被缓慢地氧化成 NO_2，当大气中有 O_3 存在时或在催化剂的作用下，其氧化速度会加快。当 NO_2 参与大气中的光化学反应形成光化学烟雾后，其毒性更强。人类活动产生的 NO_x，主要来自火力发电厂、各种炉窑、机动车和采油机的排气，其次是硝酸生产、硝化过程、炸药生产及金属表面处理等过程。其中由燃料燃烧产生的 NO_x 约占 83%。

碳氧化物：CO 和 CO_2 是各种大气污染物中发生量最大的一类污染物，主要来自燃烧和机动车排气。CO 是一种窒息性气体，进入大气后，由于大气的扩散稀释作用和氧化作用，一般不会造成危害。但在城市冬季采暖季节或在交通繁忙的十字路口，当气象条件不利于排气扩散稀释时，CO 的浓度有可能达到危害人体健康的水平。CO_2 是无毒气体，但当其在大气中的浓度过高时，使氧气含量相对减小，产生不良影响。地球上 CO_2 浓度的增加，能产生"温室效应"，导致全球变暖，因此降碳减排成为全球迫切需要解决的问题。

有机化合物：其中包括碳氢化合物、含氧有机物以及含有卤素的有机物。它们都是碳的化合物。较低相对分子质量的有机化合物极易挥发到大气中，因此这些有机化合物又称为挥发性有机化合物（VOCs）。目前在人们发现的 2000 余种可疑致癌物质中，有机化合物中的芳烃类（PHA）就是最主要的一类。其中比较典型的有苯并芘，蒽和菲的衍生物都是致癌物质。其他有机化合物，如多氯联苯、乙烯进入大气后会导致植物生长发育异常，环境中的氯乙烯是致癌物质，可以诱发肝脏血管瘤。氟氯烃是人工合成的制冷剂，人为活动排入大气的氟氯烃扩散到平流层，并在那里进行光化学分解，生成化学性质活泼的氯离子，参与破坏臭氧层的活动。VOCs 主要来自化工、石油化工、石油炼制和燃料燃烧排气以及轻工生产等。

二噁英：是一类极毒的物质，有"世纪之毒"之称，一旦进入人体，难以被分解排出。因此，1997 年世界卫生组织国际癌病研究中心将其列为一级致癌物。二噁英是生产木材防腐剂、杀虫剂五氯酚钠和三氯苯乙酸时的副产品，塑料燃烧也可以产生二噁英，一些杀虫剂的杂质中也含有二噁英，焚烧生活垃圾时也容易产生二噁英。

硫酸烟雾：是大气中的二氧化硫等硫氧化物，在有水雾、含有重金属的悬浮颗粒物或氮氧化物存在时，发生一系列化学或光化学而生成的硫酸烟雾或硫酸盐气溶胶。

光化学烟雾：是在阳光照射下，大气中氮氧化物、碳氢化合物和臭氧之间发生一系列光化学反应而生成的蓝色烟雾，有时带些紫色或黄褐色。光化学烟雾的刺激性和危害要比一次性污染物强烈。

1.1.2.2 按污染物来源分类

大气污染物按污染物来源可分为自然源和人为源两类。

自然污染源是指自然原因向环境释放的污染物，如火山喷发、森林火灾、地震、飓风、海啸、土壤和岩石的风化及生物腐烂等自然现象形成的污染源，比如尘埃、硫、硫化氢、硫氧化物、氮氧化物、盐类以及恶臭气体等。

人为污染源是指人类生产和生活活动形成的污染源。几乎所有的人类活动都能产生或多或少的大气污染物。由人类的生产和生活活动形成的煤烟、尘、硫氧化物、氮氧化物等是造成大气污染的主要根源。人为污染源有多种分类方法，按污染源的空间分布可分为：（1）点源，即污染物集中于一点或相当于一点的小范围排放源，如工厂的烟囱排放源；（2）面源，即在相当大的面积范围内有许多个污染物排放源，如一个居住区或商业区内许多大小不同的污染物排放源。按照人们的社会活动功能不同，可将人为污染源分为生活污染源、工业污染源和交通运输污染源三类。主要的人为源种类及其产生的主要大气污染物示于表1-1。

表1-1 人为源种类及其污染物

人为源种类	门类	污染物种类
工业污染源	能源工业	二氧化硫、氮氧化物、苯并［a］芘及其他多花芳烃、烃类及芳烃类化合物、放射性核素、热辐射、颗粒物
	化学工业	各种有机蒸气、无机气体、恶臭物质
	金属工业	金属尘埃、酚、氰、氨
	造纸工业	硫化氢
	采矿工业	粉尘
	食品发酵工业	恶臭
生活污染源		一氧化碳、二氧化硫、氮氧化物、二氧化碳（非有毒气体）、固体垃圾发酵时的恶臭
交通污染源	一次污染物	氮氧化物、碳氢化合物、一氧化碳、颗粒物
	二次污染物	臭氧、过氧化乙酰硝酸酯、醛
农业污染源		农药、饲养禽兽时的恶臭、作物发霉时的霉菌

1.1.2.3 按污染物化学性质分类

大气污染物的类型也取决于所用能源性质和污染物的化学反应特性，同时气象条件如阳光辐射、湿度、风向等也起着重要作用。大气污染物按主要污染物的化学性质可分为三种类型。

（1）还原型（煤烟型）。污染物的主要来源是煤炭燃烧后的排气。由于烟气中含有燃煤时产生的较高浓度的 SO_2、CO 和颗粒物，遇上低温、高湿度的阴天，且风速很小并伴有逆温存在时，这些污染物扩散受阻，易在低空聚积生成还原性烟雾。1952 年冬季的伦敦烟雾事件便是这种类型，所以又称伦敦烟雾型。它能引起呼吸道和心肺疾病。

（2）氧化型（石油型）。污染物的主要来源是汽车尾气和燃油锅炉的排气。由于采用石油作燃料，排气中的主要污染物是氮氧化物和碳氢化合物。它们受阳光中的紫外线辐照而引起光化学反应，生成二次污染物，如臭氧、醛类和过氧化乙酰硝酸酯（PAN）等物质，这些物质具有氧化性质，所以称为氧化型污染物。它能使橡胶制品开裂，对人的眼黏膜有强烈刺激作用，并能引起呼吸系统疾病。这种氧化性烟雾首次出现于美国洛杉矶，所以又称洛杉矶烟雾型。

（3）混合型。混合型的污染物，除了来自煤炭和石油燃烧产生的污染物外，还有从工矿企业排放出的各种化学物质，互相结合在一起所造成的大气污染。如 1948 年美国宾夕法尼亚州发生的多诺拉污染事件和 1961 年日本四日市发生的哮喘事件，都属于混合型污染。有人认为这些地区高浓度的 SO_2 以及氧化产物和 NO_x 与大量金属粉尘、金属氧化物反应生成的硫酸盐、硝酸盐，与空气中的尘埃结合在一起是造成危害的主要因素。

1.1.2.4　按污染物的形成过程分类

大气污染物按其形成过程可分为一次污染物和二次污染物。

（1）一次污染物。由污染源直接排入大气环境中，其物理和化学性质均未发生变化的污染物称为一次污染物，又称原发性污染物。一次污染物是相对于二次污染物而言的，后者则是由一次污染物转化而成。还原型的大气污染物主要是一次污染物，如二氧化硫（SO_2）、一氧化氮（NO）、一氧化碳（CO）、颗粒物等，它们又可分为反应物和非反应物，前者不稳定，在大气环境中常与其他物质发生化学反应，或者作催化剂促进其他污染物之间的反应，后者则不发生反应或反应速度缓慢。

（2）二次污染物。排入大气中的污染物在物理、化学因素的作用下发生变化，或与环境中的其他物质发生反应所形成的物理化学性质不同于一次污染物的新污染物，称为二次污染物，又称为继发性污染物，其毒性通常比一次污染物的强。如一次污染物 SO_2 在环境中氧化生成硫酸盐气溶胶。氧化型的大气污染物多为二次污染物，如汽车尾气中的氮氧化物、碳氢化合物等在日光的紫外线辐照下发生光化学反应生成的臭氧、过氧化乙酰硝酸酯、醛类等均为二次污染物。通常二次污染物对环境和人体的危害比一次污染物严重得多。最常见的二次污染物如硫酸及硫酸盐气溶胶、硝酸及硝酸盐气溶胶、臭氧、光化学氧化剂，以及许多不同寿命的活性中间物（又称自由基），如 $HO_2\cdot$、$HO\cdot$ 等。目前受普遍重视的二次污染物主要是硫酸雾和光化学烟雾。目前已受到人们普遍重视的大气污染物如表 1-2 所示。

表 1-2　大气中主要污染物

类　别	一次污染物	二次污染物
含硫化合物	SO_2、H_2S	SO_3、H_2SO_4、MSO_4
含氮化合物	NO、NH_3	NO_2、HNO_3、MNO_3

类　　别	一次污染物	二次污染物
碳的氧化物	CO、CO_2	无
碳氢化合物（碳氢氧化合物）	$(C_1 \sim C_5)H_n$ 化合物	醛、酮、过氧乙酰基硝酸酯
含卤素化合物	HF、HCl	无
颗粒物	重金属元素、多环芳烃	H_2SO_4、SO_4^{2-}、NO_3^-

1.1.3　大气方面全球环境问题

全球环境问题，指的是不仅局限于某一国家或某一地区的环境污染和生态问题，也叫做国际环境问题或者地球环境问题。和大气方面相关的全球环境问题有臭氧层破坏、酸雨、温室效应等。

1.1.3.1　温室效应

大气中的水蒸气、二氧化碳和其他某些微量气体，如氟利昂类（CFCs）、甲烷等，可以让太阳的短波辐射几乎无衰减地通过，同时强烈吸收地面及空气放出的长波辐射，因此这类气体有类似温室的效应，称为"温室气体"。温室气体吸收的长波辐射部分反射回地球，从而减少了地球向外层空间散发的能量，使空气和地球表面变暖，这种暖化效应称为"温室效应"。已经发现，能产生温室效应的 30 多种气体中，二氧化碳起最重要作用，它对暖化效应的贡献率达 50%～60%，氟利昂、甲烷、氧化二氮和臭氧也起重要的作用（表1-3）。氟利昂是效应极强的温室气体，大气中其体积分数虽显著低于其他温室气体，但对暖化效应的贡献率却很大，达 12%～20%。

表 1-3　主要温室气体及其特征

气体	大气中体积分数	年增长/%	生存期	温室效应（$CO_2=1$）	现有贡献率/%	主　要　来　源
CO_2	355×10^{-6}	0.4	50～200 年	1	50～60	煤、石油、天然气、森林砍伐
CFC	0.00085×10^{-6}	2.2	50～102 年	3400～15000	12～20	发泡剂、气溶胶、制冷、清洗剂
CH_4	1.7×10^{-6}	0.8	12～17 年	11	15	湿地、稻田、化石燃料、牲畜
N_2O	0.31×10^{-6}	0.25	120 年	270	6	化石燃料、化肥、森林砍伐
O_3	$(0.01 \sim 0.05) \times 10^{-6}$	0.5	数周	4	8	光化学反应

如果没有温室气体的存在，地球将是十分寒冷的。据计算，如果大气层仅有 O_2 和 N_2，则地表平均温度不是现在的 15℃，而是 -6℃ 才能平衡来自太阳的入射辐射。如果没有大气层，地表温度将是 -18℃。长期以来，大气圈均质层中各种气体的组成比例基本稳定，地球的能量收支基本处于平衡状态，因而地球及周围大气的温度基本保持恒定。工业革命以来，发达国家消耗了全世界大部分化石燃料，CO_2 累积排放量惊人。到 20 世纪 90 年代初，美国、欧盟和苏联 CO_2 累积排放量分别达到近 $1700 \times 10^8 t$、$1200 \times 10^8 t$ 和 $1100 \times 10^8 t$。1995 年，中国 CO_2 排放量为 $8.2 \times 10^8 t$，占全球排放总量的 13.6%，仅次于美国，成为世界第二大 CO_2 排放国。但从人均排放量和累积排放量来看，包括中国在内的发展中国家远远低于发达国家。除 CO_2 外，大气中其他温室气体的含量也在不断增加。

大气中温室气体增加，它们吸收来自地表的长波辐射增多，地球及大气向外层空间散发的能量减少，长期形成的能量平衡被破坏，造成地表及大气温度升高，全球气候变暖。根据政府间气候变化小组（IPCC）第三次报告的评估，全球平均地表温度自 1861 年以来一直在上升，20 世纪上升了（0.6±0.2）℃。在地球能量平衡中，气溶胶和云能吸收和散射地球的长波辐射，也能反射太阳辐射，因此它们的总体效果是使地球表面变冷。研究表明，气溶胶的冷却效应与温室气体的加热效应在同一数量级上。

温室气体带来的影响包括：雪盖和冰川面积减少、海平面上升、降水格局变化、气候灾害事件增加，进一步影响人类健康，对农业和生态系统产生影响。

1.1.3.2 臭氧层破坏

20 世纪 70 年代中期，科学家发现南极上空的臭氧层有变薄现象。80 年代观测发现，南极极地上空臭氧层中心地带近 90% 的臭氧被破坏，与周围相比形成了一个直径达上千千米的"臭氧洞"。2000 年南极上空臭氧洞面积首次超过 2800 万平方千米，相当于 4 个澳大利亚的面积。2005 年 9 月 9~10 日，南极上空臭氧洞面积创纪录地达到 3000 万平方千米。与 20 世纪 70 年代相比，现在北半球中纬度地区冬、春季 O_3 减少了 6%，夏、秋季减少了 3%；南半球中纬度地区全年平均减少了 5%；南、北极春季分别减少了 50% 和 15%。

迄今，人们已经得到共识，大气臭氧层破坏的罪魁祸首是含氟污染物，主要是氟利昂，或称氟氯烃（chlorofluorocarbons，简称 CFC）。臭氧层破坏已导致全球范围内地面紫外线照射加强。据报道，北半球中纬度地区冬、春季紫外线辐射增加了 7%，夏、秋季增加了 4%；南半球中纬度地区全年平均增加了 6%；南、北极春季分别增加了 130% 和 22%。地面紫外线辐射加强的危害包括：（1）给人类健康和生态系统带来危害，如导致人类白内障和皮肤癌发病率增加，降低对传染病和肿瘤的抵抗能力，降低疫苗的反应能力等；（2）影响陆生及水生生态系统、城市空气质量，加速建筑物的降解和老化变质；（3）改变地球大气的结构，破坏地球的能量收支平衡，影响全球的气候变化。

保护臭氧层受到了国际社会的关注，1985 年 28 个国家通过了保护臭氧层的《维也纳公约》，1987 年 46 个国家联合签署了《关于消耗臭氧层物质的蒙特利尔议定书》，提出了 8 种受控物质削减使用时间的要求。1990 年、1992 年和 1995 年的三次议定书缔约国国际会议扩大了受控物质的范围，现包括氟利昂（CFCs）、哈龙（CFCB）、四氯化碳（CCl_4）、甲基氯仿（CH_3CCl_3）、氟氯烃（HCFC）和甲基溴（CH_3Br）等，并提前了停止使用的时间。修改后的议定书规定，发达国家 1994 年 1 月停止使用哈龙，1996 年 1 月停止使用氟利昂、四氯化碳、甲基氯仿。发展中国家 2010 年全部停止使用这四种消耗臭氧层物质（ozone depleting substances，ODSs）。中国 1992 年加入了《蒙特利尔议定书》。

1.1.3.3 酸雨

酸雨（acid rain）通常指 pH 值低于 5.6 的降水。正常情况下，由于空气中的二氧化碳溶于降水，形成稀碳酸，降水应该是微酸性的，但由于大气中酸性物质的存在，使降水的 pH 值降低。降水形式有多种，包括雨、雪、霜、雹、露、雾等，这些统称为"湿沉降"。其实，酸雨只是酸的湿沉降，此外，大气中的酸性物质还可以通过"干沉降"形式转移至陆地。目前，人们把酸雨和酸沉降两个概念已经等同起来。

20 世纪 60、70 年代，酸雨最早发生在挪威、瑞典等北欧国家，随后扩散至整个欧洲。80 年代，整个欧洲降水 pH 值在 4.0~5.0 之间。美国和加拿大东部地区是世界第二大酸雨区，其中加拿大有一半的酸雨来自美国。中国南方是世界第三大酸雨区。酸雨的危害包括以下几个方面：（1）使淡水湖泊、河流酸化，鱼类和其他水生生物减少。当湖水、河水的 pH 值小于 5 时，鱼的繁殖和发育受到严重影响；土壤和底泥中的金属可被溶解到水中，毒害鱼类和其他水生生物。（2）影响森林生长。酸雨损害植物的新生叶芽，从而影响其生长发育，导致森林生态系统退化。据报道，欧洲有 15 个国家的近 68 万平方千米的森林受到酸雨的破坏。（3）影响土壤特性。酸雨可使土壤释放出某些有害的化学成分（如 Al^{3+}），危害植物根系的生长；酸雨抑制土壤中有机物的分解和氮的固定，淋洗土壤中 Ca、Mg、K 等营养元素，使土壤贫瘠化。（4）影响农作物生长，导致农作物大幅度减产。如酸雨可使小麦减产 13%~34%，大豆、蔬菜也容易受酸雨危害，使蛋白质含量和产量下降。（5）腐蚀建筑物及金属结构，破坏历史建筑物和艺术品等。（6）影响人体健康。酸雨或酸雾对人的眼角膜和呼吸道黏膜有明显的刺激作用，导致红眼病和支气管炎发病率升高。

1972 年以来，欧洲、美国、加拿大等国家和地区召开了一系列国际会议，研讨控制酸雨的对策，提出了削减 SO_2 和 NO 排放的协定。20 世纪 80 年代，中国政府组织了较大规模的研究和监测，其后制定了 SO_2 排放标准和 SO_2 排污收费等一系列政策法规，1998 年国务院批复了酸雨控制区和 SO_2 污染控制区（两控区）方案。目前，中国正在大规模开展包括燃料脱硫、燃烧过程脱硫和烟气脱硫在内的各种减排 SO_2 工作。为了控制 NO_x 对酸雨的贡献，中国从 2004 年开始实行了 NO_x 排污收费制度。

1.2　大气污染的危害

大气污染危害是多方面的，主要包括人体健康、气候和建筑材料等方面，涵盖生态损失和经济损失。

1.2.1　人体健康方面的影响

世界卫生组织（WHO）的报告里提到，2012 年 650 万人由于空气污染过早死亡（包括室内和室外），占全世界死亡人数的 1/9 以上，即使相对来说空气污染水平较低也会对健康构成风险。大气污染物侵入人体主要有三条途径：表面接触、摄入含污染物的食物和水、吸入被污染的空气。其中以第三条途径最为重要。

1.2.1.1　颗粒物的影响

颗粒物对人体健康的影响，取决于颗粒物的浓度和在其中暴露的时间。研究数据表明，因上呼吸道感染、心脏病、支气管炎、气喘、肺炎、肺气肿等疾病而到医院就诊人数的增加与大气中颗粒物浓度的增加是相关的。患呼吸道疾病和心脏病老人的死亡率也表明，在颗粒物浓度一连几天异常高的时期内就有所增加。暴露在合并有其他污染物（如 SO_2）的颗粒物中所造成的健康危害，要比分别暴露在单一污染物中严重得多。

颗粒物的成分和理化性质是对人体危害的重要因素。有毒的金属粉尘和非金属粉尘（铬、锰、镉、铅、汞、砷等）进入人体后，会引起中毒以致死亡。例如，吸入铬尘能引起鼻中膈溃疡和穿孔，肺癌发病率增加；吸入锰尘会引起中毒性肺炎；吸入镉尘能引起心肺机能不全。无毒性粉尘对人体亦有危害，例如含有游离二氧化硅的粉尘吸入人体后，在肺内沉积，能引起纤维性病变，使肺组织逐渐硬化，严重损害呼吸功能，发生"矽肺"病。颗粒的粒径大小是危害人体健康的另一重要因素：粒径越小，越不易沉积，长时间飘浮在大气中容易被吸入体内，且容易深入肺部；粒径越小，粉尘比表面积越大，物理、化学活性越高，加剧了生理效应的发生与发展。

1.2.1.2　硫氧化物的影响

二氧化硫（SO_2）和三氧化硫（SO_3）是大气中硫的主要氧化物。SO_2是一种不燃烧、不爆炸的无色气体。在空气中的浓度达到 $(0.3 \sim 1.0) \times 10^{-6}$ 时，就会闻到气味。SO_2在大气中经光化学作用或经催化，会部分地变成SO_3，或转化成硫酸及其盐类。硫氧化物与颗粒物和水分同时存在于受污染的大气中，将会造成更大的危害，几乎没有流行病学方面的研究能适当地区分开这些污染物的影响。包括人类在内的各种动物，对SO_2的反应都会表现为支气管收缩。许多流行病学的研究分析清楚地表明，与颗粒物和水分结合的硫氧化物是对人类健康影响非常严重的公害。当大气中的SO_2氧化形成硫酸和硫酸烟雾时，即使其浓度只相当于SO_2的 1/10，其刺激和危害也将更加显著。据动物实验表明，硫酸烟雾引起的生理反应要比单一SO_2气体强 4~20 倍。

1.2.1.3　一氧化碳的影响

一氧化碳（CO）是一种无色、无味的气体。它很稳定，在大气中的寿命为 2~4 个月。CO 的全球排放量很大，其中约 20% 来自人为排放源，会使环境浓度每年增加约 3×10^{-8}。这种增加量是观察不到的，土壤中的菌类能消除大量 CO。通常认为大气中的 CO 会氧化成CO_2，尽管氧化率很低。也有证据表明 CO 对烟雾的形成可能是化学活性所致。

很多研究表明，高浓度的 CO 能够引起人体生理上和病理上的变化，甚至死亡。CO 是一种能夺去人体组织所需氧的有毒吸入物。暴露于高浓度（$>750 \times 10^{-6}$）的 CO 中就会导致死亡。CO 与血红蛋白结合生成碳氧血红蛋白，氧和血红蛋白结合生成氧合血红蛋白。血红蛋白对 CO 的亲和力大约为对氧的亲和力的 210 倍。这就是说，要使血红蛋白饱和所需的 CO 的分压只是与氧饱和所需的氧的分压的 1/250~1/200。在 CO 浓度 $(10 \sim 15) \times 10^{-6}$ 下暴露 8h 或更长时间的有些人，对时间间隔的辨别力就会受到损害。在 30×10^{-6} 浓度下暴露 8h 或更长时间，会造成损害，出现呆滞现象。一般认为，CO 浓度 100×10^{-6} 是一定年龄范围内健康人暴露 8h 的工业安全上限。CO 浓度达到 100×10^{-6} 时，大多数人感觉晕眩、头痛和倦怠。

1.2.1.4　氮氧化物的影响

造成空气污染的NO_x主要是 NO 和NO_2，NO 是无色、无刺激、不活泼的气体，在阳光照射下，并有碳氢化合物存在时，能被迅速氧化为NO_2。而NO_2在阳光照射下，又会分解成 NO 和 O·。NO_2是棕红色气体，对呼吸器官有强烈刺激作用，当其浓度与 NO 相同时，它的伤害性更大，其毒性比 NO 大 5 倍。若NO_2参与了光化学作用而形成光化学烟雾，其毒性更大。NO_2的危害性与暴露接触的程度有关，接触较高水平的二氧化氮会危及人体的健康。据资料报道，若在含NO_2为 $(50 \sim 100) \times 10^{-6}$（体积分数）的气氛中暴露几分钟到 1h，有可能导致肺炎。二氧化氮的急性接触可引起呼吸系统疾病（如咳嗽和咽喉痛），如果再加上二氧化硫的影响则可加重支气管炎、哮喘病和肺气肿。这对幼童和哮喘病患者格外有害。实验室研究显示，$765\mu g/m^3$的二氧化氮浓度可以增加人对传染病的敏感度。

NO 的活性和毒性都不及 NO_2。与 CO 和 NO_2 一样，NO 也能与血红蛋白作用，降低血液的输氧功能。然而，在大气污染物中，NO 的浓度远不如 CO，因此，它对人体血红蛋白的危害是有限的。

1.2.1.5   光化学氧化剂的影响

臭氧、过氧乙酰硝酸酯（PAN）、过氧苯酰硝酸酯（PBN）等氧化剂及醛等其他能使碘化钾的碘离子氧化的痕量物质，称为光化学氧化剂。空气中的光化学氧化剂主要是臭氧和 PAN。光化学氧化剂（主要是 PAN 和 PBN）对眼睛有很强的刺激性，当它们和臭氧混合在一起时，会刺激鼻腔、喉，引起胸腔收缩，接触时间过长还会损害中枢神经。臭氧还会引起溶血反应、使骨骼早期钙化等。长期吸入光化学烟雾会影响体内细胞的新陈代谢，加速人体的衰老。

1.2.1.6   有机化合物的影响

城市大气中有很多有机化合物是可疑的致变物和致癌物，包括卤代甲烷、卤代乙烷、卤代丙烷、氯烯烃、氯芳烃、芳烃、氧化产物和氮化产物等。特别是多环芳烃（PAH）类大气污染物，大多数有致癌作用，其中苯并［a］芘是国际上公认的强致癌物质。城市大气中的苯并［a］芘主要来自煤、油等燃料的不完全燃烧及机动车排气。苯并［a］芘主要通过呼吸道侵入肺部，并引起肺癌。实测数据表明，肺癌与大气污染、苯并［a］芘含量的相关性是显著的。从世界范围看，城市肺癌死亡率约比农村高 2 倍，有的城市高达 9 倍。

1.2.2   对植物的影响

大气污染对植物的伤害，通常发生在叶子结构中，因为叶子含有整棵植物的构造机理。最常遇到的毒害植物的气体是：二氧化硫、臭氧、PAN、氟化氢、乙烯、氯化氢、氯气、硫化氢和氨气。

1.2.2.1   二氧化硫的影响

二氧化硫大气中含 SO_2 过高，对叶片产生危害。侵蚀开始时，叶子出现水浸透现象，干燥后，受影响的叶面部分呈漂白色或乳白色。这里显然有一个阈值，在这个值内，叶子能够消耗 SO_2 而不受损害。引用的阈值浓度为 0.3×10^{-6}，能承受的暴露时间为 8h。如果 SO_2 的浓度为 $(0.3\sim0.5)\times10^{-6}$，并持续几天后，就会对敏感性植物产生慢性损害。$SO_2$ 直接进入气孔，叶肉中的植物细胞使其转化为亚硫酸盐，再转化成硫酸盐。很明显，当过量的 SO_2 存在时，植物细胞就不能尽快地把亚硫酸盐转化成硫酸盐，并开始破坏细胞结构。菠菜、莴苣和其他叶状蔬菜对 SO_2 最为敏感，棉花和苜蓿也都很敏感。松针也受其影响，不论叶尖或是整片针叶都会变成褐色，并且很脆弱。

1.2.2.2   臭氧的影响

20 世纪 50 年代后期，臭氧对植物的损害才引起人们的注意。臭氧首先侵袭叶肉中的栅栏细胞区。叶子的细胞结构瓦解，叶子表面出现浅黄色或棕红色斑点。针叶树的叶尖变成棕色，而且坏死。菠菜、斑豆、西红柿和白松显得特别敏感。在某些森林中的很多松树，似乎由于长期暴露在光化学氧化剂中而濒于死亡。据估计，损害阈值约为 $0.03×10^{-6}$，暴露时间为 4h。上述植物在 $0.1×10^{-6}$ 或更低的浓度中暴露 1~8h，也曾受到损害。苜蓿在浓度 $0.06×10^{-6}$ 的臭氧中暴露 3~4h，会受到损害。臭氧还阻碍柠檬的生长。

1.2.2.3 PAN 的影响

过氧乙酰硝酸酯侵害叶子气孔周围空间的海绵状薄壁细胞。肉眼可见的主要影响是叶子的下部变成银白色或古铜色。虽然牵牛花在浓度 $0.005×10^{-6}$ 中暴露 8h，就会受到影响。但是，有害的阈值估计为 $0.01×10^{-6}$，暴露时间为 6h。以成熟状况看，幼叶是最敏感的。

1.2.2.4 氟化氢的影响

氟化氢对植物是一种累积性毒物。即使暴露在极低浓度中，植物也会最终把氟化物累积到足以损害其叶子组织的程度。最早出现的影响表现为叶尖和叶边呈烧焦状。以橡胶树叶为例，氟化氢在 $8.21mg/m^3$ 浓度下，120min 时顶尖部幼叶变黄；150min 时幼叶有少量黄斑；240min 时，上部幼叶出现大面积黄斑，下部老叶有少量黄斑。

1.2.3 对器物和材料的影响

大气污染对金属制品、油漆涂料、皮革制品、纸制品、纺织品、橡胶制品和建筑物等的损害也是严重的。这种损害包括玷污性损害和化学性损害两个方面。玷污性损害主要是粉尘、烟等颗粒物落在器物上面造成的，有的可以清扫冲洗除去，有的很难除去，如煤油中的焦油等。化学性损害是由于污染物的化学作用，使器物和材料腐蚀或损坏。

大气中的 SO_2、NO_2 及其生成的酸雾、酸滴等，能使金属表面产生严重的腐蚀，使纺织品、纸品、皮革制品等腐蚀破损，使金属涂料变质，降低其保护效果。造成金属腐蚀最为有害的污染物一般是 SO_2，已观察到城市大气中金属的腐蚀率是农村环境中腐蚀率的 1.5~5 倍。温度尤其是相对湿度皆显著影响着腐蚀速度。铝对 SO_2 的腐蚀作用具有很好的抗拒力。但是，在相对湿度高于 70% 时，其腐蚀率就会明显上升。据研究，铝在农村地区暴露达 20 年以上，其抗张强度只减小 1% 或更少些。而在同样长的时间内，在工业区大气中铝的抗张强度却减小了 14%~17%。含硫物质或硫酸会侵蚀多种建筑材料，如石灰石、大理石、花岗岩、水泥砂浆等，这些建筑材料先形成较易溶解的硫酸盐，然后被雨水冲刷掉。尼龙织物，尤其是尼龙管道等，对大气污染物也很敏感，其老化显然是由 SO_2 或硫酸气溶胶造成的。

光化学氧化剂中的臭氧，会使橡胶绝缘性能的寿命缩短，使橡胶制品迅速老化脆裂。臭氧还侵蚀纺织品的纤维素，使其强度减弱。所有氧化剂可使纺织品褪色。

1.2.4 对大气能见度和气候的影响

1.2.4.1 对大气能见度的影响

大气污染最常见的后果之一是大气能见度降低。并非所有大气污染物都对大气能见度有影响。一般说来，对大气能见度或清晰度有影响的污染物，应是气溶胶粒子、能通过大气反应生成气溶胶粒子的气体或有色气体。因此，对能见度有潜在影响的污染物有：（1）总悬浮颗粒物（TSP）；（2）SO_2 和其他气态含硫化合物，因为这些气体在大气中以较大的反应速率生成硫酸盐和硫酸气溶胶粒子；（3）NO 和 NO_2，在大气中反应生成硝酸盐和硝酸气溶胶粒子，还在某些条件下，红棕色的 NO_2 会导致烟羽和城市霾云出现可见着色；（4）光化学烟雾，这类反应生成亚微米的气溶胶粒子。

大气能见度的降低，不仅会使人感到不愉快，而且会造成极大的心理影响，还会产生交通安全方面的危害。此外，因为天然的气溶胶微粒及很多大气污染物都是吸湿的，在相对湿度 70%~80% 的范围内开始潮解或发生吸湿反应，会导致颗粒粒径增大，进一步对能见度产生影响。

1.2.4.2　对气候的影响

大气污染对能见度的影响主要是美学性的，而且长期影响相对较小。但是，如果大气污染对气候产生大规模影响，则其结果肯定是极为严重的。已被证实的全球性影响，如 CO_2 等温室气体引起的温室效应以及 SO_2、NO_2 排放产生的酸雨等，不再重述。除此之外，在较低大气层中的悬浮颗粒物形成水蒸气的"凝结核"，当大气中水蒸气达到饱和时，就会发生凝结现象。在较高的温度下，凝结成液态小水滴；而在温度很低时，则会形成冰晶。这种"凝结核"作用有可能潜在地导致降水的增加或减少。对特殊情况的研究尚未取得一致结果，一些研究证明降水将增加，例如颗粒物浓度高的城区和工业区的降雨量明显大于其周围相对清洁区的降雨量，通过云催化造成的冰核少量增加来进行人工降雨等。另有一些研究表明降水会减少。

一些研究者认为，那些伴随着大规模气团停滞的大范围的霾层，可能也会有一些气候意义。由大气污染对大气能见度影响可知，由于太阳辐射的散射损失和吸收损失，大气气溶胶粒子会导致太阳辐射强度的降低。因散射与吸收之间平衡以及地球表面的反射率不同，典型的大气污染物气溶胶的影响，可能是使地球变冷或变热。亚微米的硫酸盐粒子的辐射反射特性，支配着区域气团气溶胶。计算表明，在受影响的气团区域，辐射散射损失可能会致使气温降低 1℃。虽然这是一种区域性影响，但它在很大的地区内起作用，以致具有某种全球性影响。因此，正如某些研究者指出的那样，虽然很少有迹象表明全球的人为气溶胶在大大增加，但没有把握说，这些潜在的区域性影响小得不足以对全球辐射平衡产生影响。

1.3　大气质量标准和污染物排放标准

大气环境标准是执行环境保护法和大气污染防治法、实施环境空气质量管理及防治大气污染的依据和手段。

1.3.1　大气环境质量标准

大气环境质量标准系以保障人体健康和生态环境为目标而对各种污染物在大气环境中的容许含量所做的限制规定。它是进行大气环境质量管理及制订大气污染防治规划的大气污染物排放标准的依据，是环境管理部门的执行依据。

制订大气环境质量标准的原则，首先要考虑保障人体健康和保护生态环境这一大气质量目标，为此需综合这一目标的污染物容许浓度。

为了准确地认识和评价大气质量状况以及对大气环境进行必要的管理，我国陆续制订和颁发了有关的大气质量标准。1982 年颁布了《大气环境质量标准》（GB 3095—82），1996 年第一次修订，颁布了《环境空气质量标准》（GB 3095—1996）；2000 年进行了第二次修订；2012 年进行了第三次修订，颁布了《环境空气质量标准》（GB 3095—2012），于 2016 年 1 月 1 日起在全国实施。实施《环境空气质量标准》（GB 3095—2012）是落实《中华人民共和国大气污染防治法》及《大气污染防治行动计划》的重要保障，是落实《国务院关于加强环境保护重点工作的意见》《关于推进大气污染联防联控工作改善区域空气质量的指导意见》以及《重金属污染综合防治"十二五"规划》中关于完善空气质量标准及其评价体系，加强大气污染治理，改善环境空气质量的工作要求。

实施《环境空气质量标准》（GB 3095—2012）是满足公众需求和提高政府公信力的必然要求。与新标准同步实施的《环境空气质量指数（AQI）技术规定（试行）》增加了环境质量评价的污染物因子，可以更好地表征我国环境空气质量状况，反映当前复合型大气污染形势；调整了指数分级分类表述方式，完善了空气质量指数发布方式，有利于提高环境空气质量评价工作的科学水平，更好地为公众提供健康指引，努力消除公众主观感观与监测评价结果不完全一致的现象。

1.3.2 大气污染物排放标准

大气污染物排放标准系以大气环境质量标准为目标，而对从污染源排入大气的污染物容许含量所做的限制规定。它是控制大气污染物的排放量实行净化装置设计的依据，同时也是环境管理部门的执法依据。

从我国的大气污染源排放标准体系看，可以将大气污染物的排放标准分为国家标准、地方标准和基础方法标准三大类。按照污染源类型的不同，又可分为固定源排放标准和流动源排放标准两类。

随着人们对污染气体危害的认识逐步加深，全球气候变化及臭氧层破坏问题日益引起各国政府的关注，控制污染气体排放的各种技术逐渐推出，工业发达国家正在分阶段地制定越来越严格的污染气体排放标准，促使工业部门去开发、寻找并采用新技术，以适应新的更严格的污染物排放标准，从而有力地推动了技术的进步，能源消耗与原材料消耗进一步的降低。因此在环保与发展的问题上，不应简单地认为环保标准严格影响工业企业的发展，而应看到：严格的环保标准，是推动企业技术进步和经济结构调整的重要动力。对于我国这样的发展中国家，环保标准的制定同时也要切实考虑国民经济发展水平和技术水平等方面的问题。接下来主要介绍几个重要的大气污染物排放标准。

1.3.2.1 大气污染物综合排放标准

我国《大气污染物综合排放标准》（现行标准，GB 16297—1996），从 1997 年 1 月 1 日起实施，是在原有《工业"三废"排放试行标准》（GBJ 4—73）废气部分和有关其他行业性国家大气污染物排放标准的基础上制定。本标准在技术内容上与原有各标准有一定的继承关系，也有相当大的修改和变化，规定了 33 种大气污染物的排放限值，设置了 3 项指标体系：

（1）通过排气筒排放的废气，规定了最高允许排放浓度。

（2）通过排气筒排放的废气，除规定了排气筒高度外，还规定了最高允许排放速率。

任何一个排气筒必须同时遵守上述两项指标，超过其中任何一项均为超标排放。

（3）以无组织方式排放的废气，规定了排放的监控点及相应的监控浓度限值。

对排放速率标准进行了分级，对现有污染源分为一、二、三级，新污染源分为二、三级，按污染源所在的环境空气质量功能区分类别，执行相应级别的排放速率标准，即位于一类区的污染源执行一级标准，位于二类区的污染源执行二级标准，位于三类区的污染源执行三级标准。

本标准规定了 33 种大气污染物的排放限值，同时规定了标准执行中的各种要求。此外，标准里还提到，国家在控制大气污染物排放方面，除了本标准为综合性排放标准外，还有若干行业性排放标准共同存在，即除若干行业执行各自的行业性国家大气污染物排放标准外，其余均执行本标准。

1.3.2.2　火电厂大气污染物排放标准

《火电厂大气污染物排放标准》（现行标准，GB 13223—2011），是为了保护环境、改善环境质量、防治火电厂大气污染物排放造成的污染、促进火力发电行业技术进步和可持续发展而制定的中国国家标准。适用于现有火电厂的大气污染物排放管理以及火电厂建设项目的环境影响评价、环境保护工程设计、竣工环境保护验收及其投产后的大气污染物排放管理，不适用于各种容量的以生活垃圾、危险废物为燃料的火电厂。

《火电厂大气污染物排放标准》首次发布于 1991 年，1996 年第一次修订，2003 年第二次修订，2011 年第三次修订，2012 年 1 月 1 日实施。第三次修订的原因：一是部分污染物排放限值已滞后于技术经济条件的发展，对于行业技术进步的促进作用在不断减弱；二是污染物指标体系已不能完全适应新的环境保护形势，未将火电行业的特征污染物有毒重金属汞纳入指标体系；三是环境保护新举措对污染物排放监控方式和标准体系提出了新的要求，开展区域大气污染联防联控工作需要制定实施重点行业大气污染物特别排放限值；四是国家"十二五"规划将氮氧化物增设为总量控制污染物，并规定了减排目标，标准中的氮氧化物等污染物排放控制水平有必要根据规划做出调整。

与 2003 年标准相比，新标准主要在以下方面做了修改：一是总体上收紧了污染物排放限值，提高了新建机组和现有机组烟尘、二氧化硫、氮氧化物等污染物的排放控制要求，新标准将燃煤锅炉的氮氧化物排放限值定为 $100mg/m^3$，二氧化硫的排放限值方面，对新建燃煤锅炉和现有燃煤锅炉分别为 $100mg/m^3$ 和 $200mg/m^3$，而根据 2003 年版标准规定，火力发电锅炉的二氧化硫最高允许排放浓度的最低限值为 $400mg/m^3$，燃煤锅炉氮氧化物最高允许排放浓度的最低限制为 $450mg/m^3$；二是为体现公平原则，简化了标准体系，适当地合并了不同时期建设的现有机组的排放控制要求；三是本着实事求是的原则，进一步强化了标准的适用性，删除了在实际工作中难以发挥作用的内容，如全厂二氧化硫最高允许排放速率的规定；四是进一步完善了污染物指标体系，增设了汞的排放限值和燃气锅炉排放限值；五是增设了适用于环境敏感地区的大气污染物特别排放限值。

1.3.2.3　锅炉大气污染物排放标准

《锅炉大气污染物排放标准》（现行标准，GB 13271—2014），规定了锅炉大气污染物排放限值、监测和监控要求。1983 年首次发布，1991 年第一次修订，1999 年和 2001 年第二次修订，2014 年第三次修订。新标准于 2014 年 7 月 1 日实施。此次修订主要内容有：（1）增加了燃煤锅炉氮氧化物和汞及其化合物的排放限值；（2）规定了大气污染物特别排放限值；（3）取消了按功能区和锅炉容量执行不同排放限值的规定；（4）取消了燃煤锅炉烟尘初始排放浓度限值；（5）提高了各项污染物排放控制要求。

该标准规定了锅炉烟气中颗粒物、二氧化硫、氮氧化物、汞及其化合物的最高允许排放浓度限值和烟气黑度限值。适用于以燃煤、燃油和燃气为燃料的单台出力 65t/h 及以下蒸汽锅炉、各种容量的热水锅炉及有机热载体锅炉，各种容量的层燃炉、抛煤机炉；不适用于以生活垃圾、危险废物为燃料的锅炉。

2 吸收法净化气态污染物

2.1 概　　述

2.1.1 吸收的概念

吸收（absorption）是溶质从气相传递到液相的相际间传质过程。利用气体混合物中各组分在液体溶剂（吸收剂）中溶解度的差异而分离气体混合物的操作称为吸收。当用于环境污染及控制领域内，吸收的目的是除去混合气中的有害成分，使气体得以净化，以免将有害气体排入大气中，形成大气污染。在有害气体治理的范畴中，已广泛应用于含 SO_2、NO_x、HF、H_2S 等气态污染物的废气净化。

2.1.2 吸收的分类

吸收可根据不同依据进行分类：以吸收质与吸收剂之间有无化学反应发生，分为物理吸收和化学吸收两大类；可根据吸收组分的多少分为单组分吸收或多组分吸收；可根据吸收过程中系统温度的变化分为等温吸收和非等温吸收。

有害气体治理领域内，一般采用吸收法处理的气体具有气量大、污染物浓度低的特点，热效应的影响相对较小，一般认为为等温吸收过程。对于一定量的吸收剂，化学吸收处理量超过物理吸收处理量，因而在处理大气量和低浓度气态污染物时，往往建议选择化学吸收的方法，以增大处理能力和混合气体的净化效率。例如工业上常用碱性溶液或浆液吸收燃烧烟气中的低浓度 SO_2 等。

2.1.3 吸收剂的选择

吸收工艺的实用性和经济性与吸收剂的选择息息相关。进行吸收剂选择时，需要考虑如下几个方面：

（1）溶解度。吸收剂对于溶质组分应具有较大的溶解度，以提高吸收速率并减小吸收剂的耗用量或循环量，相应减少设备尺寸。对于物理吸收应选择其溶解度随着操作条件改变而有显著差异的吸收剂，如溶解度对温度变化敏感，在低温下溶解度大，随着温度升高，溶解度若迅速下降，解吸易于进行，溶剂回收再生均较为便利。

（2）选择性。吸收剂要在保证对溶质组分有良好吸收能力的同时，又要保证对被分离组分具有良好的选择性，以减少混合气体中其他组分的溶解量。

（3）挥发度。吸收剂应不易挥发，即操作温度下吸收剂的蒸气压要低，使吸收工艺操作时吸收剂的蒸发量尽可能小，既减少了吸收剂在操作过程中的损失，又可避免在净化气体中引入杂质。

（4）黏性。操作温度下吸收剂的黏度要低，以改善吸收塔内的流动状况，利于传质和输送，提高吸收速率，减少泵的功耗，减小传热阻力。

（5）腐蚀性。应选择无腐蚀性或腐蚀性极低的吸收剂，以免腐蚀设备增加设备投资和维修费用。

（6）发泡性。应选择发泡性低的吸收剂，以免吸收塔内气速过低，否则将导致塔顶气液难以分离，而导致吸收塔体积增大。

（7）其他。所选用的吸收剂还应具有其他经济和安全要求，如无毒、无害、不易燃烧、凝固点低，价廉易得，并具有化学稳定性等。

2.2 吸收原理

2.2.1 吸收的发生

气体吸收过程，涉及溶质在两个相互接触的相间进行传质，而两相之间要发生传质，需要两个相内的溶质浓度偏离平衡状态才可以进行。吸收过程进行的方向与极限取决于溶质（气体）在气液两相中的平衡关系。对于任何气体，在一定条件下，在某种溶剂中溶解达到平衡时，其在气相中的分压是一定的，称之为平衡分压，用 p^* 表示。在吸收过程中，当气相中溶质的实际分压 p 高于其与液相成平衡的溶质分压时，即 $p>p^*$ 时，溶质便由气相向液相转移，于是就发生了吸收过程。如果 $p<p^*$，溶质便由液相向气相转移，即吸收的逆过程，称为解吸（或脱吸）。不论是吸收还是解吸，均与气液平衡有关。因此为了描述相际传质，必须先弄清吸收过程中的气液平衡规律。

气体吸收的相平衡关系是指一定条件下气体在液体中的溶解度。在一定温度和总压下，描述溶液中气体溶质的组成与气相平衡分压关系的曲线称为气体的溶解度曲线，即气体的平衡曲线。平衡曲线一般根据实验结果做出。图2-1 给出了几种不同气体溶质的气体溶解度曲线，其中，常称氨为易溶气体，二氧化硫为难溶气体。

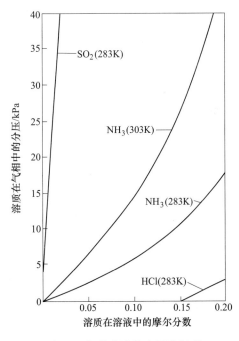

图 2-1 气体在液体中的溶解度

2.2.2 相律和自由度数

决定气液两相互成平衡的因素可用相律进行分析。相律（phase rule，又叫吉布斯相律）通过式 2-1 表示平衡物系中的自由度数 F 与相数 φ 及独立组分 C 之间的关系：

$$F = C - \varphi + 2 \tag{2-1}$$

吸收过程主要关注气液两相，相数 φ 一般为 2。独立组分指的是相互没有关系的组分，需注意 C 和物种数是不一样的。对于此相律表达式中的"2"所代表的是外界条件温度和压强，若电场、磁场或重力场对平衡状态有影响，则相律中的"2"应有所改变。如果研究的系统是固态物质，则可以忽略压强的影响，则相律中的"2"又应该是"1"。所谓自由度，指的是能够维持系统原有的相数而可以独立改变的变量叫做自由度，比如温度、压力和表示某一相中某些物质的相对含量等。这种变量的数目叫做自由度数。

【例 2-1】 利用相律分析水和 SO_2 气体组成的气液两相自由度数 F。

解： 水和 SO_2 气体组成的气液两相中，独立组分数 $C=2$，相数 $\varphi=2$，根据吉布斯相律得到自由度数 $F=C-\varphi+2=2$，即该体系有两个独立变量。

若此系统规定了温度 T 和 SO_2 液相组成 x 两个变量，该平衡体系即可确定，即 SO_2 平衡分压 $p_{SO_2}^*$ 是所规定的两个变量的函数，可表示为：$p_{SO_2}^*=f(T,x)$。

【例 2-2】 利用相律分析水和 SO_2 气体及另一种不被水溶解吸收的其他气体 B 所组成的气液两相自由度数 F。

解： 此时，独立组分数 $C=3$，相数 $\varphi=2$，则自由度数 $F=C-\varphi+2=3$，即需要 3 个独立变量才能确定该系统的状态。

此系统，除了温度 T 和 SO_2 液相组成 x 之外，还须考虑系统总压，才能确定 SO_2 平衡分压 $p_{SO_2}^*$，可表示为：$p_{SO_2}^*=f(T,x,P)$。但若总压不高，比如 $P<5atm$（$1atm=101325Pa$），此时可认为气体在液体中的溶解度和总压无关。

2.2.3 亨利定律

利用吉布斯相律，得到气液两相平衡体系中变量之间存在如下关系：$p^*=f(T,x)$。在一定温度下，p^* 只是液相溶质组成 x 的函数，即 $p_{SO_2}^*=f(x)$，即被吸收气体的平衡分压只与其在液相中的浓度有关。

对于稀溶液，通过实验数据得到平衡关系式是一条通过原点的直线，即对于稀溶液，气液两相的浓度之间有简单的线性关系，常把这种线性关系称为亨利定律（Henry's Law）。亨利定律表示：总压不很高时，一定温度下，当溶解达到平衡时，稀溶液上方溶质 A 的平衡分压与其在溶液中的浓度成正比。由于所选取的气相和液相浓度的表达方式不同，亨利定律也有不同表达式。

（1）气相组成以气相分压表示，液相组成以摩尔分数表示。

此时，亨利定律表示为：

$$p^* = Ex \tag{2-2}$$

式中 x——溶质 A 在液相中的摩尔分数，无因次；

     p^*——气相中溶质 A 的平衡分压，kPa；

     E——亨利系数，单位与压力单位一致，kPa。

对于一定体系，亨利系数 E 的数值取决于物系的特性及温度，一般来说，温度升高，E 值增大，不利于气体的吸收。在同一溶剂中，难溶气体 E 值大，反之则小。

（2）气相组成以气相分压表示，液相组成以摩尔浓度表示。

此时，亨利定律可表示为：

$$p^* = c_A/H \quad 或 \quad c_A = Hp^* \tag{2-3}$$

式中　H——溶解度系数，$kmol/(m^3 \cdot kPa)$；

　　　c_A——溶质 A 在液相中的摩尔浓度，$kmol/m^3$。

从式 2-3 可以看出，H 的数值等于平衡分压 $1.01 \times 10^5 Pa$ 时的溶解度。溶解度系数 H 因溶质、溶剂的特性差异而不同。在亨利定律适用的范围内，H 与温度有关，随温度升高而减小。H 值的大小反映了气体溶解的难易程度，难溶气体的 H 值很小，易溶气体 H 值大。

H 和 E 在亨利定律适用范围内有如下近似关系：

$$H = \rho_s/(M_s E) \quad 或 \quad E = c_T/H \tag{2-4}$$

式中　ρ_s——溶剂的密度，kg/m^3；

　　　M_s——溶剂的摩尔质量，$kg/kmol$；

　　　c_T——吸收总溶液的摩尔浓度，$kmol/m^3$。

（3）溶质的气相组成和液相组成均以摩尔分数表示。

此时，亨利定律可表示为：

$$y^* = mx \tag{2-5}$$

式中　y——溶质 A 在气相中的摩尔分数，无因次，带 $*$ 号表示平衡状态。

　　　m——相平衡常数，无因次。

此式为亨利定律常用形式之一，称为气液平衡关系式。对于一定的物系，m 是温度和压强的函数，温度升高，总压下降，m 值增大，不利于吸收操作。由 m 值的大小同样可以看出气体溶解度的大小，在同一溶剂中，难溶气体 m 值大，反之则小。

根据式 2-5 和式 2-2 得：

$$m = E/P \tag{2-6}$$

此式为 m 和 E 的关系式。其中 P 指的是气体的总压，单位为压力单位。

（4）溶质的气相组成和液相组成均以摩尔比表示。

此时，亨利定律可表示为：

$$Y^* = mX \tag{2-7}$$

式中　Y——溶质 A 在气相中的摩尔比，无因次，带 $*$ 号表示平衡状态；

　　　X——溶质 A 在液相中的摩尔比，无因次。

摩尔比与摩尔分数的关系如下所示：

$$X = x/(1-x) \quad 或 \quad Y = y/(1-y) \tag{2-8}$$

根据式 2-5 得到：

$$Y^* = \frac{mX}{1 + (1-m)X} \tag{2-9}$$

当溶质在液相中的浓度很低时，式 2-9 可近似得到式 2-7。

【例 2-3】　某混合气体含 30%（体积分数）CO_2，与水接触，系统温度 30℃，总压 101.3kPa，试求液相中 CO_2 的平衡浓度 c^*（$kmol/m^3$）（30℃时，CO_2 在水中的亨利系数 $E = 1860 \times 101.3kPa$，且亨利定律适用）。

解：令 p 代表 CO_2 在气相中的分压，则由分压定律可知：$p = P \times 30\% = 0.3 \times 101.3kPa$。

亨利定律适用，据式 2-3 和式 2-4 可知：

$$c^* = Hp = \frac{\rho_s}{EM_s} \times p = \frac{1000}{1860 \times 18} \times 0.3 = 8.96 \times 10^{-3} kmol/m^3$$

【例2-4】　已知20℃下，0.1kg水中含氨0.001kg，此时NH₃的平衡分压为0.800kPa，在此浓度范围内，平衡关系符合亨利定律，试计算亨利系数 E、溶解度系数 H、相平衡常数 m（已知总压为101.3kPa）。

解：考虑到氨的浓度低，可近似取氨水溶液的密度等于水的密度，20℃时水的密度为998.2kg/m³，NH₃的摩尔质量为17kg/kmol，则溶液的摩尔浓度为 $c_A = 0.5814$kmol/m³。

由式2-3得：

$$H = c_A/p^* = 0.5814/0.800 = 0.7267 \text{kmol}/(\text{m}^3 \cdot \text{kPa})$$

水的摩尔质量为18kg/kmol，由式2-4得到：

$$E = \rho_s/(M_s H) = 998.2/(18 \times 0.7267) = 76.31 \text{kPa}$$

根据式2-6，得：

$$m = E/P = 76.31/101.3 = 0.7533$$

2.3　传质机理

为了解气液两相的吸收过程，需先了解物质在单一相（气相或液相）中的传递规律。物质在单一相中的传递通过扩散进行，主要有分子扩散与涡流扩散两种。前者发生在静止或滞流流体中，依靠分子无规则热运动传递物质。后者发生在湍流流体中，依靠流体质点湍动和旋涡传递物质。

2.3.1　费克定律

给定温度下，气体分子具有一定的平均能量，处于不停的运动状态，气体难以避免相互碰撞，发生能量和动量的交换，此即分子的无规则运动。如果是气体混合物体系（AB混合气体），若混合物中各处A的浓度均匀，则某数目的A分子沿着一定方向运动，必然有相同数目的A分子沿着相反方向运动，宏观看来并未发生传质作用。若一处A分子的浓度比附近的A分子的浓度高，则由于分子运动的结果，离开此区域的A分子便比进入此区域的A分子多，即高浓度区A分子向低浓度区扩散，宏观看来产生A分子传质作用，直到气体混合物达到组成均匀为止。两处的浓度差，便成了扩散的推动力。用来描述物质分子扩散现象基本规律的定律是费克定律（Fick's Law），或称费克第一扩散定律：

$$J_A = -D_{AB} \frac{dc_A}{dz} \tag{2-10}$$

式中　J_A——物质A的扩散速率或称扩散通量，kmol/(m² · s)；

　　dc_A/dz——物质A的浓度梯度，kmol/m⁴；

　　D_{AB}——物质A在介质B中的分子扩散系数，m²/s。

式中的负号表明扩散方向和浓度梯度方向相反。此式表示一定温度、一定压力下，A与B的混合物中，A沿 z 方向扩散的速率（扩散通量）。费克定律说明了当物质A在混合体系中扩散时，任一点处的扩散通量与该位置上的浓度梯度成正比，方向和浓度梯度方向相反。

需要注意的是，分子扩散系数是表征物质分子扩散能力的物理量，受系统的温度、压力和混合物组成的影响。根据费克定律，组分A在组分B中的分子扩散系数，其值等于该物质在单位时间内、单位浓度梯度作用下，经单位面积沿扩散方向传递的物质量。

同理物质 B 在 A 与 B 的混合物中扩散速率为：

$$J_B = - D_{BA} \frac{dc_B}{dz} \tag{2-11}$$

对于双组分物系的稳定扩散过程，组分 A 的分子扩散必伴有组分 B 的分子扩散，两组分的扩散通量大小相等方向相反，A 在 B 中的扩散系数等于 B 在 A 中的扩散系数。

2.3.2 涡流扩散和对流扩散

物质在湍流流体中传递，主要是依靠流体质点的无规则运动，湍流中发生的旋涡和湍动，引起各部分流体间的剧烈混合，在有浓度差存在的条件下，物质便向其浓度降低的方向传递。凭借流体质点的湍动和旋涡传递物质的现象，称为涡流扩散。在传质研究中，采用类似分子扩散的方式来描述涡流扩散通量为：

$$J = - D_e \frac{dc_A}{dz} \tag{2-12}$$

式中　J——物质 A 的扩散速率或称扩散通量，$kmol/(m^2 \cdot s)$；

　dc_A/dz——物质 A 的浓度梯度，$kmol/m^4$；

　　D_e——涡流扩散系数，m^2/s。

涡流扩散系数不是物性常数，它与湍动程度有关，并和位置有关。

对流传质涉及界面和运动流体之间的质量传递，这种界面可以是运动流体和固体的界面，也可以是两个流体之间的界面。对流传质既与运动流体的传递特性有关，又与它的流动特性有关。对流扩散是湍流主体与界面之间涡流扩散和分子扩散两种传质作用的总称。此时扩散通量用下式表示，即：

$$J = - (D_{AB} + D_e) \frac{dc_A}{dz} \tag{2-13}$$

式中　J——物质 A 的扩散速率或称扩散通量，$kmol/(m^2 \cdot s)$；

　dc_A/dz——物质 A 的浓度梯度，$kmol/m^4$；

　　D_e——涡流扩散系数，m^2/s；

　D_{AB}——分子扩散系数，m^2/s。

在流体做剧烈湍动的区域，$D_e \gg D_{AB}$，分子扩散几乎可以忽略；在靠近表面的滞流底层中，D_e 值实际为零；剧烈湍流区域与滞流底层之间的过渡区域，D_e 和 D_{AB} 的数量级相当，均不可忽略。

2.3.3 湿壁塔传质现象研究

湿壁塔是研究气液传质机理的重要实验装置。图 2-2a 绘出湿壁塔的一段示意图，稳定吸收过程中，考察任一横截面 $m\text{-}n$ 相界面的气相一侧溶质 A 浓度分布情况，见图 2-2b。在图 2-2b 中横轴表示离开相界面的距离 Z，纵轴表示溶质 A 的分压 p。气体呈湍流流动，靠近相界面处仍有一个滞流内层，其厚度以 Z_G' 表示，湍动程度越高，Z_G' 越小。

吸收质 A 自气相主体向界面转移，由于吸收过程的存在，气相中 A 的分压越靠近界面便越小，稳定状态下，$m\text{-}n$ 截面上不同 Z 值各点处的物质传递速率应相同，但由于在流

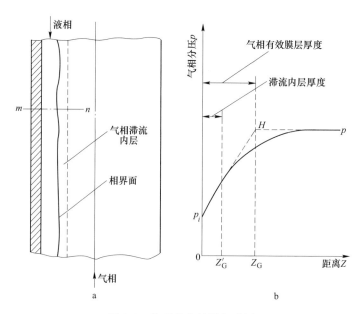

图 2-2　传质的有效滞留膜层

体的中心区主要是涡流扩散，而滞流内层主要是分子扩散。使这两个区域内的浓度梯度特征不同。在湍流区，浓度梯度几乎等于零，p-Z 曲线为一水平线。而在滞流层内，由于吸收质 A 的传递完全靠分子扩散，使浓度梯度很大，p-Z 曲线较为陡峭，在这两个区中间的过渡区，由一端几乎是纯分子扩散产生的总传质，逐渐而非突然地向主要是涡流扩散的另一端过渡，p-Z 曲线逐渐由陡峭转变为平缓，此时分子扩散和涡流扩散均不可忽略，传质是分子扩散和涡流扩散的总和。若延长滞流内层的分压线使其与气相主体的水平分压线相交于一点，令此交点 H 与相界面的距离为 Z_G，经此步骤，提出虚拟滞流膜层或有效滞流膜层的概念。即设想在相界面附近存在着一个厚度为 Z_G 的虚拟滞流膜层，膜层以内的流动纯属滞流，因而物质传递形式纯属分子扩散；Z_G 之外，认为是湍流区。由此，将三个具有不同特点的传质区域，简化为两个传质区域。

由图可见，有效滞流膜层的传质推动力即为气相主体与相界面处的分压之差，这意味着从气相主体到相界面处的全部传质阻力都包括在此有效滞流膜层之中。于是便可按有效滞流膜层内的分子扩散速率写出由气相中心区到相界面的对流扩散速率方程，即：

$$N_A = \frac{DP}{RTZ_G p_{Bm}}(p_A - p_{Ai}) \tag{2-14}$$

式中　N_A——溶质 A 的扩散速率，kmol/(m²·s)；

　　　D——溶质 A 在气相介质中的扩散系数，m²/s；

　　　Z_G——气相有效滞流膜层厚度，m；

　　　P——系统总压，kPa；

　　　p_A——气相主体中溶质 A 的分压，kPa；

　　　p_{Ai}——相界面处的溶质 A 的分压，kPa；

　$p_A - p_{Ai}$——有效滞流膜层内传质推动力，kPa；

　　　p_{Bm}——惰性组分 B 在气相主体与相界面处的分压的对数平均值，kPa。

同理，有效滞流膜层的概念，也适用于相界面液相一侧，液相一侧的对流扩散速率方程可写为：

$$N_A = \frac{D'C}{Z_L c_{Sm}}(c_{Ai} - c_A) \tag{2-15}$$

式中 N_A——溶质 A 的扩散速率，$kmol/(m^2 \cdot s)$；

$\quad\quad D'$——溶质 A 在液相溶剂 S 中的扩散系数，m^2/s；

$\quad\quad Z_L$——液相有效滞流膜层厚度，m；

$\quad\quad C$——溶液总浓度，$kmol/m^3$；

$\quad\quad c_A$——液相主体中溶质 A 浓度，$kmol/m^3$；

$\quad\quad c_{Ai}$——相界面处溶质 A 浓度，$kmol/m^3$；

$\quad\quad c_{Sm}$——溶剂 S 在液相主体中与相界面处的浓度的对数平均值，$kmol/m^3$。

利用湿壁塔研究气液吸收传质过程的推导过程需注意以下几点：

（1）湍动程度越高，滞留内层厚度越小；

（2）流体中心区主要是涡流扩散，滞流内层主要是分子扩散。过渡区既存在着分子扩散，也存在着涡流扩散；

（3）虚拟滞流膜层（或有效滞流膜层）的膜厚大于真实滞流膜层厚度；

（4）气相主体到相界面处的全部传质阻力都在气相一侧有效滞流膜层之中，传质推动力即为气相主体与相界面处的分压之差。同样，液相主体到相界面处的全部传质阻力都在液相一侧有效滞流膜层内，传质推动力即为气相主体与相界面处的分压之差。

对于一个稳定的传质过程，可将式 2-14 和式 2-15 简化，令：$\dfrac{DP}{RTZ_G p_{Bm}} = k_G$ 以及 $\dfrac{D'C}{Z_L c_{Sm}} = k_L$，则式 2-14 和式 2-15 变为：

$$N_A = k_G(p - p_i) \tag{2-16}$$

$$N_A = k_L(c_i - c) \tag{2-17}$$

这两个式子中，k_G 与 k_L 分别称作气膜传质系数和液膜传质系数或称传质分系数。k_G 与 k_L 需用实验直接测定，而不必知道膜厚，当然膜厚的测量几乎不可能实现。

2.3.4 双膜理论

关于两相吸收的传质机理，有许多研究者进行大量研究，提出多种传质模型，其中刘易斯（W. K. Lewis）和惠特曼（W. G. Whitman）在 1923 年提出的双膜理论一直占有重要地位，此为传质理论发展中最早提出的模型，是气液界面传质过程的经典理论，至今仍被用来解释传质机理，并进行传质计算。双膜理论的基本要点如下：

（1）相互接触的气、液两流体间存在着稳定的相界面，界面两侧各有一个很薄的有效滞流膜层，吸收质以分子扩散方式通过此二膜层。气液两相间阻力传质阻力集中在界面附近的气膜和液膜之内。

（2）在相界面处气、液两相达到平衡。在界面上没有阻力，穿过界面所需要的传质推动力为零。

（3）在膜层以外的中心区，由于流体充分湍动，吸收质浓度是均匀的，即两相中心区内浓度梯度皆为零，全部浓度变化集中在两个有效膜层内。

通过以上假设，将整个相际传质过程简化为经由气、液两膜的分子扩散过程，吸收时的相间传质过程包括三个步骤：首先溶质由气相主体扩散到气液两相界面，然后穿过界面，最后由液相界面扩散到液相主体。图 2-3 即为双膜理论的示意图，其中 p、p_i 分别表示气相主体及气液界面的溶质分压，c、c_i 分别表示液相主体及气液界面的溶质浓度。双膜理论认为，相界面上处于平衡状态，即图 2-3 中的 p_i 与 c_i 符合平衡关系，阻力只集中在气液界面两侧的气膜液膜内，因此双膜理论也可以称为双阻力理论。

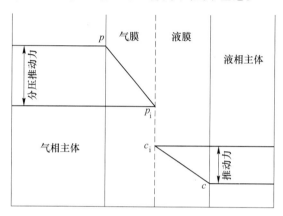

图 2-3　双膜理论的示意图

双膜理论为传质理论奠定了基础，把复杂的相际传质过程大为简化，对于相界面并无明显扰动的过程，双膜理论是适用的，根据这一理论的基本概念确定的相际传质速率关系，至今仍是传质设备设计的主要依据。但是对具有自由相界面的系统，尤其是高度湍动的两流体间的传质，双膜理论表现出它的局限性，因为在这种情况下，相界面已不再是稳定的，界面两侧存在稳定的有效滞流膜层及物质以分子扩散的形式通过此二膜层的假设都很难成立。

针对双膜理论的局限性，后来相继提出了一些新的理论，如溶质渗透理论、表面更新理论、界面动力状态理论等，这些理论对于相际传质过程中的界面状况及流体力学因素的影响等方面的研究和描述有所进步，但目前尚不能据此进行传质设备的计算或解决其他实际问题。

2.4　吸收速率方程

吸收速率指单位时间内单位相际传质面积上吸收溶质的量，在实际工作中要计算执行指定的吸收任务所需设备的尺寸，或核算用已知设备吸收混合气体所要达到的吸收程度，均需知道吸收速率。

对于吸收过程的速率关系，可赋予如下形式：速率＝推动力/阻力；又可写为：速率＝吸收系数×推动力。其中推动力可指浓度差或压力差，吸收阻力的倒数称之为吸收系数。

前已述及气膜吸收速率方程式 2-16，其中 k_G 为气膜传质分系数，$1/k_G$ 为气膜一侧的阻力，与气膜推动力（$p-p_i$）相对应。液膜吸收速率方程式 2-17 中，k_L 为液膜传质分系数，

$1/k_L$ 为液膜一侧的阻力，与液膜推动力 (c_i-c) 相对应。

　　传质相比于传热更为复杂的一个原因是溶质在气相和液相浓度表达方式更多，当然更为复杂的是物质在相际之间传质，当气相的组成以摩尔分数表示时，相应的气膜吸收速率方程式为：

$$N_A = k_y(y - y_i) \tag{2-18}$$

式中　y——溶质 A 在气相主体中的摩尔分数；

　　　y_i——溶质 A 在相界面的摩尔分数；

　　　k_y——与气膜推动力 $(y-y_i)$ 相对应的吸收系数，$kmol/(m^2 \cdot s)$。

　　当液相的组成以摩尔分数表示时，相应的液膜吸收速率方程式：

$$N_A = k_x(x_i - x) \tag{2-19}$$

式中　x——溶质 A 在液相主体中的摩尔分数；

　　　x_i——溶质 A 在相界面的摩尔分数；

　　　k_x——与液膜推动力 (x_i-x) 相对应的液膜吸收分系数，$kmol/(m^2 \cdot s)$。

　　这些吸收速率方程，在实际应用上是有困难的，首先 k_G 和 k_L 不易测量，更重要的是界面浓度 p_i、c_i 也很难测量。溶质在气相和液相主体中的浓度是容易测量的，后续针对吸收过程建立物料守恒方程时也是以两相主体浓度进行衡算，所以要解决这个棘手的问题，有必要建立以两相主体浓度为推动力的总的传质速率方程，但是不能简单地用两相主体浓度差直接作为推动力的要素，必须对其中一个浓度通过相平衡关系进行转化。采用流体两相主体浓度的某种差值来表示总推动力而写出总吸收速率方程式，这种方程式中的吸收系数称为总系数，以 K 表示。

　　吸收过程之所以能自动进行，就是由于两相主体浓度尚未达成平衡，一旦任何一相主体浓度与另一相主体浓度达成平衡，推动力便等于零。因此吸收过程的总推动力可以用任何一相的主体浓度与另一相主体浓度的平衡浓度差来表示。

　　对于稳态吸收过程，从气相主体传递到相界面的通量必等于从界面传递到液相主体的通量，界面上无物质的积累与亏损。因此气相和液相的摩尔传质通量应相等，即有：$N_A = k_G(p-p_i) = k_L(c_i-c)$，通过亨利定律把液相摩尔浓度用气体分压的形式进行表达得到：

$$N_A = k_G(p - p_i) = k_L H(p_i - p^*) \tag{2-20}$$

　　根据亨利定律，有 $p^* = c/H$（即 $c = Hp^*$），则：

$$N = \frac{p_i - p^*}{\dfrac{1}{Hk_L}} = \frac{p - p_i}{\dfrac{1}{k_G}} \tag{2-21}$$

　　应用加比定律，消去 p_i，得到：

$$N = \frac{p - p^*}{\dfrac{1}{Hk_L} + \dfrac{1}{k_G}} \tag{2-22}$$

　　令：

$$\frac{1}{K_G} = \frac{1}{Hk_L} + \frac{1}{k_G} \tag{2-23}$$

　　即得到：

$$N_A = K_G(p - p^*) \tag{2-24}$$

此式称为气相总吸收速率方程，其中 K_G 称为以分压差为总推动力的气相吸收总传质系数，包括了气、液两个分系数，即总阻力等于气膜阻力和液膜阻力之和。

同样借助亨利定律和双膜理论可以导出液相总吸收速率方程：

$$N_A = K_L(c^* - c) \tag{2-25}$$

K_L（液相吸收总传质系数）与 k_G、k_L 的关系用下式表示：

$$\frac{1}{K_L} = \frac{1}{k_L} + \frac{H}{k_G} \tag{2-26}$$

同样，K_L 也包括了气、液两个分系数，同样总阻力等于气膜阻力和液膜阻力之和。

吸收总系数 K_G 和 K_L 可以通过实验获取，也可以通过经验公式或准数关联式求得。某些吸收系统的吸收系数列于表 2-1。随着推动力表达方式的不同，与之相对应的传质速率方程见表 2-2。总结各种形式的传质速率方程及吸收系数间的换算关系列于表 2-3。

表 2-1　某些系统的传质系数

系 统	传质系数	备 注
亚硫酸铵及亚硫酸氢铵溶液吸收二氧化硫	$K_G = 5.25 \times 10^{-4} v^{0.8}$	K_G 单位为 $kg/(m^2 \cdot h \cdot Pa)$；$v$ 为气流速度，m/s
碱中和或乙醇胺吸收硫化氢	$K_G = 7.5 \times 10^{-5}$	K_G 单位为 $kg/(m^2 \cdot h \cdot Pa)$；空塔气速 $0.6 \sim 1.0 m/s$；液气比 $10 L/m^3$
水吸收氨	$K_G = 8.2 \times 10^{-5} v^{0.7} l^{0.5}$	弦栅填料；K_G 单位为 $kg/(m^2 \cdot h \cdot Pa)$；$v$ 为气流速度，m/s；l 为液气比，L/m^3
20%氢氧化钠溶液吸收氮氧化物	$K_L = 0.8 \sim 1.7$	氮氧化物浓度 $0.5\% \sim 16\%$；K_L 单位为 m/s；用碳酸钠溶液吸收时 K_L 略低

表 2-2　不同形式的总吸收速率方程

方程式	传质系数		推动力	
	符号	SI 单位	表达式	SI 单位
$N_A = K_G(p - p^*)$	K_G	$kmol/(m^2 \cdot s \cdot kPa)$	$p - p^*$	kPa
$N_A = K_L(c^* - c)$	K_L	m/s	$c^* - c$	$kmol/m^3$
$N_A = K_y(y - y^*)$	K_y	$kmol/(m^2 \cdot s)$	$y - y^*$	—
$N_A = K_Y(y - y^*)$	K_Y	$kmol/(m^2 \cdot s)$	$Y - Y^*$	—
$N_A = K_x(x^* - x)$	K_x	$kmol/(m^2 \cdot s)$	$x^* - x$	—
$N_A = K_X(x^* - x)$	K_X	$kmol/(m^2 \cdot s)$	$X^* - X$	—

表 2-3　传质速率方程和吸收系数

相平衡方程	$y^* = mx$	$p^* = c/H$	$Y^* = X$
总传质系数和对应分传质系数的关系	$\dfrac{1}{K_y} = \dfrac{1}{k_y} + \dfrac{m}{k_x}$	$\dfrac{1}{K_L} = \dfrac{1}{k_L} + \dfrac{H}{k_G}$	$\dfrac{1}{K_Y} = \dfrac{1}{k_Y} + \dfrac{m}{k_X}$
	$\dfrac{1}{K_x} = \dfrac{1}{mk_y} + \dfrac{1}{k_x}$	$\dfrac{1}{K_G} = \dfrac{1}{Hk_L} + \dfrac{1}{k_G}$	$\dfrac{1}{K_X} = \dfrac{1}{mk_Y} + \dfrac{1}{k_X}$

相平衡方程	$y^* = mx$	$p^* = c/H$	$Y^* = X$
总传质系数间的关系	$K_x = mK_y$	$K_G = HK_L$	$K_X = mK_Y$
	$K_y = PK_G$	$K_x = CK_L$	$K_Y = PK_G$
分传质系数之间的关系	$k_y = pk_G$	$k_x = ck_L$	$k_Y = pk_G$

注：以摩尔比作为传质推动力所得到传质系数关联式的条件是溶质浓度很低。

根据前面吸收速率方程的讨论大致可以确定吸收过程主要是气膜控制、液膜控制还是两膜共同控制：

（1）当 $\dfrac{H}{k_G} \ll \dfrac{1}{k_L}$ 时，由 $\dfrac{1}{k_L} + \dfrac{H}{k_G} \approx \dfrac{1}{k_L} \approx \dfrac{1}{K_L}$，气相阻力可忽略，说明阻力集中在液膜，传质过程主要由液膜控制。可见，液膜控制的条件为：$k_G \gg k_L$ 或 H 很小。

（2）当 $\dfrac{1}{Hk_L} \ll \dfrac{1}{k_G}$ 时，由 $\dfrac{1}{Hk_L} + \dfrac{1}{k_G} \approx \dfrac{1}{k_G} \approx \dfrac{1}{K_G}$，液相阻力可忽略，说明阻力集中在气膜，传质过程主要由气膜控制。可见气膜控制的条件是：$k_G \ll k_L$ 或 H 很大。

（3）当式2-23和式2-26中的两项都不可忽略时，此时传质过程由两膜共同控制。

当吸收过程处于气膜控制或液膜控制时，可以简化传质系数的计算。同时对实际操作也有指导意义。气膜控制时 K_G 按气速的0.8次方成比例增加，增大气速有利于吸收。液膜控制时 K_L 按喷淋密度的0.7次方成比例增加，增大液体流量，可使液相湍动程度加强有利于吸收。表2-4列举了部分吸收过程中膜控制情况。

表2-4 部分吸收过程中膜控制情况

气 膜 控 制	液 膜 控 制	气、液膜控制
（1）浓硫酸吸收三氧化硫	（1）水或弱碱吸收二氧化碳	（1）水吸收二氧化硫
（2）水或稀盐酸吸收氯化氢	（2）水吸收氧气	（2）水吸收丙酮
（3）酸吸收5%氨	（3）水吸收氯气	（3）浓硫酸吸收二氧化氮
（4）碱或氨水吸收二氧化硫		（4）水吸收氨[①]
（5）氢氧化钠溶液吸收硫化氢		（5）碱吸收硫化氢
（6）液体的蒸发或冷凝		

① 用水吸收氨，过去认为是气膜控制，经实验测知液膜阻力占总阻力的20%。

前面介绍的所有吸收速率方程式，都是以气液浓度保持不变为前提的。因此它们只适用于描述稳定操作的吸收塔内任一截面上的速率关系，而不能描述全塔的吸收速率。因为在塔内不同截面上的气、液浓度各不相同，吸收速率也就不同，所以要想得到混合气体经过吸收塔后究竟有多少溶质被吸收，需要对传质速率方程式进行积分运算。另外。总吸收速率方程只适用于平衡关系符合亨利定律的体系。

【例2-5】 已知某低浓度气体溶质在吸收塔内被吸收时，操作范围内平衡关系服从亨利定律，气膜吸收系数 $k_G = 0.1\,\mathrm{kmol/(m^2 \cdot h \cdot atm)}$，液膜吸收系数 $k_L = 0.25\,\mathrm{m/h}$，溶解度系数 $H = 0.2\,\mathrm{kmol/(m^3 \cdot mmHg)}$[❶]。试求气相吸收总系数 K_G（$\mathrm{kmol/(m^2 \cdot s \cdot kPa)}$），并分析该吸收过程的控制因素。

---

❶ 1mmHg = 133.3224Pa。

解：先将已知数据的单位换算成所要求的 SI 单位：$k_G = 2.74 \times 10^{-7}$ kmol/（$m^2 \cdot s \cdot$ kPa），$H = 1.5$ kmol/（$m^3 \cdot kPa$），$k_L = 6.94 \times 10^{-5}$ m/s。

因系统符合亨利定律，故可按式 2-23 计算总系数 K_G，即：

$$\frac{1}{K_G} = \frac{1}{Hk_L} + \frac{1}{k_G} = \frac{1}{2.74 \times 10^{-7}} + \frac{1}{1.5 \times 6.94 \times 10^{-5}} = 3.66 \times 10^6 \, m^2 \cdot s \cdot kPa/kmol$$

$$k_G = 1/(3.66 \times 10^6) = 2.73 \times 10^{-7} \, kmol/(m^2 \cdot s \cdot kPa)$$

因 $\dfrac{1}{Hk_L} \ll \dfrac{1}{k_G}$，所以该吸收过程是典型的气膜控制过程。

2.5　吸　收　设　备

所谓吸收设备，指的是在其中能发生吸收过程，气体与吸收剂进行密切接触，导致组分得以分离的设备。实用高效的吸收设备需要满足的要求如下：

（1）气液两相有较大的有效接触面积和足够的接触时间，保证气液接触状况良好；

（2）气液之间扰动剧烈，吸收阻力小，吸收效率良好；

（3）操作稳定，操作弹性大，对物料的适应性强；

（4）流动阻力小，气流通过时的压降小，两相分布均匀；

（5）结构简单，制造维修操作方便，造价低廉，运行安全可靠；

（6）针对特定情况，设备也需具有抗腐蚀和防堵塞能力。

吸收反应器的选择应根据气液组分的性质，结合气液反应器的特点和吸收过程的宏观动力学特点进行。气液组分的性质主要包括气液黏度、腐蚀性和扩散系数等。所谓吸收反应器的特点是指气液分散和接触形式。分散形式有三种：气相连续液相分散、液相连续气相分散和气液同时分散三种。气相连续液相分散形式主要吸收装置有喷淋塔、填料塔和湍球塔等，液相连续气相分散形式有板式塔和鼓泡塔等，气液同时分散形式有文丘里吸收器。气液接触形式有连续接触和梯级接触两类。除板式塔为阶梯接触外，其他类型均为连续接触。吸收过程的宏观动力学特点是指在有化学反应的吸收中，吸收速率是由扩散控制还是动力学（化学反应）控制，还是两个因素共同控制。

2.5.1　填料塔

填料塔是吸收操作过程中常用的设备，两相组成沿塔高连续变化，正常工作状态下，气相为连续相，液相为分散相。

填料塔不仅结构简单，而且有阻力小和便于使用耐腐材料制造等优点，同时，还具有生产能力大，分离效率高，持液量小，操作弹性大等优点。填料塔的缺点主要有：填料塔操作范围较小，对于液体负荷变化较为敏感，不宜处理含固体悬浮物或易聚合物料等。

早期的填料主要是焦炭、卵石、瓦砾和铁屑等物体，内部完全封闭，填料本身占据了设备的大部分传质空间，气、液相接触面积小，传质效率低，后来出现比较有效的填料。在 1914 年拉西发明了拉西环填料，自此开始了填料的开发进程，越来越多的填料类型被开发出来，填料研究逐步致力于开发填料的更多可用表面、增加气液接触面积、改善传质效率等方向。对拉西环进行了改进从而得到了鲍尔环，与拉西环相比，鲍尔环的气体通量和传质效率都大大提高。鞍形填料和球形填料等填料也相继出现。英国传质公司在 1969~1972 年研制出了阶梯环，阶梯环又是对鲍尔环的改进，阶梯环的气体通量和压降都降低了。美国诺顿 Norton 公司于 1976~1978 年研究开发出的金属 intalox 填料，具有低压降和大处理能力的特点，提高处理能力近 30%。

规整填料的历史始于 1955 年，起初主要是较为简单的格栅填料。现代规整填料主要以苏尔寿公司为代表，20 世纪 60 年代，该公司开发了金属丝网波纹填料，1977 年又推出了板片波纹型的麦勒派克 Mellapak 填料，1994 年又开发了一种结构新颖、多通道的优流规整 Optiflow 填料，规整填料的研究与开发工作仍在继续。日本三菱商社推出的 Mc-pak 填料，多以 Mellapak 填料为雏形。瑞士 KUHNI 公司的 Rombopak 填料，德国 RASCHIG 公司的 Ras-chig-Superpak 填料开发应用比较成功。

我国从 20 世纪 60 年代开始对规整填料进行系统的研究研制工作，已经形成了较为完整的科研生产体系。我国天津大学开发的整砌填料具有结构简单、流通面积大、阻力小等特点。之后，脉冲规整填料、压延板网波纹填料等逐步被开发出来。

2.5.1.1 填料塔结构

图 2-4 给出了填料塔的示意图，塔身是一直立圆筒，塔壳可由陶瓷、金属、玻璃或塑料等材料制成。若有需要，可在金属筒体内衬以防腐材料。底部装有填料支承板。填料的上方安装填料压板，以防填料被上升气流吹动。液体从塔顶经液体分布器喷淋到填料上，并沿填料表面流下。气体从塔底送入，与液体呈逆流流动，连续地通过填料层的空隙，在填料表面上，气液两相密切接触进行传质。

若填料层较高，可将填料分段装填，每两个填料段中间布置液体再分布器。设置液体再分布器的作用是对液体进行收集再分布，以改善壁流效应。所谓壁流效应，指的是液体沿填料层向下流动时有逐渐向塔壁集中的趋势，使得塔壁附近的液流量逐渐增大的现象。壁流效应造成气液两相在填料层中分布不均，从而使传质效率下降。

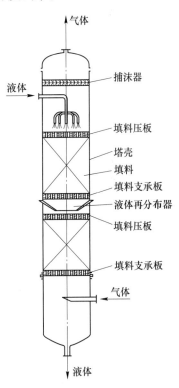

图 2-4　填料塔示意图

2.5.1.2 填料类型

填料是导致填料塔气液两相充分接触从而实现气液两相间热、质传递的主要构件。因此填料特性对填料塔的流体力学性能和传质性能起重要影响。填料塔的性能优劣关键取决于填料。以下参数可从某些角度表征填料的性能：

（1）比表面积 α，指单位体积填料具有的表面积，m^2/m^3。比表面积的数据可经过计算得到，$\alpha = n\alpha_0$，其中 n 为单位体积填料层具有的填料个数，α_0 为单个填料的表面积。填料的比表面积越大，能提供的相接触面积也将越大。

（2）空隙率 ε，指单位体积填料层具有的空隙体积，m^3/m^3。不同填料的空隙率可用充水法由实验测定。若已知单个填料的实体体积 $V_0(m^3)$，空隙率可用下式求取：$\varepsilon = 1 - nV_0$。显然填料层的空隙率越大，气体通过的阻力就越小，气体通量和液体通过能力就越大，导致操作弹性范围比较宽。

（3）干填料因子和湿填料因子：干填料因子和湿填料因子都是用 α/ε^3 来表示的。干填料因子是在填料没有润湿的情况下，填料比表面积与空隙率组成的一个特性参数，表示填料的比表面积、空隙率两个特性的综合性能，α/ε^3 越小，表明相同填料表面积具有的空隙体积越大。湿填料因子指的是当填料被液体喷淋表面润湿后，填料比表面积和空隙率都随填料表面润湿而产生改变，此时相对应的 α/ε^3 值就是湿填料因子，一般简称为填料因子，用符号 Φ 表示，单位为 1/m。填料因子是表征填料层流体力学性能的重要参数。

填料的种类很多，大致可分为实体填料与网体填料两大类。实体填料包括环形填料（环形填料有拉西环、鲍尔环和阶梯环），鞍型填料（鞍型填料有弧鞍、矩鞍），栅板填料以及波纹填料等。网体填料主要是由金属丝网制成的填料，如鞍形网、θ 网和波纹网等。

根据装填方式将填料分为散装填料和规整填料。散装填料是具有一定几何形状和尺寸的颗粒体，一般以随机的方式堆积在塔内，又称为乱堆填料或颗粒填料。散装填料因在塔内呈不规则堆放，刚投入使用时气液湍动性能好，气液接触比较充分，填料传质效果好，但使用一段时间后填料容易堵塞的缺点会逐渐显现。规整填料是在塔内按均匀几何构型排布、整齐堆砌的填料。规整填料种类繁多，根据其几何构造可分为：格栅填料、波纹填料、蜂窝填料、脉冲填料等。规整填料相比散堆填料来说，在相同的理论板数和处理量情况下，规整填料的处理效率更高，成本更小，但是散堆填料比规整填料更抗堵。因此在实际运用当中，一般下段塔节用散堆填料，上段用规整填料。

图 2-5 给出了常见的填料类型。

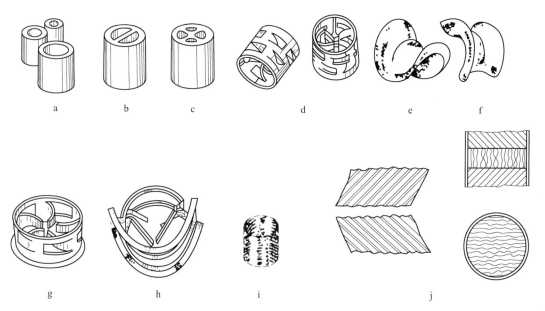

图 2-5　几种填料的形状

a—拉西环；b—θ 环；c—十字格环；d—鲍尔环；e—弧鞍；f—矩鞍；

g—阶梯环；h—金属鞍环；i—θ 网环；j—波纹填料

拉西环（Raschig Ring）是最早出现的填料。结构是外径与高度相等的圆环，直〔径〕一般在 6~150mm 之间，常用陶瓷、金属、塑料等材料制备。结构简单，研究充分，所以〔已〕经被广泛应用。易于制造，强度好，取材面广，但流体力学及传质性能均不够理想，气〔流〕分布较差，传质效率低，阻力大，通量小，因此后来的研究中对拉西环做了诸多改进，〔例〕如：勒辛环、十字隔环、螺旋环等。

鲍尔环（Pall Ring）是拉西环的改进形式，结构复杂，效率高、阻力小。其结构是在拉西环的侧壁上开出两排长方形的窗孔，被切开的环壁的一侧仍与壁面相连，另一侧向环内弯曲，形成内伸的舌叶，所有舌叶的侧边在环中心相搭。鲍尔环由于环壁开孔，大大提高了环内空间及环内表面的利用率，气流阻力小，液体分布均匀，而且使填料的流通截面增大，从而提高了通量，减小了阻力，强化了气体流经环内空间的湍动程度，环壁的小窗口使相邻填料之间的积液情况得到改善，并减轻了沟流和壁流的现象，相际接触面积增加，气液湍动增加，传质效率大为提高。

阶梯环（Cascade Ring）是将鲍尔环一端扩大做成喇叭口，填料个体之间即呈点接触，同时，液体自上向下流动的过程中，在交接点汇聚—分散—汇聚等过程，既增加了气、液有效接触面积，又提高了气、液湍流程度和表面更新频率，传质效率显著提高；另一个结构的改进是将高径比由 1.0 缩到 0.5，填料重心下移，随机堆放时，填料纵向取向概率增大，可使填料层填料密度均匀，气体分布合理，处理量增加，有利于传质。阶梯环是目前使用的环形填料中性能最为良好的一种。

弧鞍填料（Berl Saddle），又称贝尔鞍，是最早出现的鞍形填料，其形状如同马鞍，一般采用瓷质材料制成，弧鞍填料的特点是表面全部敞开，没有内外表面之分，属于开式结构。液体在表面两侧均匀流动，表面利用率高，流道呈弧形，流动阻力小。其缺点是易发生套叠，致使一部分填料表面被重合，使传质效率降低。弧鞍填料因为开式结构，强度较差，容易破碎，工业生产中应用不多。

矩鞍形填料（Intalox Saddle）是针对弧鞍填料容易重叠的缺点改进而成的一种鞍形填料，将其弧形面改为矩形面，且内外曲率半径不同，不仅保持了鞍形类填料弧形面结构的优点，而且由于填料之间基本上呈点接触的堆积状态，液体分布较均匀，阻力比较小，通量增大，效率提高。其缺点仍是因为开式结构，强度差，特别是陶瓷制填料易于破碎，使其应用受到限制。

金属鞍环（金属矩鞍环，Metal Intalox）是美国诺顿公司率先开发出来的，兼顾鲍尔环形和矩鞍形结构特点而设计出的一种新型填料，该填料一般以金属材质制成，故又称为金属环矩鞍填料，在构形上是鞍与环的结合，既保持了鞍形填料的弧形面结构具有液体分布性比较好的优点，又保留了鲍尔环空隙率比较大的优点，因而具有通量比较大、阻力比较小的优点。它的性能优于鲍尔环和矩鞍填料，也优于阶梯环。

格栅填料是以条状单元体经一定规则组合而成的，具有多种结构形式。工业上应用最早的格栅填料为木格栅填料。目前应用较为普遍的有格里奇格栅填料、网孔格栅填料和蜂窝格栅填料等，其中以格里奇（Glitsch）格栅填料最具代表性，格里奇格栅填料由单元构件按照一定方向排列而成（图 2-6），单元构件的宽度一般为 57mm 或 67mm，高度为6mm，长度由塔的尺寸确定，两个单元构件之间用连接小爪点焊在一起，连成一体，其特点是填料空隙率大、压降低、通量高、抗堵塞，现在主要用于传热、气态净化、除雾及一者温度高的系统。

波纹填料是目前工业上应用比较广泛的规整填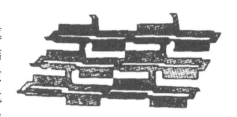料，它是由许多波纹薄板组成的圆盘状填料，按结构可分为网波纹填料和板波纹填料两大类，其材质又有金属、塑料和陶瓷等之分。波纹填料结构的优点是：各片排列整齐而峰谷之间空隙大，气流阻力小；波纹间通道的方向频繁改变，气流滑动加剧；

图 2-6 格里奇格栅填料

片与片之间以及盘与盘之间网条交错，促使液体不断再分布；丝网细密，液体可在网面形成稳定薄膜，即使液体喷淋密度小，也易于达到完全润湿。上述特点使这种填料层的通量大，润湿率高，在大直径塔内使用也没有液体分布不匀及填料表面润湿不良的缺点，具有很高的传质效率。

此外，其他填料也在不断开发，比如泰勒花环、共轭环、海尔环、茵派克填料、脉冲填料、蜂窝填料等。

2.5.1.3 填料塔附属结构

填料塔的附属结构主要有支承装置、液体喷淋装置、液体再分布器和除雾器等。下面对它们分别进行介绍。

A 支承装置

支承装置主要用以支承填料和填料上的持液量，它应有足够的强度，允许气体和液体能自由通过，支承装置自由截面不应小于填料层的孔隙率。它应满足以下几个基本条件：

（1）支承装置上流体通过的自由截面积应为塔截面的 50% 以上，即开孔率大，且应大于填料的空隙率，以保障气液都能顺利通过。自由截面积太小，在操作中会产生拦液现象，增加压降，降低效率，甚至形成液泛。

（2）要有足够强度承受填料的质量，并考虑填料孔隙中的持液质量，以及可能加于系统的压力波动、机械振动和温度波动等因素。

（3）要有一定的耐腐蚀性能。因为某些工艺要求，导致易于腐蚀。

（4）结构简单，易于安装。

支承板常可以用扁钢制作成栅板形状，栅板特点是结构简单，自由截面比较大，材质比较省，填料支承板的强度计算也比较简单。但其支承形式为平面型，使用中存在两个缺点，如果使用不当会给生产带来弊病：一是气体和液体须逆向通过同一开孔处，常导致板上积累一定高度的液层，甚至在液量很小时也会发生，导致气流阻力大；二是通道易于被第一层放置的填料所堵塞，装入散装填料后易使支承开孔率减小，降低了实际流通面积。为此在栅条上先整齐摆放大尺寸十字隔板环形填料，其尺寸视塔内填料型号而定。若塔内填料过小，则多摆放几层十字隔板填料，且尺寸依次减小，使其上填料不致掉入其中。这样栅条间距还可加大些，省工又省料。在栅板支承上放置一盘规整填料，然后再在其上放置散装填料，也是一个可行的办法。另一个改进方向是在栅条下面开锯齿，可使液体易于流下且较均匀。

随着新型散装填料的开发，要求高通量、低压降的支承装置，因此气液分流型支承装置应运而生。气体从支承的上部喷射出，而液体则从支承的下部流出。气液各自都能各行其道，不必在同一孔中逆流通过。流通截面可超过110%，因而其通量大、阻力小。这种支承装置主要有波纹式、驼峰式和孔管式等。

波纹式气液分流型支承装置是将金属钢板网压成波纹后焊在钢圈上。网孔呈菱形，为便于导液，波纹与菱形的长轴方向垂直。

驼峰式支承板是有波浪形结构的支持梁，它是目前最好的散装填料支承之一。它适用于塔径1.5m以上的大塔，应用较广。几何形状的凸凹波浪形给气体和液体提供了不同的通道，装入填料后，仅有一部分开孔被填料所堵塞，可以提供超过100%的自由截面，气体容易进入填料层内，液体也可以自由排除，既避免了液体在板上的积累，又有利于液体均匀再分布，提高塔的工作效率。

管孔式填料支承装置类似升气管式液体分布器，所不同的是，把升气管上口封死，在管壁上开长孔。这种支承装置对气体有分布作用，对于塔体有法兰的小塔，可采用这种形式的支承装置。

B 液体分布装置

液体分布装置可确保液体良好的初始分布与填料塔的正常操作，将进入填料塔的液体均匀分布于整个塔截面上，使得液体与上升气体均匀接触。液体分布器因形状不同可分为盘式、管式、槽式、喷射式液体分布器等。应根据不同的工况选用适宜的液体分布器。在工程设计中，对液体分布器的基本要求有：确保液体分布均匀，确保液体分布器良好的抗堵塞性能，合适的操作弹性，结构简单、合理、紧凑，造价不宜过高，便于安装检修等。

C 液体再分布器

液体再分布器是用来改善液体在填料层内的壁流效应的，每隔一定的高度的填料层设置一个再分布器。无论是液体分布器还是再分布器，其目的都是液体在塔内均匀分布，它们结构上的主要区别就是后者多了一个液体收集装置，以利于再分布液体的进行，以达到较好的气液接触状态。

常用的液体再分布器有槽盘式液体再分布器、升气管式液体再分布器、斜板式收集分布器和遮板式收集再分布器等。

槽盘式液体再分布器兼有收集和再分布的功用。升气管式液体收集器的结构类似于槽盘式气液分布器，升气管上端设有一挡液板，防止液体从升气管落下。对于全部液体出料的收集器不安排布液孔，对于部分出料的收集器仍需要安排布液孔。遮板式液体收集器是一种常见的塔内液体收集装置，收集液体的同时可以液相采出。一般置于填料层下面，能将液体全部收集。收集器上缘用法兰固定在筒体法兰之间，上层填料下来的液体落在遮板上再流入集液板下面的导液槽中。塔径较大时，周边还要设置环形集液槽。遮板式液体收集器一般适用于法兰连接的小直径塔中，在多段填料塔节中使用时，需要与槽式液体分布器配合使用。

D 除雾器

除雾器是用来除去填料层上方逸出气体中的雾滴，对除雾器的要求是效率更高、压降小、不易堵塞、结构简单等。除雾器种类主要有折板式、丝网式、填料式、旋流式等（图2-7）。

折流板除雾器通过突然改变含雾气流的流动方向，雾粒在惯性作用下偏离气流的流

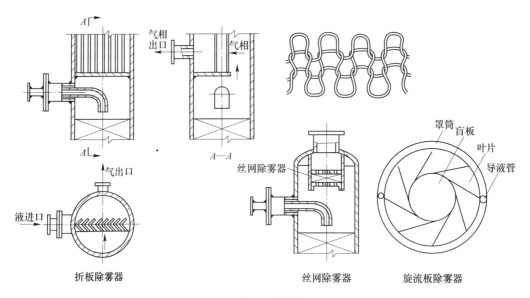

图 2-7　除雾器

向，撞击在折流板上而被分离。折流板除雾器具有结构简单、不易堵塞的优点。

丝网除雾器主要原件是编织金属或塑料丝网，其作用机理为：夹带在气相中的细小液体雾滴，经过丝网时，雾滴被丝网黏附或吸附下来，经过反复多次，小雾滴附聚、聚结成为大液滴，大液滴在重力的作用下滴落。丝网除雾器具有比表面积大、孔隙率大、结构简单、使用方便、压降小以及除雾效率高等优点。

旋流板除雾器利用旋流板具有变轴流为旋流的功能和旋流产生的离心力进行除雾的装置。气体通过叶片时产生旋转和离心运动，在离心力作用下将夹带液滴甩到塔壁，实现气液分离，除雾效率高。

E　气体分布装置

气体分布装置是气体进口装置，应使气体分布均匀，同时还防止液体流入进气管。对填料塔进气结构的具体要求是：气体能均匀分布，流动阻力小，占用空间较小，同时还能防止液体流入进气管，气体分布装置要结构简单。

常见的进气装置有直管进口、向下开缺口、斜口、弯管或上进气的方式。

F　排液装置

排液装置液体从塔内排出时，一方面要使液体能顺利排出，另一方面应保证塔内气体不会从排液管排出，一般采用液封的装置。

G　填料压紧装置

为防止在上升气流的作用下填料床层发生松动或跳动，保持操作中填料床层为一恒定的固定床，从而必须保持均匀一致的空隙结构，使操作正常、稳定，故需在填料层上方设置填料压紧装置。填料压紧装置分为填料压板和床层限制板两类。

为了便于安装和检修，填料压紧装置不能与塔壁采用连续固定方式，对于小塔可用螺钉固定于塔壁，而大塔则用支耳固定。填料压板适用于陶瓷、石墨等制成的易发生破碎的散装填料。床层限制板适用于金属、塑料等制成的不易发生破碎的散装填料及所有规整填料。设计中，为防止在填料压紧装置处压降过大甚至发生液泛，要求填料压紧装置的自由截面积应大于 70%。

2.5.2 板式塔

板式塔是梯级接触式塔型，在正常操作状态下，气相为分散相，液相为连续相。泡罩塔是最早的典型的板式塔，自从 1813 年 Cellier 提出泡罩塔，并在化学工业生产上采用以来，泡罩塔在蒸馏、吸收等两相传质设备中曾占主导地位。筛板塔发明于 1832 年，仅晚于泡罩塔二十年左右。1912 年筛板塔开始用于炼油业，但它早期研究不够深入被认为具有操作范围窄和操作不易稳定的缺点。在 20 世纪 50 年代以前它的使用远不如泡罩塔普及。1949 年后对筛板塔性能的研究不断深入，逐步掌握了筛板的操作规律，筛板塔逐渐成为应用很广泛的一种塔设备。浮阀塔是 20 世纪 50 年代初在美国发展起来的一种高效的气液传质设备，主要有条形浮阀塔板（1951 年）、盘式浮阀塔板（1953 年）和重盘式浮阀塔板（1951 年）三种。此后英国的 Hydronyl 公司与西德 M. A. N 公司协同推出了锥心浮阀塔板。这些塔板的相继问世，使浮阀塔在工业上得到了广泛的应用。现在还出现了各种在浮阀塔板的基础上发展起来的新型的塔板，如导向浮阀塔板、微分浮阀塔板和槽式浮阀塔板等。

2.5.2.1 板式塔结构

板式塔主要包括塔体、塔板、溢流堰和降液管等部件。塔板是气液接触元件；溢流堰维持塔板上一定高度的液层，以保证在塔板上气液两相有足够的接触面积；降液管作为液体从上层塔板流至下层塔板的通道。正常工作状态时，液体依靠重力作用从顶部进入后逐板向下流动，在板上形成一定厚度的液层，气体靠压差推动，从塔底向上依次穿过各塔板上的液层流向塔顶。每块塔板上保持着一定厚度的液层，气体通过塔板分散到液层中，气液两相进行相际接触传质。

2.5.2.2 主要板式塔类型

板式塔可按照气液接触元件区主要分为泡罩塔、筛板塔和浮阀塔等，也可按照有无溢流区分为有溢流塔板和无溢流塔板。气液接触元件是使气体通过塔板时将其均匀分散在液层中进行传质的气体分布装置。当气体通过这些元件时，被分散成许多小的气流，并在液层中鼓泡，气液湍动剧烈，形成良好的气液接触界面，促进传质。气液接触元件是塔板形式最基本的特征，也往往作为塔板分类的标志。

A 泡罩塔

泡罩塔的接触元件是由安在板上的升气管和安在升气管顶部的泡罩所构成（图 2-8），泡罩下缘开有若干小孔或缝隙，当运行时浸没在液层中，由下一层塔板上升的气体进入升气管后，经升气管与泡罩之间的环隙通道折而向泡罩下缘的缝隙中以鼓泡的形式穿过液层，并最终达到穿过气液相间进行传质的目

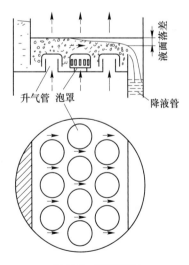

图 2-8 泡罩塔板

的。泡罩形状有很多种，最常见的是圆形泡罩，此外还有条形泡罩、槽式泡罩、扁平泡罩和伞形泡罩等。

泡罩塔结构复杂，但是操作起来较为容易，工作弹性也大，操作稳定可靠，所以早期工业应用较多，主要用于酿造和炼油工业。但其缺点是塔板结构复杂，造价高，而且气流通道曲折导致压降大，从而限制了生产能力的提高，又因为塔板结构复杂，液体流动阻力大，当塔径较大、流道较长时，液体进出塔板的液面落差变大，导致通过塔板的气体分布不均匀，使塔板效率降低，维修也较为困难。

B　筛板塔

筛板塔的气液接触元件由直接在塔板上均匀分布的小孔构成（图 2-9）。当液体由降液管流过塔板时，只要穿过小孔的气速合适，即可避免液体从小孔严重泄漏，而能正常操作。

虽然筛孔塔板具有结构简单、造价低廉、处理能力大和压降小的优点，但是操作性能难以控制，被误认为弹性小，不好操作，而未能广泛采用。后来研究发现只要筛板塔设计合理，操作得当，筛板塔是可以稳定操作的，而且操作弹性也比较大，能满足生产要求，筛板塔开始在工业上广泛地被应用。筛板因孔径小，易堵，故不宜用于处理较脏的物料。为克服此缺点，近年来开始采用孔径为 0~25mm 的大孔径筛板。在筛板的基础上进行了改进，形成了一些新型塔板，比如导向筛板、多降液管筛板和垂直筛板等。其中导向筛板和垂直筛板

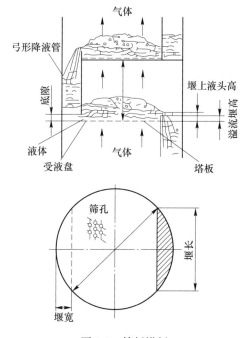

图 2-9　筛板塔板

已经归类为喷射型塔板一类。多降液管筛板塔特别适用于大液体负荷操作。每块塔板上设有多根平行的降液管（一般其间隔约 0.5m），相邻两塔板的降液管成 90°交错，降液管下端悬空在下面塔板的鼓泡区上方，液流从管底的缝隙下落。靠管内积液的液封作用，阻止气体窜入管中。一般因积液层浅，可以采用较小的板间距，这样能抵偿塔板效率稍低的缺点。

C　浮阀塔

浮阀塔板的气液接触元件是在板上开孔，并在孔上安置可以上下浮动的阀片（通称浮阀）而构成（图 2-10）。阀片有圆形、矩形、盘形等，目前已经有形式众多的浮阀塔板。操作浮阀塔板时，由于其气流通道的面积可随气速的变化而自动调节，这就使得当气体负荷做较大幅度改变时，通过浮阀通道的气流仍能维持一个较为合适的气速，使气流对液层的鼓泡作用不会因气量的改变而受到明显影响。又因通过浮阀的气流系以水平方向喷入液层，气、液接触时间较长，而液沫夹带较少。浮阀塔既有泡罩塔弹性大的优点，又有筛板塔压降小生产能力大的优点。从造价来看，浮阀塔比泡罩塔便宜，比筛板塔贵一些，应用也比较广。

D 喷射型板式塔

针对泡罩塔、筛板塔和浮阀塔的缺点，后来开发了喷射型塔板。喷射型塔板使得气液两相并流增大了气体负荷，强化了两相的接触，实现了现代工业分离对高效、低阻和大通量的要求，受到广泛的重视，其中有些喷射型塔板已经开始用于有害气体控制领域了，比如烟气脱硫除尘等。在喷射型塔板里，常见的类型有舌形塔板和浮舌塔板，此外还有斜孔塔板、旋流塔板等不同类型。

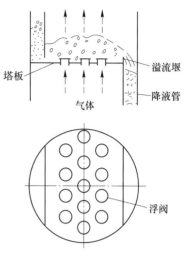

图 2-10　浮阀塔板

舌型塔板的结构是在塔板上冲出许多舌孔，方向朝塔板液体流出口一侧张开，舌片与板面成一定的角度，一般为 20°。塔板液体流出口一侧不设溢流堰，只保留降液管。操作时，上升气流沿舌片喷出，喷出后气流方向近于水平，喷出速度可达 $20 \sim 30 \mathrm{m/s}$。当液体流过每排舌孔时，被喷出气流强烈扰动而形成液沫，所产生的液滴几乎不具有向上初速度，而被水平偏斜向喷射到液层上方，喷射的液流冲至降液管上方的塔壁后流入降液管中，流到下一层塔板。气液两相在塔板上呈现并流方式流动，有助于降低雾沫夹带的现象，且能有效降低板上液面落差。

浮舌形塔板相当于把浮阀塔板的概念引入舌型塔板中来。与舌型塔板相比，浮舌塔板的结构特点是其舌片可上下浮动。浮舌塔板兼有浮阀塔板和固定舌型塔板的特点，因此浮舌塔板既具有舌型塔板的大处理量、低压降的优点，又具有浮阀塔的弹性大和效率高的优点，但其不足之处是舌片容易损坏。

斜孔塔板的结构特点是在板上开有斜孔，孔口向上凹出，与板面成一定角度。类似于舌型塔板，但斜孔开口方向与液流方向垂直，同一排孔口方向一致，相邻两排开孔方向相反，因此可使相邻两排孔的气体向相反方向喷出，既可避免液体在流动方向上被不断加速，又能避免液体在塔板一侧积累起来，气流不会对喷，水平方向气速较大且液层不会过薄，又阻止了液沫夹带，板面上液层低而均匀，气体和液体不断分散和聚集，表面不断更新，气液接触良好，传质效率提高。斜孔塔板结构简单，加工制造方便，但是板效率和生产能力都很高，是一种性能优良的塔板。

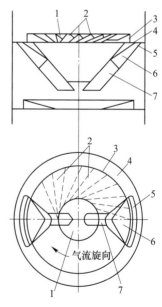

图 2-11　旋流塔板
1—布液板；2—旋流叶片；3—罩筒；
4—环板；5—弧形溢流口；
6—异形溢流管；7—圆形溢流管

旋流塔板是一种新型的旋转喷射型塔板（图 2-11），由我国自行开发。塔板的叶片固定在中间轴上，气流通过旋转的叶片时会产生一定的离心力，液体通过旋转叶片时会受到气流的影响，离心作用使得液层很薄，且气液接触均匀，喷射出的液滴会撞击到塔壁上，并流到集液槽中，然后通过降液管流至下层塔板。旋流塔板具有处理能力大、负荷高、压降低、弹性宽、不易堵等特点。

2.5.3　湍球塔

　　湍球塔首先出现于1959年美国的专利报道，并于当年开始采用且逐步得到发展。目前它广泛地应用于气体及气液分离工程，其结构如图2-12所示。湍球塔又称流化填料塔，它和填料塔在设计上没有根本区别，所用附属设备基本上与普通填料塔相似。其填料是空心或实心小球（相对质量较轻），其直径小于塔径的1/10，小球由塔内开孔率较大的筛板支承和限位，支承板的开孔率为0.35~0.45，限位板的开孔率为0.8~0.9。与普通填料塔不同，由于运行过程中小球呈湍动状态，因此填料层高度（静止床层高度）只取塔段高的12%~40%，即0.2~0.3m（塔段高1~1.5m）。为使小球高度湍动，需要较高的空塔气速（2~6m/s），塔阻力一般为0.2~1.2kPa/段，整塔阻力包括除雾器应小于6.0kPa。

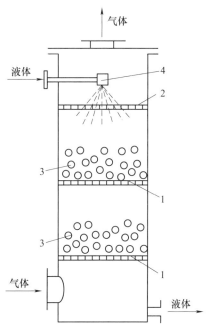

图2-12　湍球塔结构示意图
1—支承栅板；2—限位栅板；
3—球形填料；4—喷淋器

　　湍球塔运行时，气流通过底部的支承板后，在上升高速气流的冲力、液体的浮力和自身重力等各种力相互作用下，球形填料悬浮起来，形成湍动旋转和相互碰撞，吸收剂自上向下喷淋，润湿小球表面，进行吸收。气、液、固三相接触，小球表面的液膜不断更新，增强了气液之间的接触和传质，提高了吸收效率。此外在一定的空塔气速下，经过这样的湍动作用，小球会产生自身清净作用。湍球塔适宜用于处理含颗粒物的气体或液体以及可能发生结晶的过程，目前有人将其用于同时除尘及脱硫试验中。

　　湍球塔的优点是气流速度高（在临界流化气速以上），处理能力大，不易堵塞，气流分布均匀，设备体积小，由于塔内湍球强烈湍动，加大了气液更新强度，强化了传质，吸收效率高，适用于气液膜共同控制的吸收过程。同样气速下，其压降比填料塔小。其缺点是随小球运动，有一定程度的返混，塑料小球不能承受高温，易破裂磨损，需经常更换。此外，当塔径较大或静止床层较高时，会出现填料球的流态化不均匀现象，有时甚至把球吹到栅板角落处造成气流短路，降低了传质效率，为解决此问题，可将上下栅板之间的空间用纵向隔板分隔成方形、矩形或扇形的小空间。为了避免由于气速大而带来的雾沫夹带严重的问题，可把塔体做成上大下小的锥形，使塔内气体流速到塔顶时逐渐减小到1~2m/s。

2.5.4　喷淋塔

　　喷淋塔是塔器中出现最早的气液传质设备之一，实际上应属于空心式喷洒吸收器，近些年来在有害气体治理领域上应用较多。喷淋塔结构简单，一个空心圆筒体顶部装有液体喷淋器，液体喷淋器一般为多层布置，液体分散成细小液滴下降，气体从塔底进入后以逆流方式与液滴接触进行传质，净化后气体从塔顶排出，图 2-13 所示为多层喷嘴的喷淋塔。

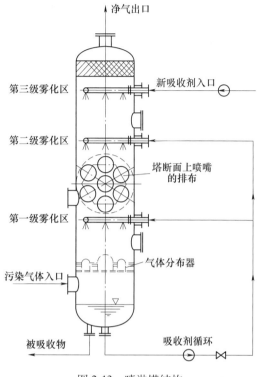

净气出口

第三级雾化区

新吸收剂入口

第二级雾化区

塔断面上喷嘴
的排布

第一级雾化区

气体分布器

污染气体入口

被吸收物

吸收剂循环

图 2-13　喷淋塔结构

　　喷淋塔的优点是结构简单，阻力小，操作相对简单。但与传统的其他塔型相比，处理能力小，因它不能使用较高气速，否则会造成严重的雾沫夹带。另一缺点是操作性能差，液滴下落过程中易于聚集成更大液滴，气液传质面积减小，且液滴内部几乎没有液体的循环，造成液膜阻力相对较高。因此喷淋塔只适用于气膜控制的传质。

　　在喷淋塔研究中，喷嘴的研究重点大约有四个方向：（1）喷嘴的结构，以求大的喷淋密度、细的液滴和均匀的液体分布，增大气液传质面积；（2）喷嘴在塔内的布置，主要包括布置层数和布置位置；（3）喷嘴的喷射方向，一般主张向多个方向喷射，以求气液高度紊流，气液充分接触，接触时间延长，吸收效率得以提高；（4）喷嘴的喷射速度，在不影响塔操作性能的前提下，尽可能提高喷射速度，气液高度紊流，提高吸收能力。

2.5.5　喷射鼓泡塔

　　喷射鼓泡塔又称气体喷射鼓泡塔或喷射鼓泡反应器，是在普通鼓泡塔基础上发展起来的。其原理是将待处理气体用特殊的装置（如带小孔或细缝的管子）吹入吸收液中产生大量的细小气泡，在气泡上升过程中，完成气液传质。其中液相是连续的，气相是分散相，这与板式塔相类似，所不同的是在喷射鼓泡塔中，气泡还产生了涡流运动，并有内循环的液体喷流作用。这种气体的分散方法可产生一层喷射气泡层，加大了气液传质界面，提高了传质效率。

　　图 2-14 所示为气体喷射装置，当气体由出气口以 5～20m/s 的速度水平喷至液体中时，

在出气口水平附近形成微细气泡，并在水的浮力下曲折向上。由于喷入的气体具有一定的压力，上浮气泡会急剧分散形成喷射鼓泡层。在喷射鼓泡层中，气体的塔藏量与浸入深度与释放气速有关，浸入越浅或气速越大，气体的塔藏量越高。一般浸入深度为 100 ~ 400mm 时，气体塔藏量为 0.5 ~ 0.7m³，气泡直径在 3 ~ 20mm 范围内。

喷射鼓泡塔为了保证良好传质，需要气体喷射到液体中时产生直径很小的气泡，即喷射器小孔必须非常小，但这样会增大动力消耗，且易使小孔堵塞。因此有些喷射鼓泡反应器设有搅拌器（图 2-15），气体正好在旋转的螺旋桨底下喷入，该处桨叶的剪切作用使较大气泡分裂成细小气泡，增加了传质面积。

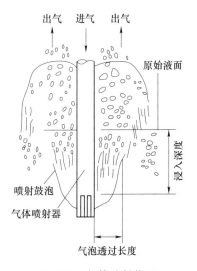

图 2-14 气体喷射装置

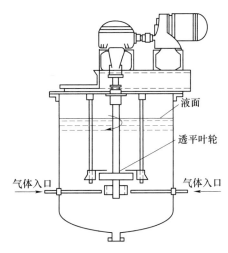

图 2-15 带机械搅拌的喷射鼓泡塔

2.5.6 其他气体吸收器

其他气体吸收器主要有机械喷洒式吸收器和高气速并流式喷洒吸收器等。

机械喷洒吸收器主要分为柱式、卧式两种形式。柱式机械喷洒吸收器是利用机械部件的回转作用，使液体分溅四周来实现气液接触的一种喷洒吸收器，它的类型很多。图 2-16 所示为带有浸入式转动锥体的吸收器，圆锥形喷洒装置的直轴转动将液体喷散，气体沿圆盘形槽间曲折孔道通过机械喷洒吸收器。当液体自上而下通过各层盘形槽流动时，附着于轴上的喷洒装置即将液体截流，而使其依机械喷洒吸收器的截面方向喷洒。如此不仅使液体通过机械喷洒吸收器的时间延长，主要的作用还在于使气液两相密切接触。

高气速并流式喷洒吸收器大致可分为三类：第一类，液体喷洒出来时是以液流或液膜的方式流动的，这一类吸收器的工作体积通常是有文丘里管的式样，因此

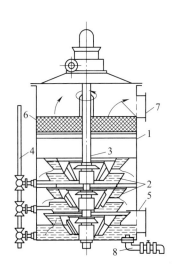

图 2-16 机械喷洒吸收器

1—外壳；2—盘形槽；
3—有喷洒器的轴；4—液体进口；
5—气体进口；6—除沫器；
7—气体出口；8—液体出口

这类吸收器常称做文丘里吸收器；第二类是气液并流上升的吸收器，无喷嘴的文丘里吸收器可以作为这一类设备的典型代表；第三类，高速气流冲出液面实现液体喷洒的设备，比如道尔洗涤器。

文丘里吸收器通常用于高温烟气的降温和除尘，也可用于有害气体洗涤净化，其结构如图 2-17 所示，由收缩管、喉管和扩散管组成。气体出进气管进入收缩管后，流速逐渐增大，气体静压能逐渐转变为动能，喉管入口处气速达到最大，一般为 $50\sim180\text{m/s}$。吸收液通过喉管周边均匀分布的喷嘴进入，液滴被高速气体雾化和加速，由此实现气液充分接触，气体中的溶质迅速被吸收液所吸收。

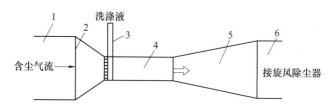

图 2-17　文丘里吸收器示意图

1—进气管；2—收缩管；3—喷嘴；4—喉管；5—扩散管；6—连接管

无喷嘴文丘里吸收器如图 2-18a 所示，液体被进入渐缩管的气体抽吸到渐缩管中，形成气液并流的小液滴，进行气液接触传质，此类文丘里管截面可以是矩形；若处理气体量较大，可以并联几个文丘里管，如图 2-18b 所示；可以不用泵实现液体再循环，如图 2-18c所示。

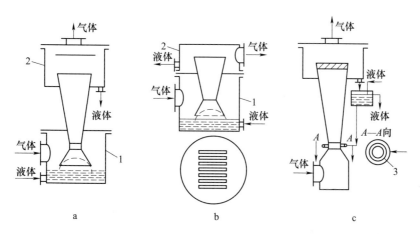

图 2-18　无喷嘴文丘里吸收器

a—单管；b—多管；c—Airomix

1—液槽；2—分离器；3—喷管

道尔洗涤器如图 2-19 所示，从充气管射出的高速气流垂直冲击到液体表面，使液体剧烈翻腾雾化，实现液体喷洒，从而增大气液两相接触面积，吸收效率高，最终实现气液分离，净化气体。

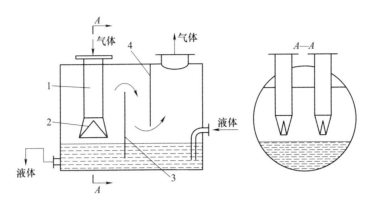

图 2-19 道尔（Doyle）洗涤原理图
1—气体入口管；2—喷头；3，4—挡板

2.6 气体吸收计算

进行吸收塔计算时，气体处理量和进出口浓度，以及气体中溶质净化情况通常是作为设计条件规定的。设计计算的任务是先按工艺和经济要求选择合适的溶剂，再按物料平衡、相平衡、热平衡等计算出各股物理量、物理组成和所需塔尺寸。

2.6.1 吸收塔的物料衡算与操作线方程

图 2-20 是稳定操作状态下的逆流接触吸收塔内的物流和组成。其中各符号的含义是：

V、L 分别表示流经塔内任一单位截面的气、液通量，$kmol/(m^2 \cdot s)$；

V_1、V_2 分别表示流经塔底和塔顶单位截面上的气体通量，$kmol/(m^2 \cdot s)$；

L_1、L_2 分别表示流经塔底和塔顶单位截面上的液体通量，$kmol/(m^2 \cdot s)$；

V_B 表示通过塔的单位截面上惰性气体 B 的通量，$kmol(B)/(m^2 \cdot s)$；

L_S 表示通过塔的单位截面上溶剂 S 的通量，$kmol(S)/(m^2 \cdot s)$；

y_1、y_2 分别表示流经塔底、塔顶气体中溶质 A 的摩尔分数，$kmol(A)/kmol(气体)$；

x_1、x_2 分别表示流经塔底、塔顶液体中溶质 A 的摩尔分数，$kmol(A)/kmol(溶液)$；

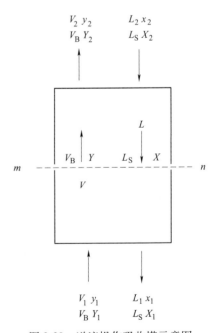

图 2-20 逆流操作吸收塔示意图

Y_1、Y_2 分别表示流经塔底、塔顶气体中溶质 A 与惰性组分 B 的摩尔比，$kmol(A)/kmol(B)$；

X_1、X_2分别表示流经塔底、塔顶液体中溶质 A 与溶剂 S 的摩尔比，$\mathrm{kmol(A)/kmol(S)}$；

符号中下标 1 代表塔的浓端，即塔底；符号中下标 2 代表塔的稀端，即塔顶。

吸收进行的过程中，混合气体从下向上通过吸收塔的过程中，因为溶质 A 不断被吸收，使其流量 V 不断减小。同理，液体在塔内向下流动时，由于吸收了溶质，其流量 L 逐渐增大。因此在物料衡算时，如果采用不变的物流量作为计算基准，将会方便很多，因此，气体可采取惰性气体 B 的流量 V_B 为基准，液体可采取溶剂 S 的流量 L_S 为基准。

V_B 和 V、V_1、V_2 之间，以及 L_S 和 L、L_1、L_2 之间的关系为：

$$V_B = V(1 - y) \qquad V_B = V_1(1 - y_1) \qquad V_B = V_2(1 - y_2) \tag{2-27}$$

$$L_S = L(1 - x) \qquad L_S = L_1(1 - x_1) \qquad L_S = L_2(1 - x_2) \tag{2-28}$$

当采用惰性物流作为基准进行衡算时，物流组成应采用惰性物流为基准的摩尔比，X 和 Y，Y 和 y 之间以及 X 和 x 之间的关系为：

$$Y = y/(1 - y) \qquad X = x/(1 - x) \tag{2-29}$$

2.6.1.1 物料衡算

对单位时间内进、出塔的物料 A 的量做全塔物料衡算：

$$V_B(Y_1 - Y_2) = L_S(X_1 - X_2) \tag{2-30}$$

一般情况下，吸收任务给定了进塔气体的组成与流量，若确定了吸收剂组成与流量，则 V_B、Y_1、L_S 及 X_2 皆已知。此时为确定 Y_2，需引入吸收率的概念：

$$\varphi_A = (Y_1 - Y_2)/Y_1 \tag{2-31}$$

根据吸收任务所规定的 A 的吸收率，可以得知气体出塔时应有的浓度 Y_2：

$$Y_2 = Y_1(1 - \varphi_A) \tag{2-32}$$

此时若已知 V_B、L_S、X_2、Y_1 和 Y_2 后，可通过全塔物料衡算式 2-30 求得塔底排出的溶液组成 X_1。

2.6.1.2 吸收塔的操作线方程

为了求得塔内任一截面上相互接触的气、液组成之间的关系，对塔底和任一截面 m-n 做物料衡算得：

$$V_B(Y_1 - Y) = L_S(X_1 - X) \qquad 或 \qquad Y = \frac{L_S}{V_B}X + \left(Y_1 - \frac{L_S}{V_B}X_1\right) \tag{2-33}$$

同理对任一截面 m-n 和塔顶做物料衡算，也可用来表示塔内任一截面上相互接触的气、液组成关系，得：

$$V_B(Y - Y_2) = L_S(X - X_2) \qquad 或 \qquad Y = \frac{L_S}{V_B}X + \left(Y_2 - \frac{L_S}{V_B}X_2\right) \tag{2-34}$$

式 2-33 和式 2-34 皆可称为逆流吸收塔的操作线方程，它表明在 X-Y 坐标系上，塔内任一截面上气相浓度 Y 和液相浓度 X 之间呈直线关系。直线的斜率为 L_S/V_B，并通过点 (X_1, Y_1) 和点 (X_2, Y_2)，见图 2-21。图中，直线 TB 上任一点代表该塔截面上相互接触的气液组成。线上点的坐标表示塔在操作时沿塔高的组成的变化关系，所以此线称为操作线。$T(X_2, Y_2)$ 代表塔顶情况，$B(X_1, Y_1)$ 代表塔底情况。吸收操作时，在塔内任一横截面上，溶质在气相中的实际分压总是高于与其相接触的液相平衡分压，所以吸收塔操作线总是位于平衡线的上方。

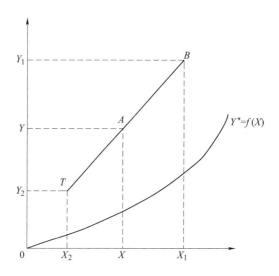

图 2-21　吸收塔操作线及平衡线

操作线方程由物料衡算而得来，与两相间的平衡关系、吸收塔形式、顺流还是逆流、操作温度与压力等因素无关。

如果所处理的气体浓度不高，液体浓度也较低时，则有 $Y \approx y$，$X \approx x$。且通过任一塔截面的混合气体通量大致和惰性气体通量相等，液体通量大致和溶剂通量相等，即 $V_B \approx V$，$L_S \approx L$，可将这些近似关系代入全塔物料衡算及吸收塔操作线方程中去，得：

$$y = \frac{L}{V}x + \left(y_1 - \frac{L}{V}x_1\right) \quad 或 \quad y = \frac{L}{V}x + \left(y_2 - \frac{L}{V}x_2\right) \tag{2-35}$$

这说明，对于低浓度气体吸收，在 x-y 坐标上绘出的操作线也是直线，其斜率为 L/V。由于低浓度气体的吸收操作在有害气体治理领域中最为常见，所以此式在计算中也常被采用。

2.6.2　吸收剂用量的确定

吸收塔计算中，所处理气量、两端气体组成以及液体的最初组成一般都已知，设计中则要确定吸收剂用量，吸收剂用量来源于适宜的液气比。液气比的大小，直接影响着设备的尺寸与运行费用，需要合理选用。

图 2-22 中，操作线为 TB，操作线上任一点 $P(X, Y)$ 沿垂直方向至平衡线上的距离 PQ 为组成以摩尔比表示的气相传质总推动力（$Y-Y^*$），P 点至平衡线的水平距离 PR 代表组成以摩尔比表示的液相传质总推动力（X^*-X）。

由图 2-22a 可知，在 V、Y_1、Y_2、X_2 已知的情况下，操作线一个端点 T 已经固定，另一个端点 B 可在 $Y=Y_1$ 的水平线上滑动。点 B 的横坐标将取决于操作线的斜率 L/V。液气比 L/V 反映单位气体处理量所用吸收剂的量。在 V 值已定时，若减小吸附剂用量 L，操作线斜率就会变小，点 B 将沿 $Y=Y_1$ 水平线向右移动，其结果可使出塔吸收剂浓度增大，吸收推动力相对减小。若 L 减少到恰使 B 点移至水平线 $Y=Y_1$ 与平衡线的交点 B' 时，$X_1 =$

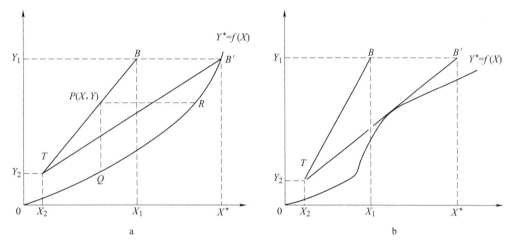

图 2-22 吸收塔不同平衡线和操作线情况

X_1^*，即塔底流出的吸收液中溶质 A 浓度与刚进塔混合气体中溶质 A 浓度达到平衡，此为理论上吸收液可能达到的最高浓度。图 2-22b 中，当 L 减少到恰使 B 点移至切线位置，水平线与 TB 的交点 B' 为此种平衡情况下的理论吸收液最高浓度。

此时，吸收推动力已变为零，只有无限大传质面积和无限长接触时间才能实现，实际上并不可行，因此只能作为吸收的极限情况。此时操作线斜率称为最小液气比，以 $(L/V)_{min}$ 表示，相应的吸收剂用量即为最小吸收剂用量，以 L_{min} 表示。若增大溶剂用量，则点 B 将沿水平线向左移动，使操作线远离平衡线，传质推动力随之增大，但超过一定限度后，其效果就不再明显。

最小液气比可以通过图解法求出，若平衡线如图 2-22 所示，则可从 B' 读出 X_1^*，用下式计算：

$$\left(\frac{L}{V}\right)_{min} = \frac{Y_1 - Y_2}{X_1^* - X_2} \quad 或 \quad L_{min} = V \times \frac{Y_1 - Y_2}{X_1^* - X_2} \tag{2-36}$$

如果气液浓度都较低，且平衡关系符合亨利定律，可用下式计算：

$$\left(\frac{L}{V}\right)_{min} = \frac{Y_1 - Y_2}{X_1^* - X_2} = \frac{Y_1 - Y_2}{Y_1/m - X_2} \tag{2-37}$$

吸收剂用量的大小，从设备费用与操作费用两方面影响生产过程的经济性。液气比大则溶剂的消耗、泵送、再生等操作费用增大；液气比小则传质推动力小，所需要的传质面积大，从而使设备费用大。适宜的液气比应按总费用最少这一原则选择，根据生产实践经验，认为一般情况下取最小溶剂用量的 1.1~2.0 倍是比较适宜的：

$$L = (1.1 \sim 2.0)L_{min} \quad 或 \quad L/V = (1.1 \sim 2.0)(L/V)_{min} \tag{2-38}$$

需引起注意的是，由于填料塔传质效率高低与液体分布及填料润湿情况密切相关，为了保证填料表面能被液体充分润湿，还应保证单位塔截面上单位时间内流下的液体量不得小于某一最低允许值（能润湿填料的最低值，即最小喷淋密度）。如果按上式计算出来的吸收剂用量不能满足最小喷淋量，则应采用更大的液气比，或在许可范围内适当减小塔径（以增大喷淋密度），也可想办法改善填料的润湿性能（比如改用其他填料），或采用增加回流进行液体再循环的方法加大液体流量（如果已经有液体再循环，则需要考虑增加回流比的方法）。

填料塔的最小喷淋密度与填料的比表面积 α 有关，其关系式为：

$$U_{\min} = (L_W)_{\min}\alpha \qquad (2-39)$$

式中 $\quad \alpha$——填料的比表面积，m^2/m^3；

$\qquad U_{\min}$——最小喷淋密度，$m^3/(m^2 \cdot s)$；

$\qquad (L_W)_{\min}$——最小润湿速率，$m^3/(m \cdot s)$。

所谓润湿速率是指在吸收塔的横截面上，单位长度的填料周边上液体的体积流量。对于直径不超过 75mm 的拉西环及其他填料，可取最小润湿速率为 $0.08m^3/(m \cdot h)$；对于直径大于 75mm 的环形填料，应取 $0.12m^3/(m \cdot h)$。

【例 2-6】用洗油吸收焦炉气中的芳烃。吸收塔内的温度为 27℃，压强为 106.7kPa，焦炉气流量为 850m^3/h，其中所含芳烃的摩尔分数为 0.02，要求芳烃回收率不低于 95%，进入吸收塔顶的洗油中所含芳烃的摩尔分数为 0.005。若取溶剂用量为理论最小用量的 1.5倍，求每小时送入吸收塔顶的洗油量及塔底流出的吸收液浓度。操作条件下的平衡关系可用下式表达：$Y^* = 0.125X/(1+0.875X)$。

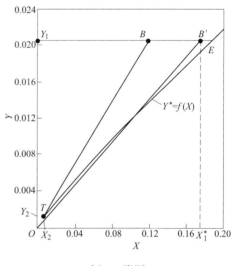

例 2-6 附图

解： 进入吸收塔惰性气体摩尔流量为：

$$V = \frac{850}{22.4} \times \frac{273}{273+27} \times \frac{106.7}{101.3} \times (1-0.02) = 35.64\text{kmol/h}$$

进塔气体中芳烃浓度为：$Y_1 = 0.02/(1-0.02) = 0.0204$

出塔气体中芳烃浓度为：$Y_2 = 0.0204/(1-0.95) = 0.00102$

进塔洗油中芳烃浓度为：$Y_2 = 0.005/(1-0.005) = 0.00503$

按照已知的平衡关系式，在 X-Y 直角坐标系中绘出平衡曲线 OE，如本例题附图所示，再按 X_2、Y_2 之值在图上确定操作线端点 T，通过 T 做平衡线 OE 的切线，交水平线 $Y = 0.0204$ 于点 B'，读出点 B' 的横坐标值为：$X^* = 0.176$，由式 2-36 有：

$$L_{\min} = \frac{V(Y_1 - Y_2)}{X_1^* - X_2} = \frac{35.64(0.0204 - 0.00102)}{0.176 - 0.00503} = 4.04\text{kmol/h}$$

$$L = 1.5L_{\min} = 1.5 \times 4.04 = 6.06\text{kmol/h}$$

L 是每小时送入塔顶的纯溶剂量，则每小时送入塔顶的洗油量应为：

$$L_{洗油} = 6.06 \times \frac{1}{1-0.005} = 6.09\text{kmol/h}$$

吸收液浓度可依全塔物料衡算式求出：

$$X_1 = X_2 + \frac{V(Y_1 - Y_2)}{L} = 0.00503 + \frac{35.64 \times (0.0204 - 0.00102)}{6.06} = 0.1190$$

2.6.3 填料塔计算

对填料塔进行计算之前，须先了解填料塔的流体力学性能。填料塔的流体力学性能包括填料层的持液量、填料层的压降、液泛、填料表面的润湿及返混等。

2.6.3.1 填料塔内气液两相流动现象

一定液体量下，若气速很小，液体的流动不受气体影响，可视为液体的单相流动，此时对一定填料层而言，液体在填料表面的流动情况将主要取决于液体喷淋密度的大小。当喷淋密度较小时，液体在填料表面并不形成液膜，而是积聚在填料之间的某些接触点上，并呈细流状断断续续地从一个接触点流向另一个接触点。随着喷淋密度的增加，积聚液体量不断增多，才在填料表面形成液膜，并使填料表面逐步被液体所润湿，继续增大喷淋密度，润湿表面与液膜厚度也随之增大，达到一定程度时，若继续增大喷淋密度，液膜将不再增厚，而是形成液滴下流。

2.6.3.2 填料层的持液量

持液量将对填料塔的流体力学性能和传质性能产生重要影响。持液量是指在一定操作条件下，在单位体积填料层内所积存的液体体积，以（m³液体）/（m³填料）表示。持液量分为静持液量 H_s、动持液量 H_0 和总持液量 H_t。静持液量是指当填料被充分润湿后，停止气液两相进料，并经排液至无滴液流出时存留于填料层中的液体量，其值取决于填料特性、材质以及喷淋液体的物性，与气液负荷无关。动持液量是指填料塔停止气液两相进料时流出的液体量，其值与填料、气液物性及气液负荷有关。总持液量是指在一定操作条件下存留于填料层中的液体总量。显然总持液量为静持液量和动持液量之和，即 $H_t = H_0 + H_s$。

填料层的持液量可由实验测出，也可由经验公式计算。一般来说，适当的持液量对填料塔操作的稳定性和传质是有益的，但持液量过大，将减少填料层的空隙和气相流通截面，使压降增大，处理能力下降。持液量过小，传质效果不好，设备利用率低。

2.6.3.3 填料层的压降

当喷淋密度达到一定数值时，液体在填料表面呈现液膜流动状态。上升气体与下降液膜的摩擦阻力形成了填料层的压降。填料层压降与液体喷淋量及气速有关，在一定的气速下，液体喷淋量越大，压降越大；在一定的液体喷淋量下，气速越大，压降也越大。压强降的大小决定了填料塔的动力消耗，是设计过程的重要参数。将不同液体喷淋量下的单位填料层的压降 $\Delta P/Z$ 与空塔气速 u 的关系标绘在对数坐标纸上，可得到如图 2-23 所示的线群。曲线 L_0 表示无液体喷淋（$L_0 = 0$）时，干填料 $\Delta P/Z$-u 关系，称为干填料压降线，直线斜率为 1.8～2.0。曲线 L_1、L_2、L_3 表示不同液体喷淋量下，填料层的 $\Delta P/Z$-u 关系，称为填料操作压降线，液体用量为 $L_3 > L_2 > L_1$。

从图 2-23 中可看出，载点和泛点将 $\Delta P/Z$-u 线群分成三个区段，即（恒）持液量区、载液区和液泛区。持液量区是指气速较低时，液体向下流动不

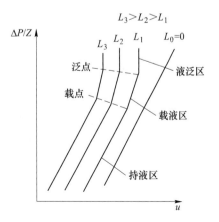

图 2-23 填料塔流动情况

受气流的影响，填料表面上覆盖的液膜厚度基本不变，因而填料层的持液量不变。载液区是指当气速增大一定程度后，气体对液膜流动产生阻滞作用，液膜增厚，填料层的持液量随气速的增加而增大，此现象称为拦液。液泛区是指随着气速继续增大，由于液体不能顺利向下流动，填料层持液量不断增大，填料层内几乎充满液体，即使气速增加很小也会引起压降剧增，此现象称为液泛。开始发生液泛现象时的气速称为泛点气速，以 u_F 表示。对于某些填料，载点与泛点并不明显，故上述三个区域间无截然的界限。

2.6.3.4 塔径的计算

吸收塔塔径可根据圆形管道内的流量公式计算，即：

$$D = \sqrt{\frac{4V}{\pi u}} \tag{2-40}$$

式中　D——塔径，m；

　　　V——操作条件下混合气体的体积流量，m^3/s；

　　　u——空塔气速，即按空塔截面积计算的混合气体线速度，m/s。

计算塔径的关键在于确定适宜的空塔气速，此与液泛现象有关。超过泛点气速后，持液量的增多使液相由分散相变为连续相，而气相则由连续相变为分散相，此时气体呈气泡形式通过液层，气流出现脉动，液体被大量带出塔顶，塔的操作极不稳定，甚至会被破坏，此种情况称为液泛（淹塔）。泛点气速是填料塔操作的极限气速，达到或超过此气速，填料塔即不能正常运行。因此对于不同的填料，均需控制一定的操作气速或空塔气速，此气速一般都低于泛点气速。对不同填料，提出如表 2-5 所示的参考数据（u 表示空塔气速，u_F 表示泛点气速）。

表 2-5　操作气速和泛点气速的建议参数

填料种类	两种气速关系	填料种类	两种气速关系	填料种类	两种气速关系
拉西环	$u = (0.6 \sim 0.8)u_F$	矩鞍形填料	$u = (0.65 \sim 0.85)u_F$	规整填料	$u = (0.6 \sim 0.95)u_F$
弧鞍形填料	$u = (0.65 \sim 0.8)u_F$	花环形填料	$u = (0.75 \sim 1.0)u_F$		

目前工程设计中散装填料计算泛点气速和压降数据时通常采用埃克特（Eckert）通用关联图（图 2-24）。此图所依据的试验数据取自较大直径的填料吸收塔，所关联的参数较全面，计算也不复杂，计算结果在一定范围内尚能符合实际情况。此图适用于各种乱堆填料，如拉西环、鲍尔环、矩鞍、弧鞍等。

图 2-24 的横坐标为 $\dfrac{W_L}{W_V}\left(\dfrac{\rho_V}{\rho_L}\right)^{0.5}$ 或 $\dfrac{L_S}{V_S}\left(\dfrac{\rho_L}{\rho_V}\right)^{0.5}$，纵坐标为 $\dfrac{u^2 \phi \psi \rho_V \mu_L^{0.2}}{g \rho_L}$。其中，$u$ 为空塔气速，m/s；g 为重力加速度，m/s^2；ϕ 为填料因子，1/m；μ_L 为液体黏度，mPa·s；ψ 为液体校正系数，$\psi = \rho_水/\rho_液$；W_L、W_V 为液相、气相的质量流量，kg/s；ρ_L、ρ_V 为液体和气体的密度，kg/m^3；L_S、V_S 为液体和气体的体积流量，m^3/s。

图 2-24 中左下方的线簇为乱堆填料层的等压降线，最上方的三条线分别为弦栅、整砌拉西环及乱堆填料的泛点线，与泛点线相对应的纵坐标中空塔气速 u 应为泛点气速 u_F。若已知气液两相流量比及各自的密度，则可算出图中横坐标的值，由此点做垂线与泛点线相交，再由交点做平行线至纵坐标，求得泛点气速 u_F。此图在设计中还可根据规定的压强

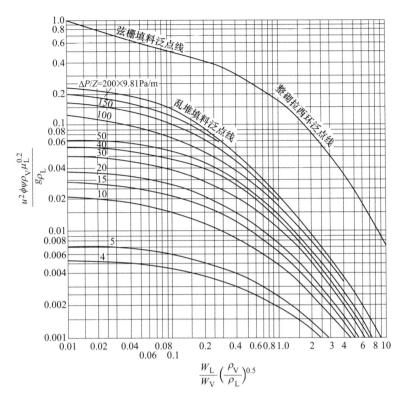

图 2-24　埃克特通用关联图

降，求算相应的空塔气速，或根据相应的空塔气速求压强降。

泛点气速还可用贝恩霍根公式计算：

$$\lg\left(\frac{u_F^2}{g}\frac{\alpha}{\varepsilon^3}\frac{\rho_V}{\rho_L}\mu_L^{0.2}\right) = A - K\left(\frac{W_L}{W_V}\right)^{1/4}\left(\frac{\rho_V}{\rho_L}\right)^{1/8} \tag{2-41}$$

式中　α/ε^3——干填料因子，$1/m$，可查表；

　　　u_F——空塔气速，m/s；

　　　g——重力加速度，m/s^2；

　　　μ_L——液体黏度，$mPa\cdot s$；

　W_L，W_V——液相、气相的质量流量，kg/s；

　ρ_L，ρ_V——液体和气体的密度，kg/m^3；

　　A，K——关联系数。A 和 K 具体取值根据不同的填料而不同，见表 2-6 和表 2-7。

表 2-6　贝恩霍根公式中的 A、K 值

填料类型	A 值	K 值	填料类型	A 值	K 值
瓷拉西环	0.22	1.75	瓷矩鞍	0.176	1.75
瓷弧鞍	0.26	1.75	金属环矩鞍	0.06225	1.75
塑料鲍尔环	0.0942	1.75	金属丝网波纹填料	0.30	1.75
金属鲍尔环	0.1	1.75	塑料丝网波纹填料	0.4201	1.75

填料类型	A 值	K 值	填料类型	A 值	K 值
塑料阶梯环	0.204	1.75	金属网孔波纹填料	0.155	1.47
金属阶梯环	0.106	1.75	金属孔板波纹填料	0.291	1.75
瓷阶梯环	0.2943	1.75	塑料孔板波纹填料	0.291	1.563

表 2-7　多种填料的 A、K 值

填料类型	A 值	K 值	填料类型	A 值	K 值
金属板波纹（125Y）	0.304	1.75	SW-2 型金属网孔波纹	0.155	1.47
金属板波纹（250Y）	0.291	1.75	CY 型金属丝网波纹	0.30	1.75
金属板波纹（350Y）	0.289	1.75	BX 型金属丝网波纹	0.34	1.75
金属板波纹（500Y）	0.284	1.75	AX 型金属丝网波纹	0.378	1.75
Gempak1A	0.324	1.69	Mont2B1-300	0.30	1.75
Gempak1.5A	0.315	1.69	拉鲁派克 250YC	0.293	1.75
Gempak2A	0.289	1.69	Intlox1T	0.233	1.51
Gempak3A	0.267	1.69	Intlox2T	0.258	1.51
Gempak4A	0.24	1.69	Intlox3T	0.279	1.51
SW-1 型金属网孔波纹	0.137	1.47	Intlox4T	0.314	1.51

　　计算出泛点气速 u_F 后，可求出合适的空塔气速 u，即可按式 2-40 计算出塔径。计算出的塔径还要根据压力容器公称直径标准进行圆整，如圆整为 400mm、500mm、600mm、…、1000mm、1200mm、1400mm 等。

　　在实际设计计算中，还要根据经济气速来确定操作气速。所谓经济气速，是兼顾吸收塔的造价和运转费用的气速。若气速过小，吸收塔造价高，而运转费用低；若气速大，吸收塔造价低，则运转费用高。而经济气速则兼顾了两者。经济气速可用下列经验公式求出：

$$u_{\text{opt}} = 5.1 \left[\frac{E}{n(1+x)} \right]^{1/3} \left(\frac{C_T}{\zeta C_P} \right)^{1/3} \left(\frac{\gamma_a}{\gamma_G} \right)^{1/3} \tag{2-42}$$

式中　u_{opt}——经济气速，m/s；

　　　　E——鼓风机及电动机总效率，%；

　　　　n——年运转时间，h/a；

　　　　x——动力设备的维修费用占年动力费用的分率，%；

　　　　C_T——单位体积填料的造价（包括塔体），元/m^3；

　　　　C_P——电费，元/(kW·h)；

　　　　ζ——填料层阻力系数，是填料尺寸与润湿率 L_W 的函数，可查图求得；

　　　　γ_a——常态下的空气重度，1.205kg/m^3；

　　　　γ_G——塔内的气相重度，kg/m^3。

　　计算出经济气速后，可与 u 比较，选定最终的操作气速，用于计算塔径。一般情况下，若 $u_{\text{上限}} < u_{\text{opt}}$，按 $u_{\text{上限}}$ 计算 D；若 $u_{\text{下限}} > u_{\text{opt}}$，按 $u_{\text{下限}}$ 计算 D；若 $u_{\text{上限}} > u_{\text{opt}} > u_{\text{下限}}$，则按

u_{opt}计算 D。经济气速的值亦可由填料的传质特性表中查出。

需注意的是计算出塔径后，还应验算塔内的喷淋密度是否大于最小喷淋密度。

【例 2-7】 某矿石焙烧炉送出的气体中 SO_2 拟用水洗涤除去。采用填料吸收塔，入塔气体冷至 20℃，塔内绝对压强为 101.3kPa，入塔炉气体积流量为 1000m³/h，炉气的平均分子质量为 32.16，洗涤水耗用量为 22600kg/h，吸收塔采用 25mm×25mm×2.5mm 的陶瓷拉西环以乱堆方式充填，若取空塔气速为泛点气速的 73% 计算塔径，并核算液体喷淋密度是否大于 U_{min}。

解：（1）求泛点气速 u_F。

炉气的质量流量：$W_V = \dfrac{1000}{22.4} \times \dfrac{273}{273+20} \times 32.16 = 1338\text{kg/h}$

炉气的密度：$\rho_V = 1338/1000 = 1.338\text{kg/m}^3$

清水密度：$\rho_L = 1000\text{kg/m}^3$，则：

$$\frac{W_L}{W_V}\left(\frac{\rho_V}{\rho_L}\right)^{1/2} = \frac{22600}{1338}\left(\frac{1.338}{1000}\right)^{1/2} = 0.618$$

由 Eckert 通用关联图中的乱堆填料泛点线可查出，横坐标为 0.618 时，纵坐标为 0.035；由手册查得 25mm×25mm×2.5mm 陶瓷拉西环（乱堆）的填料因子 $\phi = 450\text{m}^{-1}$；水的黏度 $\mu_L = 1\text{mN·s/m}^2$，故 u_F 为：

$$u_F = \sqrt{\frac{0.035g\rho_L}{\phi\psi\rho_V\mu_L^{0.2}}} = \sqrt{\frac{0.035 \times 9.81 \times 1000}{450 \times 1 \times 1.338 \times 1^{0.2}}} = 0.755\text{m/s}$$

（2）确定空塔气速 u。

已知 $u = 73\%u_F$，则 $u = 0.755 \times 73\% = 0.551\text{m/s}$。

计算塔径为：

$$D = \sqrt{\frac{4V}{\pi u}} = \sqrt{\frac{4 \times 1000}{\pi \times 0.551 \times 3600}} = 0.8\text{m}$$

（3）核算液体喷淋密度。

因填料尺寸小于 75mm，取 $(L_W)_{min} = 0.08\text{m}^3/(\text{m·h})$，又由手册中查出该填料的比表面积 $\sigma = 190\text{m}^2/\text{m}^3$，则：$U_{min} = 0.08 \times 190 = 15.2\text{m}^3/(\text{m}^2·\text{h})$。

操作条件下的喷淋密度 $U = \dfrac{22600/1000}{\pi \times 0.8^2/4} = 45\text{m}^3/(\text{m}^2·\text{h})$。

计算可知：$U > U_{min}$。

2.6.3.5 填料层高度计算

计算填料层高度可采用传质单元法和等板高度法。在工程实际应用中，传质单元法多用于吸收、解吸和萃取等填料层高度的计算，对于精馏塔的填料层高度通常采用等板高度法计算。下面主要介绍传质单元法计算吸收塔的填料层高度。

填料塔是连续接触设备，气液两相的流率与浓度都是沿填料层高度连续地变化，每通过一个微分段即发生微分变化。因此对填料塔操作的分析，应从填料层的一个微分段着手，参看图 2-25。设塔截面积为 S，在微元高度 dh 的微分段里，单位时间内从气相传入液相的溶质量为 $VSdY$，也等于 $LSdX$。设单位体积填料层所提供的有效气液接触面积为

a（m^2/m^3），则微分段内的有效接触面积为 $aSdh$，故单位时间从气相传入液相的溶质量为 N_ASadh。对微元填料层高度内的溶质进行物料衡算：

$$VSdY = N_ASadh = LSdX \qquad (2-43)$$

式中　V——塔高 h 处的单位截面的惰性气相流量，kmol/（$m^2 \cdot s$）；

　　　　L——塔高 h 处的单位截面的溶剂流量，kmol/（$m^2 \cdot s$）；

　　X，Y——分别为塔高 h 处的液相组成和气相组成，摩尔比。

式中的传质速率 N_A 选用 $N_A = K_Y(Y-Y^*)$，代入其中得：

$$VdY = K_Ya(Y - Y^*)dh \qquad (2-44)$$

$$dh = \frac{V}{K_Ya} \times \frac{dY}{Y - Y^*} \qquad (2-45)$$

积分后得到填料层高度为：

$$h = \int_{Y_2}^{Y_1} \frac{VdY}{K_Ya(Y - Y^*)} \qquad (2-46)$$

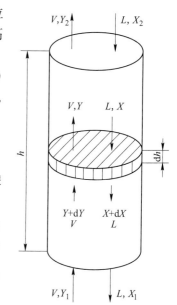

图 2-25　填料塔操作微分段示意图

用同样的方法可以导出：

$$h = \int_{X_2}^{X_1} \frac{LdX}{K_Xa(X^* - X)} \qquad (2-47)$$

当进行计算的任务涉及的是低浓度气体吸收时，计算过程可进行如下假设：

（1）气体流量和液体流量为恒量。被吸收的溶质量很少，流经全塔的混合气体流量和液体流量可视为不变。

（2）等温吸收。吸收量少，由溶质溶解而产生的溶解热所引起的塔内液体温度的升高不显著，吸收过程可视为是一个等温过程。

（3）传质系数与有效气液接触面积 α 可视为常数。因为气液两相在塔内的流率几乎不变，全塔的流动状况基本相同，故传质分系数 k_x 和 k_y 在全塔内可视为常数。在低浓度气体吸收计算中，总传质系数 K_x 和 K_y 也可视为常数。此外，当塔内填料的类型和尺寸一定，则单位体积填料的有效气液接触面积 α 主要取决于流体流动的情况，既然气液流率变化不大，所以 α 变化也不大，可认为体积传质系数 $k_x\alpha$、$k_y\alpha$ 和总体积传质系数 $K_x\alpha$ 及 $K_y\alpha$ 都是常数。

经过以上假设，可将低浓度气体吸收大为简化，则填料层高度计算式可写成：

$$h = \frac{V}{K_Ya}\int_{Y_2}^{Y_1} \frac{dY}{Y - Y^*} \qquad (2-48)$$

$$h = \frac{L}{K_Xa}\int_{X_2}^{X_1} \frac{dX}{X^* - X} \qquad (2-49)$$

为了研究问题的方便，常将式 2-48 右端作为两部分来考虑，其右端是两个量的乘积。V/K_Ya 的单位是（kmol/（$m^2 \cdot s$））/（kmol/（$m^3 \cdot s$））= m，与高度的单位相同，而 $dY/(Y-Y^*)$ 是一个没有单位的数，所以填料层高度等于某个高度乘以一个倍数，于是就把这个高

度称作一个传质单元高度；把这个倍数称作传质单元数，于是有：填料层高度=传质单元高度×传质单元数，即

$$h = H_{OG} \times N_{OG} \tag{2-50}$$

同样，对式 2-49 也有这样的处理过程：

$$h = H_{OL} \times N_{OL} \tag{2-51}$$

式中　N_{OG}，N_{OL}——分别为气相总传质单元数和液相总传质单元数；

　　　　H_{OG}，H_{OL}——分别为气相总传质单元高度和液相总传质单元高度，长度单位。

经过一段填料层以后，其组成变化 ΔY 等于其平均传质推动力（$Y-Y^*$），这样的一段填料层称为传质单元。传质单元高度反映了吸收性能的好坏，对一定流量的气体，传质单元高度取决于传质阻力 $1/K_Y$ 及填料状况 a，当传质阻力大且 a 值小时，传质单元高度必然增大。反之传质单元高度也就变小了。H_{OG} 越小，吸收性能越好。传质单元数反映吸收过程的难易程度，任务所要求的气体浓度变化越大，过程的平均推动力越小，则意味着过程的难度越大，此时所需的传质单元数越多。

计算传质单元高度的关键是求取传质系数。对于传质系数，目前还没有通用的计算方法和计算公式。在进行吸收设备的设计时，获取吸收系数和传质单元高度的根本途径，通过中间试验装置或对现有生产装置实测等方法较为可靠。除此之外，还可选用适当的经验公式或准数关联式进行计算。

传质单元数的计算方法，主要有如下几种方法：

（1）平均推动力法。当吸收过程所涉及的浓度范围的平衡线为直线时，又属于低浓度气体的吸收，即可采用此法求出传质单元数。如图 2-26 所示，操作线上任一点与平衡线间的垂直距离即为塔内该截面上以气相组成表示的传质推动力 $\Delta Y=Y-Y^*$；任一点和平衡线之间的水平距离，为该截面上以液相组成表示的传质推动力 $\Delta X=X^*-X$。当平衡线和操作线均为直线时，推动力 ΔY 和 ΔX 分别随着 Y 和 X 呈直线变化，相对于 Y 或 X 的变化率均为常数，并且可分别用 ΔY 和 ΔX 的两个端值来表示，即塔顶和塔底的推动力。

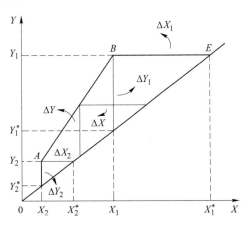

图 2-26　填料塔内气液相组成情况

此时可取塔顶和塔底推动力的对数平均值作为全塔的气液两相间传质的平均推动力，以 ΔY_m 表示：

$$\Delta Y_m = \frac{(Y_1 - Y_1^*) - (Y_2 - Y_2^*)}{\ln \dfrac{Y_1 - Y_1^*}{Y_2 - Y_2^*}} \tag{2-52}$$

其中 $\Delta Y_1 = Y_1 - Y_1^*$ 为塔底气相总传质推动力，$\Delta Y_2 = Y_2 - Y_2^*$ 为塔顶气相总传质推动力，而上式中分母部分则为塔底塔顶的气相总传质推动力的对数平均值。

于是就全塔而言气相吸收速率方程等于推动力除以阻力，而阻力根据前面的定义是传

质系数的倒数，平均推动力为 ΔY_{m}，吸收速率方程为：

$$N_{\mathrm{A}} = K_Y \Delta Y_{\mathrm{m}} \tag{2-53}$$

对全塔进行物料衡算得到：

$$V(Y_1 - Y_2) = N_{\mathrm{A}} a h \tag{2-54}$$

将式 2-53 代入式 2-54 消去 N_{A} 并整理得：

$$h = V(Y_1 - Y_2)/(K_Y a \Delta Y_{\mathrm{m}}) \tag{2-55}$$

比较式 2-55 与式 2-48，再根据传质单元数的定义可得：

$$N_{\mathrm{OG}} = \int_{Y_2}^{Y_1} \frac{\mathrm{d}Y}{Y - Y^*} = \frac{Y_1 - Y_2}{\Delta Y_{\mathrm{m}}} \tag{2-56}$$

同理可得：

$$N_{\mathrm{OL}} = \frac{X_1 - X_2}{\Delta X_{\mathrm{m}}} \tag{2-57}$$

其中：$\Delta X_{\mathrm{m}} = \dfrac{(X_1^* - X_1) - (X_2^* - X_2)}{\ln \dfrac{X_1^* - X_1}{X_2^* - X_2}}$。

当 $\Delta Y_1/\Delta Y_2$ 或 $\Delta X_1/\Delta X_2$ 在 $0.5 \sim 2.0$ 之间时，可用算术平均值代替对数平均值进行计算。

（2）脱吸因数法。此方法也叫做吸收因数法，因为脱吸因数 S 的倒数即为吸收因数 A，$A = 1/S$。

当吸收符合亨利定律，即平衡线为一通过原点的直线，即 $Y^* = mX$。将此关系代入 N_{OG} 积分表达式得：

$$N_{\mathrm{OG}} = \int_{Y_2}^{Y_1} \frac{\mathrm{d}Y}{Y - Y^*} = \int_{Y_2}^{Y_1} \frac{\mathrm{d}Y}{Y - mX} \tag{2-58}$$

对塔内任意截面和塔顶列物料衡算：$X = (V/L)(Y - Y_2) + X_2$，代入上面的积分，并令 $S = mV/L$ 得到：

$$N_{\mathrm{OG}} = \frac{1}{1-S} \ln \frac{(1-S)Y_1 + (SY_2 - mX_2)}{(1-S)Y_2 + (SY_2 - mX_2)} \tag{2-59}$$

也可写成：

$$N_{\mathrm{OG}} = \frac{1}{1-S} \ln \left[(1-S) \frac{Y_1 - mX_2}{Y_2 - mX_2} + S \right] \tag{2-60}$$

为了使用方便，常将上式进行变换后绘成以 S 为参数的半对数坐标线图。N_{OG} 对 $(Y_1 - mX_2)/(Y_2 - mX_2)$ 在半对数坐标线图上进行标绘，并以 S 为参数，如图 2-27 所示，利用此图亦可查出 N_{OG}。

S 是平衡线的斜率 m 与操作线斜率 L/V 之比，它反映过程推动力的大小，S 越大，推动力越小，即越不利于吸收而利于解吸，因而称为脱吸因数，其倒数为 A，被称为吸收因数。从图 2-27 中亦可以看出，当横坐标值一定时，S 越大，N_{OG} 亦越大，说明要完成给定的吸收任务，填料层高度越高。平衡常数 m 由物系、操作温度、压力所决定，要减小 S，就要增大 L/V，从而导致吸收剂用量增大、能耗增高和所得溶液的浓度降低的缺点，因此在设计和操作时应选用适当的 S 值，在实际操作中，此图在横坐标>20、$S<0.75$ 的范围内较为准确。

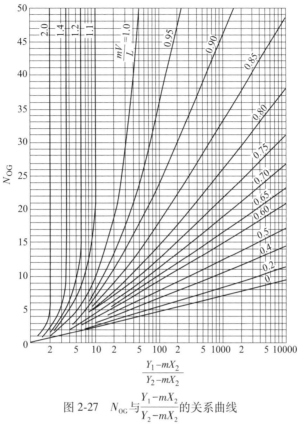

图 2-27　N_{OG} 与 $\dfrac{Y_1-mX_2}{Y_2-mX_2}$ 的关系曲线

（3）图解积分法。当相平衡关系不符合亨利定律，即平衡线不是直线时，表示传质推动力的两线间距离沿组成的变化是不规则的，此时不能用平均推动力法或脱吸因数法来求解传质单元数，但可采用此处的图解积分法和后面的数值积分法进行求解。

图解积分法的思路为：由 $N_{OG}=\displaystyle\int_{Y_2}^{Y_1}\dfrac{\mathrm{d}Y}{Y-Y^*}$ 可以看出，右侧的被积函数有两个变量 Y 及 Y^*，但 Y^* 与 X 之间存在着平衡关系，即 $Y^*=f(X)$，而在塔内任一截面上的 X 与 Y 之间又存在着操作关系，所以只要有了 Y-X 图上的平衡线与操作线，便可由任何一个 Y 值求出相应截面上的推动力 $Y-Y^*$，并据此计算出一系列 $1/(Y-Y^*)$ 的值。在直角坐标系中标绘出 Y 对 $1/(Y-Y^*)$ 的曲线，此时由该曲线与 $Y=Y_1$、$Y=Y_2$ 和 $1/(Y-Y^*)=0$ 三条直线共同围成的面积，就是定积分 $N_{OG}=\displaystyle\int_{Y_2}^{Y_1}\dfrac{\mathrm{d}Y}{Y-Y^*}$ 的值（图 2-28）。

（4）梯级图解法。若平衡线是不太弯曲的线，可用梯级图解法近似地估算传质单元数。此法比图解积分法简便，应用于此类平衡时误差也不大，具体步骤见图 2-29。

在 Y-X 坐标图中做平衡线 OE 和操作线 BT。在 BT 线上选若干点，向 OE 线做表示该点推动力 $Y-Y^*$ 的垂线，连接这些垂线的中点得曲线 MN。从表示塔顶的 T 点出发，做水平

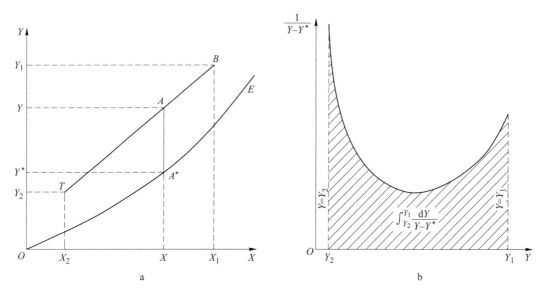

图 2-28 用图解积分法求传质单元数示意图

a—推动力在 Y-X 图上的图解；b—积分值的图解法

线交 MN 于 F 点，延长 TF 至 F'，使 $TF =$ FF'，过 F' 点做垂线交 BT 于 A 点，梯级 TF' A 代表一个传质单元。继续从 A 点出发按上述方法，画出梯级，直至达到或超过塔底端点 B 为止，所画出的梯级即为传质单元数。按照此方法做出的每一个梯级都代表一个传质单元数。

【例 2-8】　某一逆流操作的常压填料吸收塔，用清水吸收混合气中的溶质 A，入塔气体中含有 A 的量（摩尔分数）为 1%，经吸收后溶质 A 被回收了 80%，此时水的用量为最小用量的 1.5 倍，相平衡常数 m 为 1，气相总传质单元高度为 1m，试求填料层高度。

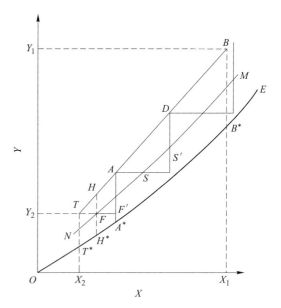

图 2-29 梯级图解法求 N_{OG}

解：根据题意已知 $Y_1 = 0.01$，$Y_2 =$ $Y_1 \times (1-\varphi) = 0.01 \times (1-0.8) = 0.002$，$X_2 = 0$。

$$最小液气比\left(\frac{L}{V}\right)_{min} = \frac{Y_1 - Y_2}{X_1^* - X_2} = \frac{Y_1 - Y_2}{Y_1 / m - X_2} = \frac{0.01 - 0.002}{\dfrac{0.01}{1} - 0} = 0.8。$$

实际液气比为 $\dfrac{L}{V} = 1.5 \times \left(\dfrac{L}{V}\right)_{min} = 1.5 \times 0.8 = 1.2$。

通过全塔物料衡算，求出塔的液体浓度：

$$X_1 = \frac{V}{L}(Y_1 - Y_2) + X_2 = \frac{0.01 - 0.002}{1.2} = 0.0067$$

（1）对数平均推动力法：

$$\Delta Y_m = \frac{(Y_1 - Y_1^*) - (Y_2 - Y_2^*)}{\ln \dfrac{Y_1 - Y_1^*}{Y_2 - Y_2^*}} = \frac{(0.01 - 1 \times 0.0067) - (0.002 - 0)}{\ln \dfrac{0.01 - 1 \times 0.0067}{0.002 - 0}} = 0.0026$$

$$N_{OG} = \frac{Y_1 - Y_2}{\Delta Y_m} = \frac{0.01 - 0.002}{0.0026} = 3.07$$

$$h = H_{OG} \times N_{OG} = 3.07\text{m}$$

（2）脱吸因数法：

$$S = \frac{mV}{L} = \frac{1}{1.2} = 0.83$$

$$N_{OG} = \frac{1}{1 - S}\ln\left[(1 - S)\frac{Y_1 - mX_2}{Y_2 - mX_2} + S\right]$$

$$= \frac{1}{1 - 0.83}\ln\left[(1 - 0.83)\frac{0.01 - 1 \times 0}{0.002 - 1 \times 0} + 0.83\right] = 3.05$$

$$h = H_{OG} \times N_{OG} = 3.05\text{m}$$

2.6.3.6　填料层压降计算

一般情况下压降计算可采用埃克特通用关联图，较为简单方便。根据已知数据，分别求出纵坐标和横坐标的值，将两者交汇于图中等压线上，即可从等压线上读出压降 $\Delta p/m$ 的值。最终由填料层高度来计算压降。

2.6.3.7　其他注意事项

进行填料塔计算时，除了前面提到的喷淋密度的校核，为了克服液体流过填料层时向塔壁汇集的倾向，当填料层高度较大时，常将填料层分成若干段。塔径与填料尺寸比值至少在 8 以上，即 $D/d \geqslant 8$。

2.6.4　板式塔的计算

板式塔类型虽多，但计算方法大同小异。计算之前，需先了解板式塔的气液接触和传质的情况。

2.6.4.1　塔板上气液两相的接触状态

塔板上气液两相的接触状态是决定板上两相流流体力学及传质传热规律的重要因素。当液体流量一定时，随着气速的增加，可以出现三种典型的接触状态。

（1）鼓泡接触状态。气速较低时，气体以鼓泡形式通过液层。由于气泡数量不多，形成的气液混合物基本上以液体为主，气液两相接触的表面积不大，液层湍动不够剧烈，传质阻力大，传质效率很低。此时液体为连续相，气体为分散相；传质在气泡表面进行。

（2）泡沫接触状态。气速增加至较为适中时，气泡数量急剧增加，不断发生碰撞和破裂，连成一片，清液层明显减少，此时板上液体大部分以液膜形式存在于气泡之间，形成一些直径较小、扰动十分剧烈的动态泡沫，由于泡沫剧烈湍动，不断合并破裂，泡沫接触状态的表面积大，并不断更新，传质阻力小，为两相传热与传质提供了良好的条件，是一种较好的接触状态。此时液体为连续相，气体为分散相；传质在不断更新的液膜表面进行。

（3）喷射接触状态。气速继续增加，由于气体动能很大，把板上液体向上喷成大小不等的液滴，分散到气流中，形成泡沫接触层。直径较大的液滴受重力作用又落回到板上，直径较小的液滴被气体带走，形成液沫夹带。此时液体为分散相，气体为连续相；传质在不断更新的液滴表面进行；液滴不断形成和聚集，因此传质面积大大增加。

如上所述，泡沫接触状态和喷射状态均是优良的塔板接触状态。因喷射接触状态的气速高于泡沫接触状态，故喷射接触状态有较大的生产能力，但喷射状态液沫夹带较多，若控制不好，会破坏传质过程，所以多数板式塔一般在泡沫接触状态下工作。

2.6.4.2 塔板上的异常流动状态

一些特定情况下，塔内存在异常流动现象，对板式塔的效率产生不利的影响，因此在设计中应该充分考虑异常流动现象的负面效果。异常流动现象在板式塔操作过程中主要有液沫夹带、气泡夹带、漏液和液泛几个表现。

（1）气相、液相同主流方向相反的流动。两流体相反的流动有两种情况，第一种情况液沫夹带是指部分液滴随上升气流一起返回到上层塔板。该情况产生原因是由于泡沫层表面气泡破裂生成的液沫，受到上升气体的摩擦作用而产生夹带，也叫做输送夹带（靠气体的输送作用）；气体通过筛孔时对液体的喷射作用，气体速度大，造成液体弹溅，也就是气流的动能直接把液体分散成液滴，并给液滴一个初速度而向上飞溅造成的夹带，叫做飞溅夹带。总之，小液滴被气流带到上层塔板，大液滴弹溅到上层塔板。实际操作时，液沫夹带不可避免，但过量会造成返混，而降低传质效果。严重时会造成板式塔不能正常操作。第二种情况是气泡夹带（又叫降液管充气与蹿气）：液体在降液管中停留时间过短，气泡来不及解脱，而被液体卷入下层塔板。在塔板上和气体充分接触的液体经过溢流堰到降液管时，往往会夹带有气泡，这种现象叫做降液管充气。此时会造成气相的纵向返混，但是对塔的整体操作没有太大的影响。但如果大量充气，降液管蹿气，即气体从降液管底部窜入降液管，就会导致严重的纵向返混，明显降低降液管的通过能力，甚至会导致降液管液泛而使塔无法正常操作。因此为了避免降液管充气，设计时必须在塔板靠近溢流堰的位置设安定区，也就是不开孔，还要有一定的板间距和塔板布置，来保证降液管有足够的空间，使夹带的气泡在降液管内有足够的停留时间，可以良好分离。

（2）漏液。当气体通过塔板的速度较小时，气体通过升气孔道的动压不足以阻止板上液体经孔道流下时，便会出现漏液现象。实验证明，少量漏液不会影响传质效果，但是超过一定限度，将会使塔板效率显著降低，甚至会导致塔板不能蓄积一定厚度液体而无法正常工作。改进措施是在塔板液体入口处留出安定区，使漏液量不大于液体流量的 10%。

（3）液泛。塔板正常操作时，在板上应维持一定厚度的液层，但如果由于某种原因，比如降液管内泡沫液体的液面高过溢流堰，就会使板上的液体无法通过降液管顺利流下来，导致液体充满塔板之间的空间，使塔的正常操作受到破坏，这种现象称为液泛（或者叫淹塔）。液泛时的气速称为泛点气速，正常操作气速应控制在泛点气速之下。当塔板上液体流量很大，上升气体的速度很高时，液体被气体夹带到上一层塔板上的量剧增，使塔板间充满气液混合物，最终使整个塔内都充满液体，这种由于液沫夹带量过大引起的液泛称为夹带液泛。当降液管内液体不能顺利向下流动时，管内液体必然积累，致使管内液位增高而越过溢流堰顶部，两板间液体相连，塔板产生积液，并依次上升，最终导致塔内充满液体，这种由于降液管内充满液体而引起的液泛称为降液管液泛。液泛的不良后果是塔压力降急剧增大、板效急剧减小。

2.6.4.3 塔径计算

板式塔的塔径计算公式与填料塔一样，且关键仍是空塔气速 u 的确定。塔径大小取决于空塔气速的大小，从节省设备投资费用考虑，气速应取得大一些，但是过大的气速，将导致液沫夹带量剧增，从而既导致板效率下降，又会引起降液管液泛，使塔无法正常操作，所以气速的增大存在某一限值。和填料塔求泛点气速一样，这里也要先求出最大气速 u_{max}，而空塔气速 u 取 u_{max} 的 0.6~0.8 倍，即 $u = (0.6~0.8)u_{max}$。

u_{max} 可按下式计算：

$$u_{max} = C\sqrt{\frac{\rho_L - \rho_V}{\rho_V}} \tag{2-61}$$

式中 ρ_V，ρ_L——气、液相密度，kg/m^3；

   C——负荷系数，其值和气液的物性、流量以及板间距等有关，需要通过实验确定，也可以通过史密斯关联图来求得。

史密斯等人对 16 座工业塔（其中 8 座筛板塔、3 座浮阀塔和 5 座泡罩塔）的泛点参数进行归纳，得到史密斯关联图（图 2-30）。图中每条线标识为 $H_T - h_1$。其中 H_T 为初选的板间距，h_1 为板上液层高度，一般取 0.05~0.08m，而 $H_T - h_1$ 表示塔板之间的沉降空间对泛点气速的影响，显然板间距越大，泡沫层越小，就可能提供较多的小液滴碰撞成大液滴的机会。图中横坐标为 $\frac{L_S}{V_S}\left(\frac{\rho_L}{\rho_V}\right)^{1/2}$，其中 ρ_L、ρ_V 为液体和气体的密度，kg/m^3；L_S、V_S 为液体和气体的体积流量，m^3/s。纵坐标是表面张力等于 20mN/m 的气体负荷系数 C_{20}。

根据物性数据求出横坐标后，根据史密斯关联图读出 C_{20}。C_{20} 是液体表面张力 σ 等于 20mN/m 时的实验数据。若 σ 不为 20mN/m 的物系，需要用 $C = C_{20}\left(\frac{\sigma}{20}\right)^{0.2}$ 进行修正。

由此可以看出，物性对泛点气速的影响，除了密度外，还必须考虑液体表面张力的影响。表面张力越小，越容易起泡，泡沫层越高，又容易破裂成小液滴，就越容易产生液泛，泛点气速也就越低。

在使用史密斯关联图的时候，参数（$H_T - h_1$）需要预先设定，其中板间距的设定方法后面会讲到。而板上液层高度的取值不仅和沉降空间的大小有关，还对塔板压降、气液两相的接触时间等产生影响，因此应慎重取值。

根据如上计算出 u_{max} 可得到塔径 D 并进行圆整。初步确定塔径后还要看原来初选的板间距是否合适，若合适即为所得；若不合适，应调整重算，然后确定塔的工艺尺寸，并进行流体力学验算。验算的内容包括压降、液泛、雾沫夹带和漏液等。

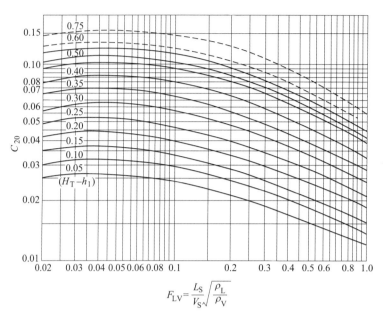

图 2-30　史密斯关联图

2.6.4.4　塔高计算

塔的有效部分（塔板部分）的高度的计算公式如下：

$$h = \frac{N_T}{\eta} \times H_T \tag{2-62}$$

式中　　h——塔高，m；

N_T——理论板数；

η——总板效率；

H_T——塔板间距，m。

可见要计算塔高，必须要计算理论板数 N_T、总板效率 η、塔板间距 H_T。

　　A　板间距的选取

板间距大小和液沫夹带、淹塔以及物料特性有直接关系。板间距大小，不仅影响液沫夹带的程度，还影响降液管的通过能力等，一定气液负荷和塔径下，板间距小，液沫夹带量就大，要减小液沫夹带量，就必须要加大板间距或加大塔径。因此塔的生产能力、操作弹性以及塔板效率都和板间距的选取有密切关系。表 2-8 列出了板间距的推荐值。

表 2-8　板间距的推荐值

塔径 D/m	0.3~0.5	0.5~0.8	0.8~1.6	1.6~2.0	2.0~2.4	>2.4
塔板间距 H_T/m	0.2~0.3	0.3~0.35	0.35~0.45	0.45~0.6	0.5~0.8	≥0.6

板间距的选取必须参照推荐的经验值进行，同时还必须考虑如下几个因素：

（1）物料的起泡性。容易起泡的物料，板间距应取大些。

（2）操作弹性。要求具有大的负荷上限（即要求操作弹性比较大）时，应取比较大的板间距。

（3）安装、维修、经济性方面的要求。塔板数比较多的或必须安在室内的塔，可以考虑选用比较小的板间距，这时塔径虽然大些，但从经济角度来考虑，增加塔高比增加塔径有利。此外需要开人孔处的板间距应不小于600mm等。

B 理论板数计算

理论塔板的定义是：气液两相在这种塔板上相遇时，因接触良好，传质充分，以致两相在离开塔板时已达到平衡。

板式吸收塔的塔高可以用多级逆流的理论板模型进行描述和计算，如图2-31所示，废气从塔底进入第1级理论板，从塔顶的第 N 级理论板流出。吸收剂则从塔顶进入第 N 级理论板，从塔底第1级理论板流出。在塔中，在每级理论板上，气体与上一级板流下的液体接触，气相中溶质A被吸收转入液相，气相中组分A浓度降低，液相中组分A浓度升高，最后A在两相间达到平衡。

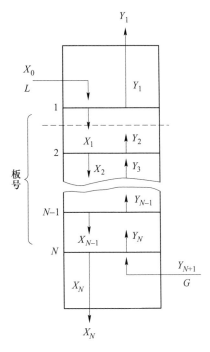

图2-31 板式塔中，离开各层塔板气、液组成的编号

气体继续向上进入上级理论板，液体则流入下一级理论板，分别与该级上的液相（气相）传质并达到相平衡。最后从第 N 级理论板出去的气相组成（摩尔比） Y_N 降低到要求的出气浓度 Y_1。此 N 即为此吸收过程所需的理论板数。

塔板的序号从上向下排列，组成为 Y_{N+1}（也就是进气的气体）的气体自塔底送入塔内逐板向上，最后从第1板送出时，其组成降低到 Y_1（即出气的气体），组成为 X_0 的液体（即进塔液体）送入第1板，逐板向下，最后从第 N 板离开时组成升高到 X_N（即出塔液体）。能完成所需要的吸收净化任务的理论塔板的板数，就是理论板数。

可以通过图解法和解析法计算得到理论板数。

（1）图解法。根据物料衡算计算操作线方程，塔内任意截面处和塔顶做物料衡算如下：

$$G(Y - Y_1) = L(X - X_0) \tag{2-63}$$

得到：

$$Y = \frac{L}{G}X + \left(Y_1 - \frac{L}{G}X_0\right) \tag{2-64}$$

此为操作线方程，塔内任意截面上的气液组成都可以用 X-Y 图上的操作线的一点来代表（图2-32）。塔内任一塔板都是理论塔板，在理论塔板上发生的气液平衡，即 $Y=f(X)$，所以离开各层理论塔板的气液组成的点都在 X-Y 图中的平衡线 OE 上。

前面已经讲过，塔内任一截面上的气液组成可以用 X-Y 图上操作线上的一点代表。因此，代表各相邻塔板之间的液气组成的点 $P_1(X_1, Y_2)$，$P_2(X_2, Y_3)$，…都在图2-32上的操作线 TB 上。代表离开各层理论板的液气组成的点都在图中的平衡线 OE 上，于是从代

表塔顶状况 T（X_0，Y_1）点出发，做水平线与平衡线 OE 相交于点 E_1，点 E_1 代表离开第 1 层理论塔板的液气组成，再从点 E_1 做垂线交 TB 于点 P_1（X_1，Y_2），则 P_1 的纵坐标 Y_2 代表离开第 2 层理论塔板的气相组成，以此类推，在 TB 和 OE 之间做梯级，直到点 B 为止，这样求得的塔板数为理论塔板数 N_T。

（2）解析法。解析法的条件是操作线和平衡关系为直线。逐板列物料衡算式，并结合相平衡关系联立逐板依次进行计算，直到符合出塔尾气排放要求。

使用操作线方程 $Y=\dfrac{L}{G}X+\left(Y_1-\dfrac{L}{G}X_0\right)$ 和气液平衡线 $Y=mX$，做包括 1、2 层塔板之间的截面和塔顶的控制体上的物料衡算。再考虑 Y_1 和 X_1 是平衡的，所以有 $X_1=Y_1/m$，得到：

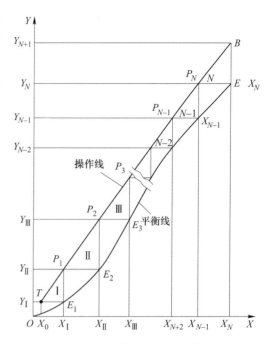

图 2-32　图解法求理论板数

$$Y_2=Y_1+\frac{L}{G}(X_1-X_0)=Y_1+\frac{L}{G}\left(\frac{Y_1}{m}-X_0\right)=\left(1+\frac{L}{Gm}\right)Y_1-\frac{L}{G}X_0$$

取 $A=L/(mG)$，则上式为：$Y_2=(1+A)Y_1-AmY_0$。

将物料衡算范围扩大到第 2 层和第 3 层塔板之间的截面，得到：

$$Y_3=(1+A)Y_2-AmX_1=(1+A)\left[(1+A)Y_1-AmX_0\right]-Am\frac{Y_1}{m}$$

$$=(1+A+A^2)Y_1-(A+A^2)mX_0$$

以此类推，第 N 块板子：

$$Y_{N+1}=(1+A+\cdots+A^N)Y_1-(A+A^2+\cdots+A^N)mX_0=\frac{1-A^{N+1}}{1-A}(Y_1-mX_0)+mX_0$$

其中：$A^{N+1}=1+(A-1)\dfrac{Y_{N+1}-mX_0}{Y_1-mX_0}$，$A^N=\dfrac{1}{A}+\left(1-\dfrac{1}{A}\right)\dfrac{Y_{N+1}-mX_0}{Y_1-mX_0}$。

所以得到：

$$N=\frac{1}{\ln A}\ln\left[\frac{1}{A}+\left(1-\frac{1}{A}\right)\frac{Y_{N+1}-mX_0}{Y_1-mX_0}\right] \tag{2-65}$$

此为理论板数的解析计算式。

C　板效率

板效率表征的是实际塔板分离效果与理论板的接近程度。实际塔板上气液两相很难达到平衡，一层实际板的传质效果不如一层理论塔板是确定的，故实际操作时所用的塔板数 N 比理论板数 N_T 要多。这种差别用塔板效率（总板效率，或简称板效率）来衡量，即

$$\eta=N_T/N \tag{2-66}$$

总板效率指的是达到指定分离效果所需理论板数与实际板数的比值。板效率受传质动力学影响，其值与物系、操作条件和塔板结构有关，一般来说板效率恒小于1，通过实验确定或用经验公式计算。

2.6.4.5 压降

气体通过塔板时的压降大小，不仅影响塔板操作性能和温度、压力等操作参数，而且还直接影响装置的能耗，故其值一般都有一定限制。塔板压降是影响板式塔操作特性的重要因素。塔板压降也就是气体通过塔板时的阻力损失。

塔板压降增大，一方面塔板上气液两相的接触时间随之延长，板效率升高，完成同样的分离任务所需实际塔板数减少，设备费降低；另一方面，塔釜温度随之升高，能耗增加，操作费用增大，若分离热敏性物系时易造成物料的分解或结焦。因此，进行塔板设计时，应综合考虑在保证较高效率的前提下，力求减小塔板压降，以降低能耗和改善塔的操作。

计算气体通过一层塔板的压降（又称单板压降），最常用的处理方法是把它看作是由气体通过筛孔的干板压降和气体通过泡沫层的液层压降两部分叠加而成，即

$$\Delta p = \Delta p_c + \Delta p_1 \tag{2-67}$$

干板压降（Pa）为：

$$\Delta p_c = \zeta \frac{u_0^2}{2} \times \frac{\rho_V}{\rho_L} \tag{2-68}$$

式中，ζ 为干板阻力系数，与塔板形式和开孔率等因素有关，通常斜孔取 2.1，浮阀板（全开）取 5.3；u_0 为筛孔气速，m/s。干板压降由板上各部件所造成的局部阻力造成，比如筛孔塔板的干板压降主要是由于气流通过筛孔的突然缩小与突然扩大而造成。

液层压降（Pa）为：

$$\Delta p_1 = 4.9(h_w + h_{ow}) \frac{\rho_L}{\rho_W} \tag{2-69}$$

式中　h_w——溢流堰高度，mm；

h_{ow}——堰上清液高度，mm；

ρ_L / ρ_W——吸收液与水的密度比。

溢流堰高度与堰上清液高度之和即为塔板上液体的高度。气体通过液层的压降是气体克服充气液层的静压、形成泡沫以及对液体的搅动作用造成的。液层压降与板上的清液层高度和气体通过筛孔的动能因数有关。

2.6.4.6 塔板负荷性能图

影响板式塔操作状况和分离效果的主要因素为物料性质、塔板性质及气液负荷。对一定的塔板结构，处理固定的物系时，其操作状况随气液负荷而变。要维持塔板正常操作，必须将塔内的气、液负荷波动控制在一定范围内。通过板式塔流体力学性能进行研究发现，对于所设计的塔，其气液流量太小或太大，都将降低传质效率，破坏塔的正常操作，即塔的气液负荷一定有一个适宜的变动范围。通过绘制塔板负荷性能图，见图2-33，可有助于了解所设计塔板的综合性能，确定塔板的适宜操作区。

图2-33中，以液体流量为横坐标，以气体流量为纵坐标，负荷性能图由5条线组成，

所包围的区域为合适的操作区，即为塔板正常操作的气液负荷所允许的变动范围。不同的板型或同一板型不同尺寸的塔板，都有不同的负荷性能图，即图中各线的相对位置以致整个图形都会随之改变。这五条线分别为：

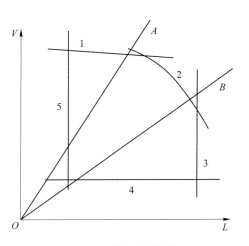

图 2-33　塔板负荷性能

（1）线 1 为液沫夹带线，通常以 kg（液）/kg（干空气）为依据确定，气液负荷位于该线上方，表示液沫夹带过量，已不宜采用；此时液沫夹带量 $e_v > 0.1$ kg（液）/kg（气）。塔板的适宜操作区应在该线以下。

（2）线 2 为液泛线，可根据溢流液泛的产生条件确定，若气液负荷位于此线上方，塔内将出现溢流液泛。塔板的适宜操作区在该线以下。

（3）线 3 为液相流量上限线，又叫液相负荷上限线，若液量超过此上限，液体在降液管内停留时间过短，液流中的气泡夹带现象大量发生，以致出现溢流液泛，使塔板效率下降。塔板的适宜操作区应在该线以左。

（4）线 4 为漏液线，可根据漏液点气速确定，若气液负荷位于此线下方，表明漏液已使塔板效率大幅度下降；此时的漏液量大于液体流量的 10%。塔板的适宜操作区应在该线以上。

（5）线 5 为液相负荷下限线，液量小于该下限，板上液体流动严重不均匀而导致板效率急剧下降；此时气液接触不良，易产生干吹和偏流等现象，导致塔板效率的下降。塔板的适宜操作区应在该线以右。

在塔板的负荷性能图中，由 5 条线所包围的区域称为塔板的适宜操作区。操作时的气相负荷 V 与液相负荷 L 在负荷性能图上的坐标点称为操作点。上、下限操作极限的气体流量之比称为塔板的操作弹性。

还必须指出，由负荷性能图所表示的适宜操作区并非是传质高效区。因为负荷性能图是就流体力学状况而言的。且即使在适宜的操作区内，各处的塔板效率也并不相同，位置适中的设计点，可望具有较高的效率。若设计点接近界限线，其操作状况就很不稳定，气液负荷稍微有波动，塔板效率就会明显下降。

2.7　化学吸收及其计算

在实际工业应用中，伴有显著化学反应的吸收过程称为化学吸收。比如 CO_2 本身在纯水中的溶解度比较低，若用纯水吸收则比较困难；如果引入化学反应，用碳酸钾水溶液吸收二氧化碳，在液相中发生反应 $K_2CO_3 + CO_2 + H_2O = 2KHCO_3$，降低了二氧化碳在溶液中的浓度，增大了液相传质推动力进而加快了吸收速率。

2.7.1　化学吸收与物理吸收的区别

物理吸收和化学吸收的区别，就因为化学吸收有一个化学反应介于其中，导致这两个过程的吸收速率和吸收平衡都有所不同。物理吸收涉及相平衡，化学吸收除相平衡之外还涉及化学平衡。物理吸收中，吸收速率取决于吸收质在气膜和液膜中的扩散速率。化学吸收中，吸收速率除与扩散速率有关外，还与化学反应速率有关。此外，提高温度和增加压力可以改善化学吸收的过程；而对物理吸收，降低温度和增加压力可以改善液体中污染物的溶解度。

化学吸收与物理吸收相比具有下列优点：（1）溶质进入溶剂后因化学反应而消耗掉，表现在平衡关系上为溶液的平衡分压降低，甚至可降低到零，这样就会导致吸收推动力增加；（2）因为有化学反应存在，溶质在液膜中的扩散阻力降低，吸收系数增大，吸收速率提高，吸收效率增强；（3）溶质因反应而被消耗，单位体积溶剂能够容纳的溶质量增多，使某些填料表面或塔壁死角处的停滞液体吸收溶质能力增强，吸收剂的利用率提高。

2.7.2　化学反应快慢对吸收的影响

化学吸收过程中，溶质 A 先从气相主体扩散到气液界面，其扩散机理与物理吸收时并无区别，气相吸收系数不受影响。B 不断从液相主体向界面扩散，并在界面附近区域甚至界面处与 A 相遇。A 与 B 在什么位置进行反应取决于反应速率与扩散速率的相对大小。反应进行得越快，A 消耗得越快，那么 A 抵达气液界面后不用扩散很远便会消耗干净。反之，A 也可能扩散到液相主体中，仍有大部分未能参加反应，因此，化学吸收的液相吸收系数不仅取决于液相的物理性质与流动状态，而且也取决于化学反应速率。通过两分子反应（A+B ═ AB），定性地考察化学反应速度对吸收速率的影响（图 2-34）。图中纵坐标表示液相主体内 A 的浓度与 B 的浓度，横坐标表示液相内各点距离相界面的距离，Z_m 为液膜的厚度。

图 2-34a 中 A 与 B 无化学反应，A 浓度从界面上的 C_{Ai} 呈直线降到液膜内侧的 C_{AL}，$C_{Ai}-C_{AL}$ 是 A 在液相内扩散的推动力。B 浓度没有变化，各处均为 C_{BL}，这种情况属于物理吸收。若 A 与 B 的反应进行得极其缓慢，A 与 B 的浓度情况亦如此。用水吸收二氧化硫和二氧化碳是有水解反应的吸收，但反应进行得极慢，因此可按物理吸收来处理。

图 2-34b 中 A 与 B 进行缓慢反应，A 与 B 的量都会因反应而稍微减少一些，反应主要在液相主体内进行，A 与 B 在液膜内进行反应的部分所占比例很小。于是液膜内 A 的浓度变化为一略向下凹的曲线，B 的浓度在靠近界面处略有下降，此浓度差使 B 不断从液相主体向界面扩散。此时吸收速率主要由反应速率所控制。用碳酸钠溶液吸收二氧化碳就属于缓慢反应的化学吸收过程。

图 2-34c 中 A 与 B 进行快速反应。A 在没到达液相主体之前便消耗殆尽，即反应完全在液膜内进行。液膜内 A 浓度曲线向下凹，在到达液膜内侧之前其浓度便降低到零。液膜内 B 的浓度变化梯度与 A 的浓度变化梯度相对应。此时吸收速率由扩散速率与反应速率两者控制，吸收速率与液相吸收系数均比物理吸收大。用氢氧化钠溶液吸收二氧化碳，用发烟硫酸吸收三氧化硫，属于快速反应的化学吸收。

图 2-34d 中 A 与 B 进行瞬时极快速反应，两者刚一接触反应便进行完毕。两者进行瞬时反应的位置称为反应面（图 2-34d 中间的虚线），A 与 B 在反应面相遇之前，各自在液膜内扩散时并无消耗，故其浓度变化均呈直线，反应面处 A 与 B 的浓度同时降为零，极端情况时反应面可与气液界面重合，表示 A 刚从气相主体扩散到界面即在界面处消耗干净。

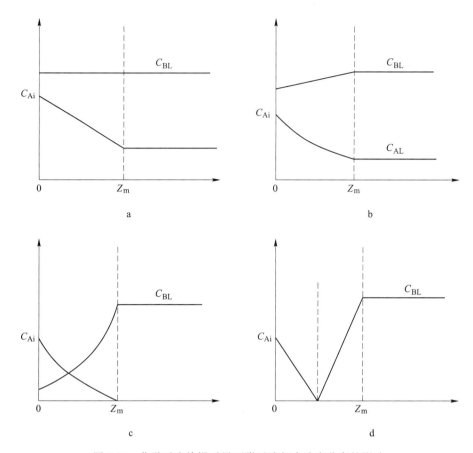

图 2-34　化学反应快慢对界面附近液相内浓度分布的影响
a—极慢反应或无反应；b—缓慢反应；c—快速反应；d—极快速反应

进行瞬时反应的化学吸收，吸收速率由 A 扩散到反应面的速率所控制。从 A 的扩散来看，由于扩散距离缩短，推动力增大，故液相吸收系数与吸收速率都大为增加；反应面与气液界面重合的极端情况下，液膜阻力降为零，此时吸收速率只取决于 A 从气相主体扩散到气液界面的阻力，即该过程是气膜控制。用稀酸吸收 NH_3、碱液吸收二氧化硫、氢氧化钠溶液吸收 HCl 等都属于瞬时反应的化学吸收。

2.7.3　化学吸收中的气液平衡关系

气体溶于液体中因为化学反应，既有化学吸收，同时也有物理吸收发生，所以溶于液相的溶质量为气相浓度物理平衡时的溶质量和由于化学反应消耗量之和。

当发生化学反应时，被吸收组分的气液平衡关系既应服从化学平衡关系，又应服从相平衡关系。化学吸收条件允许的情况下，亨利定律同样适用，根据亨利定律，达到平衡的体系，溶质在气相中的平衡分压与其在液相中的浓度呈现一定的比例关系。此处的"溶质在液相中的浓度"是指溶液中纯溶质的浓度，与变化了的溶质无关，即在化学吸收中，亨利定律只适用于溶液中没有变化的那部分纯溶质的浓度。

吸收达到平衡时，指的是既达到了化学平衡，同时也达到了物理平衡。即进入液相的溶质 A 的量中，一部分进行了化学反应，并达到了化学平衡；而另一部分，则没有进行化学反应，达到了物理平衡。A 总量为反应的量及未反应的量之和，即 $A_{total} = A_{reacted} + A_{unreacted}$，此处 $A_{reacted}$ 服从化学反应平衡，$A_{unreacted}$ 服从亨利定律。

下面分别针对化学吸收中常见的两种情况：被吸收组分与吸收剂相互作用、被吸收组分与吸收剂中的活性组分相互作用，分别对其气液平衡进行介绍。

2.7.3.1 被吸收组分与吸收剂相互作用

被吸收组分与吸收剂相互作用，比如水吸收氨：$NH_3 + H_2O \rightleftharpoons NH_4OH$。大致表达式如下所示：

$$A(g)$$
$$\Updownarrow$$
$$A(l) + B \xrightarrow{K} M$$

参加化学反应的溶质 A，与 B 反应生成了 M，化学平衡关系式为：

$$K = \frac{[M]}{[A][B]} \tag{2-70}$$

设溶液中 A 的总浓度为 C_A，此时 $A_{reacted} = [M]$，而 $A_{unreacted} = [A]$。即：$C_A = [M] + [A]$

则上面的平衡式变为：$K = \dfrac{C_A - [A]}{[A][B]}$，由此得：

$$[A] = \frac{C_A}{1 + K[B]} \tag{2-71}$$

此时溶液中没有反应的 A，符合亨利定律，即 $[A] = H_A p_A^*$。代入式 2-71 得到：

$$p_A^* = \frac{1}{H_A} \times \frac{C_A}{1 + K[B]} \tag{2-72}$$

当溶液浓度不高时，$[B]$ 可认为是常数，平衡常数 K 也不随浓度而改变，因此 $1 + K[B]$ 可认为是常数。此时可看出，p_A^* 与 C_A 之间成正比关系，即形式上仍服从亨利定律，溶解度系数因被吸收组分与溶剂相互作用而加大了 $(1 + K[B])$ 倍。按上述反应式进行反应的系统，人们所熟知的例子是用水吸收氨。这是一个比较简单的系统，仍旧符合亨利定律，所以计算起来相对简单。

若上述反应 M 再发生离解，平衡关系就会变得更复杂。比如水吸收 SO_2 或 CO_2。此类反应吸收体系可表示为：

$$A(g)$$
$$\Updownarrow$$
$$A(l) + B \xrightarrow{K} M \xrightarrow{K_1} N^+ + A^-$$

吸收平衡时，离解常数为：

$$K_1 = \frac{[N^+][A^-]}{[M]} \tag{2-73}$$

当溶液中没有相同离子存在时，$[N^+] = [A^-]$，则上式可写成：

$$K_1 = \frac{[A^-]^2}{[M]}, \text{即} [A^-] = \sqrt{K_1[M]} \tag{2-74}$$

被吸收组分 A 在溶液中的总浓度为物理溶解量和离解溶解量之和，即

$$C_A = [A] + [M] + [A^-] = [A] + [M] + \sqrt{K_1[M]} \tag{2-75}$$

将上述方程联立得到：

$$[A] = \frac{(2C_A + K_A) - \sqrt{K_A(4C_A + K_A)}}{2(1 + K[B])} \tag{2-76}$$

其中，$K_A = \dfrac{K_1 K[B]}{1 + K[B]}$。将式 2-76 代入亨利定律式，得：

$$p_A^* = \frac{1}{2(1 + K[B])H_A}[(2C_A + K_A) - \sqrt{K_A(4C_A + K_A)}] \tag{2-77}$$

可以看出，对反应产物有离解的化学吸收过程，相平衡方程式和气体组分 A 在吸收液中的总浓度 C_A 为非线性关系。

2.7.3.2　被吸收组分和吸收剂中活性组分相互作用

吸收时广泛采用被吸收组分 A 与溶解于吸收剂中的活性组分 B 相互作用，形成产物 M，即 A+B══M。例如用含氢氧化钙、碳酸钠和亚硫酸钠等活性组分的吸收液净化废气中二氧化硫，就属于这种吸收过程。

设溶液中活性组分 B 的起始浓度为 c_B^0，若平衡时反应率为 R，则达到平衡后有：$[M]=c_B^0 R$ 及 $[B]=c_B^0(1-R)$。由于化学平衡关系式得：

$$K = \frac{[M]}{[A][B]} = \frac{c_B^0 R}{[A]c_B^0(1-R)} = \frac{R}{[A](1-R)} \tag{2-78}$$

将气液平衡关系式 $[A]=p_A^* H_A$，代入上式得：

$$p_A^* = \frac{R}{H_A K(1-R)} \tag{2-79}$$

解得平衡转化率 R：

$$R = \frac{KH_A p_A^*}{1 + KH_A p_A^*} \tag{2-80}$$

若仅考虑化学溶解，溶液吸收的 c_A^* 为：

$$c_A^* = c_B^0 R = c_B^0 \frac{KH_A p_A^*}{1 + KH_A p_A^*} \tag{2-81}$$

c_A^* 代表了溶液吸收能力，随分压 p_A 增大而提高，另外溶液吸收能力还受到吸收剂中活性组分起始浓度的限制。因上式右端第二个因子 $\dfrac{KH_A p_A^*}{1 + KH_A p_A^*}$ 的值随 p_A^* 的增大总是小于或趋近于 1，因此 c_A^* 只能趋近于而不能超过 c_B^0 的值，这是化学吸收与物理吸收在气液平衡上的一个重要区别。

2.7.4　化学吸收中的速率方程

溶质在气相传递中无化学反应，所以气相一侧传递情况和物理吸收相同，但在液膜或液相主体内，化学反应的存在对传质产生影响，如前所述，化学吸收根据化学反应的快慢，对速率方程有不同的影响。此处只介绍极快速不可逆反应情况下的速率方程。

以液相中进行反应 $A+bB \rightarrow W$ 为例，气相中吸收质 A 从气相主体通过气膜扩散到界面，再穿过界面进入液相后，A 和活性组分 B 在反应面上进行化学反应，当 B 由液相主体向反应面的扩散速率恰好与 A 由相界面向反应面的扩散速率相当，即同时到达反应面的 A 和 B 的摩尔比例恰好符合化学反应的计量比时，即 $N_A : N_B = 1 : b$，此时吸收过程达到稳定，反应面上 A 和 B 的浓度均等于零。若反应产物 W 是非挥发性的，则反应产物 W 由反应面向液相主体扩散。反应面位置主要取决于组分 A 和 B 传质速率的相对大小，组分 B 的传质速率越大，反应面越靠近相界面。如图 2-35a 所示，反应面与气液相界面距离为 Z_{L1}，反应面右侧液膜厚度为 Z_{L2}，液膜总厚度为 $Z_{L1}+Z_{L2}=Z_L$。

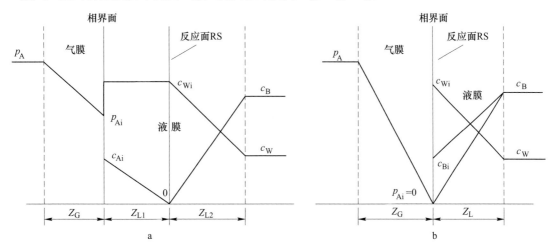

图 2-35　液相进行极快速化学反应过程中各组分浓度分布

a—$c_B < c_{KP}$；b—$c_B \geqslant c_{KP}$

据前分析，吸收质 A 通过气膜的扩散与化学反应无关，其扩散速率同物理吸收式 2-16：

$$N_A = k_G(p_A - p_{Ai}) \tag{2-82}$$

当达到稳定状态后，N_A 等于组分 A 通过反应面左侧厚度为 Z_{L1} 的液膜扩散速率：

$$N_A = \frac{D_A}{Z_{L1}}(c_{Ai} - 0) \tag{2-83}$$

同理，组分 B 通过反应面右侧厚度为 Z_{L2} 的液膜的扩散速率为：

$$N_B = \frac{D_B}{Z_{L2}}(c_B - 0) \tag{2-84}$$

根据化学反应方程式组分 A 与组分 B 的反应计量比为 b，即 $A+bB \rightarrow W$ 反应：$N_B = bN_A$，且有：$Z_{L1}+Z_{L2}=Z_L$。将前面列出的方程式联立就得到：

$$\frac{bD_A c_{Ai}}{Z_{L1}} = \frac{D_B c_B}{Z_L - Z_{L1}} \tag{2-85}$$

由式 2-83 得 $Z_{L1} = \frac{D_A}{N_A}(c_{Ai}-0)$，代入式 2-85 得到：

$$N_A = \frac{D_A}{Z_L}\left(c_{Ai} + \frac{D_B c_B}{bD_A}\right) = \frac{D_A}{Z_L}\left(1 + \frac{D_B c_B}{bD_A c_{Ai}}\right)c_{Ai} \tag{2-86}$$

式 2-86 与 "速率＝吸收系数×推动力" 对照，化学吸收过程的液膜传质系 k_L' 为：

$$k_L' = \frac{D_A}{Z_L}\left(1 + \frac{D_B c_B}{b D_A c_{Ai}}\right) \tag{2-87}$$

如前所述，若无化学吸收，液膜传质分系数 $k_L = \dfrac{D_A}{Z_L}$；若有化学吸收，则液膜传质分系数即增大了 $\left(1 + \dfrac{D_B c_B}{b D_A c_{Ai}}\right)$ 倍，此即化学吸收的增强系数。

相界面处组分浓度 c_{Ai} 与分压 p_{Ai} 应符合亨利定律：$c_{Ai} = H_{Ai} p_{Ai}$，由式 2-82、式 2-83 和式 2-85 得到总吸收速率方程：$N_A = \dfrac{D_A}{Z_L}\left(H_A p_{Ai} + \dfrac{D_B c_B}{b D_A}\right) = \dfrac{D_A}{Z_L}\left[H_A\left(p_A - \dfrac{N_A}{k_G}\right) + \dfrac{D_B c_B}{b D_A}\right]$；然后解得：$N_A = \left(H_A p_A + \dfrac{D_B}{D_A}\dfrac{c_B}{b}\right)\bigg/\left(\dfrac{Z_L}{D_A} + \dfrac{H_A}{k_G}\right)$。

因 $\dfrac{Z_L}{D_A} = \dfrac{1}{k_L}$，化简上式得：

$$N_A = \left[p_A + \frac{D_B}{D_A}\frac{c_B}{H_A b}\right]\bigg/\left(\frac{1}{k_G} + \frac{1}{k_L H_A}\right) \tag{2-88}$$

根据总传质系数和分传质系数的关系：$\dfrac{1}{k_G} + \dfrac{1}{k_L H_A} = \dfrac{1}{K_G}$，又令式 2-88 中的 $\dfrac{D_B}{D_A}\dfrac{c_B}{H_A b} = \gamma$，则上式可写成：

$$N_A = K_G(p_A + \gamma) \tag{2-89}$$

此式为形式上与物理吸收类似的化学吸收总吸收速率方程。

前已述及，随着液相中活性组分 B 的浓度的增大，反应面会逐渐靠近气液界面，直至反应面和气液界面重合（图 2-35b）。为了研究问题的方便，引入了临界浓度 c_{KP} 的概念。当 B 的浓度小于临界浓度时，反应面在液膜内部任一位置；当 B 的浓度大于等于临界浓度时，反应面和气液界面重合，即 $Z_{L1} = 0$。

由式 2-89 与式 2-82 求解出 p_{Ai} 为 $p_{Ai} = \left(p_A k_G - \dfrac{D_B c_B k_L}{b D_A}\right)\bigg/(k_G + k_L H_A)$，有 $p_{Ai} = 0$，即反应面与界面重合，界面处 A 浓度为 0，则：$p_A k_G - \dfrac{D_B c_B k_L}{b D_A} = 0$。得出 $c_B = b \times \dfrac{D_A}{D_B} \times \dfrac{k_G}{k_L} \times p_A$，定义此时吸收剂中活性组分的浓度为临界浓度，用 c_{KP} 表示：

$$c_{KP} = b \times \frac{D_A}{D_B} \times \frac{k_G}{k_L} \times p_A \tag{2-90}$$

此时的吸收速率方程为：

$$N_A = k_G(p_A - 0) = k_G p_A \tag{2-91}$$

当活性组分 B 的浓度 $c_B \geqslant c_{KP}$ 时，反应在界面上进行，对吸收质 A 来讲，液膜没有阻力，此时界面处 $p_{Ai} = 0$、$c_{Ai} = 0$、$c_{Bi} \geqslant 0$，过程完全由气膜控制，其 A 的吸收速率按式 2-91 计算。

当活性组分 B 的浓度 $c_B < c_{KP}$ 时，则反应将在液膜内进行，A 的吸收过程将由二膜共同

控制，A 的吸收速率可按式 2-89 计算。

　　而对于有慢反应的化学吸收来说，慢反应的特点是反应速率小，被吸收组分经过液膜进行扩散时，其反应不在一条狭窄的反应区（反应面）中进行，而是通过液膜的整个扩散过程或液相主体中逐步完成的。对于到达液相主体后完成反应的吸收，由于化学反应进行得极慢，可认为液相传质系数 k_L 不因化学反应的存在而显著增加，此类吸收过程可按物理吸收过程进行计算。对于化学反应主要是在液膜内完成的吸收过程，化学吸收速率既取决于 A 和 B 的扩散速率，也取决于两者化学反应的速率，而且一般而言，化学反应的速率影响更大，这种过程的吸收速率计算十分复杂，虽然也有不少文献对此进行了分析与推导，但其局限性很大，往往不能解决实际问题，因此目前的计算都采用实测数据。

2.7.5　填料层高度的计算

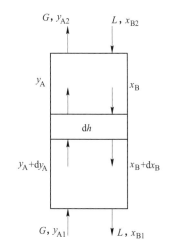

图 2-36　化学吸收填料塔示意图

　　化学吸收时所采用的填料塔结构与物理吸收相同，填料的选择与塔径的计算也基本相同，但填料层高度的计算要复杂一些。填料层高度计算是在填料形式、塔径、气液进出口浓度和流量已确定的前提下进行的。一般情况下，将物料衡算式与吸收速率方程联立，即可求得填料层高度。目前在有害气体治理领域，多为低浓度气体的吸收，此时可以忽略溶质 A 在传质过程中对于气液相流量的影响，即有 $y_1 \approx Y_1$ 和 $x_1 \approx X_1$ 等简化设定。接下来通过一个极快速不可逆化学反应（A+bB→C，反应比为 $1/b$）的化学吸收来计算填料层高度（图 2-36）。

　　对化学吸收填料塔，对全塔进行物料衡算有：

$$G(y_{A1} - y_{A2}) = -\frac{1}{b}L(x_{B1} - x_{B2}) \tag{2-92}$$

式中　G——气体摩尔流量，$kmol/(m^2 \cdot s)$；
　　　L——液体摩尔流量，$kmol/(m^2 \cdot s)$；
y_{A1}，y_{A2}——塔底、塔顶气相中组分 A 的摩尔分数；
x_{B1}，x_{B2}——塔底、塔顶液相中活性组分 B 的摩尔分数。

　　针对高为 dh 的一个微元段，假定塔截面积为 S，N_A 为 A 的传质率，a 为单位体积填料层中气液的接触面积，则此微元段填料层中所吸收的溶质 A 的量为 $N_A a S dh$；操作稳定时，$N_A = (1/b)N_B$，综合物料衡算，得到：

$$GSdy_A = -\frac{1}{b}LSdx_B = N_A a S dh \tag{2-93}$$

式中　G——气体摩尔流量，$kmol/(m^2 \cdot s)$；
　　　L——液体摩尔流量，$kmol/(m^2 \cdot s)$；
　　　y_A——气相中组分 A 的摩尔分数；
　　　x_B——液相中活性组分 B 的摩尔分数；
　　　N_A——A 的传质速率，$kmol/(m^2 \cdot s)$；
　　　a——单位体积填料层中气液的接触面积，m^2/m^3；
　　　b——化学计量比。

将摩尔分数相应变化为分压和摩尔浓度表达形式，即得：

$$\frac{G}{P}\mathrm{d}p_A = -\frac{L}{bC_T}\mathrm{d}c_B = N_A a\mathrm{d}h \qquad (2\text{-}94)$$

式中　p_A——气相中 A 的分压，kPa；

　　　P——总压，kPa；

　　　c_B——液相中 B 的浓度，$kmol/m^3$；

　　　C_T——液相总浓度，$C_T = c_S + c_B$（c_S 为惰性载体的浓度），$kmol/m^3$。

对上式变换为 $\mathrm{d}h = \dfrac{G}{PN_A a}\mathrm{d}p_A$ 以及 $\mathrm{d}h = -\dfrac{L}{bC_T N_A a}\mathrm{d}c_B$，并在全塔范围内积分，得出填料层高度为：

$$h = \frac{G}{P}\int_{p_{A2}}^{p_{A1}}\frac{\mathrm{d}p_A}{N_A a} = \frac{G}{P}\int_{p_{A2}}^{p_{A1}}\frac{\mathrm{d}p_A}{K_G a\Delta p_A} \quad (G\text{、}P \text{ 一定}, N_A = K_G\alpha\Delta p_A) \qquad (2\text{-}95)$$

$$h = \frac{L}{bC_T}\int_{c_{B1}}^{c_{B2}}\frac{\mathrm{d}c_B}{N_A a} = \frac{L}{bC_T}\int_{c_{B1}}^{c_{B2}}\frac{\mathrm{d}c_B}{K_L a\Delta c_B} \quad (L\text{、}C_T \text{ 一定}, N_A = K_L\alpha\Delta c_B) \qquad (2\text{-}96)$$

【例 2-9】 采用填料吸收塔净化废气，使尾气中某有害组分 A 从 0.1% 降低到 0.02%（体积分数），总压为常压（本题中 1atm = 101.3kPa）。

（1）用纯水吸收，相应参数如下 $k_G a = 32$kmol/（$m^3 \cdot h \cdot atm$）；$k_L a = 0.1h^{-1}$；$H'_A = 0.125$atm·m^3/kmol（$H'_A = 1/H$），气液流量分别为 $G = 100$kmol/（$m^2 \cdot h$）和 $L = 700$kmol/（$m^2 \cdot h$），液体的总分子浓度为 $C_T = 56$kmol/m^3，且假设不变。忽略 A 对于气液相流量的影响。

（2）水中加入活性组分 B，进行快速不可逆化学吸收，化学反应式为：$A + bB \rightarrow C$，取 $b = 1.0$，$c_B = 0.8$kmol/m^3，设 $k_{LA} = k_{LB} = k_L$。

（3）采用浓度 $c_B = 0.032$kmol/m^3 活性组分 B 吸收（$D_{BL} = D_{AL}$）。

试比较以上三种情况时填料层高度。

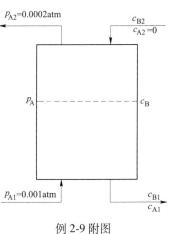

例 2-9 附图

解：（1）纯水吸收，可认为为物理吸收，又因是低浓度气体和稀溶液，可用物料衡算式求出 c_{A1}：

$$c_{A1} = \frac{G(y_{A1} - y_{A2})}{L} \times C_T = \frac{100 \times (0.001 - 0.0002)}{700} \times 56 = 6.38 \times 10^{-3}\text{kmol/m}^3$$

塔底和塔顶气液相浓度及相应计算数据分别如下所示：

项目	p_A	c_A	$p_A^* = H'_A \times c_A$	$\Delta p = p_A - p_A^*$
塔顶 2	0.0002	0	0	0.0002
塔底 1	0.001	6.38×10^{-3}	7.98×10^{-4}	0.0002

根据 $\dfrac{1}{K_G a} = \dfrac{1}{k_G a} + \dfrac{H'_A}{k_L a} = \dfrac{1}{32} + \dfrac{0.125}{0.1} = 1.28$（$m^3 \cdot atm \cdot h$）/kmol，气相体积传质总系数 $K_G a$ 为：$K_G a = 0.78$kmol/（$m^3 \cdot atm \cdot h$）。

据式 2-95 计算塔高：

$$h = \frac{G}{P} \int_{P_{A_2}}^{P_{A_1}} \frac{\mathrm{d}p_A}{K_G a \Delta p_A} = \frac{100}{1} \int_{0.0002}^{0.001} \frac{\mathrm{d}p_A}{0.78 \times 0.0002} = 513\mathrm{m}$$

由前可知，传质阻力 95% 以上在液膜，即组分 A 为难溶气体，需要 513m 的填料层才能达到净化要求，因而实际上，此时用纯水吸收是不可能的。

（2）用高浓度活性组分 B 吸收时，B 和 A 发生化学反应，塔顶到任意塔界面的物料衡算方程式为：

$$\frac{G}{P} \times (p_A - p_{A2}) = -\frac{1}{b} \times \frac{L}{C_T} \times (c_B - c_{B2})$$

代入已知数据得 $\frac{100}{1} \times (p_A - 0.0002) = -1 \times \frac{700}{56} \times (c_B - 0.8)$，即 $c_B = 0.802 - 8 \times p_A$。

由此求出塔底处 c_{B1}：$c_{B1} = 0.794\mathrm{kmol/m^3}$。

用式 2-90 计算塔顶和塔底的临界浓度如下：

塔顶：$c_{KP} = b \times \frac{D_A}{D_B} \times \frac{k_G}{k_L} \times p_A = 1 \times 1 \times \frac{32}{0.1} \times 0.0002 = 0.06\mathrm{kmol/m^3}$

塔底：$c_{KP} = b \times \frac{D_A}{D_B} \times \frac{k_G}{k_L} \times p_A = 1 \times 1 \times \frac{32}{0.1} \times 0.001 = 0.32\mathrm{kmol/m^3}$

可见，无论是塔顶或塔底，活性组分 B 浓度均超过临界浓度，化学反应仅发生在界面上，因此可认为全塔均由气膜控制，传质速率方程按照式 2-91 进行，即 $N_A a = k_G a p_A$。

所以填料层高度为：

$$h = \frac{G}{P} \int_{P_{A_2}}^{P_{A_1}} \frac{\mathrm{d}p_A}{k_G a p_A} = \frac{100}{32} \int_{0.0002}^{0.001} \frac{\mathrm{d}p_A}{p_A} = 5.03\mathrm{m}$$

由计算可知，在纯水中加入活性组分，发生极快不可逆化学反应，使液相传质阻力下降为零，传质速率仅由气膜控制，使填料层高度大大降低。

（3）用低浓度 $c_B = 0.032\mathrm{kmol/m^3}$ 的水溶液吸收，利用塔顶到任意塔界面的物料衡算方程式代入已知数据得：$\frac{100}{1} \times (p_A - 0.0002) = -1 \times \frac{700}{56} \times (c_B - 0.032)$，即 $c_B = 0.0336 - 8p_A$。于是塔底浓度 $c_{B1} = 0.0256\mathrm{kmol/m^3}$。

此时无论塔底或塔顶，活性组分 B 浓度均低于临界浓度，传质速率由式 2-89 计算。即 $N_A a = K_G a (p_A + \gamma c_B)$。

已知 $D_{BL} = D_{AL}$，此处 $\gamma = \left(\frac{D_B}{D_A} \right) \frac{c_B}{H_A b} = H_A' = 0.125(\mathrm{atm \cdot m^3})/\mathrm{kmol}$。

由本题（1）得：$K_G a = 0.78\mathrm{kmol/(m^3 \cdot atm \cdot h)}$，则：$N_A a = 0.78(p_A + 0.125c_B)$。

此时填料层高度：

$$h = \frac{G}{P} \int_{P_{A2}}^{P_{A1}} \frac{\mathrm{d}p_A}{N_A a} = \frac{G}{P} \int_{P_{A2}}^{P_{A1}} \frac{\mathrm{d}p_A}{K_G a (p_A + \gamma c_B)} = \frac{G}{P} \int_{P_{A2}}^{P_{A1}} \frac{\mathrm{d}p_A}{0.78 \times (p_A + 0.125c_B)}$$

$$= \frac{100}{1} \int_{0.0002}^{0.001} \frac{\mathrm{d}p_A}{0.78 \times 0.125 \times 0.0336} = 24.4\mathrm{m}$$

由计算可知，c_B 下降后，填料层高度增加。

　　以上（2）（3）计算均属单一情况，如果组分 B 的浓度为中等浓度，使其在塔的上部超过临界浓度，而塔的下部低于临界浓度，则传质速率的计算就应分上下两段分别进行，就要利用物料衡算式找出上下两段的分界面，然后分别计算各自的传质速率，再分别求出上、下两部分的填料层高度，最后相加，得到总高度。

　　上述计算忽略了溶解热及化学反应热效应带来的吸收温度的变化。吸收温度变化会影响到气液间相平衡关系、化学反应速率和液体黏度等因素，最终会影响到填料层高度的计算过程。但是计算中考虑到废气中有害组分的浓度很低，忽略温度变化是合理的，对实际工程应用上几乎没有影响。

3 吸附法净化气态污染物

3.1 概　述

吸附是一个历史悠久的方法，早在公元前 1550 年，古埃及王国就开始使用一些古老的吸附剂。长沙马王堆出土的汉墓木棺中放置木炭以吸潮防腐。明朝李时珍在本草纲目中记述了果核烧炭可以治疗腹泻和肠胃病。中世纪木炭开始用于糖液脱色精制，之后发现骨炭具有更好的脱色能力。吸附方法的工业应用，起始于 18 世纪末至 19 世纪初叶，最早应用于食品工业中净化糖汁、酿酒工业中除去酒精中的杂醇油，所用吸附剂多为木炭及骨炭。直至 20 世纪初，欧洲诞生了活性炭工业，出现了用气体活化法和化学活化法制备活性炭的专利，并建立了活性炭工厂。由此，吸附方法才开始用于气体分离和净化的工业操作。

目前，吸附工艺已经广泛地应用于化学工业、石油工业等行业，进行气体干燥、天然气脱硫以及气体混合物中有价值的溶剂蒸气的回收。吸附法在环境工程领域得到广泛应用，是由于吸附过程能有效地捕集浓度很低的有害物质，目前在低浓度二氧化硫和氮氧化物的净化处理以及其他气态污染物的净化中，吸附法体现出巨大的应用前景。

3.1.1　吸附的概念

吸附（adsorption）的本质就是在固体表面上的分子力处于不平衡或不饱和状态，导致固体会倾向于捕集周围流体中的物质进行浓缩。在工业上，采用多孔物质处理流体混合物，使其中所含的一种或几种组分浓集在固体表面，而与其他组分分开的过程称为吸附操作。

在吸附过程中，被吸附到固体表面的物质或能够被固体表面吸附的物质叫吸附质（adsorbate）；吸附质所依附的物质称为吸附剂（adsorbent），即具有吸附另一种物质的能力的物质，多指固态物质。

一般说来，吸附操作工艺的优点包括如下几个方面：

（1）选择性高，吸附工艺能分离其他过程难以分离的混合物；

（2）吸附效率高，吸附速率快，吸附工艺可以分离浓度很低的成分，因此可用于回收浓度很低的蒸气或溶质，或用于清除浓度很低的有害组分或无用组分；

（3）因为吸附剂是干态的，所以吸附操作是干床层操作；

（4）分离效果一般是其他分离过程（如精馏、吸收等）难以达到的；

（5）操作条件较为温和，不需要高压、深冷等严苛条件。

正因为如此，当采用常规吸收法去除气体中的待分离组分遇到难度时，吸附操作就是值得期待的处理工艺。但是吸附操作也有其不足之处：由于吸附剂的吸附容量相对较小，因而完成一定净化任务需耗用相对量较大的吸附剂；由于吸附剂是固体，工业装置固体物料的利用过程和处置方法，相对具有难度，因此给大型生产过程的连续化、自动化带来一定的困难。针对以上问题，多年来进行了相应的研究工作。

3.1.2 吸附与吸收的区别

吸附和吸收都可用于分离气体混合物，名字相近，但吸收是根据气体混合物中各组分在液体中溶解度的不同达到分离目的的传质过程。吸附是利用多孔性固体吸附剂将气体混合物中的一种或数种组分吸着到固体表面上以达到分离的目的。

吸附和吸收都涉及传质过程，吸收是采用液态吸收剂进行吸收，是气液两相分离；吸附采用固态吸附剂进行吸附，是气固两相分离。吸收发生时，待分离组分不仅保持在液体表面，而且通过液体表面分散到整个液体相；吸附发生时，待分离组分仅在吸附剂表面上浓缩富集成吸附层，并不深入吸附剂内部。

3.1.3 吸附的分类

根据吸附的作用力不同，可把吸附分为物理吸附（physical adsorption）与化学吸附（亦称活性吸附，chemisorption）。物理吸附和化学吸附的具体区别体现在如下几个方面：

（1）作用力。产生物理吸附的力是分子间引力，或称范德华力，因此物理吸附也叫做范德华吸附。由于分子间作用力可以存在于任何两个分子之间，所以物理吸附可以发生在任何固体表面上。化学吸附是由固体表面和吸附气体分子之间的化学键力造成的，是固体和吸附质之间化学作用的结果，有时它并不生成平常含义的可鉴别的化合物。化学吸附的作用力大大超过物理吸附的范德华力。

（2）吸附热。物理吸附不发生化学作用，所以它的吸附热比较低，一般只有20kJ/mol左右，相当于相应气体的液化热。化学吸附中由于有化学作用发生，所以它所放出的吸附热比物理吸附所放出的热要大得多，可达到化学反应热的数量级，一般为80~400kJ/mol。

（3）选择性。物理吸附的选择性很低，或者说没有选择性，它的选择性只取决于气体的性质和吸附剂的特性。化学性质决定化学吸附具有高度专属特性，例如氢可以被钨或镍化学吸附，而不能被铝和铜化学吸附，即化学吸附具有很高的选择性。

（4）可逆性。物理吸附属于纯分子间引力，所以物理吸附有很大的可逆性，当改变吸附条件，如降低被吸附气体的分压或升高系统的温度时，被吸附的气体很容易从固体表面上逸出，此种现象称为"脱附"或"脱吸"。工业上的吸附操作就是根据这一特性进行吸附剂的再生，同时回收被吸附的物质。化学吸附往往是不可逆的，而且脱附以后，脱附的物质往往与原来的物质不一样，发生了化学变化。

（5）吸附层数。物理吸附是靠分子间引力产生的，当吸附物质的分压升高时，可以产生多分子层吸附。化学吸附是单分子或单原子层吸附。

（6）温度的影响。物理吸附只在低温下才比较显著，吸附量随温度的升高而迅速减少，且和表面的大小成比例。由于化学吸附中伴有化学反应发生，化学吸附常需要一定的活化能，因此，化学吸附宜在较高温度下操作，且吸附速率随着温度的升高而增加。同一物质在较低温度下可能发生的是物理吸附，而在较高温度下所发生的往往是化学吸附。即物理吸附常发生在化学吸附之前，到吸附剂逐渐具备足够高的活性，才发生化学吸附。

（7）吸附速率。物理吸附无须活化，吸附过程极快，参与吸附的各相间常常瞬间达到平衡；化学吸附的吸附速率比较慢，达到相平衡需要相当长的时间。

上述两类吸附的区别中，吸附力的区别是最本质的区别，吸附热的区别最易于鉴别。在实际过程中，有时两类吸附可交替进行，如先进行化学吸附，后在化学吸附层上再进行物理吸附。

3.2　吸　附　剂

虽然吸附现象早已为人们发现和利用，从理论上讲，固体物质的表面对于流体都具有一定的物理吸附作用，但想要达到工业使用要求，还需要选用合适的固体物质作为高效分离的吸附剂，因此，吸附剂的选择和评价，是吸附操作中首先要面对的问题。

3.2.1　吸附剂的表征

工业用吸附剂多采用多孔性固体物料，对此类固体吸附剂，可用如下指标进行表征：

（1）吸附剂的比表面积（α）。多孔性固体颗粒内部有很多微孔，因此多孔性固体的表面分为内表面和外表面，且内表面面积一般为外表面面积的几百倍及以上，所以这也就是吸附剂一般是多孔性固体的原因。吸附剂的比表面积，即单位质量（单位体积）吸附剂所具有的表面积，常用单位是 m^2/g。测定比表面积的方法主要有气体吸附法和溶液吸附法。目前测定比表面积比较公认的方法是 BET 低温氮吸附法。

（2）孔容（V_P）。吸附剂中微孔的容积称为孔容，通常以单位质量（或单位体积）吸附剂中吸附剂微孔的容积来表示，单位是 cm^3/g。孔容是用饱和吸附量推算出来的值，即吸附剂能容纳吸附质的体积，但吸附剂的孔体积不一定等于孔容，这是因为吸附剂的孔体积包括了所有孔的体积，而孔容 V_P 不包括孔径较大的孔体积。

（3）孔径与孔径分布。在吸附剂内，孔的形状极不规则，孔隙大小也各不相同。根据国际纯粹与应用化学联合会（IUPAC）的定义，一般把这些孔按尺寸大小分为三类：孔径 $\leqslant 2nm$ 为微孔，孔径在 $2 \sim 50nm$ 范围为介孔（或称中孔），孔径 $\geqslant 50nm$ 为大孔，其中中孔具有最普遍的意义。细小的孔越多，则孔容越大，比表面积越大，对吸附越有利。

孔径分布指吸附材料中存在的各级孔径按数量或体积计算的百分率，由此来表征吸附剂的孔特性。一般测试样品的孔径分布，所使用的方法就是静态容量法和压汞法。其原理是通过测试的分压和对应的各级孔的吸附量，来表征材料孔径的分布。孔径分布常用孔径与孔容之间的关系来表示。

（4）体积和密度。吸附剂颗粒的体积（V_L）由两部分组成：固体骨架的体积（V_g）和孔体积（V_k），即 $V_L = V_g + V_k$。

吸附剂床层的堆积体积（V_P）由三部分组成：骨架体积（V_g）、孔体积（V_k）、空隙体积（V_s），即 $V_P = V_A + V_s = V_g + V_k + V_s$。

吸附剂的密度根据单位质量吸附剂所对应的体积的不同而分为：表观密度 ρ_A、真实密度 ρ_R 和堆积密度 ρ_P。表观密度，又称为视密度，为吸附颗粒的本身质量与其所占有的体积 V_L 之比。真实密度，又称真密度或吸附剂固体的密度，即吸附剂颗粒的质量与固体骨架

的体积 V_g 之比。堆积密度，又称填充密度，即吸附剂堆积床层单位体积内所填充的吸附剂质量，堆积密度是计算吸附床容积的重要参数。以上的密度单位常用 g/cm³、kg/L、kg/m³ 表示。

（5）孔隙率（ε_k）。吸附剂的孔隙率，指的是吸附剂颗粒内部的孔隙体积与颗粒体积的比值。

（6）空隙率（ε）。吸附剂床层的空隙率，指的是吸附剂床层内颗粒之间的空隙与整个吸附剂堆积体积的比值。

（7）吸附剂的吸附容量。吸附剂的吸附容量，是指一定温度下，对于一定的吸附质浓度，单位质量（或单位体积）吸附剂所能吸附的最大吸附质质量。此吸附容量，除了和吸附剂固体表面有关之外，还与吸附剂孔隙大小、孔径分布、分子极性及吸附剂分子上官能团性质等有关。

3.2.2　工业吸附剂的要求

固体种类多种多样，但是能作为工业用吸附剂的并不多，工业吸附剂需满足如下要求：

（1）吸附能力强，吸附容量大。工业吸附剂需要完成所给定的吸附任务，因此需要有较强的吸附能力和较大的吸附容量，吸附剂必须是具有高度疏松结构和巨大暴露表面的多孔物质，即要求吸附剂的内表面积大，孔隙合适，孔径分布合理。

（2）选择性强。工业吸附剂需要完成特定的吸附任务，一般是针对某些特定气体组分进行有选择的分离，因此要求所用吸附剂对特定气体组分具有较高选择性，例如活性炭吸附二氧化硫的能力，远大于吸附空气的能力，故活性炭能从空气与二氧化硫的混合气体中优先吸附二氧化硫，达到净化废气的目的。

（3）良好的机械强度、热稳定性和化学稳定性。工业吸附剂一般需要装填一定体积的吸附剂床层，装填过程可能会有吸附剂磨损以及自身床层质量的影响，在操作过程中可能面临温度、压力和湿度条件的变化以及不同化学气氛（如腐蚀性气体）的影响，因此需要吸附剂的机械强度、热稳定性及化学稳定性能满足工业运行。满足以上特性的吸附剂，可以保证装填过程磨损较少；使用固定床吸附装置时，不会因为床层增高导致自身质量的增加而使底层吸附剂被压碎；使用移动床和流化床吸附装置时，因吸附剂不再固定不动，从而对吸附剂机械强度的要求更高。

（4）良好的床层分布。工业吸附剂的使用，涉及吸附剂床层的装填过程、床层吸附时气流穿床过程、气固接触过程。这些过程均希望颗粒度要适中而且均匀，以达到良好的吸附剂床层分布。若吸附剂颗粒太大且不均匀，床层不易于填充紧密，空隙分布不均匀，某些区域空隙率太大，易造成气流分布不均，导致气流短路和气流返混，导致气体在床层中停留时间短，吸附分离效果大为降低。若吸附剂颗粒太小，床层阻力过大，床压降增大，影响吸附床层工作的稳定性。

（5）其他要求。此外，工业运行还要求吸附剂具有良好的再生能力，易于活化再生，再生后仍能维持良好的吸附性能，使用寿命长，来源广泛，价格低廉，且制备过程简便易于进行。

3.2.3 常用工业吸附剂

目前工业上常用的吸附剂，按照化学结构可分为有机吸附剂和无机吸附剂两类。有机吸附剂主要有纤维素、大孔树脂等，无机吸附剂主要有硅胶、活性氧化铝、活性炭、分子筛、硅藻土等。根据形状，吸附剂可分为粉末状吸附剂和颗粒状吸附剂等。此外，吸附剂可分为极性吸附剂和非极性吸附剂，如硅胶、氧化铝等为极性吸附剂；活性炭、硅藻土等为非极性吸附剂。一些常用吸附剂及其主要特性见表 3-1，常用吸附剂可去除的主要污染物见表 3-2。

表 3-1 常用吸附剂及其主要特性

吸附剂类型	活性炭	活性氧化铝	硅胶	沸石分子筛		
				4A	5A	13X
堆积密度/kg·m^{-3}	200~600	750~1000	800	800	800	800
比热容/kJ·(kg·K)$^{-1}$	0.836~1.254	0.836~1.045	0.92	0.794	0.794	—
操作温度上限/K	423	773	673	873	873	873
平均孔径/m	(15~25)×10^{-10}	(18~48)×10^{-10}	22×10^{-10}	4×10^{-10}	5×10^{-10}	13×10^{-10}
再生温度/K	373~413	473~523	393~423	473~573	473~573	473~573
比表面积/m^2·g^{-1}	600~1600	210~360	600	—	—	—

表 3-2 吸附剂可去除的主要污染物

吸附剂种类	可吸附的污染物
活性炭	苯、甲苯、二甲苯、丙酮、乙醇、乙醚、甲醛、汽油、煤油、光气、苯乙烯、恶臭物质、H_2S、Cl_2、CO、CO_2、SO_2、NO_x、CS_2、Cl_4、H_2CCl_2、$HCCl_3$
浸渍活性炭	烯烃、胺、酸雾、碱雾、硫醇、SO_2、H_2S、Cl_2、HF、HCl、NH_3、Hg、HCHO、CO、CO_2
活性氧化铝	SO_2、H_2S、H_2O、HF、C_mH_n
浸渍活性氧化铝	酸雾、Hg、HCHO、HCl
硅胶	SO_2、NO_x、H_2O、C_2H_2
分子筛	SO_2、CS_2、Cl_2、NH_3、H_2S、CO、CO_2、C_mH_n
泥煤、褐煤、风化煤	恶臭物质、NH_3、NO_x
浸渍泥煤、褐煤、风化煤	二氧化硫、三氧化硫、氮氧化物
焦炭粉粒	沥青烟
白云石粉	沥青烟
蚯蚓粪	恶臭物质

以下对几个典型吸附剂进行介绍：

（1）活性炭（activated carbon）。活性炭为许多具有吸附性能的多孔性碳基物质的总称。活性炭需对含碳物质进行特殊处理后得到，采用煤、木材、骨头、果核、果壳（如椰壳、核桃壳等）及一些含碳废料（如废纸浆等）作为原材料，隔绝空气的条件下加热，进行炭化，然后采用水蒸气、热空气或二氧化碳进行活化处理，通过开孔、扩孔、新孔形成等，达到增多孔隙、增大比表面积、增加活性的目的。除了水蒸气或热空气活化处理之外，还有用氯化锌、磷酸、氢氧化钾、氢氧化钠、碳酸钾等化学活化的方法进行活化。活性炭的比表面积一般为 $500\sim1800m^2/g$，较低有 $400m^2/g$，较高有 $2300m^2/g$，甚至可达到 $3000m^2/g$ 以上。

活性炭是一种非极性吸附剂，具有疏水性和亲有机物的性质，它能吸附绝大部分有机气体，如苯类、醛酮类、醇类、烃类等以及恶臭物质。此外，由于活性炭的较宽的孔径范围，即使对一些极性吸附质和一些特大分子的有机物质，仍然具有良好的吸附能力。因此，在吸附操作中，活性炭是一种首选的优良吸附剂，可用来吸附和回收有机溶剂、净化恶臭物质，以及对废气中去除二氧化硫、氮氧化物、硫化氢等有害气体污染物具有良好的使用效果。

活性炭按照形状可分为粉状活性炭（粉炭）和颗粒状活性炭（粒炭）。因为颗粒状活性炭阻力相对较小，易于后续处理，因此在有害气体处理时多采用颗粒状活性炭。20 世纪 70 年代发展起来的活性炭纤维（activated carbon fiber，ACF），是一种新型的高效多功能活性炭吸附材料，是以纤维为原料制备形成毡状、布状、绳状、纸片状、蜂巢状等，经过高温炭化和活化制备而成。活性炭纤维直径为 $5\sim20\mu m$，具有大量的微孔，微孔体积占总孔体积的 90% 以上，微孔均匀分布于纤维表面，活性炭纤维具有较大的比表面积，一般在 $1000\sim1500m^2/g$，可高达 $3000m^2/g$，具有比传统活性炭更大的吸附容量（为粒状活性炭的 10 倍）和更快的吸附速率（为粒状活性炭的 $10\sim100$ 倍），孔径适中且分布均匀，吸附效率高，气固相接触状况良好，使吸附材料可以充分利用。此外，活性炭纤维还有易于再生、使用寿命长、阻力小、耐酸碱、耐高温、适应性强、导电性和化学稳定性好的优点。活性炭可用于吸附处理低浓度废气、恶臭物质等，在有害气体控制领域的应用越来越受到重视。

（2）活性氧化铝（activated alumina）。活性氧化铝是将氢氧化铝胶体（也称水合氧化铝，可用 $Al_2O_3 \cdot nH_2O$ 表示）经过加热脱水后制成的一种多孔性、大表面的吸附剂。通过控制氢氧化铝晶粒尺寸和堆积配位数可以控制氧化铝的孔容、孔径和表面积。氧化铝按照晶型可分为 α、β、γ、θ、δ、η、χ、κ、ρ 共 9 种。具有吸附活性的主要是 γ 型，尤其是含一定结晶水的 γ-氧化铝，吸附活性很高。晶格类型的形成主要取决于焙烧温度，比如三水铝石在 $773\sim873K$ 温度下焙烧，所得氧化铝即为含有结晶水的 γ 型活性氧化铝，温度超过 $1173K$，开始变成 α 型氧化铝，吸附性能急剧下降。

活性氧化铝是一种极性吸附剂，对水具有很大的吸附容量，吸水后可维持原状而不膨胀不破裂，常用于吸湿和干燥。对多数气体和蒸气是稳定的，循环使用后其性能变化很小，因此使用寿命长。活性氧化铝粒度均匀，机械强度好，可用于多种气态污染物如 SO_2、H_2S、含氟废气、NO_x 以及气态碳氢化合物等废气的净化。此外，活性氧化铝还可用作化学反应的催化剂和催化剂载体。

（3）硅胶（silica gel）。硅胶是一种高活性的主要成分是二氧化硅的非晶态吸附材料，它是一种无定形链状和网状结构的硅酸聚合物，其分子式为 $SiO_2 \cdot nH_2O$，其制备方法是：通过将水玻璃（硅酸钠）溶液用无机酸处理后所得凝胶，经老化、水洗去盐，于 $398\sim408K$ 下干燥脱水，得到坚硬多孔的固体颗粒硅胶。硅胶骨架，以硅原子为中心、氧原子为顶点的硅氧四面体在空间中不太规则地堆积而成的无定形体，一旦和湿润的空气接触，硅原子和水产生硅羟基，形成化学吸附水，另外其表面还能通过物理吸附对水分进行捕集。

硅胶是一种极性吸附剂，孔径分布均匀，亲水性极强，难于吸附非极性的有机物。硅胶的吸水容量较大，从气体中吸附的水分量最高，吸收空气中的水分可达自身质量的50%，同时放出大量的热，使其容易破碎。吸水后的饱和硅胶，可通过加热方法（573K）将其吸附的水分脱附得到再生。

在应用上硅胶多是用作气体的吸湿剂和从废气中回收极为有用的烃类气体，硅胶自身为透明或乳白色，在用作干燥剂时常加入氯化钴或溴化铜，以指示吸湿程度。此外，硅胶还可用于气体吸收净化、某些化学反应的催化剂或催化剂载体。

（4）沸石分子筛（molecular sieve）。沸石分子筛是指那些具有分子筛作用的天然及人工合成的晶态硅铝酸盐吸附剂，具有均匀微孔。最早的分子筛是从自然界中发现的，自1756 年被发现，到现在已陆续发现以及人工合成种类多样功能强大的分子筛。天然分子筛因加热时可起泡"沸腾"，因此又称沸石（zeolite）或泡沸石。目前最常用的分子筛有 A型、X 型、Y 型、M 型和 ZSM 型等。

分子筛是主要由硅、铝、氧及其他一些金属阳离子构成的多孔骨架结构的吸附剂，根据其有效孔径来筛分混合物中的分子，其化学通式为 $Me_{x/n}[(Al_2O_3)_x(SiO_2)_y] \cdot mH_2O$，其中 Me 主要是 K^+、Na^+、Ca^{2+} 等金属阳离子，x/n 为价数为 n 的可交换金属阳离子 Me 的个数，m 是结晶水的分子数。分子筛晶体中有许多一定大小的空穴，空穴之间由许多同直径的孔相连。空穴不但提供了很大的比表面积，而且它只允许直径比其孔径小的分子进入，就像筛子一样，对大小及形状不同的分子进行筛分，故得名分子筛。此外由于沸石分子筛晶穴内还有着较强的极性，能与含极性基团的分子在沸石分子筛表面发生强的作用，或是通过诱导使可极化的分子极化，从而产生强吸附。这种极性或易极化的分子易被极性沸石分子筛吸附的特性体现出沸石分子筛的又一种吸附选择性。此外，沸点越低的分子，越不易被分子筛所吸附。

分子筛具有独特的规整晶体结构，其基本结构单位是硅（铝）氧四面体，若干个硅（铝）氧四面体通过氧桥相互连接起来，其中铝氧四面体带负电荷，金属离子予以平衡负电荷，保持电中性。根据孔径大小不同和 SiO_2 与 Al_2O_3 分子比不同，分子筛有不同的型号。表 3-3 给出了一些常用分子筛的结构和组成。

表 3-3　一些常用分子筛的结构和组成

型号	SiO_2/Al_2O_3分子比	孔径/m	典型化学组成
3A(钾 A 型)	2	$(3\sim3.3)\times10^{-10}$	$(2/3)K_2O \cdot (1/3)Na_2O \cdot Al_2O_3 \cdot 2SiO_2 \cdot 4.5H_2O$
4A(钠 A 型)	2	$(4.2\sim4.7)\times10^{-10}$	$Na_2O \cdot Al_2O_3 \cdot 2SiO_2 \cdot 4.5H_2O$
5A(钙 A 型)	2	$(4.9\sim5.6)\times10^{-10}$	$0.7CaO \cdot 0.3Na_2O \cdot Al_2O_3 \cdot 2SiO_2 \cdot 4.5H_2O$
10X(钙 X 型)	2.3~3.3	$(8\sim9)\times10^{-10}$	$0.8CaO \cdot 0.2Na_2O \cdot Al_2O_3 \cdot 2.5SiO_2 \cdot 6H_2O$
13X(钠 X 型)	2.3~3.3	$(9\sim10)\times10^{-10}$	$Na_2O \cdot Al_2O_3 \cdot 2.5SiO_2 \cdot 6H_2O$
Y(钠 Y 型)	3.3~6	$(9\sim10)\times10^{-10}$	$Na_2O \cdot Al_2O_3 \cdot 5SiO_2 \cdot 8H_2O$
钠丝光沸石	3.3~6	约5×10^{-10}	$Na_2O \cdot Al_2O_3 \cdot 5SiO_2 \cdot (6\sim7)H_2O$

分子筛作为吸附剂具有以下优点：吸附选择性强，分子筛能根据分子的大小及极性的

不同进行选择性吸附，如分子筛可有效地从饱和碳氢化合物中去除乙烯、丙烯，还可有效地把乙炔从乙烯中除去；吸附能力强，分子筛的比表面积大，吸附容量大，即使气体的组成浓度很低，仍然具有较大的吸附能力；可进行高温吸附，分子筛能承受600~700℃的短暂高温，在较高的温度下仍有较大的吸附能力，而其他吸附剂受温度的影响很大，因而在相同温度条件下，分子筛的吸附容量大。

目前分子筛作为一种优良的吸附剂，已经广泛用于基本有机化工、石油化工的生产上，而在有害气体治理领域，常用于含SO_2、NO_x、CO、CO_2、NH_3、CCl_4、水蒸气和气态碳氢化合物废气的净化。此外，由于一些具有催化活性的金属也可以交换导入分子筛晶体，因此分子筛还成为有效的催化剂和催化剂载体。

（5）吸附树脂（adsorption resin）。吸附树脂也称树脂吸附剂，是人工合成的多孔高分子聚合物吸附剂，是在离子交换树脂的基础上发展起来的，它与一般离子交换剂的区别是吸附树脂一般不含离子交换基团，其内部具有主体网状结构，呈多孔海绵状，化学稳定性好，不溶于一般溶剂及酸、碱，比表面积可达$800m^2/g$，使用温度150℃以下。

可根据实际要求的结构与性能控制合成工艺条件得到所需的吸附树脂材料。其制备方法和大孔离子交换树脂的制备方法相似，只是在单体聚合时要添加致孔剂来得到多孔性结构的产物。苯类、醇类、脂肪烃等均可作为致孔剂。按结构分，吸附树脂可分为非极性、中极性、极性和强极性四类。表3-4给出了不同吸附树脂的类型。

表3-4　吸附树脂类型

项目	对应树脂类型
非极性	聚苯乙烯、聚芳烃、聚乙基苯乙烯、聚甲基苯乙烯等
中极性	聚丙烯酸酯、聚甲基丙烯酸酯等
极性	聚丙烯酰胺、聚丙烯腈、聚乙烯吡咯烷酮等
强极性	聚乙烯吡啶、苯酚-甲醛-胺缩合物等

吸附树脂的优点有：具有良好的吸附脱色、除臭能力，其效果不亚于活性炭；对有机物的吸附选择性较好，不受无机盐存在的影响；物理、化学稳定性好，耐酸碱和有机溶剂，易于再生，用水、稀酸、稀碱、有机溶剂处理即可再生；品种众多，且其结构可人为控制，按需合成，适应能力大，应用范围广。吸附树脂已经广泛用于药剂分离和提纯等工业，也可用作化学反应催化剂的载体。在环境工程领域，用于废水治理的较多。目前也开始出现将吸附树脂用于废气处理和净化的研究。

（6）硅藻土（diatomaceous earth）。硅藻土是硅藻类残骸在自然环境中多年自然形成的以二氧化硅为主要成分的非金属矿物，也有学者将其归类为黏土矿物。天然硅藻土的主要化学组成是二氧化硅，其中含二氧化硅的量越高，硅藻土质量越好。优质硅藻土是白色的，含杂质多时可呈现灰白、黄、绿、黑等色，不同颜色和杂质成分有关。

硅藻土有相当大的比表面和一定的孔结构，其表面的羟基可与某些有机分子的羟基、氨基、酮基、羧基等形成氢键而使其在硅藻土表面被吸附，在不同pH值介质中硅藻土可以带正电或负电，从而可使带相反符号电荷的离子依靠电性作用而被吸附，硅藻土还具有良好的热稳定性和耐酸性，因此，硅藻土是良好的天然吸附剂，可用于吸附有机物、金属离子和某些气体（和蒸气）。此外，硅藻土也可作为催化剂载体。

3.2.4 吸附剂浸渍

吸附剂浸渍是提高吸附剂吸附能力（容量）和选择性的一种有效方法。其处理方法是将吸附剂预先在某些特定物质的溶液中进行浸渍，再把吸附了这些特定物质的吸附剂进行干燥，然后再去吸附某些气态物质，使这些气态物质与预先吸附在吸附剂表面上的特定物质发生化学反应。对于同一种吸附剂，可根据吸附处理有害气体中污染物的种类，选择浸渍一些特定的物质，以提高吸附的选择性，见表3-5。

表 3-5 吸附剂浸渍效果示例

吸附剂	浸渍物	可吸附污染物	吸附生成物
活性炭	Br_2	乙烯、其他烯烃	双溴化物
	Cl_2、I_2、S	汞	$HgCl_2$、HgI_2、HgS
	醋酸铅溶液	H_2S	PbS
	硅酸钠溶液	HF	Na_2SiF_6
	H_3PO_4 溶液	NH_3、胺类、碱雾	磷酸盐
	NaOH 溶液	Cl_2、SO_2	$NaClO$、$NaHSO_3$、Na_2SO_3
	Na_2CO_3 溶液	酸雾及酸性气体	盐类
	$CuSO_4$ 溶液	H_2S	CuS
	H_2SO_4、HCl 溶液	NH_3、碱雾	盐类
活性氧化铝	$AgNO_3$ 溶液	汞	Ag-Hg 齐
	$KMnO_4$ 溶液	甲醛	甲酸
	NaOH、Na_2CO_3 溶液	酸雾	盐类
泥煤、褐煤	水	NO_x	硝基腐殖酸铵

3.2.5 吸附剂的脱附与劣化现象

吸附剂达到饱和后，将失去吸附能力，在工业操作中吸附剂一般都需要循环使用，研究吸附剂的脱附和再生是延长吸附剂使用寿命和增大吸附装置处理能力的重要内容。脱附（又称为解吸）是吸附的逆过程，是使已被吸附的组分从吸附剂中析出，吸附剂得以再生的操作过程。

吸附剂经过多次吸附和再生之后，会产生吸附剂劣化的现象，即吸附容量逐渐下降。吸附剂的毛细管孔洞和微孔的形状复杂，吸附质吸附于其上的情况也较为复杂，有时发生化学反应，使再生后的吸附剂中有吸附质残留其中，并随着循环次数的增多而逐渐积累，这些残留积累覆盖于吸附剂表面，造成吸附容量不断下降。细究吸附剂劣化的常见原因有：（1）吸附剂表面被碳、聚合物、化合物等所覆盖；（2）由于半熔融使部分细孔堵塞或消失，引起吸附表面积的减少；（3）化学反应也会破坏吸附剂细孔的结晶，如气体或溶液中的稀酸或稀碱就会使合成沸石、活性氧化铝的结晶或无定形物质破坏，从而导致吸附性能下降。吸附剂劣化会缩短吸附剂使用寿命。

吸附剂的劣化现象用劣化率或劣化度来表示，可由实验求得或由生产过程测量出来。对于长期使用的吸附剂，在设计时其劣化度至少应为初始吸附量的 10%～30%。当吸附剂劣化度超过设计值时,应考虑更换或部分更换吸附剂。吸附剂饱和后需要再生,再生方法有加热解吸再生、降压或真空解吸再生、溶剂萃取再生、置换再生、化学转化再生等。再生时一般采用逆流吹脱的方式。主要的吸附剂脱附再生方法有:

(1)升温脱附(加热脱附)。从热力学观点可知,物理吸附为放热过程。温度降低有利于物理吸附的发生,温度升高有利于脱附。这是因为吸附质分子的动能随温度的升高而增加,使吸附在固体表面上的分子不稳定,不易被吸附剂表面的分子吸引力所控制,也就越容易逸入气相中去,此为吸附剂的吸附容量在等压下随温度升高而降低的原因。工业上利用这一原理,提高吸附剂的温度,使被吸附物脱附。不同的吸附过程需要不同的温度,吸附作用越强,脱附时需加热的温度越高。要根据吸附质和吸附剂的性质选择适当的脱附温度并严格控制,既能保证吸附质脱附得比较完全,达到较低的残余负荷,又能防止吸附剂失活或晶体结构破坏。

脱附再生的加热方式可为直接接触加热,也可用蛇形管、夹套等进行间接加热,热来源有过热蒸汽、电感加热或微波加热。

(2)降压脱附。吸附过程与气相压力有关。压力高,吸附进行得快,脱附进行得慢。当压力降低时,脱附现象开始显著。所以操作压力降低后,即降低吸附质分子在气相中的分压,被吸附的物质就会脱离吸附剂表面返回气相,完成脱附的任务,此为降压脱附。有时为了脱附程度更加彻底,甚至采用抽真空的办法,即真空脱附。采用降压脱附或真空脱附要考虑系统的安全性和经济性。降压脱附适合于变压操作的过程,且平衡吸附量随吸附质分压为线性关系的场合。降压吸附动力消耗比较大,所以应用较少。

(3)置换脱附(取代脱附)。基于吸附剂对不同物质有不同吸附能力的原理,向饱和吸附床层通入与吸附剂亲和能力比原吸附质更强的物质,取代出原有吸附质,使原有吸附质脱附的方法称为置换脱附。向床层中通入的这种具有更强吸附亲和力的流体被称为脱附剂。脱附剂与吸附质的被吸附性能越接近,则脱附剂用量越省。如果通入的脱附剂被吸附程度比吸附质强,则纯属置换脱附,否则就兼有吹扫作用。脱附剂被吸附的能力越强,则吸附质脱附就越彻底。

这种脱附剂置换脱附的方法特别适用于热敏性强的物质,能使吸附质的残留负荷达到很低;也适用于极性吸附剂的脱附,比如用沸石分子筛吸附净化含 NO_x 气体后,可用水蒸气进行置换脱附,则分子筛将吸附水蒸气分子而释放出 NO_x 分子,并将 NO_x 以 HNO_3 的形态回收。需要注意的是采用置换脱附后,还需将脱附剂进行脱附。

(4)吹扫脱附。吹扫脱附的原理与降压脱附相类似,通过将吹扫气体通入饱和吸附剂床层,实质是降低了吸附质在气相中的分压,从而使吸附剂的平衡吸附量减少,达到脱附目的,同时气流把脱附的吸附质带走。

所采用的吹扫气体必须是吸附剂不能吸附或很少被吸附的气体,比如用惰性气体吹扫吸附床层中的水蒸气等。当吹扫量一定时,脱附物质量取决于该操作温度和总压下的平衡关系。此法脱附程度较差,且吹扫气体中吸附质浓度比较低,回收困难,因此一般不会单独使用。

(5)化学转化脱附。化学转化脱附是指向吸附床层中加入可与吸附质进行化学反应的物质,使生成的产物不易被吸附,从而使吸附质脱附,这种方法多用于吸附量不太大的有机物,使之转化成 CO_2 而脱附下来。

（6）溶剂萃取再生。溶剂萃取再生是选择合适的溶剂，使吸附质在该溶剂中的溶解性能远大于吸附剂对吸附质的吸附作用，将吸附物溶解下来，再进行适当的干燥即可恢复吸附能力的方法。

此外，还有超声再生、电化学再生、生物再生、湿式氧化再生等再生方法。

生产实践中，上述几种再生方法可以单独使用，也可几种方法同时使用。如活性炭吸附有机蒸气后，可用通入高温蒸气再生，也可用加热和抽真空的方法再生；沸石分子筛吸附水分后，可用加热吹氮气的办法再生。

3.3 吸 附 原 理

吸附过程的净化效果取决于吸附平衡与吸附速率，此为设计吸附装置或强化吸附过程的关键。而吸附平衡和吸附速率的探讨则需要了解吸附原理，对于吸附的研究远不如对吸收研究得充分，即使已提出若干理论，但一般只能解释一种或几种吸附现象，有其局限性，不能认为是令人满意的。本节内容所介绍的吸附理论也只能解释一部分吸附现象。

3.3.1 吸附平衡

3.3.1.1 静吸附量与动吸附量

当吸附操作进行时，多孔性固体吸附剂表面和气流接触，气相中的吸附质分子不断从气相向吸附剂表面凝聚，与此同时吸附质分子也不断从固体表面返回气相主体。当单位时间内被固体表面吸附的分子数量与逸出的分子数量相等时，此时吸附达到平衡，即吸附平衡是一种动态平衡。达到平衡时，吸附质在气相中的浓度称为平衡浓度，吸附质在吸附剂中的浓度称为平衡吸附量。平衡吸附量也称静吸附量或静活性，其定义是：当吸附达到平衡时，单位质量（或单位体积）吸附剂上所吸附的吸附质的量，其单位一般为 mL/g 吸附剂。平衡吸附量是吸附剂对吸附质吸附数量的极限，其数值对吸附设计、操作和过程控制有着重要的意义。静吸附量的测定方法有定容法、定压法和真空重量法。

与静吸附量（静活性）相对应的概念是动吸附量（动活性），其定义是：进行吸附操作中，当混合气体穿过吸附剂床层时，当吸附床出口端流出的气体中出现一定量的吸附质浓度，即吸附床层被穿透，吸附床内吸附剂上吸附质的平均值，常用单位质量（或单位体积）的吸附剂所吸附的吸附质的量表示。显然，动活性比静活性要小。动活性是吸附床工程设计的重要依据和重要参数，通常由实验获得。

平衡吸附量的大小，与吸附剂的物化性能如比表面积、孔结构、粒度、化学成分等有关，也与吸附质的物化性能、压力（或浓度）、吸附温度等因素有关。在吸附剂和吸附质一定时，平衡吸附量就是分压力（或浓度）和温度的函数：

$$y = f(p, T) \tag{3-1}$$

在研究工作中，选取一个变量作参数，只考虑另两个变量关系：

（1）温度 T 不变，平衡吸附量 y 只是压力 p 的函数：

$$y = f(p) \tag{3-2}$$

式 3-2 称等温吸附方程。

（2）压力 p 不变，平衡吸附量只是温度 T 的函数：

$$y = f(T) \tag{3-3}$$

式 3-3 为等压吸附方程。

（3）平衡吸附量不变，达到平衡时的温度和压力呈现一定的函数关系，即为等量吸附方程。

因吸附过程中吸附温度一般变化不大，吸附等温方程对吸附过程的研究最有实际意义。吸附等压线及吸附等量线是研究吸附分离工艺的重要角度，对吸附工艺操作参数的确定具有重要意义。

3.3.1.2 吸附等温线类型

平衡吸附量是吸附剂对吸附质的极限吸附量，是设计和生产中一个十分重要的参数，用吸附等温线或吸附等温方程来描述。吸附等温线描述了一定温度下被吸附剂吸附的吸附质的最大量（平衡吸附量）与平衡压力（平衡浓度）之间的关系，一般依据实验数据描绘出。对于单一气体或蒸气在固体上的吸附，目前已观测到 6 种类型的等温吸附线，见图 3-1。需要注意的是化学吸附只有 I 型吸附等温线，物理吸附则 I ~ VI 型吸附等温线都有。

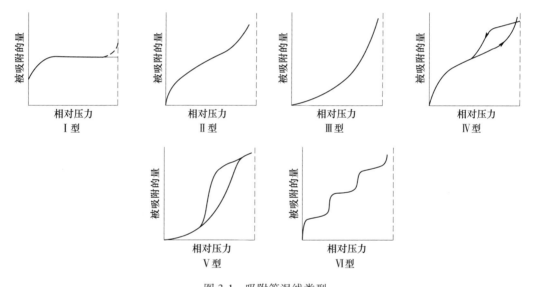

图 3-1　吸附等温线类型

I 型—80K，N_2 在活性炭上的吸附；II 型—78K，N_2 在硅胶上的吸附；

III 型—315K，溴在硅胶上的吸附；IV 型—323K，苯在 FeO 上的吸附；

V 型—373K，水蒸气在活性炭上的吸附；VI 型—惰性气体分子分阶段多层吸附

（1） I 型等温线。 I 型等温线中，低压时吸附量随组分分压的增大而迅速增大，当分压达到某一点后，吸附量增量变小，甚至趋于水平。

形成 I 型等温线的情况主要可分为两种：一种情况是 I 型等温线体现了单分子层吸附的特征曲线，固体表面与紧邻的首层单分子层吸附分子的吸附作用能比后面多层的分子层的吸附作用能大，被认为是化学吸附，在金属与氧气或一氧化碳、氢气的表面反应体系中常见；第二种情况是由微孔充填形成的曲线，比如活性炭和沸石具有超微孔和极微孔，外表面积比孔内表面积小很多。低压区吸附曲线迅速上升，发生微孔内吸附，曲线平缓区则表明发生外表面吸附。当接近饱和蒸气压时，由于微粒之间存在缝隙，在大孔中发生吸

附，等温线又迅速上升（虚线部分）。此外，在吸附温度超过吸附质的临界温度时，由于不发生毛细管凝聚和多分子层吸附，即使是不含微孔的固体也能得到Ⅰ型等温线。

（2）Ⅱ型等温线。Ⅱ型等温线中，随组分分压增加，吸附量急剧上升，曲线上凸，没有出现饱和值。此种等温线，是在无孔或中间孔的粉末上吸附测绘出来的，是多分子层物理吸附的表现。此外，发生亲液性表面相互作用时也常见这种类型。在相对压力约0.3时等温线向上凸，第一层吸附大致完成，随着相对压力的增加，开始形成第二层，在饱和蒸气压时，吸附层数无限大。

（3）Ⅲ型等温线。Ⅲ型等温线中，吸附气体量随组分分压增加而上升，曲线呈现下凹的趋势。这说明吸附剂和吸附质之间的作用力较弱。比如吸附剂较为温和，或在憎液性表面发生多分子层吸附，或固体和吸附质的吸附相互作用小于吸附质之间的相互作用时，比如水蒸气在石墨表面上吸附或在进行过憎水处理的非多孔性金属氧化物上的吸附，呈现这种类型吸附等温线。

（4）Ⅳ型等温线。Ⅳ型等温线中，吸附量随分压的变化趋势一开始和Ⅱ型等温线相同，但相对压力约0.4时，吸附质发生毛细管凝聚，吸附量迅速上升。这时脱附等温线与吸附等温线不重合，脱附等温线在吸附等温线的上方，产生吸附滞后。高压时，由于中孔内的吸附已经结束，吸附只在远小于内表面积的外表面上发生，等温线趋于平坦，在相对压力接近1时，在大孔上吸附，曲线上升。

（5）Ⅴ型等温线。Ⅴ型等温线中，等温线曲线一开始类似Ⅲ型吸附等温线，吸附质较难被吸附，吸附量随分压增加而缓慢上升，当接近饱和压力时，曲线趋于饱和，形成多层吸附，也有滞后效应，气体在微孔或毛细管里也有凝聚。但吸附剂和吸附质之间的作用力较弱。

（6）Ⅵ型等温线。Ⅵ型等温线，又叫阶梯型等温线，表现的是非极性吸附质在物理、化学性质均匀的非多孔固体上吸附的情况。如把炭在2700℃以上进行石墨化处理后再吸附氮、氩、氪。这种阶梯型等温线是先形成第一层二维有序的分子层后，再吸附第二层。吸附第二层显然受第一层的影响，因此成为阶梯型。已吸附的分子发生相变化时也呈阶梯型，但只有一个台阶。发生Ⅵ型相互作用时，达到吸附平衡所需的时间长，形成结晶水时，也出现明显的阶梯形状。

3.3.1.3 吸附等温线方程

前面所提到的这些不同的等温线形状反映了固体表面结构、孔结构和固体-吸附质的相互作用。目前，不少研究者采用不同的方法对所测得的等温线进行了深入的研究，推导出一些吸附等温线方程。下面介绍几种等温线方程。

（1）亨利（Henry）方程。当吸附量 y 与平衡压力 p 满足过原点的线性关系时，吸附式为：

$$y = kp \tag{3-4}$$

式中，k 为 Henry 常数。此式与吸收中的亨利定律相似，故叫做 Henry 方程。任何等温线在低压时都接近直线，都近似符合 Henry 方程。这个公式作为吸附等温线的近似公式常用于化学工程中的吸附操作计算。

（2）弗罗德里希（Freundlich）方程。根据大量实验得出：

$$y = kp^{1/n} \tag{3-5}$$

式中 y——每单位体积或质量的吸附剂所吸附的吸附质的量；

p——平衡压力；

k，n——取决于吸附剂或吸附质的种类以及吸附温度的常数，k、n 值可通过实验确定。

因为 Freundlich 发现了许多溶液吸附都符合该式，所以采用了他的名字来命名，但实际上这个公式早就有了。常数 n 值反映了吸附作用的强度，常数 n 一般在 2~3 之间，当温度升高时，n 接近于 1，此时 Frendilich 式就变成了 Henry 式。k 值可认为是 p 为单位压力时的吸附量，一般来说，k 随温度升高而降低。

对式 3-5 两边取对数，则：

$$\lg y = \lg k + 1/n \lg p \tag{3-6}$$

显然，$\lg y$ 与 $\lg p$ 为直线关系，根据实验求出一系列的 p 和 y 的值，即可做作出一条斜率为 $1/n$、截距为 $\lg k$ 的直线，从而求出 n 与 k 的值。

实际上，p 较大或较小时，$\lg y$ 与 $\lg p$ 的情况会偏离直线。弗罗德里希方程只适用于 I 型等温线的中压部分。

（3）朗格缪尔（Langmuir）方程。1916 年，朗格缪尔对 I 型等温线进行了深入的理论分析，根据分子运动理论提出了单分子层吸附的理论，即朗格缪尔假设，被称作是著名的吸附理论，其要点是：1）固体表面均匀分布着大量具有剩余价力的原子，此种剩余价力的作用范围大约在分子大小的范围内，吸附是单分子层的；2）吸附质分子之间不存在相互作用力；3）吸附剂表面具有均匀的吸附能力；4）在一定条件下，吸附和脱附可以建立动态平衡。

根据以上假设，朗格缪尔认为，吸附起始时，与固体表面碰撞的每一个分子都能在它上面凝聚。但当吸附继续进行时，只有那些碰撞到尚未被吸附质分子覆盖的那一部分表面的分子有可能被吸附。其结果是，分子在吸附剂表面的初始吸附速率高，随着可用于吸附的表面面积减少，吸附速率不断下降。另外，被吸附在吸附剂表面的分子，通过热搅动可以从表面逸出，即解吸。解吸速率取决于被分子覆盖的表面面积，当被分子覆盖的表面面积越多即表面越饱和时，解吸速率越高。

令 θ 为任一瞬间被吸附质分子所覆盖的总表面分率，则未被覆盖的表面分率为（$1-\theta$），此为可吸附的表面分率。根据分子运动理论，由于分子碰撞单位表面的速率与气体的压力成正比，所以分子的吸附（凝聚）速率与压力和未被覆盖的表面分率成正比：

$$v_{吸} = k_1(1 - \theta)p \tag{3-7}$$

式中，$v_{吸}$ 为吸附速率；k_1 为吸附速率常数。

而吸附质分子从表面的解吸速率应与表面被覆盖的分率成正比：

$$v_{解} = k_2 \theta \tag{3-8}$$

式中，$v_{解}$ 为解吸速率；k_2 为解吸速率常数。

一定条件下，吸附与解吸达到平衡时，则有：

$$k_1(1 - \theta)p = k_2 \theta \tag{3-9}$$

求解得到：

$$\theta = k_1 p/(k_2 + k_1 p) \tag{3-10}$$

令 $b = k_1/k_2$，则上式为：

$$\theta = bp/(1 + bp) \tag{3-11}$$

每单位面积（或单位质量）的吸附剂所吸附的气体（或蒸气）的量 y，必然与被覆盖的表面分率成正比：

$$y = k\theta = kbp/(1 + bp) \tag{3-12}$$

令 $kb = a$，则上式为：

$$y = ap/(1 + bp) \tag{3-13}$$

此式即为朗格缪尔吸附等温线方程。朗格缪尔方程式是一个吸附公式，它代表了在均匀表面上吸附分子间彼此没有相互作用的情况下，单分子层吸附达到平衡时的规律。式中 a、b 均为由实验数据估算出来的常数。当吸附质的分压很低（低浓度）时，$bp \ll 1$，式中分母的 bp 项可以忽略不计，说明吸附量与吸附质在气相中的分压成正比，可认为符合亨利式。当吸附质的分压很大时，$bp \gg 1$，则此式可趋近为 $y = a/b$，吸附量趋于一定的极限值。因此，朗格缪尔方程较弗罗德里希方程更能符合实验结果。

对式 3-13 两边除以 p，再取倒数，得：

$$\frac{p}{y} = \frac{1}{a} + \frac{b}{a}p \tag{3-14}$$

根据实验测出一系列 p 和 y，即可根据上式做出一条斜率为 b/a、截距为 $1/a$ 的直线，从而求出 a、b。

朗格缪尔方程还有另一种表示形式。若以 y 及 V_m 分别表示吸附质的实际吸附量和全部固体表面盖满一个单分子层的气体吸附量，显然 $\theta = y/V_m$，将此关系代入式 3-11，即得：

$$y = V_m p/(1 + bp) \tag{3-15}$$

朗格缪尔方程是一理想的吸附公式，可以很好地解释气体在低压和高压吸附时的特点，在中压时则有偏差，但和弗罗德里希方程相比有很大的改进。

（4）BET 方程。1938 年，布鲁诺（Brunauer）、埃米特（Emmett）和泰勒（Teller）把 Langmuir 理论的单分子层吸附理论扩展到多分子层吸附，他们提出了新的假设：1）固体表面是均匀的，所有毛细管具有相同的直径；2）吸附质分子间无相互作用力；3）可以有多分子层吸附，层间分子力为范德华力；4）第一层的吸附热为物理吸附热，第二层以上的为液化热，总吸附量为各层吸附量之和。

根据以上假设，导出 BET 吸附等温线方程：

$$\frac{p}{V(p_0 - p)} = \frac{1}{V_m C} + \frac{C - 1}{V_m C} \times \frac{p}{p_0} \tag{3-16}$$

式中　p——平衡压力，Pa；

　　　V——在 p 压力下的吸附体积，mL；

　　V_m——第一层全部覆盖满时所吸附的体积，mL；

　　p_0——实验温度下吸附质的饱和蒸气压；Pa；

　　　C——与吸附热有关的常数，可近似地用下式表示：

$$C = e^{\frac{E_1 - E_L}{RT}} \tag{3-17}$$

式中　E_1——第一吸附层的吸附热；

　　　E_L——气体的液化热。

当 $E_1 > E_L$，即被吸附气体和吸附剂之间的引力大于液化状态时气体分子之间的引力时，吸附等温线为Ⅱ型。当 $E_1 < E_L$，即吸附剂与吸附质之间的引力较小时，等温线为Ⅲ型。

根据式 3-16，以 $\dfrac{p}{V(p_0-p)}$ 对相对压力 $\dfrac{p}{p_0}$ 做图，如果呈现良好的线性，则代表此吸附过程的 BET 式成立（图 3-2）。图中直线的截距为 $1/(V_m C)$，斜率为 $(C-1)/(V_m C)$，由此可求得 C 和 V_m 的值。因为 V_m 是完全覆盖固体表面吸附位所需的气体量即单分子层吸附量，此时，如果分子面积已知，就可求得所用吸附剂的比表面积，所以这个过程可用来测定吸附剂和催化剂表面积。C 值反映了吸附热，图 3-3 给出了吸附等温线随着 BET 式中 C 值变化的情况，可以看出 C 值越大，吸附热就越大，吸附相互作用越大，等温线在低压区就开始迅速上升；C 值越小，吸附热越小，低压时的吸附量相对较小，此时接近于Ⅲ型等温线。

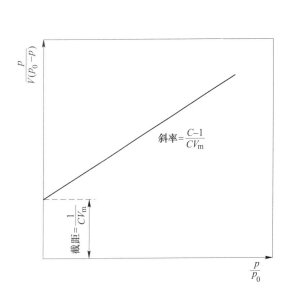 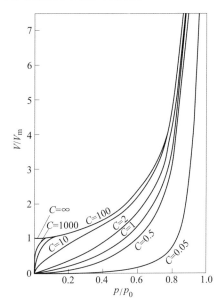

图 3-2　恒温下吸附气体体积与其在气相中分压的关系　　图 3-3　吸附等温线形状与 BET 常数的关系

BET 式应用较广，可适用于第Ⅰ、Ⅱ、Ⅲ型等温线；但其成立范围通常在 $p/p_0 = 0.05 \sim 0.35$ 范围内，此时表面覆盖率 $\theta = V/V_m$ 约为 $0.5 \sim 1.5$。超出此范围，误差较大，就偏离直线，其原因与公式假定的条件有关。高出范围偏离直线的情况，是因为假定吸附层数是无限大而引起，因为多孔性固体在高压区的吸附层数不可能无限大。此外，BET 只考虑固体表面与吸附分子单独纵向相互作用，但其实已吸附分子之间的横向作用也不能忽略。低于范围时偏离直线的情景，是由于 BET 假定表面物理化学性质均匀而导致的，实际表面的物理化学性质并不均匀，存在化学吸附位，这导致低压部分的实际吸附量偏高。此外，BET 认为除第一层是吸附热之外，其他各层吸附热相等且等于液化热，忽略了各层吸附热的差异。另外，因为推导时假设所有毛细管具有相同的直径，所以 BET 不适合用于活性炭的吸附。虽然 BET 公式存在如此多的争议，然而在至今提出的所有等温式中，BET 公式仍然是应用最多的。

对于Ⅳ、Ⅴ、Ⅵ型等温线，有研究者认为这种情况不仅是多层吸附，而且气体在吸附剂的微孔和毛细管里也进行了凝聚。布鲁诺、德明、泰勒已经推导出了适用Ⅳ型和Ⅴ型等温线的令人满意的等温线方程。

吸附等温线方程种类有多种，除了以上几种之外，还有 Polanyi 吸附理论、Frenkel-Halsy-Hill（FHH）吸附理论等，需注意不同公式的应用范围和使用对象各不相同，只能对具体情况进行具体分析，至今还没有一个普遍适用的方程。

还应指出，吸附等温线的形状与吸附剂吸附质的性质有关。即使同一个化学组成的吸附剂，由于制造方法和条件不同，吸附剂的性能亦会有所不同，因此吸附平衡数据亦不完全相同，必须针对每个具体情况进行综合测定。

整理吸附方程（吸附模型）的工程意义包括：（1）由吸附平衡、吸附容量确定吸附剂的用量；（2）选择最佳的吸附剂；（3）吸附剂的最佳吸附条件；（4）不同吸附剂的吸附特性对比，混合吸附质的竞争吸附比较。

3.3.2 吸附速率

吸附平衡只是表达了吸附过程进行的极限，但要达到平衡所需的时间，涉及吸附动力学的问题。实际工艺中，两相接触的时间有限，因此吸附量就取决于吸附速率。而吸附速率又依吸附剂和吸附质性质的不同而有很大差异。所以，工业所需吸附速率数据往往从理论上很难推导。目前吸附器的设计或凭经验，或利用模拟装置实验求得。

3.3.2.1 吸附的传质过程

气体分子到达颗粒外表面时，一部分会被外表面所吸附。而被吸附的分子有可能在表面进行扩散，称为表面扩散，一部分气体分子还可能在颗粒内的孔中向深入扩散，称为孔扩散。在孔扩散途中气体分子又可能与孔壁表面碰撞而被吸附。可见，吸附传递过程由三部分组成，即外扩散、内扩散和表面吸附。外扩散指的是吸附质分子由吸附剂周围的气相主体到吸附剂颗粒外表面的扩散，内扩散指的是吸附质分子从固体表面沿着吸附剂的孔道深入吸附剂内表面的扩散，表面吸附指的是已经扩散到微孔表面的吸附质分子被固体所吸附。对化学吸附，在第三步之后，还有一个化学反应过程发生。可以把外扩散和内扩散过程称为是物理过程，吸附过程称为动力学过程。

与此对应，吸附过程的阻力主要来自以下方面：（1）外扩散阻力，即吸附质分子经过气膜扩散的阻力；（2）内扩散阻力，即吸附质分子经过微孔扩散的阻力；（3）动力学阻力，即吸附本身的阻力。

在吸附质分子被吸附的同时，由于分子不断运动，吸附质分子可能从吸附剂中脱附出来，经历过程与上述过程是相反的，主要步骤有：脱附（已经被吸附的吸附质分子，从固体上脱附下来）、内反扩散（脱附的吸附质分子从孔道内部扩散到吸附剂外表面）、外反扩散（吸附质分子从外表面向反方向扩散穿过气膜进入吸附剂外界周围的流体中）。

经过分析可知，吸附速率的大小将取决于外扩散速率、内扩散速率和吸附本身的速率。对一般的物理吸附，吸附本身的速率是很快的，即动力学过程的阻力可以忽略，一般由内外扩散控制；而对化学吸附，或叫做动力学控制的吸附，则吸附阻力不可忽略，既有表面动力学控制，又有内外扩散控制。

3.3.2.2 吸附速率方程

吸附过程的传质速率与气固两相的物质性质和吸附质在气相中的浓度有关，而要测量气固两相中吸附质的瞬时浓度是困难的，因此只能用拟稳态方式来处理吸附过程。

以 q_A 表示吸附质从气相扩散至单位体积吸附剂表面的质量，即吸附剂的吸附量，单位为 kg/m^3，以 τ 表示时间，则以 $dq_A/d\tau$ 来表示吸附速率，亦即外、内扩散传质速率。吸附质分子的外扩散传质速率可表示为：

$$\frac{dq_A}{d\tau} = k_G\alpha_p(Y - Y_S) \tag{3-18}$$

吸附质分子的内扩散传质速率可表示为：

$$\frac{dq_A}{d\tau} = k_S\alpha_p(X_S - X) \tag{3-19}$$

式中　k_G，k_S——气相和固相传质分系数，$kg/(m^2 \cdot s)$；

　　　　α_p——吸附剂比表面积，m^2/m^3；

　　　　Y_S——吸附剂外表面气相吸附质浓度，kg 吸附质/kg 惰性气体；

　　　　Y——气相主体吸附质浓度，kg 吸附质/kg 惰性气体；

　　　　X——固相主体吸附质浓度，kg 吸附质/kg 净吸附剂；

　　　　X_S——吸附剂外表面固相中吸附质浓度，kg 吸附质/kg 净吸附剂。

稳定状态时，外扩散传质速率与内扩散传质速率相等，即

$$\frac{dq_A}{d\tau} = k_G\alpha_p(Y - Y_S) = k_S\alpha_p(X_S - X) \tag{3-20}$$

与处理吸收动力学一样，吸附速率方程也可以用总吸附速率方程表示：

$$\frac{dq_A}{d\tau} = K_G\alpha_p(Y - Y^*) = K_S\alpha_p(X^* - X) \tag{3-21}$$

式中　Y^*——气相中平衡的吸附质浓度，kg 吸附质/kg 惰性气体；

　　　　X^*——固相中平衡的吸附质浓度，kg 吸附质/kg 净吸附剂；

　　　　K_G——气相传质总系数，$kg/(m^2 \cdot s)$；

　　　　K_S——固相传质总系数，$kg/(m^2 \cdot s)$。

对于低浓度体系，可假定平衡关系为：

$$Y^* = mX \tag{3-22}$$

经过推导可得到：

$$\frac{1}{K_G\alpha_p} = \frac{1}{k_G\alpha_p} + \frac{m}{k_S\alpha_p} \tag{3-23}$$

$$\frac{1}{K_S\alpha_p} = \frac{1}{k_S\alpha_p} + \frac{1}{mk_G\alpha_p} \tag{3-24}$$

很容易看出，两个总系数的关系有：

$$K_S = mK_G \tag{3-25}$$

由式 3-23 可知，当 $k_G \gg k_S/m$ 时，则 $K_G \approx k_S/m$，即外扩散阻力可以忽略，过程受内扩散控制；当 $k_G \ll k_S/m$ 时，则 $K_G \approx k_G$，即内扩散阻力可以忽略，过程受外扩散控制；当 k_G、k_S/m 相差不多时，内外扩散阻力均不可忽略，此时过程受内外扩散同时控制。

吸附传质系数，一般可通过试验测定，当缺乏条件时，也可用经验公式来估算，比如气相传质总系数可由下式求取：

$$K_G\alpha_p = 1.6\frac{D}{d_p^{1.46}}\left(\frac{u}{\nu}\right)^{0.54} \tag{3-26}$$

式中　D——吸附质扩散系数，m^2/s；

　　　　u——气体流速，m/s；

ν——气体运动黏度，m^2/s；

d_p——吸附剂颗粒直径，m；

α_p——吸附剂比表面积，m^2/kg；

K_G——气相传质总系数，$kg/(m^2 \cdot s)$。

3.3.3 影响气体吸附的因素

影响气体吸附的因素很多，主要有吸附剂的性质、吸附质的性质与浓度、吸附器的设计和吸附的操作条件等。除此之外，还包括一些其他的因素，诸如其他气体的存在、吸附剂的脱附情况等。

3.3.3.1 吸附剂性质的影响

吸附剂的结构和组成各不相同，性质也各不相同，对吸附过程的影响也是多方面的。

（1）吸附剂的极性。吸附剂的极性对吸附过程影响很大。一般来说，非极性吸附剂，比如活性炭，可以有选择地吸附非极性或极性很低的物质，或易于吸附相对分子质量大的有机物。而极性吸附剂硅胶、活性氧化铝和沸石分子筛则对极性分子如 H_2O、NO_x、HF 有较强的吸附作用。

（2）吸附剂的有效表面。吸附剂表面是关乎吸附操作效果的重要属性，一般来说，被吸附气体的总量，随吸附剂比表面积的增加而增加。吸附剂的粒度、孔径、孔隙率都会影响比表面积的大小，由此影响吸附效果。但比表面积相同的吸附剂，吸附量也未必相同。确定吸附剂吸附能力的一个重要概念是"有效表面积"，即吸附质分子能进入的表面，通常假设，由于位阻效应，一个分子不易渗入比某一最小直径还要小的微孔，此最小直径被称作临界直径，因此只要微孔孔径大于吸附质分子最小临界直径，微孔的表面都是"有效"的。比如分子筛的孔径单一、均匀，如 5A 分子筛的孔径为 $5\times10^{-10}m$，就只能吸附直径为 $5\times10^{-10}m$ 以下的分子。活性炭的孔径分布很宽：$20\times10^{-10} \sim 1000\times10^{-10}m$，所以它既能吸附直径小的分子，也能吸附直径大的有机物分子。表 3-6 给出了一些常见分子的临界直径。在选择吸附剂时，应使其孔径分布与吸附质分子的大小相适应。

表 3-6 一些常见分子的临界直径

分子	临界直径/m	分子	临界直径/m	分子	临界直径/m	分子	临界直径/m
氢	2.4×10^{-10}	甲烷	4.0×10^{-10}	丙烯	5×10^{-10}	甲苯	6.7×10^{-10}
乙炔	2.4×10^{-10}	乙烯	4.25×10^{-10}	1-丁烯	5.1×10^{-10}	对二甲苯	6.7×10^{-10}
氧	2.8×10^{-10}	环氧乙烷	4.2×10^{-10}	2-反丁烯	5.1×10^{-10}	苯	6.8×10^{-10}
一氧化碳	2.8×10^{-10}	乙烷	4.2×10^{-10}	1,3-丁二烯	5.2×10^{-10}	四氯化碳	6.9×10^{-10}
二氧化碳	2.8×10^{-10}	甲醇	4.4×10^{-10}	二氟一氯甲烷 F22	5.3×10^{-10}	氯仿	6.9×10^{-10}
氮	3×10^{-10}	乙醇	4.4×10^{-10}	噻吩	5.3×10^{-10}	新戊烷	6.9×10^{-10}
水	3.15×10^{-10}	环丙烷	4.75×10^{-10}	异丁烷~异二十二烷	5.58×10^{-10}	间二甲苯	7.1×10^{-10}
氨	3.8×10^{-10}	丙烷	4.89×10^{-10}	二氟二氯甲烷 F12	5.93×10^{-10}	邻二甲苯	7.4×10^{-10}
氩	3.84×10^{-10}	正丁烷~正二十二烷	4.9×10^{-10}	环己烷	6.1×10^{-10}	三乙胺	8.4×10^{-10}

3.3.3.2 吸附质性质和浓度的影响

吸附质的性质和浓度也影响着吸附过程和吸附量，除前已述及的吸附质分子的极性和吸附质分子的临界直径外，吸附质的相对分子质量、沸点和饱和性，都影响吸附量。

吸附质在废水中的溶解度对吸附有较大的影响。一般吸附质的溶解度越低，越容易被吸附。吸附质的极性也是重要因素，极性吸附质易于被极性的吸附剂所吸附，非极性的吸附质易于被非极性的吸附剂所吸附。当采用同一种活性炭作吸附剂时，对于结构类似的有机物，其相对分子质量越大、沸点越高，则被吸附的越多。对结构和相对分子质量都相近的有机物，不饱和性越大，则越易被吸附。

此外，吸附质浓度也是影响因素。若浓度较低，由于吸附剂表面大部分是空着的，所以提高吸附质浓度会增加吸附量，但当浓度提高到一定程度后，再增加浓度时，吸附量虽仍有增加，但吸附速率减慢，这说明吸附剂表面大部分已被吸附质所占据。当全部吸附表面被吸附质占据时，吸附量就达到极限状态，之后，吸附量就不再随吸附质浓度的增加而提高了。另外，吸附质浓度增加必然使同样的吸附剂更早达到饱和，需要更多的吸附剂以完成任务，饱和后需频繁再生，对工艺操作产生影响。因而吸附法不宜用于净化吸附质浓度相对较高的气体，如果初始废气浓度较高，一般先采取其他净化方法进行处理。换言之，吸附法适宜处理污染物浓度低、排放标准要求很严的废气。

3.3.3.3 吸附操作条件的影响

吸附操作条件主要指吸附系统的温度、压力，以及气体流过床层的速度。

（1）温度。吸附是一种放热过程，因此操作时首先要考虑温度的影响。低温对物理吸附有利，所以总希望吸附在低温下进行。对于化学吸附，由于提高温度会加速化学反应的速度，因而希望适当提高系统的温度，以增大吸附速率和吸附量。

（2）压力。增大气相主体的压力，从而增大了吸附质的分压，对吸附有利。但增大压力不仅会增加能耗，而且还会给吸附设备和吸附操作带来特殊要求，因此一般不为此而设增压设备。

（3）气流速度。吸附操作中气流速度对气体吸附影响也很大。气流速度要保持适中，若速度太大，不仅增大压力损失，而且会使气体分子与吸附剂接触时间过短，不利于气体的吸附，因而降低吸附效率。气体流速过低，又会使设备增大。因此，吸附器的气流速度需控制在一定范围之内。如通过固定床吸附器的气流速度一般应控制在 0.2~0.6m/s 的范围内。

3.3.3.4 吸附器设计的影响

为了进行有效吸附，对吸附器设计提出以下基本要求：

（1）要具有足够的气体流通面积和停留时间，它们都是吸附器尺寸的函数；

（2）要保证气流分布均匀，这样所有过气断面都能得到充分利用；

（3）对于影响吸附过程的其他物质如粉尘、水蒸气等，需设置预处理装置，以除去入口气体中能污染吸附剂的杂质；

（4）采用其他较为经济有效的工艺，预先除去入口气体中的部分组分，以减轻吸附系统的负荷，这一点主要是对处理污染物浓度较高的气体而言；

（5）需能够有效地控制和调节吸附操作温度；

（6）要易于更换吸附剂。

3.3.3.5　其他因素的影响

其他因素的影响有：

（1）吸附剂浸渍的影响。有些工艺过程，吸附操作不能达到要求，往往需要采取吸附剂浸渍处理，以期提高吸附剂的选择性和增大吸附容量。

（2）脱附再生的影响。脱附是回收吸附质使吸附剂获得再生的过程，因此希望吸附质脱附得越干净越好。但由于工艺条件和吸附剂本身的限制，往往不能使吸附质从吸附剂上完全脱附出来，因而也就相应地影响了下一步的吸附操作。

3.4　吸　附　装　置

当给定吸附任务时，吸附质的性质和浓度已经确定，需要选择合适的吸附装置和工艺流程。吸附装置是吸附系统的核心，工业上所使用的吸附装置共三大类，即固定床、移动床和流化床。其中以固定床应用最为广泛。

3.4.1　固定床吸附装置

固定床吸附器多为圆柱形设备，在内部支撑的格板或孔板上放置吸附剂，废气穿过静止不动的吸附剂，废气中待净化的吸附质被吸附在吸附剂上，净化后的气体排出吸附器。目前常使用的固定床吸附器有立式、卧式、环式三种类型。

（1）立式固定床吸附器。立式固定床吸附器如图3-4所示。吸附剂装填其中，形成

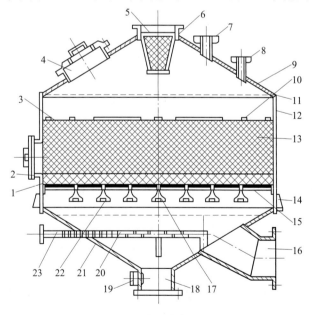

图 3-4　立式固定床吸附器

1—砾石；2—卸料孔；3、6—网；4—装料孔；5—废气及空气入口；7—脱附气排出；8—安全阀接管；9—顶盖；
10—重物；11—刚性环；12—外壳；13—吸附剂；14—支撑环；15—栅板；16—净气出口；17—梁；18—视镜；
19—冷凝排放及供水；20—扩散器；21—吸附器底；22—梁支架；23—扩散器水蒸气接管

具有圆形截面一定高度的柱状吸附床层。吸附剂床层的装填高度需要保证净化效率和一定阻力降为原则，一般取 0.5~2.0m。床层直径需要满足气体流量和气流分布均匀为原则。处理腐蚀性气体时应注意采取防腐蚀措施，一般是加装内衬。其优点是：空间利用率高，不易产生沟流和短路，装填和更换吸附剂较为简单；其缺点是：压降比较大，气流通过面积较小。立式固定床吸附器适合于小气量、浓度高的情况。

　　（2）卧式固定床吸附器。卧式固定床吸附器如图 3-5 所示。水平摆放的圆柱形装置，吸附剂装填高度为 0.5~1.0m，待净化废气由吸附层上部或下部入床。卧式固定床吸附器的优点是处理气量大、压降小，缺点是由于床层截面积大，容易造成气流分布不均。因此在设计时需要特别注意气流均布的问题。卧式固定床吸附器适合处理气量大、浓度低的气体。

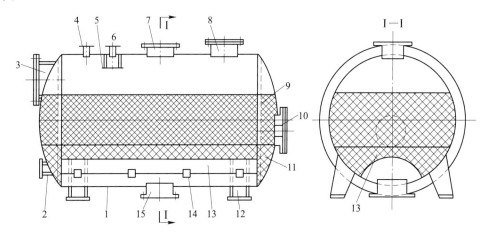

图 3-5　卧式固定床吸附器

1—壳体；2—供水；3—人孔；4—安全阀接管；5—挡板；6—蒸汽进口；7—净化气体出口；8—装料口；
9—吸附剂；10—卸料口；11—砾石层；12—支脚；13—填料底座；14—支架；15—蒸汽及热空气出入口

　　（3）环式固定床吸附器。环式固定床吸附器如图 3-6 所示，又叫做径向固定床吸附器，其结构比立式和卧式吸附器复杂。吸附剂填充在两个同心多孔圆筒之间，吸附气体由外壳进入，沿径向通过吸附层，汇集到中心筒后排出。和前面的立式和卧式固定床吸附器相比，在外形大小相同条件下，环式固定床吸附器的接触面积最大。环式固定床吸附器优点有：结构紧凑，吸附截面积大，阻力小，处理能力大，在气态污染物的净化上具有独特的优势。其缺点是：结构复杂，造价相对较高。目前使用的环式固定床吸附器多使用纤维活性炭作吸附材料，用以净化有机蒸气。实际应用上多采用数个环式吸附芯组合在一起的结构设计，进行自动化操作。环式固定床吸附器适合于处置气量大、要求流通面积大、压降小的情况。

　　固定床吸附器结构简单，整体来说造价相对较低，吸附剂固定不动磨损少，操作简单易于掌握，操作弹性较大，可用于气相、液相吸附，分离效果较好。固定床吸附器也存在一些缺点：

　　（1）间歇操作。为使气流连续，操作须不断周期性切换，为此须配置较多进出口阀门，操作麻烦。即便实现了自动化操作，控制程序也比较复杂。

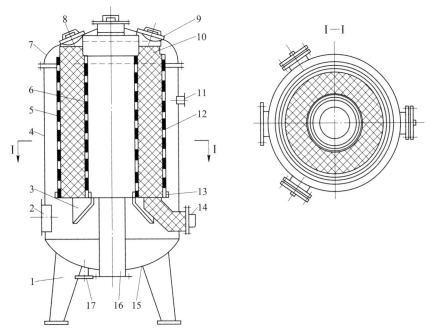

图 3-6 环式固定床吸附器

1—支脚；2—废气及冷热空气入口；3—吸附剂筒底支座；4—壳体；5，6—多孔外筒和内筒；7—顶盖；8—视孔；
9—装料口；10—补偿料斗；11—安全阀接管；12—吸附剂；13—吸附剂筒底座；14—卸料口；15—器底；
16—净化器出口及脱附水蒸气入口；17—脱附时排气口

（2）需设有备用设备。当一部分吸附器进行吸附时，还要有一部分吸附床进行再生（非生产状态）。即使处于生产中的设备里，为保证吸附区高度有一定的富余，也需要放置多于实际需要的吸附剂，因而总吸附剂用量增多。

（3）吸附剂层导热性差，热量利用率低。吸附时产生的吸附热不易导出，操作时容易出现局部床层过热。另外，再生时加热升温和冷却降温均不易进行，延长了再生时间。

此外，采用厚床层时压力损失也较大，因此能耗增加。

3.4.2 移动床吸附装置

移动床吸附器中吸附剂在床层中不断移动，需要净化的气体和吸附剂层形成逆流（或错流）接触，吸附剂可在同一装置内完成吸附、脱附（再生）的过程，以此实现连续运行，克服了固定床间歇操作带来的弊端，对于稳定、连续、量大的废气净化，其优越性比较明显。移动床吸附器的优点在于：气、固相连续稳定地输入和输出，气、固两相接触良好，不致发生沟流和局部不均匀现象；由于气、固两相均处于移动状态，所以克服了固定床局部过热的缺点；用同样数量的吸附剂可以处理比固定床多得多的气体，因此对处理量比较大的气体的操作，选用移动床较好。但是移动床有其固有缺点，主要是由于吸附剂处在移动状态下，磨损消耗大，且结构复杂，设备庞大，设备投资和运行费用均较高。

工业应用的典型移动床吸附器是超吸附塔（图 3-7），设备由塔体和流态化粒子提升装置两部分组成。硬质活性炭在超吸附塔内经脱附、再生及冷却后继续下降用于吸附。在吸附塔内，吸附与脱附是顺序进行的。在吸附段，待处理的气体由吸附段的下部进入，与从塔顶下来的活性炭逆流接触并把吸附质吸附下来，处理过的气体经吸附段顶部排出；活性炭继续下降，经过增浓段到达汽提段，增浓段蒸汽中所含的吸附质被活性炭进一步吸附，相当于这部分活性炭的"浓度"又增加了；汽提段下部通入热蒸汽，使活性炭上的吸附质进行脱附，经脱附后，含吸附质的气流一部分由汽提段顶部作为回收产品回收，有一部分继续上升，到达增浓段；活性炭经过汽提，大部分吸附质都被脱附，汽提段下面又加设提取器，使活性炭温度进一步提高，一是为了干燥，二是为了使活性炭更彻底再生；经过再生的活性炭到达塔底，由提升器将其返回塔顶，这样完成了一个循环过程。在实际操作中，过程连续不断地进行，气体和固体的流速得到很好的控制。

3.4.3　流化床吸附装置

将固体流态化技术引入吸附操作中的流化床吸附工艺是 20 世纪 60 年代发展起来的。之所以称为流化床，是因为固体吸附剂在与气体的接触中，由于气体速度较大使固体颗粒处于流化状态。流化床的运动形式使它具有诸多优点：（1）由于流体与固体的强烈扰动，大大强化了气固传质；（2）由于采用小颗粒吸附剂，使单位体积中吸附剂表面积增大；（3）固体的流态化，优化了气固接触，提高了界面传质速率，从而强化了设备生产能力，由于流化床采用了比固定床大得多的气速，因而可以大大减少设备投资；（4）由于

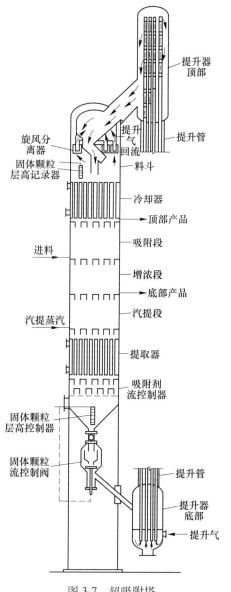

图 3-7　超吸附塔

气固同处于流化状态，不仅可使床层温度分布均匀，而且可以实现大规模的连续生产。其缺点是：流化床吸附器由于气流速度大，能耗更高，对吸附剂的机械强度要求也更高。

当吸附剂需要再生时，可采用如图 3-8 所示的流化床吸附器。需净化的气体由吸附塔中部送入，与筛板上的吸附剂颗粒接触进行传质，气流穿过筛孔的速度应略大于吸附剂颗粒的悬浮速度，使吸附剂颗粒在筛板上处于悬浮状态。既使传质更加充分，又使吸附剂能逐渐自溢流管流下。相邻两塔板上的溢流管相互错开，以使吸附剂在各层板上均布。净气由塔顶进入旋风分离器，将气流带出的少量吸附剂颗粒分离下来，再回到吸附塔内。运转一定时期后，可将旋风分离器收回的吸附剂粉末移走，而补入新吸附剂。吸附剂由塔顶加入，沿塔向下流动，在各层塔板上形成吸附剂层，吸附剂层的工作高度由溢流堰高度决

定。吸附了吸附质的吸附剂从最下一层塔板降落到预热段，经间接加热后进入脱附再生段，脱附后的吸附质进入冷凝冷却器进行冷却，其中的部分吸附质被冷凝成液体，进入储槽。未凝气体中还含有部分吸附质，又回到吸附段。脱附再生后的吸附剂自塔下部进入吸附剂提升管，再送入吸附塔上部重新使用。

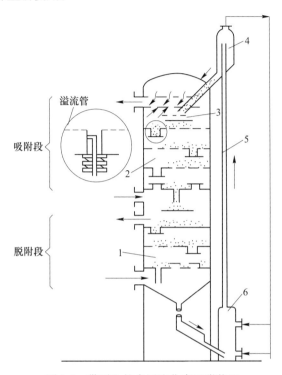

图 3-8　带再生的多层流化床吸附装置

1—脱附器；2—吸附器；3—分配板；4—料斗；5—空气提升装置；6—冷却器

　　流化床吸附塔结构类似吸收的板式塔，只不过塔板上流动的是吸附剂颗粒。塔板称为气流分布板，是流化床装置的最重要部件，其结构对于流化质量具有很大影响。设计好的分布板使气流分布均匀，吸附剂颗粒处于平稳的流化状态，同时还可防止正常操作时物料的下漏、磨损和小孔堵塞。多层流化床吸附器采用多块气体分布板，以抑制床内气体与固体颗粒的返混，改善停留时间分布，提高吸附效率。常用的几种气流分布板的结构形式如图 3-9 所示。

　　对于脱附段和吸附段在一个塔内的流化床吸附器，其脱附段的结构和吸附段相同。对于脱附段另设的，有的结构会简单些，但是不论如何设置，都必须保证流化床吸附器能连续运转，这在设计上要特别注意。

3.4.4　其他类型的吸附装置

　　除了以上吸附装置之外，还有其他类型的吸附装置可以使用。

3.4.4.1　回转式吸附器

　　回转式吸附器由能旋转的吸附转筒、外壳、过滤器、冷却器、分离器、通风机等部分组成，如图 3-10 所示。

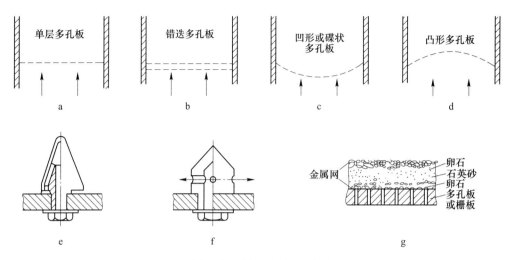

图 3-9　几种气流分布板的结构

a—单层直孔式；b—双层错迭式；c—凹形多孔板；d—凸形多孔板；e—侧缝式锥帽板；

f—侧孔式锥帽板；g—填充式

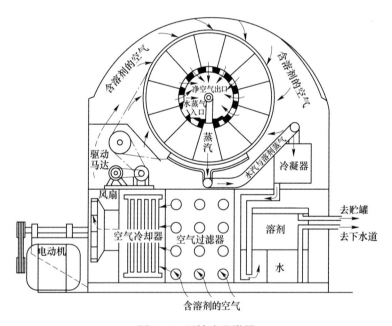

图 3-10　回转式吸附器

用回转式吸附器净化气体时，气体经过过滤器将尘粒等机械杂质除去，再经过冷却器降温后，由通风机送入吸附转筒。吸附转筒为一个分成若干格子的中空可旋转部件，每个格子中均匀装填吸附剂。转筒旋转过程中，大部分格子处于吸附状态，只有转到蒸气入口管处的少数格子停止吸附并进行脱附，脱附用水蒸气由转筒中心的入口管进入，脱附后的含吸附质的蒸气经过出口管进入冷凝冷却器冷却后，含有吸附质的蒸气和水蒸气液化，进入重力沉降分离器。未冷凝气体进入吸附转筒与外壳之间的空间，重新进行吸附处理，净化后的气体自转筒中部空间被引出排放，脱附后的吸附剂又转到吸附区进行吸附。

回转式吸附器的吸附床层均为薄层，其中吸附区和脱附区的比例可根据需要进行调整，吸附时间应小于床层的穿透时间。这种吸附器的优点是能实现连续操作，处理气量大，易于实现自动控制，且气流压降小，设备紧凑。缺点是动力损耗大，并需要一套减速传动机构，转筒和接管的密封也比较复杂。

3.4.4.2 沸腾床吸附器

沸腾床吸附器是将吸附剂放置在筛孔板上，当含污染物的气流以足够大的流速通过吸附剂床层时，使吸附剂颗粒吹起而后下落，类似于沸腾状态的液体，因而称为沸腾床。沸腾床吸附器中气流速度很大，强化了处理气体的能力，气、固接触充分，传热、传质效果好，适用于气量连续稳定的废气净化。

沸腾床吸附器有间歇操作的，也有连续操作的。连续操作的沸腾床吸附器如图 3-11 所示。废气从底端流入，穿过沸腾床层，净化后到旋风分离器，吸附剂顶端进入，底部排出。这种吸附器的吸附剂不需要再生，吸附质也不需要脱附回收。当吸附质需要回收时，可在吸附段下面设置再生段，将吸附质脱附并使吸附剂再生，即为流化床吸附器。

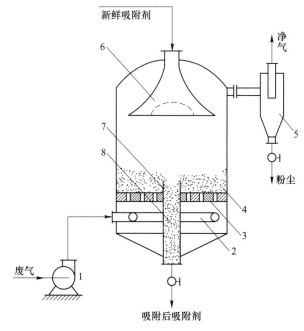

图 3-11　沸腾床吸附器

1—风机；2—气体分布器；3—筛板；4—沸腾床吸附剂层；5—旋风分离器；
6—吸附剂均布器；7—溢流堰；8—溢流管

3.4.5　其他相关问题

3.4.5.1　吸附剂的选择

吸附剂的性质，直接影响吸附效率，因此吸附剂的选取在吸附设计中尤为重要。吸附剂选择的总原则是根据前面所讲工业上对吸附剂的要求，再结合具体的生产任务进行选择。在吸附设计中，吸附剂的选择一般需要经过如下步骤：

（1）初选。根据吸附质性质、浓度和吸附操作净化要求及吸附剂来源等因素，初步选出几种吸附剂。

首先需要考虑极性和分子大小等吸附质性质：若为非极性大分子物质，首选的应是活性炭；若吸附质为极性小分子物质，应考虑极性吸附剂，如硅胶、分子筛、活性氧化铝等。根据气体浓度和净化要求进行筛选：对于浓度高但要求净化效率不高的场合，应尽可能采用廉价的吸附剂，以降低生产成本；对于浓度较低但净化要求高的场合，应该考虑用吸附能力较强的吸附剂；对于气体浓度高，且净化效率要求也高的场合，应先采用廉价吸附剂处理，再采用吸附力强的吸附剂处理的二级吸附处理方法或用吸附剂浸渍的方法。综合考虑以上诸因素的基础上，尽量选择一些价廉易得，且近距离即能得到的吸附剂。

（2）活性实验。利用小型装置对初选吸附剂进行活性实验，筛选出活性较好的吸附剂。需要注意的是实验所用吸附质气体应是任务规定的待净化气体。

（3）寿命实验。在中型装置中，对活性较好的吸附剂进行吸附剂使用寿命和脱附性能实验。通过吸附—脱附—再生，反复多次循环，最终确定每种吸附剂的使用寿命和脱附效果。需要注意的是实验气体仍须是待处理的气体，实验条件应是生产时的操作条件，所用脱附方式也应是生产中选定的脱附方式。

（4）全面评估。对初选吸附剂，综合吸附活性、使用寿命等实验，再结合价格、运费等指标进行全面评估，最后选出既比较适用、价格又相对便宜的吸附剂。

3.4.5.2　吸附器净化效率

吸附器净化效率是由吸附器入口气体浓度即污染气体的浓度和吸附器的穿透浓度决定的，设污染气体浓度为 y_0，污染物穿透吸附床时的浓度为 y_B，则吸附效率 η 可由下式计算：

$$\eta = \frac{y_0 - y_B}{y_0} \times 100\% \tag{3-27}$$

理论上讲，吸附器的净化效率越高越好。但要想达到越大的净化效率，一方面需要庞大的吸附设备和很长的气、固接触时间，另一方面需要采用高强吸附能力的吸附剂。这将使设备投资和运行费用大大增加。实际上往往是不可行的，而且对于大部分场合并非完全必要的。对于一定的处理任务，y_0 已经确定，净化效率高低就取决于 y_B。对于一定的吸附器，y_B 越低，净化效率会越高，但是吸附剂的利用率就会降低。为了充分利用吸附剂，尽可能地延长吸附床的吸附时间，往往希望确定出较高的 y_B。因此，实际吸附器设计时，一般在满足净化任务要求的前提下，尽可能提高 y_B 值，以达到充分利用吸附剂的目的，从而降低处理成本。

3.4.5.3　吸附法净化流程

吸附法净化流程分为间歇式流程、半连续式流程、连续式流程三类。

（1）间歇式吸附流程。间歇式吸附流程用于废气间断排出的场合。其特点是吸附剂达到饱和后，即从吸附装置中移走，不必重复使用，因而不设吸附再生装置，流程简单，设置方便。

固定床吸附器均可用于间歇式吸附流程。沸腾床吸附器也可用于间歇式吸附流程。

（2）半连续式吸附流程。吸附法净化气体工艺中，最常用的是半连续式吸附流程，即用两个以上的固定床吸附器交替地间断运行，气体连续净化，当一个吸附器中的吸附剂达到饱和时，气体就切换到另一台吸附器进行吸附处理，达到饱和的吸附剂床则去进行再生。

（3）连续式吸附流程。连续式吸附流程中，气流和吸附器都处于连续运转状态。回转式吸附床可用于连续式吸附流程，流动吸附床也可行。

3.5　固定床吸附器的吸附过程

固定床吸附器处于工作状况时，废气以一定流速从固定床一端流入并等速通过床层。随着吸附的进行，床层固定相中吸附质的含量随时间的延伸与床层内位置的变化而不同，首先和吸附质接触的靠近进气口一端的吸附剂床层会先被吸附质饱和，然后床层会逐渐被吸附质饱和。下文对固定床吸附器的吸附过程进行介绍。

3.5.1　吸附负荷曲线

固定床吸附器在吸附过程中，某一时间吸附剂中吸附质的量，被称为该时间的吸附负荷。在流体流动状况下，表示吸附剂床层中吸附质含量随床层高度变化关系的曲线称为吸附负荷曲线。由于吸附剂中吸附质含量不易测定，故吸附负荷曲线也可用床层中流动相中吸附质的含量来表示。图 3-12 给出不同时间吸附过程，图中左侧一列小图（图 3-12a～f）为不同吸附时间的吸附负荷曲线。

图 3-12a～f 中，X_0 为吸附剂原始含量，若使用反复再生过的吸附剂，其中会残留部分吸附质含量；X_E 为吸附剂平衡时的含量；Z 为床层高度；τ_0 为床层开始吸附的时间。从图 3-12a 到图 3-12f 代表了吸附过程随时间推移的情况。图 3-12a 时，吸附时间小于 τ_0，此时，吸附质还未加入，吸附剂中仍是原始含量 X_0；从图 3-12b～d 可以看出，曲线的 S 形部分形状很相似，通常称此 S 形部分为传质前沿或吸附波。可以认为，在吸附剂床层均匀且比较高的情况下，气流匀速通过床层并流经一定床层高度后，可以形成形状大体相同的吸附波并不断向前移动。从图 3-12b 可以看出，吸附一开始，只有气体入口处的部分床层进行吸附，这一区域称为传质区，吸附质在这部分床层中全部被吸附，后面的床层虽有气流通过，但其中已不含吸附质，这些床层未发生吸附，称为未用区，此时还未形成完整的吸附波。当气流继续流过床层，经过一段时间后，形成图 3-12c 所示的 S 形负荷曲线，此时可认为吸附波已经形成。吸附床靠近进气口一侧部分吸附剂全部饱和，吸附质在这一段床层中不再被吸附，这一段床层称为饱和区（又叫平衡区），此时可以观察到整个吸附剂床层由饱和区、传质区、未用区三部分组成。

当吸附波移动到图 3-12d 的位置，吸附波前沿刚刚到达吸附层末端，未用区不再存在，此时若吸附波再往前移动一点，就会移出床层之外，此即所谓"穿透现象"或称"透过现象"（breakthrough），出现穿透的点称为"穿透点"（或称"破点"）（break point），此时 τ_B 为到达破点所需的时间，被称为"透过时间"（或"穿透时间"），此时流出气体中吸附质的浓度称为破点浓度；图 3-12e 时，全部床层接近饱和，吸附波不再完整，出气流中吸附质浓度逐渐升高。图 3-12f 时，全部床层完全饱和。

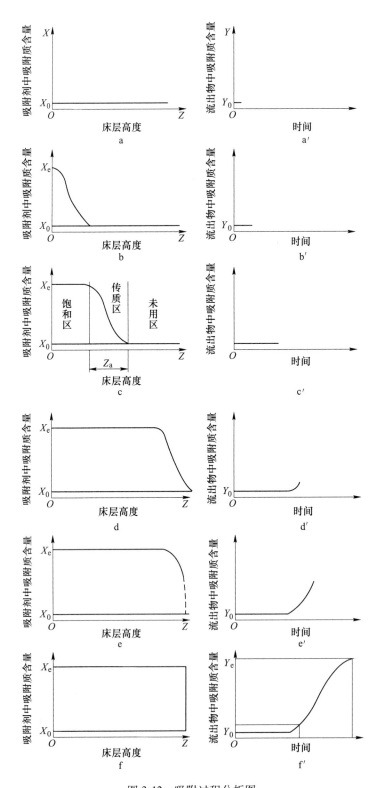

图 3-12　吸附过程分析图

a, a′—$\tau < \tau_0$；b, b′—$\tau = \tau$；c, c′—$\tau = \tau + \Delta\tau$；d, d′—$\tau = \tau_B$；e, e′—$\tau > \tau_B$；f, f′—$\tau \geqslant \tau_B$

如前所述，吸附剂床层均匀且床层较高的情况下，气流匀速通过床层并流经一定床层高度后，可以形成吸附波并不断向前移动。理想状况下，床层完全没有阻力，即传质阻力为 0，吸附会在瞬间达到平衡，即吸附速率无穷大，则在床层内所有断面上的吸附负荷均为一个相同的值，如图 3-13a 所示。但在实际操作中由于床层中存在阻力，某一瞬间床层内各个截面上的吸附负荷会有差异，吸附负荷曲线如图 3-13b 所示，吸附负荷曲线随时间进行而前进。

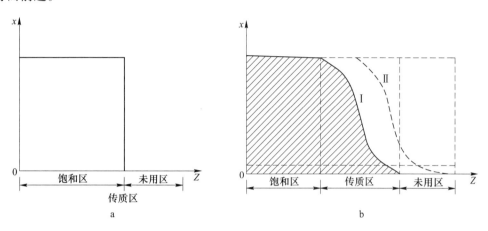

图 3-13　吸附负荷曲线

a—理想吸附负荷曲线；b—实际吸附负荷曲线

3.5.2　透过曲线

吸附负荷曲线表达了床层中吸附质浓度分布的情况，虽较为直观，但要从床层中各部位采出吸附剂样品进行分析是有难度的，易破坏床层稳定性，因此通常改用一定时间间隔内分析床层流出物中吸附质浓度的变化，以流出物中吸附质浓度 y 为纵坐标，以时间 τ 为横坐标，随时间的推移可画出一条 τ-y 曲线，此曲线被叫做透过曲线（又名流出曲线，breakthrough curve）。如图 3-12 所示将吸附过程进行分析，其中右侧一列图 3-12a′~f′ 为透过曲线情况。

图 3-12a′ 中，吸附时间小于 τ_0，流出物中吸附质含量为 Y_0（与 X_0 相平衡）。随 $\tau > \tau_0$，气流匀速进入吸附床层，床层开始吸附废气中的吸附质，图 3-12b′、c′ 中，由于吸附负荷曲线图中的吸附波未达到床层末端，因此流出物中吸附质含量仍为 Y_0。图 3-12d′ 时间为 τ_B，吸附波前沿刚到达吸附床末端，到达穿透点；穿透点之后，吸附负荷曲线中的吸附波开始移出床层，流出物中有超过 Y_0 含量的吸附质存在；由 τ_0 到 τ_B 所经历的时间为保护作用时间，此为固定床吸附器的有效工作时间，即从吸附操作开始到床层被穿透所经历的时间称为保护作用时间。图 3-12e′ 中，随时间进行，吸附波继续移出床层，流出物中吸附质含量继续上升并呈现曲线上升趋势。图 3-12f′ 中时间大于 τ_E，吸附器内的吸附剂完全达到饱和，出流气体中的组分浓度和进口处气体中组分浓度完全相等，吸附剂床层完全没有吸附作用，被称为耗竭点（或干点），此时吸附剂具有的吸附容量为它的静活性。由 τ_B 到 τ_E 形成的 S 形曲线，其形状和吸附负荷曲线的吸附波相似，但与其方向相反，所以也被叫做吸附波（或传质前沿）。

3.5.3 传质区高度

把一个吸附波所占据的床层高度称为传质区高度，用 Z_a 表示。从理论上讲，传质区高度应是流出气体中溶质浓度从 0 变到 Y_0 这个区间内吸附波在 Z 轴上占据的长度，但实际上再生后的吸附剂中还残留一定量的吸附质（一般为初始浓度 Y_0 的 5% ~ 10%），而吸附剂完全达到饱和的时间又太长，所以一般把由破点时间 τ_B 对应的气体浓度 Y_B 到干点时间 τ_E 对应的气体浓度 Y_E 这段时间内吸附波在 Z 轴上所占据的长度称为传质区高度。

为了使吸附操作比较可靠，就必须使床层有足够的长度，起码要包含一个稳定的传质区。而形成一个稳定的传质区需要一定时间。如果吸附器床层长度比传质区长度还短，那就不能出现一个稳定的传质区，操作不稳定，出现破点的时间会比计算的来得快，因此吸附器床层长度一定要比传质区长度长。

3.5.4 传质区吸附饱和率（度）和剩余饱和能力分率

这两个概念表达式如下所示：

$$吸附饱和率(度) = \frac{Z_a \text{内吸附剂实际的吸附量}}{Z_a \text{内吸附剂达饱和时的吸附量}}$$

$$剩余饱和吸附能力分率 = \frac{Z_a \text{内吸附剂仍具有吸附能力}}{Z_a \text{内吸附剂达到饱和时的吸附能力}}$$

这也是量度固定吸附床操作性能的两个指标，吸附饱和率越大，剩余饱和吸附能力分率越小，说明吸附床的操作性能越好。

3.6 固定床吸附计算

3.6.1 希洛夫近似计算法

理想状况下，在理想保护作用时间 τ'_B 内通过吸附床的吸附质将全部被吸附，即通过床层的吸附质的量一定等于床层内所吸附的量：

$$G_S \tau'_B A c_0 = Z \rho_B X_T \tag{3-28}$$

式中　G_S——气体通过床层的速率，$kg/(m^2 \cdot min)$；

　　　A——吸附床层截面积，m^2；

　　　X_T——吸附剂的静活性（平衡吸附量），kg/kg；

　　　τ'_B——理想保护作用时间，min；

　　　c_0——气体中污染物初始浓度，kg/m^3；

　　　ρ_B——吸附剂堆积密度，kg/m^3；

　　　Z——床层长度，m。

由上式可得：

$$\tau = \frac{\rho_B X_T}{G_S c_0} Z \tag{3-29}$$

对于一定的吸附系统和操作条件，ρ_B、X_T、G_S、c_0 均已确定，因此可令：

$$\frac{\rho_B X_T}{G_S c_0} = K \tag{3-30}$$

则式 3-29 变为：

$$\tau'_B = KZ \tag{3-31}$$

但对一个实际的操作过程，由于床层存在阻力，实际保护作用时间 τ_B 比理想保护作用时间 τ'_B 短，将被缩短的这段时间称为保护作用时间损失，用 τ_1 来表示。床层阻力越大，τ_1 越大。

三个时间的关系可表示如下：

$$\tau_B = \tau'_B - \tau_1 \tag{3-32}$$

将式 3-31 代入上式，并将 τ_1 视为 $\tau_1 = KZ_1$，即得：

$$\tau_B = KZ - \tau_1 = K(Z - Z_1) \tag{3-33}$$

此式即为具有实用价值的希洛夫公式，Z_1 可以称为床层长度损失。τ_1 和 Z_1 均可由实验求得。即可用于吸附净化工艺设计，简化计算过程是以实验作基础，利用希洛夫公式求出 K 与 τ_1，再根据生产要求操作周期求出吸附床层长度，并根据气速，求出所需床层半径或截面积。具体步骤简述如下：

（1）选择吸附剂，确定操作条件，包括温度、压力和流速。对于气体净化，固定吸附床的气体流速一般掌握在 0.2~0.6m/s 之间。

（2）根据净化要求，定出穿透点浓度，在载气速率一定的情况下，选取不同的吸附剂床层高度 Z_1、Z_2、…、Z_n，可根据已给处理气量选定。

（3）在一定气速 u 下，测不同床层长度的保护作用时间 τ，做出 τ-Z 直线，则其斜率为 K，截距为 $-\tau_1$。

（4）根据生产中计划采取的脱附方法和脱附再生时间、能耗等因素确定操作周期。

（5）用希洛夫公式计算所需吸附剂床层高度 Z。若求出 Z 太高，可分为 n 层布置或分为 n 个串联吸附床布置。为便于制造和操作，通常取各床层高度相等，一般串联床数 $n \leqslant 3$。

（6）利用下式计算床层直径：

$$D = \sqrt{\frac{4V}{\pi u}} \tag{3-34}$$

式中 V——所处理的气体流量，m^3/min。

（7）用下式计算吸附剂用量 W：

$$W = AZ\rho_B \tag{3-35}$$

式中 A——塔截面积，m^2。为避免装填损失，可多取 10% 装填量。

（8）核算压降 Δp。若 Δp 超过允许范围，可采取增大 A 或减小 Z 的办法使 Δp 值降低。

（9）设计吸附剂的支承与固定装置、气体分布装置、吸附器壳体，各连接管口及进行脱附所需的附件等。

【**例 3-1**】 用活性炭固定床吸附器吸附净化废气。常温常压下废气流量为 1000m^3/h，废气中四氯化碳初始浓度为 2000mg/m^3，选定空床气速为 20m/min。活性炭平均粒径为

3mm，堆积密度为450kg/m³，操作周期为40h。在上述条件下，进行动态吸附实验取得如下数据：

床层高度 Z/m	0.1	0.15	0.2	0.25	0.3	0.35
透过时间 τ_B/min	109	231	310	462	550	650

请计算固定床吸附器的直径、高度和吸附剂用量。

解：以 Z 为横坐标，τ_B 为纵坐标将上述实验数据描绘在坐标图上得一直线（例3-1附图），据图求出直线斜率即为 K，截距即为 $-\tau_1$，得：$K = 2143\text{min/m}$，$\tau_1 = 95\text{min}$。

将 K、τ_1、τ_B 代入希洛夫公式得：

$$Z = \frac{\tau_B + \tau_1}{K} = \frac{40 \times 40 + 95}{2143} = 1.164\text{m}$$

取 $Z = 1.20\text{m}$。采用立式圆柱状吸附床进行吸附，计算出吸附床直径：

$$D = \sqrt{\frac{4V}{\pi u}} = \sqrt{\frac{4 \times 1000}{\pi \times 20 \times 60}} = 1.03\text{m}$$

可取 $D = 1\text{m}$。则所需吸附剂量为：

$$W = AZ\rho_B = (\pi \times 1^2/4) \times 1.2 \times 450 = 423.9\text{kg}$$

考虑装填损失，所需吸附剂量 W 为：

$$423.9 \times 1.1 = 466\text{kg}$$

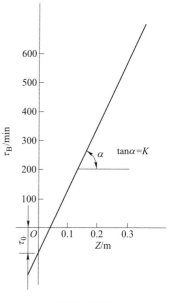

例3-1附图

3.6.2　透过曲线计算法

透过曲线计算方法与希洛夫近似计算法相比要复杂一些，但仍要假定吸附体系是一个简单的恒温体系，混合气体中只有一种可被吸附的吸附质，该体系得到的仅有一个吸附波或传质区。此时固定床吸附器计算的主要内容为传质区高度 Z_a、保护作用时间 τ_B 和全床饱和度 S。

3.6.2.1　传质区高度的确定

图3-14的透过曲线中，横坐标为流出物总量 W（kg 无溶质气体/m²），气体流过床层的质量流速为 G_S(kg/(m²·h))。气体的初始浓度为 Y_0（kg 溶质/kg 无溶质气体），以 Y_B 作为破点的浓度，并认为流出物浓度升到接近 Y_0 某一浓度值 Y_E 时，吸附剂基本上已耗竭。在破点处流出物量为 W_B，而到吸附剂耗竭时，流出物的量为 W_E。在吸附波形成期间所积累的流出物量 $W_a = W_E - W_B$。把浓度由 Y_B 变化到 Y_E 这部分的床层高度称为一个吸附区或称传质区高度。

当吸附波形成后，随着混合气体的不断通入，传质区沿床层不断移动，令 τ_a 为吸附波移动一个传质区高度所需的时间，则：

$$\tau_a = \frac{W_E - W_B}{G_S} = \frac{W_a}{G_S} \tag{3-36}$$

令 τ_E 为由通气开始至床层耗竭所需要的时间，即传质区形成和移出床层所需的时间之

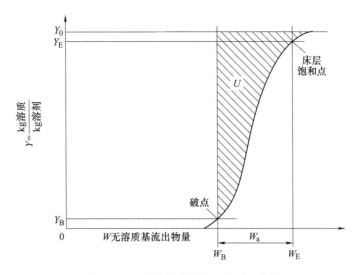

图 3-14　以流出物总量表示的透过曲线

和，则：

$$\tau_E = \frac{W_E}{G_S} \tag{3-37}$$

设传质区形成时间为 τ_F，则 $\tau_E - \tau_F$ 应是自吸附波形成开始到移出床层的时间。稳定操作时，当吸附波形成后，其前进距离和所需时间之比（即吸附波前进的速度）应是一个常数。设吸附床高度为 Z，传质区高度为 Z_a，则：

$$\frac{Z_a}{\tau_a} = \frac{Z}{\tau_E - \tau_F} \tag{3-38}$$

得出传质区高度为：

$$Z_a = Z \frac{\tau_a}{\tau_E - \tau_F} \tag{3-39}$$

设气体在传质区中从破点到床层完全耗竭所吸附的吸附质的量为 U（kg/m^2 床层截面积），即为图 3-14 中阴影的面积：

$$U = \int_{W_B}^{W_F} (Y_0 - Y) \, dW \tag{3-40}$$

若传质区中所有吸附剂均被吸附质所饱和，则其吸附容量应为 $Y_0 W_a$。但实际情况是，当达到破点时，传质区内仍旧具有一部分吸附容量，其值为 U，如式 3-40 所示。若以 E 代表到达破点时传质区内仍具有的吸附能力与该区内吸附剂总的吸附能力之比，即前述剩余吸附能力分率，则：

$$E = \frac{U}{Y_0 W_a} = \frac{\int_{W_B}^{W_F} (Y_0 - Y) \, dW}{Y_0 W_a} \tag{3-41}$$

因为 E 是剩余吸附能力分率，$1-E$ 即代表了吸附区的饱和程度，E 越大，说明吸附区的饱和程度越低，形成传质区所需的时间越短。当 $E=0$ 时，说明吸附波形成后，吸附区内的吸附剂已全部达到饱和，此情况下，吸附形成的时间应与移动一个吸附波长度的距离所需时间相等：

$$\tau_F = \tau_a \tag{3-42}$$

若 $E=1$，即传质区内吸附剂基本上不含吸附质，则传质区形成的时间基本上等于零。据此两种极端情况，应有：

$$\tau_F = (1 - E)\tau_a \tag{3-43}$$

将式 3-43 代入式 3-39 得：

$$Z_a = Z\frac{\tau_a}{\tau_E - (1 - E)\tau_a} \tag{3-44}$$

因为 $\tau_a = W_a/G_S$，$\tau_E = W_E/G_S$，代入上式得：

$$Z_a = Z\frac{W_a}{W_E - (1 - E)W_a} \tag{3-45}$$

由式 3-45 可知，要确定传质区的高度 Z_a，须通过实验得出透过曲线的形状，从而确定 W_a、W_E 和 E 的值。在实际吸附计算中，E 一般取 0.4~0.6。

3.6.2.2　吸附床饱和度

设吸附床横截面积为 A，吸附床高度为 Z，其中吸附剂的堆积密度为 ρ_B，则吸附剂的总量应为 $ZA\rho_B$。若床层全部被饱和，吸附剂与污染物进口浓度 Y_0 成平衡的静活性为 X_T，则此时吸附剂所吸附的污染物的量为：

$$Q = ZA\rho_B X_T \tag{3-46}$$

实际操作中，吸附床达到破点时，总会有一部分吸附剂未达饱和，此时吸附床中实际吸附量应为饱和区的吸附量与传质区的吸附量之和。其中：

$$饱和区吸附污染物的量 = (Z - Z_a)A\rho_B X_T$$

$$传质区吸附污染物的量 = Z_a(1 - E)A\rho_B X_T$$

于是整个吸附床的饱和度 S 为：

$$S = \frac{(Z - Z_a)A\rho_B X_T + Z_a(1 - E)A\rho_B X_T}{ZA\rho_B X_T} \tag{3-47}$$

$$S = \frac{Z - Z_a E}{Z} \tag{3-48}$$

3.6.2.3　传质区中传质单元数和传质单元高度的计算

吸附操作过程中，随着吸附的进行，床层内的传质区沿气流方向移动，移动的速度会远比气流通过的速度慢。为了分析问题的方便，假定传质区移动方向与气流方向相反，则可把传质区认为是固定在某一高度，如图 3-15 所示。

设床层高度 $Z\to\infty$，则在床层顶面气固相达到平衡状态。可对整个床层做物料衡算：

$$G_S(Y_0 - 0) = S(X_T - 0) \tag{3-49}$$

式中　S——假想的吸附剂流量。

$$Y_0 = \frac{S}{G_S}X_T \tag{3-50}$$

上式可以看作是操作线方程，S/G_S 为操作线斜率（图 3-15b）。对于床层任一截面，则可有如下关系：

$$G_S Y = SX \tag{3-51}$$

设床层截面积为 1，则对床层中微元高度 dZ 做物料衡算，得：

$$G_S dY = K_Y \alpha_p (Y - Y^*) dZ \tag{3-52}$$

式中　G_S——气体流量，kg 无溶质气体/(m^2·h)；

$K_Y \alpha_p$——气相体积传质总系数，kg 吸附质/(m^3·h)；

Y^*——与 X 成平衡的气相浓度，kg 吸附质/kg 无溶质气体。

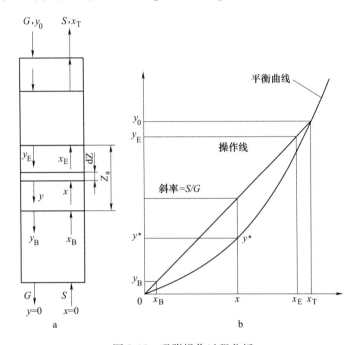

图 3-15　吸附操作过程分析

此物料衡算式表示的是单位时间单位面积的 dZ 高度内，气体中溶质的减少量等于吸附剂固体中吸附的吸附质的量。

将式 3-52 整理并在传质区内积分，即得传质区高度：

$$Z_a = \frac{G_S}{K_Y \alpha_p} \int_{Y_B}^{Y_E} \frac{dY}{Y - Y^*} = H_{OG} N_{OG} \tag{3-53}$$

式中，H_{OG}、N_{OG} 可以称为传质区内的传质单元高度和传质单元数。

与处理吸收计算相类似，传质单元数可用图解积分法求取。当平衡线接近直线时，也可用下式近似计算：

$$N_{OG} = \frac{Y_1 - Y_2}{\Delta Y_m} \tag{3-54}$$

式中　ΔY_m——对数平均推动力，采用下式进行计算：

$$\Delta Y_m = \frac{(Y_1 - Y_1^*) - (Y_2 - Y_2^*)}{\ln \dfrac{Y_1 - Y_1^*}{Y_2 - Y_2^*}} \tag{3-55}$$

对于低浓度气体，有时也可以用算术平均推动力。

3.6.3 经验估算法

用吸附法净化气态污染物时会碰到多种情况，有时会缺乏前述理论计算时所需要的数据，此时可由生产中或实验测得吸附剂的吸附容量值，用来估算吸附剂的用量，然后根据操作周期和经验气体流速（一般 0.2~0.6m/s），即可计算出吸附床高度。

【例 3-2】 拟用活性炭吸附器回收废气中所含的三氯乙烯。已知废气排放条件为 294K，$1.38 \times 10^5 Pa$，废气中含三氯乙烯的体积分数为 2.0×10^{-3}，流量为 12700m³/h，要求三氯乙烯的回收率为 99.5%。测得所要采用的活性炭对三氯乙烯的吸附容量为 0.28kg 三氯乙烯蒸气/kg 活性炭，活性炭的堆积密度为 576.7kg/m³，其吸附周期为 4h。操作气速根据经验取 0.5m/s，求固定吸附床高度。

解：三氯乙烯体积流量为：$12700 \times 2.0 \times 10^{-3} = 25.4 m^3/h$。

将此换算成标准状况下的体积：

$$25.4 \times \frac{1.38 \times 10^5}{1.01 \times 10^5} \times \frac{273}{294} = 32.226 m^3/h$$

计算得三氯乙烯摩尔质量为 131.5g/mol，则得三氯乙烯质量流量为：

$$131.5 \times \frac{32226}{22.4} = 189.18 kg/h$$

在 4h 内所要吸附的三氯乙烯的量为：$189.18 \times 4 \times 0.995 = 752.94 kg$。

则所需活性炭体积为：$\dfrac{752.94/0.28}{576.7} = 4.66 m^3$。

按操作气速 0.5m/s 计，所需吸附床直径为：

$$D = \sqrt{\frac{4V}{\pi u}} = \sqrt{\frac{4 \times 12700}{\pi \times 0.5 \times 3600}} = 3.0 m$$

得床层截面积：$A = (\pi D^2)/4 = (\pi \times 3^2)/4 = 7.065 m^2$。

于是得床层高度为：$Z = m/A = 4.66/7.065 = 0.66 m$。

3.6.4 固定床吸附器床层压降估算

流体在固定床中的流动情况较之在空管中的流动要复杂得多，固定床中流体是在颗粒间的空隙中流动的，颗粒间空隙形成的孔道是弯曲且相互交错的，孔道数和孔道截面积沿流向也在不断改变。

所以流体流过床层的压力降，主要是由流体与颗粒表面间的摩擦阻力和流体在孔道中的收缩、扩大和再分布等局部阻力引起的，当流动状态为层流时，以摩擦阻力为主，当流动状态为湍流时，以局部阻力为主；由于影响压力降的因素很多，目前尚无一个较完善的通用计算公式。在设计固定床吸附器时，多根据实际情况，结合相关条件采用经验公式进行计算，或采用实测数据，实测数据可从同类型的工业装置中获得，也可由一定规模的实验装置中获得。下面介绍几种可用于估算固定床吸附器的压力降的经验公式。

3.6.4.1 气体通过静止吸附剂颗粒层的压力降

当气体通过静止的吸附剂颗粒层时，由于床层内堆积的是大量的粒径和形状不同的颗粒，颗粒之间的空隙结构毫无规则可言，因而造成气体流动的通道曲折复杂，难以进行理论计算，因此，对于这类固定床层可利用下面的经验公式计算床层的压力降：

$$\frac{\Delta P}{Z} = \frac{\lambda}{d_p} \times \frac{u_h^2 w_v^2}{2g} \tag{3-56}$$

式中　ΔP——压力降，Pa；

　　　Z——吸附剂层厚度，m；

　　　λ——外摩擦系数；

　　　d_p——颗粒当量直径，m；

　　　u_h——气体在吸附剂颗粒空隙间的真实流速，m/s；

　　　w_v——气体重度，kg/m^3；

　　　g——重力加速度，9.81m/s^2。

式中的当量直径 d_p 可用下式计算：

$$d_p = \frac{4\varepsilon}{\delta} \tag{3-57}$$

式中　ε——床层空隙率，m^3/m^3；

　　　δ——单位体积床层中吸附剂颗粒的总表面积，m^2/m^3。

空隙率 ε 与颗粒的放置状况有关，对于均匀一致的球形颗粒，ε 可取 $0.259 \sim 0.426$，对于颗粒形状及大小不一的乱堆吸附剂层，ε 的值可按0.4计算。

由于气流在床层中所走的通道是弯曲的，式3-56中的真实气速 u_h 会比空塔气速 u 高，u_h 可用下式近似计算：

$$u_h = u/\varepsilon \tag{3-58}$$

外摩擦系数 λ 是雷诺准数的函数，即

$$\lambda = f(Re) \tag{3-59}$$

式中，$Re = d_p u_h w_v / \mu_v$，而 μ_v 为气体的动力黏度，kg/(m·s)。

λ 也可由实验得到。由实验得知：

当 $Re<20$ 时，$\lambda = 1.46/Re$；

当 $20<Re<7000$ 时，$\lambda = 1.6/Re$；

当 $Re>7000$ 时，$\lambda = 0.4$。

当吸附剂颗粒当量直径与吸附床直径 D 之比大于 1/50 时，λ 需乘以由实验测得的校正系数。

3.6.4.2　欧根（Ergun）公式法计算床层压降

欧根从大量实验中导出了单一流体通过固定床压力降的估算式为：

$$\frac{\Delta P}{Z} \frac{\varepsilon^3 d_p \rho_v}{(1-\varepsilon) G_S^2} = \frac{150(1-\varepsilon)\mu_v}{d_p G_S} + 1.75 \tag{3-60}$$

式中　ΔP——压力降，Pa；

　　　d_p——吸附剂颗粒直径，m；

　　　ε——床层空隙率，%；

　　　ρ_v——气体密度，kg/m^3；

　　　μ_v——气体黏度，Pa·s；

　　　Z——床层高度，m；

　　　G_S——单位截面气体流速，kg/(m^2·s)。

3.6.4.3 使用分子筛的固定吸附床压力损失

对于使用一般吸附剂（包括分子筛）可应用前述公式估算压力降。但由于分子筛的形状和结构特点，可以采用更简单的计算方法。美国联合碳化物公司在计算分子筛床层的压力降时，就使用了经过修正后的简化的欧根经验式：

$$\frac{\Delta P}{Z} = \frac{\lambda C_e G_S^2}{\rho_v d_p}$$ (3-61)

式中　ΔP——压力降，Pa；

　　　Z——床层厚度，m；

　　　λ——摩擦系数；

　　　C_e——压力降系数，$m \cdot s^2/m^2$；

　　　G_S——气体的质量流速，$kg/(m^2 \cdot s)$；

　　　d_p——颗粒直径，m；

　　　ρ_v——气体密度，kg/m^3。

若分子筛颗粒为柱状时，则当量直径 d_p 为：

$$d_p = \frac{d_0}{(2/3) + (1/3)(d_0/L_c)}$$ (3-62)

式中　d_0——柱状分子筛颗粒的直径，m；

　　　L_c——柱状分子筛颗粒的长度，m。

4 催化转化法净化气态污染物

4.1 概　　述

　　催化现象涉及物理、化学方面，最早的记载资料可以追溯至 1597 年德国的《炼金术》一书，但当时尚未提出"催化作用"这个概念。直至 1835 年，瑞典化学家 Berzelius（1779～1848）才在其著名的"二元学说"的基础上，把观察到的零星化学变化归结为是由一种"催化力（catalytic force）"所引起的，并引入了"催化作用（catalysis）"一词。从此，对于催化作用的研究才广泛地开展起来，其进展推动着整个化学工业的发展，特别是对石油化工、煤化工、精细化工等产生了深远影响，后来在环境工程领域逐渐应用并呈现良好的应用潜能。

　　最早定义催化剂的是德国化学家 Ostwald（1853～1932），他认为催化剂是一种可以改变化学反应速度，而不存在于产物中的物质。1981 年，国际纯粹与应用化学联合会（IUPAC，International Union of Pure and Applied Chemistry）对催化剂的定义为：催化剂是一种物质，它能够改变化学反应的速率，而不改变该反应的标准 Gibbs 自由焓变化。现代对催化剂的定义是：催化剂是一种能够改变一个化学反应的反应速度，却不改变化学反应热力学平衡位置，本身在化学反应中不被明显地消耗的化学物质。催化作用（catalysis）是指催化剂对化学反应所产生的效应，涉及催化剂的反应称为催化反应（catalyzed reaction）。比如，氮气和氢气在没有催化剂的情况下，反应基本不能发生或者非常缓慢，但是加入催化剂后（如铁催化剂），则氨合成被大为促进。实践证明，一个催化剂的改进或性能上的突破，必然会由于转化率、选择性的提高而大幅度提高设备生产能力和产品质量，带来巨大的经济效益。每种新催化剂和新催化工艺的研制成功，都会引起包括化工、石油化工等重大工业在内的生产工艺上的改革，生产成本可以大幅度降低，并为改变人类生活习惯提供一系列新产品和新材料。

　　所谓催化转化法净化气态污染物，指的是借助催化剂的催化作用，使气体污染物在催化剂表面上发生化学反应，而使气体污染物转化为无害物质或更易除去的物质，达到净化气体的方法。此工艺具有如下优点：无须将污染物与主气流分离，可直接将有害物质转化成无害物质，这不仅可避免产生二次污染，又可简化操作过程。但需要注意的是催化剂比较贵，且污染气体预热也需要消耗一定能量。

4.2 催　化　剂

4.2.1 催化剂的概念

　　催化剂是催化作用的关键性物质，前已列出催化剂定义的多种文字表述。一般认为，凡是能提高化学反应速度，控制反应方向，在反应前后本身的化学性质不发生改变的物质，即可称为催化剂。催化剂之所以具有如此大的实用性和适用性，是因为其具有最为重要的两个属性：

（1）催化剂加速化学反应速度，使许多化学反应得以按工业规模进行，或显著改善了反应装置的温度和压力条件，从而提高了化工生产的经济效果。至于控制反应方向，本质上也是加速某一方向上的化学反应速度。

（2）催化剂保持自身的化学性质不变，则使它在生产过程的一段期限内能不断地起催化作用，从而进一步提高了催化工业的经济效果。因此，提高催化剂加速化学反应速度的效能，延长催化剂实际使用的期限，始终是研制工业催化剂和设计催化反应工业装置的重点。

4.2.2 催化剂的组成

工业催化剂通常是由多种物质组成的复杂体系（也有单一物质的催化剂），按其存在状态又可分为气态、液态和固态三类。其中最重要且应用最广泛的要算是固体催化剂。固体催化剂通常是由活性组分、助催化剂和载体三个主要部分组成的，有时还需加入成型剂和造孔剂等，以制成所需要的形状和孔结构。

（1）活性组分。活性组分是催化剂的主体部分，又称活性主体或主活性物质，能单独对化学反应起催化作用，有时可单独使用。有些催化剂中，只含有一种活性组分，如镍-硅藻土催化剂中，活性组分为镍；有些催化剂中含有两种以上的活性组分，缺少一种，就不能完成规定的催化反应，如有机合成工业中的重整反应催化剂为铂-氧化铝催化剂，铂用来促进烃类原料的化学吸附和脱氢，造成中间活性物质，后者再转移到氧化铝的酸性中心上，完成异构、环化等过程，此种催化剂称为混合催化剂或多功能催化剂。由于催化剂大多使用贵金属，因此，为提高活性组分的利用率，通常是将活性组分采用特殊的加工方法均匀分布在载体表面，制成负载型催化剂，活性组分在整个催化剂中所占比例是很小的，有的只占有千分之几。表4-1给出了净化气态污染物常用的几种催化剂的组成。

表4-1   净化气态污染物常用催化剂

用　途	主活性物质	载　体
有色冶炼烟气制酸，硫酸厂尾气 回收制酸等　$SO_2 \rightarrow SO_3$	V_2O_5含量 6%~12%	SiO_2（助催化剂 K_2O 或 Na_2O）
硝酸生产及化工等工艺尾气　$NO_2 \rightarrow N_2$	Pt、Pd 含量 0.5%	Al_2O_3-SiO_2
	$CuCrO_2$	Al_2O_3-MgO
碳氢化合物的净化　$CO+HC \rightarrow CO_2+H_2O$	Pt、Pd、Rh	Ni、NiO、Al_2O_3
	CuO、Cr_2O_3、Mn_2O_3、 稀土金属氧化物	Al_2O_3
汽车尾气净化	Pt（0.1%）	硅铝小球、蜂窝陶瓷
	碱土、稀土	α-Al_2O_3、γ-Al_2O_3

（2）助催化剂。助催化剂单独存在时并没有催化活性，然而它的少量加入，却能明显提高活性组分的催化性能。例如 SO_2 催化氧化反应中所用的 V_2O_5-K_2O 催化剂中，K_2O 的

存在，可大大提高 V_2O_5 的催化活性。除此之外，助催化剂的加入，也可以提高活性组分对反应的催化选择性或提高活性组分的稳定性。

（3）载体。载体的功能是承载活性组分和助催化剂，使催化剂具有合适形状并有一定粒度，提供大比表面积，提高活性组分和助催化剂的分散度，增大催化活性，以节约活性组分；改善催化剂的传热、抗热冲击和抗机械冲击的性能，延长催化剂寿命，因此载体一般多为有一定机械强度、耐磨强度及热稳定性与导热性好的多孔性惰性材料，常见的催化剂载体列于表 4-2 中。

表 4-2 工业上常用载体及其比表面积和比孔容

载体	比表面积/m²·g⁻¹	比孔容/cm³·g⁻¹	载体	比表面积/m²·g⁻¹	比孔容/cm³·g⁻¹
活性炭	900~1100	0.3~2.0	硅藻土	2~80	0.5~6.1
硅胶	400~800	0.4~4.0	石棉	1~16	—
Al₂O₃-SiO₂	350~600	0.5~0.9	金刚石	0.07~0.34	0.08
Al₂O₃	100~200	0.2~0.3	碳化硅	<1	0.40
黏土、膨润土	150~280	0.3~0.5	刚铝石	0.1~1	0.03~0.45
矾土	约150	约0.25	沸石	约0.04	—
氧化镁	30~50	0.3	耐火砖	<1	—

以上是固体多组元催化剂中的三类组分，但实际情况往往更为复杂，例如，有些物质在催化剂配方中不仅起载体作用，而且本身亦有催化活性，如重整中的 Pt-Al₂O₃ 催化剂，其中的 Al₂O₃ 既为载体，又为活性组分之一；有的载体能与活性组分发生强相互作用，特别是金属催化剂；某些催化剂中助催化剂可能同时起载体的作用；有些固体催化剂可以不含载体，如脱水用的 Al₂O₃ 催化剂，以其暴露于内、外表面的部分起活性组分的作用，体相部分实际上起着载体的作用；有时一个组分有几种功能或几种组元相互作用而造成一种功能，如 SiO₂-Al₂O₃ 催化剂中，两种组元相互作用形成强酸性中心，从而促进烃的催化裂化。

4.2.3 催化剂的表征

催化剂的性能不仅受到催化剂化学成分的影响，还受到催化剂宏观结构的影响。宏观结构的表征主要包括催化剂的表面积、孔隙率、孔分布、活性组分晶粒大小及分布等。

4.2.3.1 催化剂的表面积

多相催化反应发生在固体催化剂表面上，因此一般而言，催化剂表面积越大，其上所含有的活性中心越多，催化剂表面积大小直接影响催化活性高低。为了获得较高催化活性，常将催化剂制备成高度分散的多孔性颗粒，从而提供巨大的表面积。因此表面积是催化剂性质的重要表征指标之一，不仅要求催化剂表面积大，而且要求表面积稳定性高。通过比表面的测定，可预示出催化剂的催化活性，了解催化剂失活情况，判断活性衰退的可能原因是热烧结还是中毒。

催化剂的表面可分为内表面与外表面两种。当催化剂不是多孔性物质时，其表面可看成是外表面，颗粒越细，比表面积越大。当催化剂是多孔性物质时，其表面有内、外之分，其细孔内壁为内表面，其余部分为其外表面，孔径越小、数目越多时比表面积越大，此时总表面积主要由内表面所提供，外表面可忽略不计。

评定催化剂时常常用到比表面积的概念（单位一般为 m^2/g）：（1）催化剂的比表面积，为 1g 催化剂所暴露的总表面积称为该催化剂的比表面积；（2）活性组分的比表面积，为 1g 催化剂中活性组分所暴露的表面积；（3）助催化剂或载体的比表面积，为 1g 催化剂中助催化剂或载体所暴露的表面积。

表面积测定方法很多，有气体吸附法、X 射线小角度衍射法、直接测量法等。通常采用气体吸附法，其中的 BET 法被公认为测量固体表面积的标准方法。

4.2.3.2　催化剂的孔结构

固体催化剂大多是多孔性物质，内部含有很多微孔，催化剂的催化性能和孔结构密切相关，主要表现在以下几个方面：（1）催化剂的孔不同，表面积就不同，直接影响反应速率；（2）孔结构不同，影响反应物和产物在孔中的扩散情况，催化剂表面利用率受到影响，影响反应速率；（3）孔结构不同，影响到一系列的动力学参数以及选择性；（4）孔结构不同，影响催化剂的选择性、寿命、机械强度、耐热性能等。因此，研究催化剂的孔结构对改善催化剂的性能、提高产率和选择性、改进催化剂应用有重要意义。

孔结构的表征方法一般可分为：氮气低温物理吸附法、X 射线小角度衍射法、气体吸附法、电子显微镜观察法、压汞法、气泡法、离心力法、透过法、核磁共振法等。

表征孔结构的基本概念如下：

（1）催化剂密度。催化剂的密度，由于催化剂为多孔性固体颗粒，颗粒间有空隙，颗粒内有孔隙，因此对催化剂的密度的界定需要和其体积界定相关联。对于多孔性固体颗粒，堆积体积 V_{pile} 可以分解为颗粒与颗粒之间的空隙体积（自由空间体积）V_{empty}、颗粒内部的微孔体积 V_{hole}、颗粒本身真实骨架的体积 $V_{skeleton}$ 三项：

$$V_{pile} = V_{empty} + V_{hole} + V_{skeleton} \tag{4-1}$$

以不同含义的体积去对应催化剂质量 $m(kg)$ 时，所得密度的概念也不同，有堆积密度、颗粒密度、骨架密度之分。

单位堆积体积的物质所具有的质量称为堆积密度（表观密度）：

$$\rho_B = \frac{m}{V_{pile}} = \frac{m}{V_{empty} + V_{hole} + V_{skeleton}} \tag{4-2}$$

单位颗粒体积的物质所具有的质量称为颗粒密度（假密度）：

$$\rho_p = \frac{m}{V_{hole} + V_{skeleton}} \tag{4-3}$$

单位骨架体积的物质所具有的质量称为骨架密度（真密度）：

$$\rho_t = \frac{m}{V_{skeleton}} \tag{4-4}$$

当用某种溶剂去充填催化剂中骨架之外的各种空间，可算出一个 $V_{skeleton}$ 值，由此得到的密度不能称为骨架密度，而称为视密度，或称溶剂置换密度，这是因为溶剂分子不能全部进入并充满骨架之外的所有空间，所以得到的 $V_{skeleton}$ 值是近似值。若选择合适的溶剂，使溶剂分子能几乎完全充满骨架之外的所有空间，视密度就相当接近于真密度，因此常用视密度代替真密度。在数量上，堆积密度约为颗粒密度的 1/2，颗粒密度约为骨架密度的 1/2。因此，可用一种已知的密度粗略估计另外两种密度。

催化剂的密度可用来检查催化剂装填是否均匀紧凑，也可以向设计工作提供有关催化剂的质量和体积关系方面的数据。

（2）孔容或孔体积。孔容或孔体积是催化剂内所有细孔体积的加和。孔容是表征催化剂孔结构的参量之一，常用比孔容表示。比孔容 V_g 为 1g 催化剂颗粒内部所具有的孔体积。由颗粒密度的倒数与骨架密度的倒数之差，可得到比孔容（比孔体积）：

$$V_g = \frac{V_{hole}}{m} = \frac{1}{\rho_p} - \frac{1}{\rho_t} \tag{4-5}$$

可用四氯化碳法测定孔容，还可采用丙酮、乙醇作为充填介质测定孔容。

（3）孔隙率。催化剂孔隙率（θ）是催化剂孔隙体积与整个颗粒体积之比：

$$\theta = \frac{V_{hole}}{V_{hole} + V_{skeleton}} \tag{4-6}$$

孔隙率大小决定着孔径和比表面大小，一般情况下，催化剂活性随孔隙率增大而升高，但机械强度随之而下降，较理想的孔隙率应在 0.4~0.6 之间。

（4）孔径分布与平均孔径。孔径的均匀分布会有效改善催化剂的活性和选择性。其原因是由反应物与产物在微孔中的扩散，即内扩散的速率所导致的。比如对于孔隙一致的分子筛，由于孔径分布均匀，内扩散速率相同，因此内扩散对速率的影响是一致的。但是绝大多数固体催化剂孔径范围分布非常广，孔径分布一般表示为孔体积对孔半径的平均变化率与孔半径的关系，也可表示成孔分布函数与孔半径的关系。通常采用气体吸附法测定中等孔范围的孔分布，汞孔度计法测定大孔范围的孔分布。对于孔径分布曲线是平滑曲线的催化剂，其孔径可用平均孔径 r 来代表，此为统计参量，可通过实验测定比孔体积 V_g 和比表面积 S_g 得到：

$$r = 2V_g/S_g \tag{4-7}$$

（5）催化剂颗粒尺寸。催化剂颗粒大小是十分重要的催化剂宏观性质之一。实际应用中，催化剂颗粒大小直接影响反应物及产物的扩散，在一定程度上控制着反应速率和反应途径。此外，催化剂颗粒大小也是考察工业催化剂机械强度的指标之一，即经过某种机械磨损后催化剂颗粒大小变化越大，其机械强度越低。

催化剂颗粒大小一般是指其成型（片、圆球、圆柱、微球等）后的外形尺寸。在材料科学中讨论颗粒，通常是指从原子尺寸（10^{-10} m）到宏观尺寸（10^{-3} m）范围的任何小的固体颗粒。然而，就催化剂而言，常常涉及的范围是 $10^{-9} \sim 10^{-5}$ m：像分子筛、炭粒、Raney 金属这些较大（$>10^{-6}$ m）的颗粒（grains）；所谓金属团聚体（aggregate）或金属、氧化物簇（cluster）这些较小（<2nm）的颗粒；单晶晶粒及由一个或多个晶粒构成的颗粒。

常用的颗粒尺寸测试的方法有：筛分法、光学显微镜法、扫描电子显微镜法、透射电子显微镜法、重力沉降法、电阻法、光透法等。

4.2.4 催化剂的性能

固体催化剂的性能，主要是活性、选择性和稳定性，被称为三大指标，是衡量催化剂质量的最直观、最有现实意义的参量。活性和选择性是催化剂在动力学范围内变化最灵敏的指标，因而它们是选择和控制反应参数的基本依据。一种良好的催化剂，须具备高活性、高选择性和高稳定性，才有工业使用价值。催化剂的生产和研制单位，一般都要进行这些性能测试，才能对催化剂性能做出正确评价。固体催化剂的活性、选择性和稳定性主要取决于它的化学组成与其物理结构，也与使用条件有密切关系，而催化剂的物理结构又与制备方法有关。

4.2.4.1　催化剂的活性

催化剂的活性，又叫催化活性，是催化剂加快化学反应速率的一种量度。换句话说，催化剂活性是指有催化剂存在时的反应速率与无催化剂存在时反应速率之差。相比之下，无催化剂存在时，反应速率极小，可忽略不计，所以催化活性实际上相当于有催化剂存在时的化学反应速率。

催化剂的活性在不同的使用场合，有不同的表示方法：

（1）时空产率。时空产率也称为催化剂的生产率，指在一定反应条件下，单位体积（或单位质量）的催化剂，单位时间内所得产品的量。

$$A = \frac{W}{\tau W_R} \tag{4-8}$$

式中　A——催化剂的活性，kg 产品/（h·kg 催化剂）；

$\quad\quad$ W——产品产量，kg；

$\quad\quad$ W_R——催化剂质量，kg；

$\quad\quad$ τ——反应时间，h。

时空产率在生产和设计中应用比较方便，常作为工业参考，可直接用催化剂体积乘以时空产率，得出装置的单位时间产量，也可由时空产率求出完成一定生产任务所需催化剂的量。

（2）比活性。实验室中用比活性评价不同催化剂的活性，其定义是：

$$A_S = A/S_m \tag{4-9}$$

式中　A_S——催化剂的比活性，kg/（h·m^2）；

$\quad\quad$ S_m——催化剂的比表面，m^2/kg。

催化剂的比活性取决于催化剂的化学组成，包括杂质的含量和分布。因此比活性是寻找催化剂的活性组分及其化学配比的重要依据。

（3）转化率。为了方便，常以某种主要反应物（以 A 表示）在给定反应条件下的转化百分率（简称转化率）直接表示催化剂的催化活性：

$$X_A = \frac{已转化的 A 的量}{加入的 A 的量} \times 100\% \tag{4-10}$$

用转化率表示活性，虽然意义上不够确切，但因计算简单方便，工业上常被使用。

（4）收率（单程收率）。收率是指在一定的反应条件下，某一反应物总量中变为某种产品的百分率：

$$Y_A = \frac{A 转化为某产品的量}{加入的 A 的量} \times 100\% \tag{4-11}$$

4.2.4.2　催化剂的选择性

若某反应物能同时发生几个不同的反应时，催化剂的选择性体现在某一种催化剂只能加速其中某一特定反应，而不能加速所有的反应。催化剂的选择性，在工业上具有特别重要的意义，可选择性得到所需产品。例如用 CO 和 H_2 反应，就可利用不同的催化剂在不同条件下得到各种不同的产品：

$$CO + H_2 \begin{cases} \xrightarrow[\text{常压,523K}]{\text{Ni}} CH_4 \\ \xrightarrow[(1.47 \sim 2.98) \times 10^4 kPa,573 \sim 673K]{\text{Cu 或 ZnO} + Cr_2O_3} CH_3OH \\ \xrightarrow[(0.98 \sim 2.94) \times 10^3 kPa,433 \sim 603K]{\text{Fe,Co,Ni/ 硅藻土}} 合成汽油 \\ \xrightarrow[(2.94 \sim 3.92) \times 10^4 kPa,673 \sim 723K]{\text{Cu 催化剂中加碱}} 高级醇 \\ \xrightarrow[(0.98 \sim 1.47) \times 10^4 kPa,973K]{\text{Ru}} 高级固态烷烃 \end{cases}$$

催化剂选择性的量度，通常用在一定条件下某种反应物的转化总量中转化为某种目的产品所用反应物的量占转化总量的百分比来表示：

$$S_p = \frac{\text{A 转化为某一目的产物的用量}}{\text{A 转化的总量}} \times 100\% \tag{4-12}$$

催化剂的选择性与活性是有关联但又相互独立的，它们分别来量度催化剂加速化学反应的两种不同效果，活性表示催化剂对提高产品产量的作用，而选择性表示了对提高原料利用率的作用。

4.2.4.3　催化剂的稳定性

催化剂在化学反应中保持活性的能力称为催化剂的稳定性。稳定性包括三个基本方面，即热稳定性、机械稳定性和抗毒稳定性。此外，还有对结焦、积炭的抗衰变稳定性和对反应气氛的化学稳定性。催化剂稳定性决定了催化剂在工业装置中的使用期限。

催化剂的稳定性通常用催化剂的寿命来表示，催化剂的单程寿命指催化剂在使用条件下维持一定活性水平的时间，催化剂总寿命指催化剂每次活性下降后经再生又恢复到许可活性水平的累计时间。影响催化剂寿命的因素很多，也很复杂，概括起来可归结为两个方面：

（1）催化剂的老化。催化剂的老化主要是由于热稳定性与机械稳定性决定的。

大多数催化剂都有极限使用温度，超过一定的温度便会降低甚至完全失去活性，影响催化剂寿命，这是由于高温容易使催化剂活性组分微晶烧结长大，导致催化剂半融或烧结，导致活性降低；另外，内部杂质向表面的迁移，冷热应力交替所造成的机械性粉末被气流带走，也会加速催化剂老化。诸多因素中，最主要的影响因素是温度，工作温度越高，老化速度越快。因此，在催化剂活性温度范围内选择合适的反应温度将有助于延长催化剂的寿命。但是，过低的反应温度也是不可取的，会降低反应速率。衡量催化剂耐热稳定性，是从使用温度开始逐渐升温，看催化剂能够忍受多高温度和多长时间而维持活性不变。耐热温度越高，时间越长，热稳定性越强。

机械稳定性高的催化剂能够经受住颗粒与颗粒之间、颗粒与流体之间、颗粒与器壁之间的摩擦、催化剂的运输、装填期间的冲击、反应器中催化剂本身的重量负荷，以及活化或还原过程中突然发生温变或相变所产生的应力，而不明显粉化或破碎。尤其是流化床和移动床反应器所采用的催化剂，对耐磨性能的要求更高。即使是固定床用的催化剂颗粒，也要尽量避免破裂或粉化，使气体流动性不良，床层压降升高，而发生被迫停车的现象。

（2）催化剂中毒。催化剂使用过程中，由于体系中可能存在杂质，可使催化剂活性和选择性减小或者消失，此现象为催化剂中毒。这些能使催化剂中毒的物质被叫做催化剂毒物。按毒物与催化剂表面作用的程度可分为暂时性中毒和永久性中毒。催化剂因活性中心吸附了毒物，活性有所下降，但经再生处理或改用纯净原料气，能使活性基本恢复或完全恢复。这种中毒现象称为暂时性中毒或可逆中毒。催化剂表面所吸附的毒物可用解吸的办法驱逐，使催化剂恢复活性，然而这种可再生性一般也不能使催化剂恢复到中毒前的水平。催化剂遇到毒物后就在活性中心位置形成了稳定的化合物，或者降低了烧结温度，逐渐地永远地丧失部分或全部活性。这种现象称为永久性中毒或不可逆中毒。这时，毒物与催化剂活性中心生成了结合力很强的物质，不能用一般方法将它去除或者根本无法去除。暂时性中毒与永久性中毒两者之间并无明显的界限，暂时性中毒的长期积累可能变成永久性中毒，永久性中毒之中也可能伴有暂时性中毒。

毒物通常是反应原料中带来的杂质，或者是催化剂本身的某些杂质，另外，反应产物或副产物本身也可能对催化剂毒化，一般所指的是硫化物如 H_2S、COS、RSH 等及含氧化合物如 H_2O、CO_2、O_2 以及含 P、As、卤素化合物、重金属化合物等。毒物不单单是对催化剂来说的，而且还针对这个催化剂所催化的反应，也就是说，对某一催化剂，只有联系到它所催化的反应时，才能清楚什么物质是毒物。即使同一种催化剂，一种物质可能毒化某一反应而不影响另一反应。

除上述催化剂三大性能之外，催化剂还有其他工业性能，如形状特性、堆积密度和可再生性等，这些也是选择催化剂和反应器设计的重要依据。比如催化剂的形状对催化床温度分布与控制和反应器的结构及阻力有较大影响。图 4-1 为不同形状的颗粒催化剂和催化剂模屉。

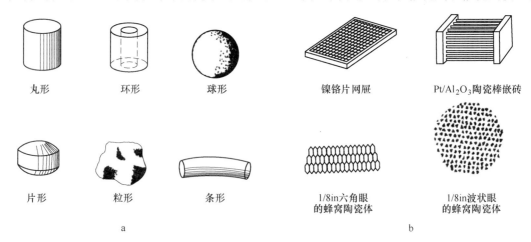

丸形　　　　环形　　　　球形　　　　镍铬片网屉　　　Pt/Al$_2$O$_3$陶瓷棒嵌砖

片形　　　　粒形　　　　条形　　　1/8in六角眼　　　　1/8in波状眼
　　　　　　　　　　　　　　　　的蜂窝陶瓷体　　　　的蜂窝陶瓷体

a　　　　　　　　　　　　　　　　　　　　　　　b

图 4-1　不同形状的颗粒催化剂和催化剂模屉

（1in=0.0254m）

a—颗粒催化剂；b—催化剂模屉

4.2.5　催化剂的制备

催化剂的制备是催化剂研究开发的一个重要方面，相同组成的催化剂如果制备方法不一样，其性能可能会有很大差别。即使是同一种制备方法，加料顺序改变也可能导致催化剂性能的差异。因此，催化剂制备方法的研究颇有意义。催化剂的制备一般经过三个步骤：

（1）选择原料及原料溶液的配制，选择原料必须要考虑到原料纯度及催化剂制备过程中原料互相起化学作用后的副产物的分离或去除的难易。

（2）通过诸如共沉淀、浸渍、离子交换、化学交联中的一种或几种方法，将原料转变为颗粒尺寸、孔结构、相结构、化学组成合乎要求的基体材料。

（3）通过物理方法及化学方法把基体材料中的杂质去除，并转变为宏观结构、微观结构以及表面化学状态都符合要求的成品。

这些步骤涉及化学过程、流体动力学过程、热过程等。几种常用的催化剂制备方法如下：

（1）浸渍法。浸渍法是操作比较简捷的一种方法，广泛用于催化剂尤其是金属催化剂的制备中。浸渍法就是把载体浸泡在含有活性组分（或包括助催化剂）的化合物溶液中，经过一段时间后除去剩余的液体，再经干燥、焙烧和活化后，即得到催化剂。其基本原理是因为固体孔隙与液体接触时由于表面张力的作用而产生毛细管压力，使液体渗透到毛细管内部，活性组分在载体表面进行吸附等。为了增加浸渍量和浸渍深度，有时可预先抽空载体内的空气，这就是真空浸渍法。提高浸渍液温度和增加搅拌也可达到相近的效果。浸渍法主要分为：过量溶液浸渍法、等体积浸渍法、多次浸渍法、蒸气浸渍法、浸渍沉淀法等。影响浸渍效果的因素主要有：浸渍时间、浸渍液浓度等。

浸渍法制备催化剂有很多优点：1）浸渍的各组分主要分布在载体表面，用量少利用率高，从而降低了成本，这对贵金属催化剂尤为重要；2）市场上有各种载体供应，可以用已成型的载体，省去催化剂成型的步骤；3）载体种类很多，且物理结构比较清楚，可以根据需要选择合适的载体。

（2）沉淀法。沉淀法是广泛应用的一种催化剂制备方法，其基本原理是：在含有金属盐类的溶液中加入沉淀剂，通过复分解反应，生成难溶的盐或金属水合氧化物或凝胶，从溶液中沉淀出来，再经过滤、洗涤、干燥、焙烧等工序处理后，就得到催化剂或催化剂载体。要得到对某反应具有特殊性能的沉淀物质，则需要精心确定和严格控制各种因素。沉淀法可分为：单组分沉淀法、共沉淀法、均匀沉淀法、超均匀共沉淀法、浸渍沉淀法等。沉淀法的影响因素主要包括：溶液浓度、温度、pH 值、加料方式、搅拌强度等。

目前工业上所用的催化剂绝大多数是金属氧化物或非金属氧化物或金属（由金属氧化物还原制得）。常以硝酸盐或有机酸盐溶液与沉淀剂反应生成沉淀，经过一系列后续处理制得催化剂。之所以选硝酸盐，是因为绝大多数硝酸盐都溶于水，且容易得到。常用的沉淀剂有氨水、碳酸铵、醋酸铵、草酸铵等，因为它们在沉淀后的洗涤和热处理中容易除去且不留残余。如果催化剂中引入少量 Na^+、K^+ 等金属离子不会影响催化剂的性能时，可选用 NaOH、KOH、Na_2CO_3、草酸钠等。Na_2CO_3 价廉易得，且形成的沉淀通常为晶体，便于洗涤。

（3）溶胶-凝胶法。溶胶-凝胶技术是 20 世纪 70 年代发展出来的技术，因反应条件温和、产品纯度高、结构介观尺度可以控制和操作简单等优点，引起众多研究者的兴趣。与传统催化剂制备方法比较，溶胶-凝胶法具有以下优点：能够得到高均一性和高比表面积的材料；材料的孔径分布均一可控；金属组分高度分散在载体上，使催化剂具有很高的反应活性；能够较容易地控制材料的组成；能够得到足够的机械强度和较高抗失活能力的材料；能够提高催化稳定性，且催化剂不易泄漏；能够提高反应速率和选择性。但该法工艺流程长，成本高。溶胶-凝胶法的主要步骤为：溶胶的制备、溶胶-凝胶的转化、凝胶的干燥和后处理。目前在环境保护领域，溶胶-凝胶法可用于制备光催化剂、纳米环境友好催化剂和汽车尾气处理催化剂等。

催化剂的制备，是催化工艺研究的一个重要课题和研究热点。除以上方法之外，还有一些方法包括微乳化法、水热合成法、离子交换法、等离子体法、微波法、超声法等也可用于制备催化剂。

4.3 催化作用

4.3.1 催化作用特征

催化作用指的是催化剂在化学反应中有选择地加速化学反应的作用，具有如下特征：

（1）催化剂能够改变化学反应速率。各类化学反应速率之间差异很大，快的反应在 10^{-12} s 内便完成，例如 HCl 和 NaOH 这类酸碱中和反应，就是"一触即发"的快速反应。而慢的反应，则要经历上万年或亿年的时间才能察觉到，例如将 H_2 和 O_2 的混合气在 9℃ 时生成 0.15% 的水要长达 1060 亿年的时间；如果在这种混合气体中加入少量铂黑催化剂，反应即以爆炸的方式进行，瞬间完成。某些酶催化剂比普通的催化剂具有更高的效率，例如乙烯水合反应，富马酸酶的催化效率为一般酸碱催化剂的 2000 亿倍。

显然，催化剂的主要作用是改变化学反应速率，其原因是催化剂的加入能够改变反应历程，使反应沿着需要活化能更低的路径进行。以 N_2 和 H_2 合成氨的反应为例，不加催化剂时，反应速率极慢，因为要断开氮分子和氢分子中的键形成活泼的物种需要很大的能量，活化能为 238.6kJ/mol，这些裂解生成的物种聚在一起的概率很小，在通常条件下，自发生成氨的概率是极其微小的。若在体系中加入催化剂，则催化剂可通过化学吸附帮助氮分子和氢分子的离解，并通过系列表面反应，使它们容易结合。在这一系列反应中，决定反应速率的步骤是 N_2 的吸附，它需要的活化能只有 50.2kJ/mol，根据 Arrhenius 方程，活化能 E 的降低能够提高反应速率常数 k 值，加快反应速率。

$$k = Ae^{-\frac{E}{RT}} \tag{4-13}$$

式中　k——反应速率常数，min^{-1}；

　　　　A——指前因子，min^{-1}；

　　　　E——活化能，J/mol；

　　　　T——温度，K；

　　　　R——摩尔气体常数，8.315J/(mol·K)。

在 500℃ 时，与没有催化剂时相比，上述合成氨反应加入催化剂后反应速率增大 3000倍。可见，在催化剂的作用下，反应沿着更容易进行的途径发生。新的反应途径通常由一系列基元反应构成。对于简单反应，可以用 A⇌B 表示。没有催化剂反应活化能为 E，当有催化剂时，反应历程变为：A+K⇌AK 和 AK⇌B+K 两步。第一步催化反应的活化能为

E_1（分子 A 在催化剂表面上化学吸附的活化能），第二步的活化能为 E_2（表面吸附物种 AK 转变成产物 B 和催化剂 K 的活化能）。E_1 和 E_2 都小于 E，且 $E_1 + E_2$ 通常也小于 E，见图 4-2。碰撞理论或过渡状态理论分析表明，催化反应的活化能都比非催化同一反应的要低。表 4-3 列举了一些催化反应和非催化反应的活化能。根据 Arrhenius 方程催化剂的作用或是在给定温度下提高速率，或是降低达到给定速率所需的温度。

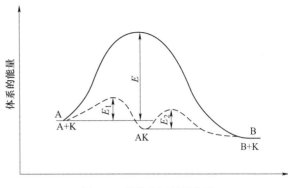

图 4-2 催化作用的活化能
（——表示非催化反应；－－－－表示催化反应）

表 4-3 非催化和催化反应的活化能

反 应	催化剂	E（非催化）/kJ·mol^{-1}	E（催化）/kJ·mol^{-1}
$2HI \rightarrow H_2 + I_2$	—	184	—
	Au	—	105
	Pt	—	59
$2N_2O \rightarrow 2N_2 + O_2$	—	245	—
	Au	—	121
	Pt	—	134
$(C_2H_5)_2O$ 的热解	—	224	—
	I_2 蒸气	—	144

（2）催化剂不改变化学平衡。根据热力学理论，化学反应的自由焓变化 ΔG 与平衡常数 K_a 间存在下列关系：

$$\Delta G = -RT\ln K_a \tag{4-14}$$

既然催化剂在反应始态和终态相同，则催化反应与非催化反应的自由焓变化值应相同，所以 K_a 值相同，即催化剂不能改变化学平衡。例如，N_2 和 H_2（$H_2 : N_2 = 3 : 1$）在 400℃、30.39MPa 下，热力学计算表明它们能够发生反应生成 NH_3，且 NH_3 的最终平衡浓度（体积分数）为 35.87%，这是理论上在该反应条件下，NH_3 浓度所能达到的最高值，为了尽可能实现这个理论产率，可以设法采用高性能催化剂使反应加速，但实验结果表明，任何优良的催化剂都只能缩短达到平衡的时间，而绝不能改变平衡位置。由此可以得出：催化剂只能在化学热力学允许的条件下，在动力学上对反应施加影响，提高其达到平衡状态的速度。这个结论的重要性在于指出，不要为那些在热力学上不可能实现的反应白白浪费人力、物力去寻找高效催化剂；应根据热力学计算，在一定条件下某一工业过程离平衡还有多大的潜力；如何选择更有利的反应条件去寻找适宜的催化剂。

根据 $K_a = K_正 / K_逆$，既然催化剂不能改变平衡常数 K_a 的数值，故其必然以相同的比例加速正、逆反应的速率常数。因此，对正方向反应有效的催化剂，对逆方向反应同样有效。催化剂对平衡体系的影响是指对一平衡体系或接近平衡的体系，催化剂以同样倍数提高正、逆方向反应速率常数。在离平衡很远时，催化剂对正、逆方向反应速率的影响当然是不同的。

利用上述原则有时可以帮助人们减少研究的困难和工作量。例如，实验室评价合成氨的催化剂，须用高压设备，但如研究它的逆反应——氨的分解，则可在常压进行。因此，至今仍不断有关于氨的分解的研究报道，其目的在于改进它的逆过程氨的合成。

（3）催化剂对反应具有选择性。催化剂的选择性是催化剂的一个重要属性，如前所提到的 CO 和 H_2 反应，不同催化剂可催化强化不同方向的反应得到不同的产物。利用催化剂的选择性，可以促进有利反应，抑制不利反应，在工业上具有特别重要的意义，使人们能够采用较少的原料合成各种各样所需要的产品。尤其是对反应平衡常数较小、热力学上不很有利的反应，需要选择合适的催化剂，才能获得所需产物。

（4）催化剂在反应中不消耗。催化剂参与反应，但经历几个反应组成的一个循环过程后，催化剂又恢复到始态，而反应物则变成产物，此循环过程称为催化循环。因为催化剂在反应过程中并不消耗，很少的量就能使大量物质变化。例如，在 108L 溶液中只要有 1mol 的胶态铂，就能催化过氧化氢的分解反应。催化剂参加反应，但不影响总的化学计量方程式，它的用量和反应产物的量之间也没有化学计量关系。

催化剂是参加反应的，有些物质虽然能加速反应，但本身不参加反应，就不能视之为催化剂。例如，离子之间的反应常常因加入盐而加速，因为盐改变了介质的离子强度，但盐本身并未参加反应，故不能视之为催化剂。同样，当溶液中的反应因改变溶剂而加速时（例如，水把两种固体溶解，使它们之间容易发生反应），这种溶剂效应也不能说成是催化作用。

能够加速反应的物质并不一定都是催化剂。引发剂引发链反应，例如苯乙烯聚合中所用的引发剂叔丁基过氧化物，它在聚合过程中完全消耗了，所以不能称作催化剂。

（5）催化剂具有一定寿命。催化剂在完成催化反应后，能够恢复到原来的状态，从而不断循环使用。原则上催化剂不因参与反应而导致改变，但实际上，参与反应后催化剂的组成、结构和纹理组织是会发生变化的。例如，金属催化剂使用后表面常常变粗糙了，晶格结构也变化了；氧化物催化剂使用后氧和金属的原子比常常发生变化；在长期受热和化学作用的使用条件下，催化剂会经受一些不可逆的物理变化和化学变化，如晶相变化、晶粒分散度变化、易挥发组分流失、易熔物熔融等这些都会导致催化剂活性下降，造成在实际反应过程中，催化剂有一定的寿命，不能无限期使用。通常，催化剂从开始使用至它的活性下降到在生产中不能再用的程度称为催化剂的寿命。工业催化剂都有一定的使用寿命，这由催化剂的性质、使用条件、技术经济指标等决定。例如，合成氨 Fe 催化剂的寿命为 5~10 年，合成甲醇 Cu 基催化剂为 2~8 年。

4.3.2 催化体系分类

催化剂和催化反应多种多样，催化过程又很复杂，为了便于研究，需要对其分类。目前常用的有以下几种分类：

（1）按催化反应体系物相的均一性分类。根据催化剂与反应物所处状态不同，催化反应分为均相催化反应和多相催化反应两大类型。

反应物和催化剂均处于同一个物相中，就称为均相催化（homogeneous catalysis），如

SO_2 在 NO_2 催化下的氧化反应。近年来，均相催化多指溶液中有机金属化合物催化剂的配位催化作用，这种催化剂是可溶性的，活性中心是有机金属分子，通过金属原子周围的配位体与反应物分子的交换、反应物分子的重排和与自由配位体分子的反交换，使得至少有一种反应分子进入配位状态而被活化，从而促进反应的进行。

反应物与催化剂处于不同的物相中，比如催化剂呈固体，反应物为液体或气体，催化剂和反应物间有相界面，称为多相催化（heterogeneous catalysis）。化学工业中使用最多的就是多相催化，而其中最常见的是固体催化剂体系。例如，分子筛催化剂作用下的重油催化裂化反应。催化转化法净化气态污染物即属多相催化作用。

酶催化（enzyme catalysis）兼有均相催化和多相催化的一些特性。酶是胶体大小的蛋白质分子，这种催化剂小到足以与所有反应物分子一起分散在一个相中，但又大到足以论及其表面上的许多活泼部位。所以酶催化是介于均相催化和多相催化之间的。例如，淀粉酶使淀粉水解成糊精。在生物体内发生的复杂生化过程是由酶催化剂完成的，酶催化的最大特点是惊人的效率和专一的选择性。例如，过氧化氢酶分解 H_2O_2 比任何一种无机催化剂都快 10^9 倍。因此，开发酶催化的工业应用很有意义。催化反应按物相均一性分类结果见表4-4。

表 4-4　催化反应的分类

反　应	催化剂	反应物	示　　例
均相催化反应	气相	气相	用 NO_2 催化 SO_2 氧化
	液相	液相	酸和碱催化葡萄糖的变旋光作用
	固相	固相	MnO_2 催化 $KClO_3$ 分解
多相催化反应	液相	气相	用 H_3PO_4 进行烯烃聚合
	固相	液相	Au 使 H_2O_2 分解
	固相	气相	用 Fe 催化合成 NH_3
	固相	液相+气相	Pd 催化硝基苯加氢成苯胺
酶催化	酶	基质	H_2O_2 分解酶催化 H_2O_2 分解

按照催化反应体系物相的均一性来分类，对研究催化反应体系中宏观动力学因素的影响以及工业生产中工艺流程的组织方法有指导意义。在均相催化中，反应物与催化剂是分子-分子或分子-离子间接触，一般情况下，传质过程在动力学上不占重要地位。但在多相催化中，涉及反应物从气相（或液相）向固体催化剂表面的传质过程，通常要考虑传质过程阻力对动力学的影响，因此在催化剂结构和反应器设计中就具有与均相催化体系不同的特点。从科学研究的角度来看，均相和多相催化体系各有特点。均相配位催化反应机理涉及的是容易鉴别的物种，借助于金属有机化学技术在实验室容易研究这类反应。多相催化有单独的催化剂物相，界面现象尤为重要，扩散、吸附对反应速率都有决定性的作用，这些步骤难以与表面化学区分开，这使得机理复杂化。因此多相体系在实验室研究困难较多，虽然反应物的消失和产物的出现容易跟踪，但一些重要的特征，诸如吸附的速率和动

力学、活性表面的结构、反应中间物的本质，要求用不断更新的表征手段对之进行分析测试。在多相催化的每一个重要的应用中，对其确切的化学细节有许多的争论。例如合成氨工业化已有 80 年的历史，但关于其催化剂表面的本质仍有争议。由于多相催化剂便于生产，容易与反应物和产物分离，易控制管理，产品质量高，所以大多数工业催化过程采用这个方法。从化工生产的角度来看，均相和多相催化体系具有不同的应用程度。均相催化过程实现工业化有较多的困难，由于液相反应对温度和压力有限制，反应设备复杂；而催化剂和反应物或产物难分离，造成催化剂回收困难；另外，从液体或气体催化剂出发去设计催化过程和催化剂，往往非常复杂和困难。目前，工业上应用最广泛并取得巨大经济效益的是反应物为气相或液相、催化剂为固相的气（液）固多相催化过程。这是因为，固体催化剂容易与产物分离，使用寿命长，便于连续生产，可实现自动控制，操作安全性高；而且从气固多相催化体系来设计催化剂则要容易得多。

（2）按催化作用机理分类。按催化反应中催化剂的作用机理可将催化体系分为氧化还原催化反应、酸碱催化反应和配位催化反应。氧化还原催化反应是指，催化剂使反应物分子中的键均裂出现不成对电子，并在催化剂的电子参与下与催化剂形成均裂键。这类反应的重要步骤是催化剂和反应物之间的单电子交换。例如，加氢反应中，H_2 在金属催化剂表面均裂为化学吸附的活泼的氢原子。对这类反应具有催化活性的固体有接受和给出电子的能力，包括过渡金属及其化合物，在这类化合物中阳离子能容易地改变它的价态；还包括非化学计量的过渡金属化合物，如氧化物和硫化物。以氧化还原机理进行的催化反应包括加氢、脱氢、氧化、脱硫等。

酸碱催化反应是指，通过催化剂和反应物的自由电子对或在反应过程中由反应物分子的键非均裂形成的自由电子对，使反应物与催化剂形成非均裂键。例如，催化异构化反应中，反应物烯烃与催化剂的酸性中心作用，生成活泼的正碳离子中间化合物。这类反应属于离子型机理，可从广义的酸、碱概念来理解催化剂的作用，它的催化剂有主族元素的简单氧化物或它们的复合物以及有酸-碱性质的盐。这类催化反应包括水合、脱水、裂化、烷基化、异构化、歧化、聚合等。

配位催化反应是指，催化剂与反应物分子发生配位作用而使后者活化。所用的催化剂是有机过渡金属化合物。这类催化反应有烯烃氧化、烯烃氢甲酰化、烯烃聚合、烯烃加成、甲醇羰基化、烷烃氧化、芳烃氧化、酯交换等。

有的催化过程包含了两种或两种以上具有不同反应机理的反应，它所用的催化剂也有不同类型的活性位，称为双功能（或多功能）催化剂。

（3）按催化反应类别分类。这种分类方法是根据化学反应的类别，将催化反应分为加氢、脱氢、氧化、羰基化、水合、聚合、卤化、裂解、烷基化和异构化等反应。由于同类型反应常存在着某些共性，这就有可能用已知的催化剂来催化同类型的其他反应。例如，V_2O_5 既可作为邻二甲苯氧化为邻苯甲酸酐的催化剂，也可作为苯氧化为顺丁烯二酸酐的催化剂；Ni 不但是烯烃和不饱和脂肪酸加氢的催化剂，也是苯加氢的催化剂。然而这种分类方法未能涉及催化作用的本质，所以不能用它来准确预见催化剂。例如，深度氧化和选择性氧化的催化剂就完全不同；选择性氧化中，双键氧化与烯丙基上 $\alpha\text{-H}$ 的氧化所需的催化剂又不相同。

上述几种从不同角度提出来的分类方法，反映了催化科学的一定发展水平，随着催化科学的进展，催化剂的分类也会进一步发展和完善。

4.4 气-固相催化反应过程及动力学方程

在气体污染物的催化转化工艺中，常采用固体催化剂，因此，催化转化法净化废气技术实质上就是在固体催化剂表面上进行气固相催化反应，而使反应物转化为另一种物质，因此考察气-固多相催化反应过程和动力学具有重要意义。研究气-固相催化反应动力学，可为工业催化过程确定最佳生产条件，为反应器的设计打基础，为认识催化反应机理及催化剂的特性提供依据。

4.4.1 气固相催化反应过程

气固相催化反应的过程是一个气相在固相内外表面传递的复杂过程，在传递过程中还须完成指定的化学反应，这个过程可以看成是吸附过程和脱附过程的组合，只不过它是连续完成的，中间还经历了化学反应过程。

气固相催化反应（设反应 A→B）的过程可用图 4-3 来表示。

反应过程分为七个步骤：（1）反应组分 A 从气流主体扩散到颗粒外表面，称为外扩散过程；（2）组分 A 从颗粒外表面，通过微孔扩散到颗粒内表面，称为内扩散过程；（3）组分 A 在内表面上被吸附形成表面物种，为吸附过程，通常为化学吸附；（4）表面物种反应形成吸附态产物，发生表面反应；（5）生成物 B 从内表面上脱附；（6）生成物 B 从颗粒内表面通过微孔扩散到颗粒外表面；（7）反应生成物 B 从颗粒外表面扩散到气相主体。

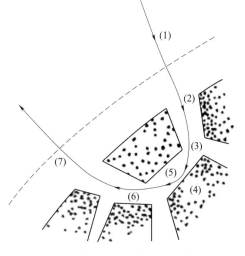

图 4-3 气-固相反应过程示意图

上述七个步骤可归纳为三个过程：

（1）（7）为外扩散过程，主要与床层中流体流动状态有关，流体流速越快，此过程进行的速度越快。（2）（6）为内扩散过程，它主要受孔隙大小和孔径长度的影响。（3）~（5）为表面化学反应过程，它与反应组分、催化剂性能、温度、压力等因素有关。

整个气固相催化反应过程是这三个物理化学过程的组合，这三个过程又可以分为两类过程来考虑，即外扩散与内扩散是传质过程，表面化学反应过程为动力学过程。由于催化反应包括多个步骤，因而反应动力学就比较复杂。

4.4.2 气固相催化浓度分布

在催化反应过程中，反应组分在不同过程中的浓度分布是不同的，图 4-4 中描绘了球形颗粒催化剂进行不可逆反应（A→B）的情况，分别以 C_{AG}、C_{AS}、C_{AC} 表示反应物 A 组分在气流主体、颗粒外表面、颗粒中心处的浓度，C_A^* 为颗粒温度下化学反应的平衡浓度。

反应组分 A 从气相主体扩散到颗粒外表面是单纯的物理过程，反应组分 A 通过球形颗粒外表面周围存在的这一层滞流边界层，其浓度由 C_{AG} 递减到颗粒外表面上的浓度 C_{AS}。扩散过程中无化学变化，故其浓度梯度（$C_{AG}-C_{AS}$）可近似地看成是常量，因此在此浓度-径向距离图上，边界层中反应物 A 的浓度分布是一条直线。反应组分 A 由催化剂外表面向内部扩散时，同时就在内表面上进行催化反应，消耗掉反应物。浓度梯度并非常量，图中的浓度分布是一条曲线，距离外表面越近，反应物的浓度越大，越深入催化剂颗粒内部，反应物消耗的量越多，反应物浓度越低。因此，催化剂内部反应物的浓度梯度并不是常量，图中反应物 A 的浓度分布是曲线分布，催化剂的活性越大，即单位时间、单位内表面上所反应的组分量越多，向内部扩散的反应物的浓度就降得越低。

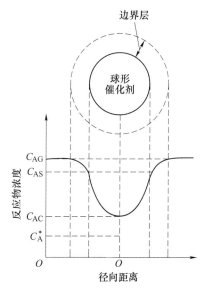

图 4-4 球形催化剂中反应物 A 的浓度分布

生成物 B 由催化剂颗粒中心向外表面扩散，其浓度分布则与反应物相反。

4.4.3 反应过程的控制步骤

气固相催化反应过程是一个连续过程，过程的总阻力由三部分阻力所组成，但往往三者并非同等程度，其中某一阻力可能较其他阻力大得多，成为总阻力的主要方面，该阻力对全过程的反应速率（即总反应速率）有决定性的影响，一般称具有这种阻力的过程为控制步骤。按控制过程的不同，可将反应过程分为：外扩散控制、内扩散控制、化学动力学控制。

三种控制过程中反应组分 A 的浓度分布如图 4-5 所示。可以看出，不同控制步骤反应物 A 的浓度分布有着不同的特点，因而可根据反应组分 A 的 C_{AG}、C_{AS}、C_{AC} 和 C_A^* 四者的相对大小，分析不同的控制过程的特点。

（1）外扩散控制。总反应速率主要取决于外扩散过程的速率。此时外扩散过程阻力最大，要克服阻力，所需推动力很大，因此反应物 A 从气相主体扩散到催化剂外表面时，浓度降低很大，而内扩散过程和表面反应过程由于阻力很小，所需推动力也很小，反应物 A 经历这两个过程后，浓度基本不变，而且接近平衡浓度。浓度分布情况为：$C_{AG} \gg C_{AS} \approx C_{AC} \approx C_A^*$。

（2）内扩散控制。总反应速率主要取决于内扩散过程的速率。此时内扩散过程阻力最大，反应物 A 经历这个过程后浓度下降很快。而外扩散和表面反应过程阻力很小，反应物 A 很容易从气相主体扩散到催化剂表面上，因而浓度变化很小。表面反应过程很容易进

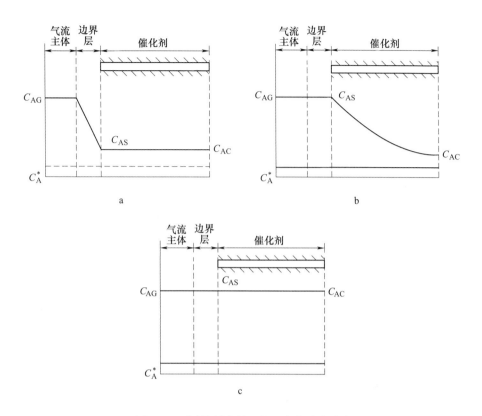

图 4-5 不同控制步骤下的反应物浓度分布

a—外扩散控制；b—内扩散控制；c—化学动力学控制

行，那么在催化剂中心处的浓度接近平衡浓度。浓度分布情况为：$C_{AG} \approx C_{AS} \gg C_{AC} \approx C_A^*$。

（3）表面反应控制或化学动力学控制：总反应速率主要取决于化学反应的速率。此时表面化学反应过程阻力最大，化学反应速率最慢，中心处的浓度与平衡浓度差距比较大；而外扩散、内扩散阻力很小，反应物 A 很容易从气相主体扩散到内表面中心处，因而浓度变化很小。浓度分布情况为：$C_{AG} \approx C_{AS} \approx C_{AC} \gg C_A^*$。

可以用实验的方法判断过程的控制步骤。因为三个过程传质速率的影响因素是不一样的。外扩散的阻力主要是来自气膜，内扩散的阻力主要是来自催化剂内孔道的长短和孔径的大小，而化学反应过程的阻力与气体浓度、化学反应速率有关。若减小气膜阻力能使反应速率显著加快，可判断为过程阻力主要来自外扩散；减小气膜阻力的方法就是加大气体的流速，使滞流膜层减薄，从而减少过程阻力，加大推动力，增大气相传质系数；当气速增大到一定速率，再增加气速，反应速率不再有明显提高时，此气速为临界气速。若采取碾细催化剂颗粒从而使孔道变短的方法能使反应速率显著增加，可判断为过程阻力主要在内扩散；当将颗粒碾细到一定直径后反应速率不再提高，此直径被称为临界直径。若提高系统温度可使反应速率显著加快，说明反应受化学过程控制；这里面也有一个临界温度的说法。以上所讲的判断过程控制步骤的方法，也是消除过程阻力提高催化反应速率的方法。

4.4.4 气固相催化反应宏观动力学方程

固定床催化反应总速率受外扩散、内扩散和表面化学反应三种因素的影响，因此，在固定床催化反应器的设计计算中，采用的反应速率方程即宏观动力学方程是包括传质速率和化学反应速率的反应速率方程。

4.4.4.1 外扩散速率方程

外扩散过程是气固相催化反应进行时的必经步骤。外扩散过程包括气体由气相主体到达气固界面的滞流层，穿过滞流层到达固体催化剂外表面的过程，这个过程是一个纯物理过程，此时外扩散速率可用下式表示：

$$r_A = K_G S_e \varphi_a (C_{AG} - C_{AS}) \tag{4-15}$$

式中　r_A——组分 A 的外扩散速率，$kmol/(s \cdot m^3)$；

　　　K_G——外扩散传质系数，m/s，对应浓度差推动力；

　　　S_e——单位床层体积催化剂的外表面积，m^2/m^3；

　　　φ_a——催化剂的形状系数，球形 $\varphi_a = 1$，片状 $\varphi_a = 0.81$，圆柱、无定形 $\varphi_a = 0.9$；

　　　C_{AG}——A 在气相主体中的浓度，$kmol/m^3$；

　　　C_{AS}——催化剂颗粒外表面 A 的浓度，$kmol/m^3$。

4.4.4.2 内扩散影响下的表面的反应速率方程

外扩散之后的过程受到两个因素影响：一是颗粒内部微孔的不规则，使反应物在微孔中扩散情况变得很复杂；二是化学反应的影响。若扩散速率小于表面反应速率，即化学反应速率很快，反应物进入微孔后，沿扩散方向反应物浓度逐渐降低，反应速率也随之下降，当反应物浓度降为零时，化学反应就不再发生，则催化剂的内表面就不能全部发挥效能，即催化剂的内表面没有完全被利用。内表面被利用的面积与整个内表面面积的比，被称为催化剂内表面利用率（也可被称为催化剂的有效系数或内扩散效率），用 η 表示，即等温情况下，催化剂床层内的实际反应速率与按照外表面的反应物浓度 C_{AS} 和催化剂内表面积 S_i 计算得到的理论反应速率之比。

内表面全部被利用时的理论反应量可按外表面上反应组分浓度 C_{AS} 及颗粒内表面全部被利用后的反应组分浓度计算，引入化学反应速率方程，可用下式表示：

$$r_A = k_A S_i f(C_{AS}) \tag{4-16}$$

式中　S_i——单位体积床层内催化剂的内表面，m^2/m^3；

　　　k_A——表面反应速率常数，单位视反应级数而定；

　　　$f(C_{AS})$——颗粒外表面反应物 A 浓度的函数。

催化剂颗粒内部的实际反应量，由于催化剂内部的反应物浓度是逐渐降低的，在等温情况下，催化剂床层内单位时间的实际反应量为：

$$r_2 = \int_0^{S_i} k_A f(C'_{AS}) \, dS_i \tag{4-17}$$

式中　$f(C'_{AS})$——颗粒内反应物 A 的实际浓度的函数。

根据式 4-16 及式 4-17，即可定义催化剂有效系数 η：

$$\eta = \frac{r_2}{r_1} = \frac{\int_0^{S_i} k_A f(C'_{AS})\, dS_i}{k_A f(C_{AS})} \tag{4-18}$$

催化剂的有效系数可由实验测定，将实际反应速率和临界直径时反应速率相比即可得到，后者通过如下方法确定：将催化剂颗粒逐渐粉碎，使其内表面暴露为外表面，在相同条件下再测定反应速率，当颗粒粉碎到足够细，测得的反应速率已经不再变化时，所测出的反应速率就是消除了内扩散影响的反应速率，即临界直径时的速率。

催化剂的有效系数也可以通过计算方法求得，如果反应为等温过程，只需要将颗粒内物料平衡方程与化学反应动力学方程联立求解，就可求得等温时催化剂有效系数，若要求取非等温时催化剂的有效系数，只要再联系上热量平衡方程即可。

催化剂的有效系数表示了内扩散对化学反应速率的影响，因此内扩散过程影响下的实际反应速率方程即可表达为：

$$r_A = \eta k_A S_i f(C_{AS}) \tag{4-19}$$

如果反应为一级，则 $f(C_{AS}) = C_{AS} - C_A^*$，即

$$\gamma_A = \eta k_A S_i (C_{AS} - C_A^*) \tag{4-20}$$

对一级不可逆反应，$C_A^* = 0$，上式可简化为：

$$\gamma_A = \eta k_A S_i C_{AS} \tag{4-21}$$

4.4.4.3　宏观动力学方程

宏观动力学方程是既包括表面化学反应速率，又包括传质速率（外扩散和内扩散）的总速率方程。稳定情况下，单位时间内催化剂内实际反应消耗的反应物量应等于从气相主体扩散到催化剂外表面上的反应物量，若以一级不可逆反应 $A \rightleftharpoons B$ 为例，即得到：

$$K_G S_e \varphi_a (C_{AG} - C_{AS}) = \eta k_A S_i C_{AS} \tag{4-22}$$

解得 C_{AS}：

$$C_{AS} = \frac{K_G S_e \varphi_a}{\eta k_A S_i + K_G S_e \varphi_a} \times C_{AG} \tag{4-23}$$

将 C_{AS} 代入式 4-21 中，得：

$$\gamma_A = \left(\frac{1}{K_G S_e \varphi_a} + \frac{1}{\eta k_A S_i} \right)^{-1} \times C_{AG} \tag{4-24}$$

令 $K_T = \left(\dfrac{1}{K_G S_e \varphi_a} + \dfrac{1}{\eta k_A S_i} \right)^{-1}$，即 $\dfrac{1}{K_T} = \dfrac{1}{K_G S_e \varphi_a} + \dfrac{1}{\eta k_A S_i}$，则得到：

$$\gamma_A = K_T C_{AG} \tag{4-25}$$

式 4-25 即为气固相催化反应的宏观动力学方程，K_T 称为表观速率常数。

式 4-24 中，分子相当于气固相催化反应的总推动力，分母相当于气固相催化反应的总阻力。分母中的第一项表示外扩散阻力，第二项表示内扩散阻力和表面化学反应阻力之和。

根据 $\dfrac{1}{K_T} = \dfrac{1}{K_G S_e \varphi_a} + \dfrac{1}{\eta k_A S_i}$ 中各项的相对大小，判断控制步骤：

当 $\dfrac{1}{K_G S_e \varphi_a} \gg \dfrac{1}{\eta k_A S_i}$，为外扩散过程控制，因而有 $K_T \approx K_G S_e \varphi_a$；

当 $\dfrac{1}{K_G S_e \varphi_a} \ll \dfrac{1}{\eta k_A S_i}$，且 $\eta < 1$，为内扩散过程控制，有 $K_T \approx \eta k_A S_i$。

当内、外扩散对反应速率影响皆很小，过程受化学动力学控制时，$K_T \approx k_A$。

4.5 气–固相催化反应器及工艺系统配置

4.5.1 气固相催化反应器的类型

催化反应器近年来有了很大发展，出现了很多体积小、反应效率高的高性能催化反应器。气固相催化反应器归纳起来有两大类，即固定床和流化床反应器。

固定床和流化床是按催化剂颗粒的流动状态进行分类的。当流体反应物以较低的流速穿过催化剂床层时，流体只穿过处于稳定状态的颗粒之间的空隙。流体通过床层的压力降 ΔP 与流体线速 u 成正比，且床层高度不发生变化，这种情况即为固定床反应器（图4-6）。

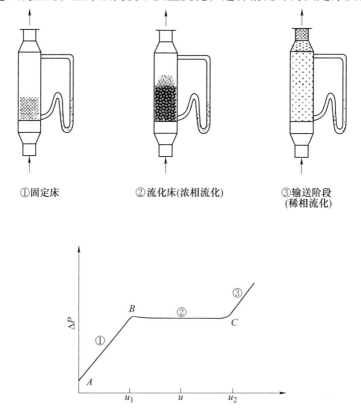

图 4-6 催化剂床流体化的条件和情况

图中 AB 线对应的是固定床的 ΔP 与 u 的关系。当流体的线速增加，催化剂颗粒相互离开而不接触，整个床层开始膨胀，流体穿过床层时，ΔP 不再随线速增加而增大，床层处于流化状态并随线速的增加不断膨胀，物层界面不断上移，但仍能保存明显的界面，此种情况为流化床阶段，又称浓相流化阶段。图中 B 点对应的线速下限 u_1 为开始流化的线速。当流体的线速继续增大，达到或超过 C 点所对应的线速上限时（即超过 u_2），流体已进入输送阶段，颗粒被流体带走，故 u_2 也称带出速度，这种情况为稀相流化阶段。上述浓相流化阶段称为沸腾阶段。催化剂床层所需下限流速，可通过一些公式由催化剂粒径、密度以及流体密度和黏度加以估算。粒径越小、粒重越轻，流体密度和黏度越大，则流动所需流速下限越小，越易流化。下文主要展开固定床催化反应器的内容，关于流化床的结构及计算可参考有关文献。

4.5.2 固定床催化反应器的类型和结构

固定床反应器的主要优点是：（1）轴向返混少，气体在床层内的流动接近理想置换流动（活塞流），床层内流体的轴向流动一般呈理想置换流动，反应速度较快，催化剂用量少，反应器体积小；（2）流体停留时间可以严格控制，温度分布可以适当调节，有利于提高化学反应的转化率和选择性；（3）催化剂不易磨损，可长期使用。

固定床反应器的最大缺点就是传热问题，床层轴向温度分布不均匀。由于催化剂颗粒静止不动及本身的导热性差，活塞流的流动又限制了流体径向换热的能力，加之催化反应有时会放出很大的热量，通常在反应器的轴向会有一个最高温度点称为"热点"，如果设计和控制不当造成热点过热甚至产生"飞温"，将对催化剂的性能以及设备产生不利影响，甚至会带来不安全因素。另外，固定床使用的催化剂颗粒也比流化床粗，使其表面有效系数低。催化剂再生或更换时都必须停止操作。

根据温度条件和换热方式的不同，固定床反应器可分为绝热式和换热式两大类。还有根据结构进行分类的，如管式、搁板式等。按反应器内气体流动方向又可分为轴向式和径向式。

4.5.2.1 绝热式固定床反应器

绝热式是不和外界进行任何热交换的反应器，又分为单层式和多段式。单层绝热反应器与多段绝热反应器的本质区别不在于催化床数量的多寡，而在于后者在整个反应过程中相邻两段之间引进了热交换，正因为如此，它才能有效地控制催化反应的温度。

（1）单层绝热反应器。单层绝热反应器的结构如图 4-7 所示。反应器内只装一层催化剂，为防止温度分布过分不匀和增加床层阻力，单层绝热反应器床层不宜过厚；为防止气流分布过分不匀，床层也不宜过薄。必要时，可加装一定厚度的惰性填料层。在净化气态污染物的催化工程中，由于污染物浓度低且风量大，温度已降为次要因素，多从气流分布的均匀性和床层阻力两个方面来权衡选择床层的截面积和高度。

（2）多段绝热反应器。对反应热大的催化反应，单层绝热床一般是难以胜任的。若把多个单层绝热床串联起来，把总的转化率（或反应热）分摊给各个单层绝热床，并在相邻的两个床之间引出或加入热量，

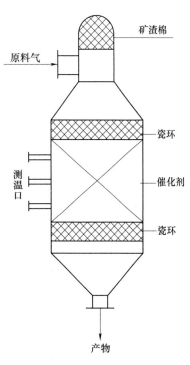

图 4-7 单层绝热反应器结构示意图

避免热量的积累，这样就能把各个单层绝热床上的反应控制在比较合适的温度范围内，这种串联起来的单层绝热床就称为多段绝热反应器，见图4-8。

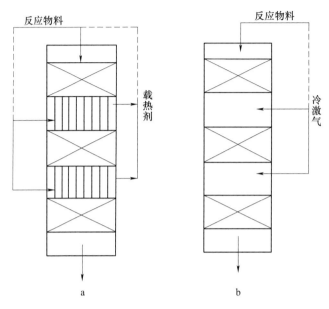

图4-8　多段绝热反应器结构示意图

段间的热交换有直接换热和间接换热两种方式。图4-8a为间接换热式多段绝热反应器，通过段间热交换器，移出（或加入）热量，载热体可以是反应物料本身，也可以是水或其他介质，此换热方式适用性广，能够回收反应热，且对催化反应无甚影响，但设备复杂，费用大。

图4-8b为直接换热式多段绝热反应器，段间通入冷气流（称为冷激气），直接与前一段反应后的热气流混合而达到降温目的。冷激气可以是原料气，也可以是非原料气。此换热方式虽然由于不需换热器而降低了设备的造价，但流程与操作复杂，要调节控制各段冷激气进气口的气压和流量，设计上事先要调整好各段催化剂的装量和床层截面积。此外，冷激气会降低反应物的浓度，用原料气作为冷激气时会降低净化效率。因而需要增加催化剂的用量。所以直接换热方式适宜用于反应液移出量不大，或者用间接换热器设置成本高的场合。

4.5.2.2　管式固定床反应器

管式固定床反应器属换热式反应器，它与外界有热量交换。管式反应器又以催化剂的装填部位不同分为列管式和多管式两种（图4-9）。

这两种反应器在金属结构上都是在一个大的圆筒（或方箱）中排列若干根管子，催化剂装在管内的反应器称为多管式，催化剂装在管间的称为列管式。在没有装填催化剂的地方流动的是载热体或冷却剂，用以调节催化剂床层的温度。采用原料气作换热介质的称自热式，采用其他换热介质的称为外换热式。

列管式反应器催化剂装量多，传热面积大，效果好，生产能力也大。管式反应器的共同缺点都是催化剂装填困难，尤其是多管式，对每根管内催化剂的装填密度都有严格的要求，以保证每根管子都有相同的阻力。

管式反应器多用在反应热比较大的场合，因为温度会影响催化剂的活性和寿命，还会引起副反应和催化剂中毒。

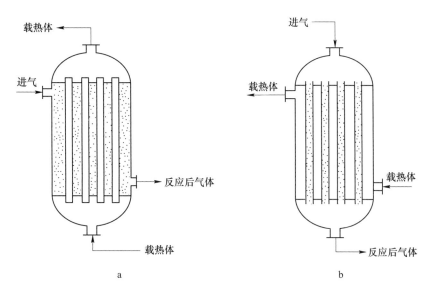

图 4-9　管式固定床反应器示意图

a—列管式；b—多管式

4.5.2.3　其他反应器

固定床反应器还有径向反应器和薄层反应器等类型。径向反应器如图 4-10 所示，把催化剂装在两个半径不同的同心圆多孔板之间，反应气流沿径向通过催化床。因而它的气体流通截面大，压降小，而这正是气态污染物净化所要求的。

对反应速度极快而接触时间很短的催化反应，可采用薄层床催化反应器。薄层床是一种温度分布最均匀的绝热式固定床，若所用催化剂价格昂贵时更显其经济意义。它和径向反应器都可认为是单层绝热反应器的特殊形式。薄层床催化反应器适用于反应速度极快、催化剂昂贵的场合。

4.5.3　气固相催化反应器的选择

在工程上，应根据反应和催化剂的特征和工艺操作参数、设备检修和催化剂的装卸等方面的要求，综合考虑催化反应器的选型和结构。选择时主要考虑的方面为：

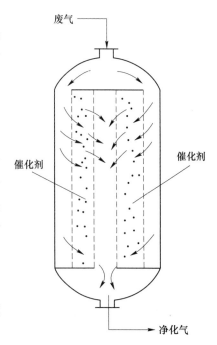

图 4-10　径向固定床反应器示意图

（1）根据催化反应热的大小、反应对温度的敏感程度及催化剂活性温度范围，选择合适的反应器结构类型，把温度分布控制在许可范围内。

（2）反应器的阻力降要小，气流分布要均匀，这对气态污染物的净化尤为重要。

（3）在满足温度条件前提下，应尽量使单位体积反应器内催化剂的装载系数大，以提高设备利用率。

（4）满足其他条件的前提下，反应器尽可能地结构简单，操作容易，造价低廉，运行与维护费用低，安全可靠。

有害气体控制领域，由于废气风量大，污染物含量低，因而催化反应热效应小，要想使污染气体达到排放标准，就必须有较高的催化反应转化率。因此选用单层绝热反应器，包括径向反应器，对实现气态污染物的催化转化有着绝对的优势。氮氧化物催化转化、有机蒸气催化燃烧和汽车尾气净化，多采用单层绝热床反应技术。

4.6 固定床绝热催化反应器计算

固定床绝热反应器计算的重点是催化剂体积（装量）的计算，其次是催化床层压降的计算。

4.6.1 气固相催化反应器设计基础

气固相催化反应器的设计是在选择反应条件的基础上确定催化剂的合理装量，并为实现所选择的反应条件提供技术手段。首先介绍几个设计参数：

（1）空间速度与接触时间。在连续催化反应器中，常用空间速度表示反应器的生产强度，对气固相反应过程用单位时间内单位催化剂床层体积处理的反应混合物体积来定义空间速度。由于在气固相反应过程中，气体混合物的体积随反应前后气体混合物物质的量的变化而变化，故一般采用不含生成物的反应混合物组成为基准来计算体积流量，称为初始体积流量 Q_0，用催化床层体积 V_R 来表示 V_{sp}，则为：

$$V_{sp} = Q_0/V_R \tag{4-26}$$

式中 V_{sp}——空间速度，[$m^3/(m^3(催化床)\cdot h)$]；

        V_R——催化剂床层体积，m^3；

        Q_0——操作条件下初始体积流量，m^3/h。

为了比较和计算方便起见，还常将操作条件下反应混合物的初始体积流量 Q_0 换算为标准状况（273K，101.325kPa）下的初始体积流量 Q_{N0}（单位 m^3/h）来计算空间速度，即

$$V_{sp} = Q_{N0}/V_R \tag{4-27}$$

空间速度的倒数为接触时间 τ（单位 h），按照下式进行计算：

$$\tau = V_R/Q_0 \tag{4-28}$$

若 Q_0 用标准状况下的体积流量 Q_{N0} 来计算，则由上式得到标准接触时间 τ_N（单位 h）为：

$$\tau_N = V_R/Q_{N0} \tag{4-29}$$

（2）停留时间。反应物通过催化床的时间称为停留时间。停留时间是由催化床的空间体积、物料的体积流量和流动方式所决定的。因此，停留时间是反应器设计的一个非常重

要的参数，它和反应速度共同决定了反应器的催化剂装量。固定床的停留时间可按下式来计算：

$$\tau = \varepsilon V_R / Q \qquad (4\text{-}30)$$

式中　τ——停留时间，h；

　　　Q——反应气体实际体积流量，m^3/h；

　　　ε——催化剂床层空隙率，%。

由于 Q 通常是一个变量，此式计算的停留时间来表示催化剂的生产强度是不便于计算和比较的。因此工程上，通常用空间速度来表示。

4.6.2　反应器的流动模型

气固相催化反应器属于连续式反应器，常用的有两种理论流动模型，即理想置换反应器（活塞流反应器）和理想混合流反应器（图 4-11）。

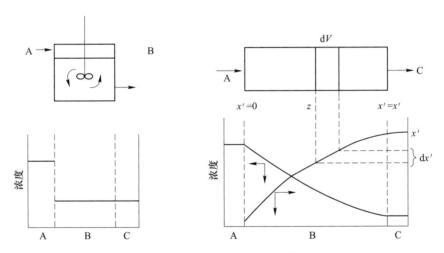

图 4-11　两种理想反应器示意图

（1）理想置换反应器（活塞流反应器）。在理想置换反应器内，气体以相同的速度沿流动方向流动，物料粒子在设备中完全没有返混，后面的粒子推着前面的粒子按次序像活塞一样移动，所有粒子在设备内停留时间是相同的。

（2）理想混合流反应器。在理想混合流反应器中，新物料刚进入设备即与设备中物料发生瞬间的混合，达到完全的最大返混。因此，物料在设备中是均匀的，在设备中任一位置的参数比如温度、浓度等都相同，并等于设备出口处物料的参数。

（3）中间型反应器。物料在反应器内的混合状况居于前述两个反应器之间。

实际反应器内的气体流动模型总是介于上述两种理论流动模型之间的，属于中间型反应器。但为了研究问题方便，均通过靠近理想反应器处理，并且工业反应器多数接近于理想反应器，比如沸腾床反应器、槽式反应器等接近于理想混合反应器，固定床反应器可近似按理想置换反应器处理。

在均相的连续反应设备中，流体在流动过程中，由于径向流动不均匀或存在死角，或由于径向搅拌器引起的主体流动、对流分子扩散及涡流扩散等原因，使先进入设备的流体粒子和后进入设备的流体粒子发生混合，即设备中停留时间不同的粒子间在各个流动截面上难以避免地发生混合，这种混合称为"返混"或"逆向混合"。理想置换反应器，可认为完全无返混；理想混合流反应器，可认为完全返混；中间型反应器，返混的情况介于两者之间，有部分返混现象。返混会使气相主体中反应物浓度降低，反应产物浓度升高，使设备空间内各参数的梯度降低，使传质、化学反应、传热等过程的推动力降低，从而减小速率。在设计时，常用增大催化剂装填量的方法来补偿返混的影响。

4.6.3   气-固相催化反应器相关计算

气-固相催化反应器的设计有两种计算方法：一种是经验计算法，另一种是数学模型法。

4.6.3.1   经验计算法

经验计算法，也叫做定额计算法，是采用已有的生产经验数据或中间试验结果作为设计计算的依据（定额），来进行设计计算。

（1）催化剂体积。如果已获得空间速度 V_{sp} 的"定额"，即掌握了现用催化剂在同样反应条件参数变化区域内能达到规定转化率的空间速度，而所需要处理的废气的量 $Q_0(m^3/h)$ 已经由生产任务规定，那么所需要的催化剂条件为：

$$V_R = Q_0/V_{sp} \tag{4-31}$$

式中 V_R——所求催化剂体积，m^3。

当然，各种反应条件的设计参数必须与该空间速度所对应的全套反应条件参数相一致。

若已知接触时间 τ_0 的"定额"，又已给定需要处理的废气量，则催化剂体积可按照下式来计算：

$$V_R = \tau Q_0 \tag{4-32}$$

同样反应条件的设计参数也须与该接触时间所对应的全套反应条件参数相一致。

（2）催化剂床层直径和床层高。由对应的气流空塔速度可得出反应器直径 D，再根据 V_R 和 D 求出床层高 L；也可根据压力降要求，用压力降计算公式，求出床层高 L，再计算反应器直径。

【例4-1】   某电厂选用钒催化剂催化氧化烟气中的 SO_2 以便回收。烟气中的 SO_2 浓度为 $2400mg/m^3$，催化剂的空间速度为 $5800m^3/(m^3 \cdot h)$。已知电厂烟气流量为 100 万立方米/h，求所需催化剂的体积。

解：已知 $Q_0 = 1000000m^3/h$，$W_{sp} = 5800h^{-1}$，则 $V_R = Q/V_{sp} = 1000000/5800 = 172.4m^3$。

4.6.3.2   数学模型法

数学模型法是借助反应的动力学方程、物料流动方程及物料衡算方程（有时需有热量衡算方程），联立求解求出指定条件下达到规定转化率所需要的催化剂体积。尽管固定床催化反应器很接近理想活塞流反应器，它的数学模型计算得到相对简化，但要建立可靠的动力学方程，获得准确的化学反应基本数据（如反应热）和传递过程数据，一般仍离不开实验测定研究工作。

描述固定床反应器的模型可分为拟均相模型和非均相模型两大类。拟均相模型把催化剂内的浓度、温度视为与流体相等，催化剂与流体间无传质和传热发生；而非均相模型则考虑了催化剂与流体间的浓度、温度差别及热量、质量传递过程。拟均相模型和非均相模型又可以按是否考虑径向上的混合而分为一维模型和二维模型。一般来说，在热效应不大、反应速度较低、床层内气流速度较大时，拟均相一维模型的计算结果与实际比较吻合，鉴于废气污染物浓度通常较低，符合拟均相一维模型的情况。拟均相一维理想流动模型假设固定床内流体以均匀速度做活塞式流动，径向上无速度梯度、无温度梯度、无浓度梯度，是数学模型法计算反应器体积方法中最简单的一种。固定床催化反应器接近于理想置换反应器，因而可按拟均相一维理想流动模型进行计算。

对于理想置换反应器，如图 4-12 所示，设反应 A→B 在管式反应器中进行，反应为稳定过程。反应物浓度沿流体流动方向而变化，取反应器中一微元体积 dV_R 做物料衡算，并以微分方程表示。进入微元的组分 A 的转化率为 x_A，离开该微元体时的转化率为 x_A+dx_A，单位时间内进入微元的 A 量为 $N_{A0}(1-x_A)$，流出微元的 A 量为 $N_{A0}(1-x_A-dx_A)$，根据物料衡算，进、出量之差为微元内的反应量 $\gamma_A dV_R$，即

$$N_{A0}(1-x_A) - N_{A0}(1-x_A-dx_A) = \gamma_A dV_R \tag{4-33}$$

简化得：

$$\gamma_A dV_R = N_{A0} dx_A \tag{4-34}$$

式中 N_{A0}——污染物组分 A 进口摩尔流量，kmol/h；

γ_A——总反应速率，$kmol/(h \cdot m^3)$。

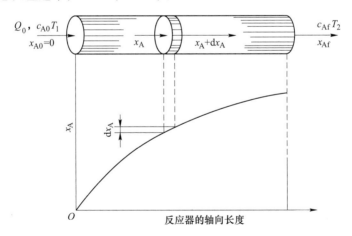

图 4-12 理想置换反应器示意图

Q_0—流体的初始体积流量；c_{A0}—反应物 A 的初始浓度；c_{Af}—达到一定转化率 x_{Af} 时反应物 A 的浓度；

T_1—反应物 A 的初始温度；T_2—达到一定转化率 x_{Af} 时反应物 A 的温度

为了计算达到一定转化率 x_{Af} 时所需的反应体积，对上式积分，即得：

$$V_R = \int_0^{x_{Af}} N_{A0} \frac{dx_A}{\gamma_A} \tag{4-35}$$

此时，γ_A采用总反应速率，要想积分上式，必须将反应速率γ_A表示成x_A的函数关系。不同的反应过程，控制步骤不同，总反应速率也不相同，需要针对不同过程分别进行计算。

而热量衡算，在催化剂床层中取高度为 dh 的床层作热平衡（见图4-13），若反应是放热反应，经过 dh 段后，转化率由x_A变为x_A+dx_A，温度由 T 变为 $T+dT$，气体带入热量为q_1，气体带出热量为q_2；微元的反应热量平衡式为：气体带入热量+反应放出热量 = 气体带出热量+向外界给出热量，即$N_T c_{pm} T + N_{T0} Y_{A0} dx_A (-\Delta H_R) = N_T c_{pm}(T+dT) + dq_B$，整理简化为：

$$N_T c_{pm} dT = N_{T0} Y_{A0} dx_A (-\Delta H_R) - dq_B \tag{4-36}$$

式中 N_T——进入微元的气体混合物流量，kmol/s；

           N_{T0}——初始状态下气体混合物流量，kmol/s；

           Y_{A0}——初始状态下气体混合物中反应物 A 的摩尔分数；

           ΔH_R——反应热，kJ/kmol；

           c_{pm}——气体的平均定压热容，kJ/(kmol·K)；

           q_B——传给外界的热量，kJ/s。

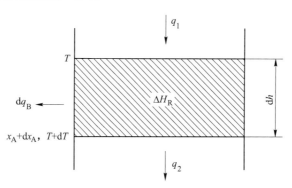

图4-13   催化床层热量平衡

总反应速率方程可用下式表示：

$$\gamma_A = f(c_A, T) \tag{4-37}$$

动力学控制时，总反应速率方程为$\gamma_A = c_{A0} \dfrac{dx_A}{dt}$；内扩散控制时，总反应速率方程为$\gamma_A = \eta c_{A0} \dfrac{dx_A}{dt}$，$\eta$ 为内扩散效率；外扩散控制时，总反应速率方程为$\gamma_A = \eta c_{A0} \dfrac{dx_A}{dt}$，其中 $\eta = \dfrac{1}{1+k_A / K_G S_e \varphi_a}$，符号含义为：$k_A$为反应速率常数；$K_G$为扩散传质系数（m/h）；$S_e$为单位体积催化剂床层中颗粒的外表面积（m²/m³）；φ_a为催化剂的形状系数。

联解式4-35、式4-36及式4-37，即可进行反应器计算。如果过程为等温，则联解式4-35和式4-37即可；如果为绝热过程，则可将载体传热相q_B置为 0。

4.6.3.3   固定床催化剂床层的空隙体积

催化剂床层的空隙率是影响流体的流动、传热和传质以及床层压力降的主要因素，是

床层的重要特性参数之一。可由下式计算

$$\varepsilon = V_{\mathrm{f}}/V_{\mathrm{R}} \tag{4-38}$$

式中　V_{f}——催化剂床层的空隙体积，m^3；

　　　V_{R}——催化剂床层的体积，m^3。

　　因为 $V_{\mathrm{R}} = W_{\mathrm{R}}/\rho_{\mathrm{B}}$ 和 $V_{\mathrm{f}} = (W_{\mathrm{R}}/\rho_{\mathrm{B}}) - (W_{\mathrm{R}}/\rho_{\mathrm{S}})$，所以有：

$$\varepsilon = 1 - \frac{\rho_{\mathrm{B}}}{\rho_{\mathrm{S}}} \tag{4-39}$$

式中　ε——床层空隙率，%；

　　　ρ_{B}——催化剂堆积密度，$\mathrm{kg/m}^3$；

　　　ρ_{S}——催化剂颗粒密度，$\mathrm{kg/m}^3$。

　　床层空隙率的大小与催化剂颗粒本身的物理状态及固定床的充填方式有直接的关系，大小均一的光滑球形颗粒，若立方格排列时，$\varepsilon = 0.476$，若菱形格排列时，$\varepsilon = 0.2595$，湍流时，后者压力降是前者的 20 倍。大小均一的非球形颗粒，形状系数越大，充填越紧密，ε 越小；粒度大小不一时，粒度越不均匀，ε 越小，颗粒越光滑，ε 越小。

4.6.3.4　固定床催化反应器压降的计算

　　固定床催化反应器压力降计算对反应器的设计具有重要意义。若已知压力降，可以求算床层截面积；若对现有设备，可由床层压力降计算来确定能量消耗。计算压降的公式很多，不少都是在空圆管压力降公式基础上推导出来的。

　　流体通过固定床的压力降主要是流体与颗粒表面之间的摩擦阻力，以及流体在颗粒间的收缩、扩大和再分布等局部阻力引起的。因此，可采用欧根（Ergun）等温流动压降公式进行估算：

$$\Delta p = f_{\mathrm{m}} \times \frac{L}{d_{\mathrm{S}}} \times \frac{\rho_{\mathrm{V}} u_0^2 (1 - \varepsilon)}{\varepsilon^3} \tag{4-40}$$

式中　Δp——床层压力降，Pa；

　　　L——床层高度，m；

　　　d_{S}——颗粒的比表面积相当直径，m，有 $d_{\mathrm{S}} = \dfrac{6(1-\varepsilon)}{S_{\mathrm{e}}}$，其中 S_{e}（m^{-1}）为颗粒比表面积；

　　　ρ_{V}——气体密度，$\mathrm{kg/m}^3$；

　　　u_0——空床气体平均流速，m/s；

　　　ε——床层空隙率，%；

　　　f_{m}——阻力摩擦系数，与雷诺数 Re 有关：$f_{\mathrm{m}} = \dfrac{150}{Re} + 1.75$，而 $Re = \dfrac{d_{\mathrm{S}} \rho_{\mathrm{V}} u_0}{\mu_{\mathrm{V}}(1-\varepsilon)}$，其中 μ_{V}（$\mathrm{Pa \cdot s}$）为气体动力黏度。

　　经过代入推导，得到：

$$\Delta p = 150 \times \frac{(1-\varepsilon)^2 L}{\varepsilon^3} \times \frac{\mu_{\mathrm{V}} u_0}{d_{\mathrm{S}}^2} + 1.75 \times \frac{(1-\varepsilon) L}{\varepsilon^3} \times \frac{\rho_{\mathrm{V}} u_0^2}{d_{\mathrm{S}}} \tag{4-41}$$

根据 Re 不同，需分别分析：当 $Re < 10$ 时，处于滞流状态，可略去表示局部阻力损失的第

二项式；当 $Re>1000$ 时，处于充分湍流状态，计算时可略去表示摩擦损失的第一项。由以上各式可知，增大 u_0 或 H、减小 ε 或 d_s，都会使压降增大，其中尤以 ε 的影响最为显著。

固定床催化反应器中由于存在化学反应而使床层沿轴向有较大温差，因此气体的流量变化也较大。压降计算应根据流量和温度变化程度，将床层分为若干段，每段视为等温等流量，分别求出压降后再相加。对气态污染物的催化法净化，因气量大污染物浓度低，所以一般不考虑流量变化，并可近似地对整个床层做等温处理。

5 氮氧化物控制方法及技术选择

NO$_x$ 控制技术的发展已经有相当长时间的历史。从 20 世纪 50 年代开始，研究人员研究开发了一系列实用的 NO$_x$ 控制技术，总体上可以分成三类：燃烧前 NO$_x$ 控制技术、燃烧中 NO$_x$ 控制技术（低 NO$_x$ 燃烧技术等）和燃烧后 NO$_x$ 控制技术（烟气 NO$_x$ 脱除技术）。燃烧前 NO$_x$ 控制技术指将在燃烧之前把燃料中的含氮化合物去除或进行转化。该方法局限性较大，费用也较高，应用较少。目前，控制 NO$_x$ 排放的技术主要指低 NO$_x$ 燃烧技术和烟气 NO$_x$ 脱除技术。而在烟气 NO$_x$ 脱除技术中，选择性非催化还原（SNCR）和选择性催化还原（SCR）是应用最为广泛的两种技术。

5.1 NO$_x$ 的来源、燃烧形成途径及影响因素

5.1.1 NO$_x$ 的来源

通常所说的氮氧化物（nitrogen oxides）包括多种化合物，如 N$_2$O、NO、NO$_2$、N$_2$O$_3$、N$_2$O$_4$ 和 N$_2$O$_5$ 等，一般用 NO$_x$ 表示。NO$_x$ 虽然种类繁多，但除 NO$_2$ 以外，其他均极不稳定，遇光、湿或热变成 NO 及 NO$_x$，因此职业环境中接触的是几种气体混合物，主要为 NO 和 NO$_2$，并以 NO$_2$ 为主。而且造成大气污染的主要是 NO 和 NO$_2$，因此通常所说的 NO$_x$ 是 NO、NO$_2$ 两者的总称。N$_2$O 不是现行国家标准中氮氧化物污染物控制的对象，但它是强温室气体并能破坏臭氧层，并且在循环流化床锅炉中的生成量比 NO 还要高，对全球气候的增温效应在未来将越来越显著。火电厂 N$_2$O 的排放量已引起相关专家的极大关注。

大气中的 NO$_x$ 污染物来源于两个方面：一是自然源；二是人为源。

自然源的 NO$_x$ 数量比较稳定，主要来自微生物活动、生物体氧化分解、火山喷发、雷电、平流层光化学过程、土壤和海洋中的光解释放等。火山喷发和闪电过程产生大量的 NO 和 NO$_2$，土壤细菌分解活动的产物多为 N$_2$O。据统计，全球自然源 NO$_x$ 的年排放量在 150 亿吨左右（以氮计），可见该数量之巨大；不过，自然源产生的 NO$_x$ 数量比较稳定，且相对基本平衡，变化较大的是人为源。人为源的 NO$_x$ 由人类的生活和生产活动产生并排放进入大气。产生 NO$_x$ 的人类活动主要有以下几种：

（1）生产产品过程产生的 NO$_x$，如 HNO$_3$ 生产、冶炼等过程。

（2）处理废物过程产生的 NO$_x$，如垃圾和污泥的焚烧等。

（3）化石燃料燃烧过程产生的 NO$_x$，如燃煤电厂、交通车船、燃气和飞机燃料燃烧等。

实际上，人为排放的 NO$_x$ 绝大部分源于化石燃料的燃烧过程，并且随着社会经济发展水平的提高而呈现增长的趋势。现代火力发电厂是最大的固定源，机动车辆是主要的移动源，除此之外，工业窑炉、垃圾焚烧、某些工业生产过程及居民生活等都是 NO$_x$ 的人为源。

5.1.2　燃烧过程中 NO_x 的生成机理

5.1.2.1　热力型 NO_x

热力型 NO_x 是指燃烧时空气中 N_2 在高温下氧化而生成的 NO_x，生成量主要取决于温度。其生成机理由苏联科学家捷里多维奇（Zeldovich）于 1964 年提出，因此称为捷里多维奇机理。其机理可由一系列不分支链锁反应式来表达，主要反应为：

$$O_2 + M \longrightarrow 2O + M \tag{5-1}$$

$$N_2 + O \Longleftrightarrow NO + N(E_{正} = 314kJ/mol,\ E_{逆} = 0kJ/mol) \tag{5-2}$$

$$O_2 + N \Longleftrightarrow NO + O(E_{正} = 29kJ/mol,\ E_{逆} = 165kJ/mol) \tag{5-3}$$

由化学反应动力学可推得：

$$\frac{d[NO]}{dt} = 3 \times 10^{14}[N_2][O_2]^{1/2}\exp\left(-\frac{542000}{RT}\right) \tag{5-4}$$

式 5-4 说明，由于氮分子分解所需的活化能较大，反应必须在高温下才能进行。整个链式反应速度就取决于最慢的反应式 5-2。式 5-4 即捷里多维奇机理的表达式。对氧气浓度大、燃料少的贫燃预混燃烧火焰，用式 5-4 计算 NO_x 生成量，其计算结果与试验结果相吻合。但是，当燃料过浓时，还需要考虑下式所表示的反应：

$$N + OH \Longleftrightarrow NO + H \tag{5-5}$$

式 5-2、式 5-3、式 5-5 称为扩大的捷里多维奇机理表达式。

煤燃烧过程产生的 NO_x 中，热力型 NO_x 占 20%左右。影响热力型 NO_x 的主要因素是温度、氧浓度、高温区停留时间等。

5.1.2.2　燃料型 NO_x

煤是成煤地质时期的植物由于地壳的变化被埋入地下，长期与空气隔绝并在高温高压作用下，经过一系列复杂的物理化学变化形成的，其中的氮主要也源于植物中的蛋白质、氨基酸、生物碱等含氮物质。X 射线光电子能谱（XPS）、核磁共振等试验均发现，煤中氮 50%~80% 为吡咯氮，20%~40% 为吡啶氮，0~20% 为季氨氮。燃烧时，燃料中有机氮化合物在燃烧过程中首先进行热分解，生成含氮小分子化合物和焦炭氮，继而进一步氧化而生成 NO_x。其生成量主要取决于空气燃料的混合比，燃料型 NO_x 占 NO_x 总生成量的 75%~90%。过量空气系数越高，NO_x 的生成和转化率就越高。

燃料中的氮含量一般为 0.5%~2.5%，它们通常以原子状态与各种碳氢化合物相结合。与空气中的氮相比，燃料中氮的键能较小，燃烧时很容易分解出来。燃料型 NO_x 的生成机理非常复杂，至今仍不是完全清楚。这是因为，燃料型 NO_x 的生成不仅和煤种特性、煤的结构、燃料中的氮受热分解后在挥发分和焦炭中的比例、成分和分布有关，还和燃烧条件（如温度、氧及各种成分的浓度等）密切相关。在一般燃烧条件下，生物质燃烧过程中，燃料氮的转换途径分三个阶段：

（1）挥发分析出阶段，生成产物是焦炭和挥发分，挥发分氮主要分布在焦油和气相氮（主要是 NH_3、HCN 和少量的 HNCO）中。

（2）含氮挥发分（焦油）二次热解和燃烧阶段，在此段，含氮挥发分进一步转化为

NH$_3$、HCN 和少量的 HNCO。

（3）焦炭燃烧阶段，焦炭氮有一部分进一步氧化生成 NO 和 N$_2$O。

燃料氮形成的 NO$_x$ 占流化床燃烧方式 NO$_x$ 总排放的 95% 以上，对其他燃烧方式也占很大的比例。燃料所生成挥发分中的氮约有 90% 转化为 NO$_x$，而由于还原作用，实际排放时所占的转化率仅为燃料氮的 16.5%，而焦炭氮生成的 NO$_x$ 则占 9.9%，合计向 NO$_x$ 转化率为 26.4%。但这些模型的共同缺点是没有考虑涉及 N$_2$O 的反应通道，其计算结果只能定性地反映实际过程。在工程上常采用 DeSoete 提出的总体反应速率模型进行计算。DeSoete 模型假设所有的燃料 N 均以 HCN 的形式释出，HCN 与氧结合形成 NO，生成的 NO 又会被 HCN 还原成 N$_2$。

5.1.2.3　快速型 NO$_x$

目前，快速型 NO$_x$ 的生成机理尚有争议。一般指燃烧时空气中的氮和燃料中的碳氢离子团如 CH 等反应生成 NO$_x$。主要是指燃料中碳氢化合物在燃料浓度较高的区域燃烧时所产生的烃，与燃烧空气中的 N$_2$ 发生反应，形成的 CN 和 HCN 继续氧化而生成的 NO$_x$。在燃煤锅炉中，其生成量很小，一般在燃用不含氮的碳氢燃料时才予以考虑。其主要现象是碳氢系列燃料在过量空气系数小于 1 的情况下，在火焰面内急剧生成大量的 NO$_x$，而 CO 与空气、H$_2$ 与空气预混火焰则没有这种现象。对于过量空气系数大于 1 的情况，NO$_x$ 生成速度可以通过热力型 NO$_x$ 的生成模型描述，因此有人认为，热力型 NO$_x$ 和快速型 NO$_x$ 都是由空气中的氮在高温下氧化而成的，故把这两种途径生成的 NO$_x$ 统称为热力型 NO$_x$。但 Fenimore 等人认为不能用扩大的捷里多维奇机理说明快速型 NO$_x$ 的生成，认为快速型 NO$_x$ 生成机理与燃料型 NO$_x$ 的生成机理相同，HCN 是快速型 NO$_x$ 生成的重要中间产物。

热力型 NO$_x$ 的生成主要与温度有关，与燃料种类关系不大，而燃料的种类对快速 NO$_x$ 的影响很大，温度对其影响很小。快速型 NO$_x$ 只有在富燃料燃烧的条件下，氧浓度相对较低时才产生，且生成量很少，一般在总 NO$_x$ 排放量的 5% 以下。

在这三种形式中，快速型 NO$_x$ 所占比例不到 5%；在温度低于 1300℃ 时，几乎没有热力型 NO$_x$。对常规燃煤锅炉而言，NO$_x$ 主要通过燃料型生成途径而产生。

5.1.3　NO$_x$ 生成的影响因素

5.1.3.1　热力型 NO$_x$ 生成的影响因素

当炉膛温度在 1350℃ 以上时，空气中的 N$_2$ 在高温下被氧化生成 NO$_x$，当温度足够高时，热力型 NO$_x$ 可达 20%。过量空气系数和烟气停留时间对热力型 NO$_x$ 的生成有很大影响。

（1）温度的影响。温度对热力 NO$_x$ 的影响非常明显，当燃烧温度低于 1800K 时，热力 NO$_x$ 生成量极少；当温度高于 1800K 时，反应逐渐明显，而且随着温度的升高，NO$_x$ 的生成量急剧增加。在实际燃烧过程中，由于燃烧室内的温度分布是不均匀的，如果有局部的高温区，则在这些区域会生成较多的 NO$_x$，它可能会对整个燃烧室内的 NO$_x$ 生成起关键性的作用，在实际过程中应尽量避免局部高温区的生成。

（2）过量空气系数的影响。过量空气系数对热力 NO$_x$ 的影响也非常明显。热力型 NO$_x$ 生成量与氧浓度的平方根成正比，因为过量空气系数的增大一方面增加氧浓度，另一方面会使火焰温度降低，在实际过程中情况会更复杂一些。从总体的趋势来看，随着过量空气系数的增大，NO_x 生成量先增加，到一个极值后会下降。

（3）停留时间的影响。气体在高温区的停留时间对 NO_x 生成的影响，主要是 NO_x 生成反应还没有达到化学平衡造成的。气体在高温区停留的时间延长或提高燃烧温度 NO_x 生成量迅速增加，达到其化学平衡浓度。在高温区停留时间越长，NO_x 的浓度就越高，当停留时间达到一定值后，停留时间的增加对 NO_x 浓度不再有影响。

（4）燃料种类的影响。燃料对 NO_x 生成的影响非常大，但对热力型 NO_x 影响却不是很大，主要是影响燃料型 NO_x 和快速型 NO_x 来影响总的 NO_x 的生成。

另外，研究表明，湍流对热力型 NO_x 生成量的直接影响不大，但有一定的间接影响。湍流的改变，使燃烧速率和燃气的放热状况发生改变，故燃气的温度与压力的时间历程不同，从而影响 NO_x 的生成，而直接通过测定湍流强度以弄清其对 NO_x 的影响，目前研究较少。

5.1.3.2　燃料型 NO_x 生成的影响因素

从燃料 NO_x 的形成途径看，由于燃料氮通常是有机氮和低分子氮，燃烧时的杂环氮化物受热分解与挥发分一起析出。研究表明，当燃料氮与芳香环结合时，析出时以 HCN 为主要中间产物；当燃料氮以胺的形式存在时，析出时以 NH_3 为主导中间形态，中间产物 HCN、NH_3 再通过复杂的均相反应形成 NO_x。残存在焦炭中的燃料氮在焦炭燃烧时被氧化为 NO_x。燃料氮的转化率主要受温度、过量空气系数和燃料含氮量的影响。

（1）温度对燃料型 NO_x 生成的影响。随着燃烧温度的升高，燃料氮转化率不断升高，但这主要发生在 700~800℃温区内。因为燃料 NO_x 既可通过均相反应，又可通过多相反应生成。燃烧温度较低时，绝大部分氮留在焦炭中，而温度很高时，70%~90%的氮以挥发分形式析出。由于多相反应的限速机理在高温时可能向扩散控制方向转变，故温度超过900℃后，燃料氮的转化率只有少量升高。

（2）氧浓度对燃料 NO_x 生成的影响。随着过量空气系数降低，燃料 NO_x 生成量一直降低，尤其当过量空气系数 $\alpha<1.0$ 时，其生成量和转变率急剧降低，这主要是因为在还原性气氛下，NO 与 HCN、NH_3 等反应生成了 N_2。

在扩散燃烧火焰中，由于扩散混合不可能均匀，虽就整体来说，过量空气系数大于1.0，但火焰中心仍有还原性区域存在，那里的过量空气系数低于1.0，其转变率低，因而总的燃料氮转变率比预混燃烧低。同时，由于上述原因，预混合扩散燃烧的燃料 NO_x 生成特性有所不同，它主要表现在 $\alpha<1.0$ 时，预混燃烧的转变率为一常数；而扩散燃烧时，转变率随 α 的增大而变大。

（3）燃料性质对氮氧化物排放的影响。燃料性质对氮氧化物排放的影响是非常重要的，这种影响是各种因素联合作用的结果，其体现方式也是多方面的。化石燃料中氮的存在形式差别很大，而且这种存在形式的差异会影响燃料型 NO_x 的形成。含氮量不同也会影响 NO_x 的转化率，燃料的含氮量越高，NO_x 的排放量也越高，而转化率下降。

5.1.3.3　快速型 NO_x 生成的影响因素

快速型 NO_x 生成的影响因素具体如下：

（1）燃料的种类对 NO_x 的影响。燃料的种类对 NO_x 的影响很大，当过量空气系数小于1时，快速型 NO$_x$ 随着过量空气系数的减小而减小。如果不是烃类燃料，所生成的 NO$_x$ 的数量是极少的。当 $\alpha<1.0$ 时，与烃类燃料的情况相同，此时 NO$_x$ 主要在火焰带的后端生成。通常可把燃料分成含氮燃料，含碳氢类燃料和非碳氢类燃料，除考虑热力型 NO$_x$ 外，对于含氮燃料可主要考虑燃料型 NO$_x$ 生成，而碳氢燃料应考虑快速 NO$_x$ 的生成，非碳氢类燃料则仅考虑热力型 NO$_x$ 即可。

（2）过量空气系数。过量空气系数对快速型 NO$_x$ 的生成影响也较大，当 $\alpha>1.0$ 时，基本上不生成快速型 NO$_x$，大部分 NO$_x$ 都是在火焰带的后端生成的；当 $0.7<\alpha<1.0$ 时，有相当数量的快速型 NO$_x$ 生成，但还未达到与火焰最高温度相对应的 NO$_x$ 平衡浓度，NO$_x$ 在火焰带后端的高温区域内生成；第三个区域是当 $\alpha<0.7$ 时，快速型 NO$_x$ 的生成浓度与火焰最高温度时的平衡浓度基本相等，在火焰带的后方，基本没有 NO$_x$ 的生成。

（3）温度的影响。快速型 NO$_x$ 受温度的影响不是很大，只要达到一定温度，快速型 NO$_x$ 主要取决于过剩空气量。

5.2 低 NO$_x$ 燃烧技术

低 NO$_x$ 燃烧技术一直是应用最广泛的脱氮技术之一，在排放标准要求宽松的情况下，采用该技术降低 NO$_x$ 浓度即可达到排放要求。20 世纪 70 年代末和 80 年代，低 NO$_x$ 燃烧技术的研究和开发达到高潮，开发出了低 NO$_x$ 燃烧器等实用技术。进入 20 世纪 90 年代，许多企业又对低 NO$_x$ 燃烧器做了大量的改进和优化工作，使其日臻完善。

影响燃烧过程中 NO$_x$ 生成的主要因素是燃烧温度、烟气在高温区的停留时间、烟气中各种组分的浓度及混合程度。从实践的观点看，控制燃烧过程中 NO$_x$ 形成的因素包括：空燃比、燃烧区的温度分布、后燃烧区的冷却程度、燃烧器的形状设计等。各种低 NO$_x$ 燃烧技术就是在综合考虑了以上各因素的基础上形成和发展起来的。

5.2.1 传统低 NO$_x$ 燃烧技术

早期开发的低 NO$_x$ 燃烧技术不要求对燃烧系统做大的改动，只是对燃烧装置的运行方式进行微调和改进，方法简单易行，可以方便地用于现有装置，但 NO$_x$ 的降低程度十分有限。这类技术包括低氧燃烧、烟气循环燃烧、分段燃烧、浓淡燃烧技术等。

（1）低空气过剩系数运行技术。一般来讲，NO$_x$ 的排放量随着炉内空气量的增加而增加。为了降低 NO$_x$ 的排放量，锅炉应在炉内空气量降低的工况下运行。炉内采用低空气过剩系数运行技术，不仅可以降低 NO$_x$ 的排放，而且可以减少锅炉排烟热损失，提高锅炉的热效率。

图 5-1 是 NO$_x$ 生成量与烟气中氧含量的关系。低空气过剩系数运行抑制 NO$_x$ 生成量的幅度与燃料种类、燃烧方式以及排渣方式有关。需要说明的是，采用低空气过剩系数会导致一氧化碳、碳氢化合物及炭黑等污染物相应增加，飞灰中可燃物质的量也可能增加，从而使燃烧效率下降，电站锅炉实际运行时的空气过剩系数可调整的幅度有限。因此，在确定空气过剩系数时，必须同时满足锅炉和燃烧效率较高而 NO$_x$ 等有害物质最少。

我国燃用燃煤的电站锅炉多数设计在过剩系数 $a = 1.17 \sim 1.20$（氧浓度为 3.5% ~ 4.0%）下运行，此时一氧化氮的体积分数为 $30\times10^{-6} \sim 40\times10^{-6}$；若氧浓度降低 3.0% 以下，

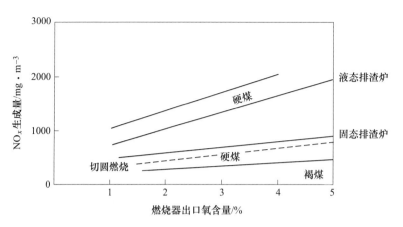

图 5-1　NO_x 生成量与烟气中氧含量的关系

则一氧化碳的浓度将急剧上升。不仅导致燃料不完全燃烧，而且会引起炉内的结渣和腐蚀。因此，以炉内氧浓度为 3% 以上或一氧化氮体积分数为 2×10^{-4} 作为最小过剩空气系数的选择依据。

（2）降低助燃空气预热温度。在工业实际操作中，经常利用尾气的废热预热进入燃烧溶的空气，虽然这样有助于节约能源和提高火焰温度，但也导致 NO_x 排放量增加。实验数据表明，燃烧空气由 27℃ 预热到 315℃ 时，一氧化氮的排放量将会增加 3 倍。降低助燃空气预热温度可降低火焰区的温度峰值，从而减少热力型 NO_x 的生成量。实践表明，这一措施不宜用于燃煤、燃油锅炉，对于燃气锅炉，择优降低 NO_x 排放的效果明显（图 5-2）。

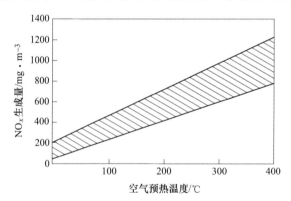

图 5-2　空气预热温度对天然气燃烧系统 NO_x 生成量的影响

（3）浓淡偏差燃烧技术。这种方法是让一部分燃料在空气不足的条件下燃烧，即燃料过浓燃烧；另一部分燃料在空气过剩的条件下燃烧，即燃料过淡燃烧。无论是过浓燃烧还是过淡燃烧，其过剩空气系数 α 都不等于 1。前者 α<1 后者 α>1，故又称为非化学当量燃烧或偏差燃烧。浓淡偏差燃烧时，燃料过浓部分因氧气不足，燃烧温度不高，所以，燃料型 NO_x 和热力型 NO_x 生成量减少。燃料过淡部分因空气量过大，燃烧温度低，热力型 NO_x 生成量也减少。因此，利用该方法可以使得 NO_x 生成量低于常规燃烧。这一方法可以用于燃烧器多层布置的电站锅炉，在保持入炉总风量不变的条件下，调整各层燃烧器的燃料和空气量分配，便能达到降低 NO_x 排放的效果。

（4）烟气循环燃烧技术。烟气循环燃烧法是采用燃烧产生的部分烟气冷却后再循环送回燃烧区，起到降低氧浓度和燃烧区温度的作用。以达到减少 NO_x 生成量的目的。烟气循环燃烧法主要减少热力型 NO_x 的生成量，对燃料型 NO_x 和瞬时 NO_x 的减少作用甚微。对固态排渣炉而言，大约80%的 NO_x 是由燃料氮生成的，这一种方法的作用就非常有限。烟气循环率在 25%~40% 的范围内最为适宜。通常的做法是从省煤器出口抽出烟气，加入二次风或一次风中。加入二次风时，火焰中心不受影响，其唯一的作用是降低火焰温度。对于不分级的燃烧器，在一次风中加入循环烟气效果较好，但由于燃烧器附近的燃烧工况会有所变化，要对燃烧过程进行调整。图 5-3 给出了这种方法的实验结果。

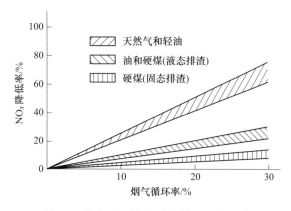

图 5-3　烟气循环燃烧对降低 NO_x 的影响

（5）两段燃烧技术。前述结果表明，较低的空气过剩系数有利于控制 NO_x 的形成。两端燃烧法就是利用该原理控制 NO_x。在两段燃烧装置中，燃料在接近理论空气量下燃烧；通常空气总需要量（一般为理论空气量的 1.1~1.3 倍）的 85%~95% 与燃料一起供到燃烧器，因为富燃料条件下的不完全燃烧使第一段燃烧的烟气温度较低，此时氧量不足，NO_x 生成量很小。在燃烧装置的尾端，通过第二次空气，使得第一阶段剩余的不完全燃烧产物一氧化碳和碳氢化合物完全燃尽。此时虽然氧过剩，但由于烟气温度仍然较低，动力学上限制了 NO_x 的形成。应当指出，在低空气过剩系数下，不合理的燃料-空气分布可能出现，这将导致一氧化碳和粉尘排放量增加，降低燃烧效率。

（6）部分燃烧器退出运行技术。这种方法适用于燃烧器多层布置的电站锅炉。具体做法是停止最上层或几层燃烧器的燃料供应，只送空气。所有的燃料从下面的燃烧器送入炉内，下面的燃烧器区实现富燃料燃烧，上层送入的空气形成分级送风。这种方法尤其适用于燃气、燃油锅炉而不必对燃料输送系统进行重大改造。德国把这种方法用在褐煤大机组上，效果较为理想。

5.2.2　先进低 NO_x 燃烧技术

该技术的主要特征是空气和燃料都是分级送入炉膛，燃料分级送入可在燃烧器区的下游形成一个富集氨、碳氢化合物、HCN 的低氧还原区，燃烧产物通过此区时，已经生成的 NO_x 会部分地被还原为 N_2。

（1）空气/燃料分级低 NO_x 燃烧器。这种燃烧器的特点是在一次火焰的下游投入部分燃料（又称辅助燃料、还原燃料），形成可使部分已生成的 NO_x 还原的二次火焰区。以下以某公司的低 NO_x 燃烧器为例，说明其原理（图5-4）。首先，与空气分级低 NO_x 燃烧器一样形成一次火焰，二次风的旋流作用和接近于理论空气量燃烧可以保证火焰稳定性。在一次火焰下游一定距离将还原燃料混入形成二次火焰（超低氧条件）。在此区域内，已经生成的 NO_x 在 NH_3、HCN 和 CO 等原子团的作用下被还原为 N_2，分级风在第三阶段送入完成燃尽过程。

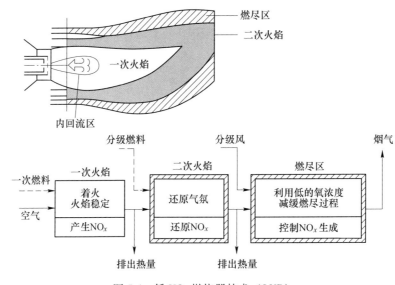

图 5-4　低 NO_x 燃烧器技术（LNB）

这种燃烧器的成功与否取决于以下因素：1）一次火焰的扩散度；2）二次火焰区的空气比例（还原燃料量）；3）燃烧产物在二次火焰区的停留时间；4）还原燃料的反应活性。增加还原燃料量有利于 NO_x 的还原，但还原燃料过多会使一次火焰不能维持其主导作用并产生不稳定状况。最佳还原燃料比例在 20%~30%。还原燃料的反应活性会影响燃尽时间和燃烧产物在还原区的停留时间。用氮含量低、挥发分高的燃料作为还原燃料较佳。

（2）三级燃烧技术。二级燃烧又称再燃烧/炉内还原（IFNR）或 MACT 法，是直流燃烧器在炉膛内同时实施空气和燃料分级的方法（图5-5）。采用此技术时炉膛内形成 3 个区域，即一次区、还原区和燃尽区。在一次区内，主燃料在稀相条件下燃烧，还原燃料投入后，形成欠氧的还原区，在高温（>1200℃）和还原气氛下析出的 NH_3、HCN、碳氢化合物等原子团与来自一次区已生成的 NO_x 反应。生成 N_2。燃尽风投入后，形成燃尽区，实现燃料的完全燃烧。这种方法操作容易，费用远远低于 SCR 法，与其他先进的手段结合。可使 NO_x 排放量下降 80% 左右，是目前在发达国家颇受青睐的方法。

（3）四角切圆低 NO_x 燃烧器。四角切圆低 NO_x 燃烧器又称角置直流低 NO_x 燃烧器，这种燃烧方式因气流在炉膛内形成一个强烈旋转的整体火焰，有利于稳定着火和强化后期混合。此外，四角切圆燃烧时，炉内火焰充满情况较好，四角水冷壁吸热量和热负荷分布较均匀，焰峰值温度低，有利于减少 NO_x 排放。同轴的四角切圆低 NO_x 燃烧器开发于 20

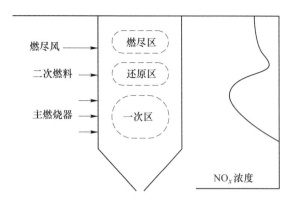

图 5-5　三级燃烧的原理

世纪 80 年代初，有两种形式：一种是二次风射流轴线向水冷壁偏转一定角度，在炉内形成一次风煤粉气流在内，二次风在外的同轴同向双切圆燃烧方式 CFSI（图 5-6a）；另一种是一次风煤粉气流与二次风射流方向相反的同轴反向双切圆燃烧方式——CFSII（图 5-6b）。

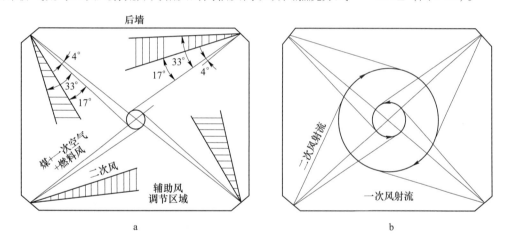

图 5-6　CFS 射流方向示意图

a—CFS I 射流方向示意图；b—CFS II 射流方向示意图

（4）墙式燃烧低 NO_x 燃烧器。旋流燃烧器墙式燃烧是广泛用于电站锅炉的另一种燃烧方式。它的特点是：煤粉气流以直流或者旋转射流的形式进入炉膛。二次风从煤粉气流外侧旋转进入炉膛，射流的强烈旋转使两股气流进入炉膛后便强烈混合。卷吸大量已着火的热烟气回流，在着火段形成氧气过剩的强烈燃烧区，而且因火焰短，放热集中，易出现局部的高温区。因此，传统的旋流燃烧器比角置直流燃烧器的 NO_x 排放量高得多。为了降低其 NO_x 排放量，就要克服着火段一、二次风强烈混合及易形成高温、富氧区的状况。具体做法是使二次风渐次混入一次风气流，实现沿燃烧器出口、射流轴向的分级燃烧。

总体来讲，低 NO_x 燃烧技术发展较早，但其对 NO_x 减排的作用有限，在 NO_x 排放标准要求严格的地区难以单独达到排放要求，需要结合烟气脱硝技术进行 NO_x 控制。

5.3　SNCR 技术原理

SNCR 是选择性非催化还原（selective non-catalytic reduction）的英文缩写，SNCR 技术是一种成熟的 NO_x 控制技术。此方法原理为：在 $930 \sim 1090$℃下，将还原剂（一般是 NH_3 或尿素）喷入烟气中，将 NO_x 还原，生成氮气和水。图 5-7 所示为 SNCR 工艺原理示意图。

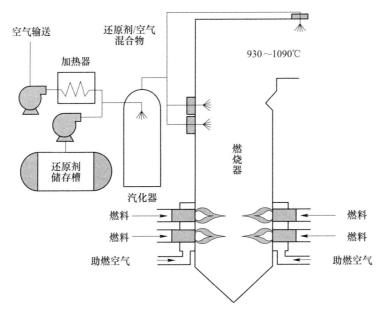

图 5-7　SNCR 工艺原理示意图

与 SCR 技术相比，SNCR 技术利用炉内的高温驱动还原剂与 NO_x 的选择性还原反应，因此，不需要昂贵的催化剂和体积庞大的催化塔。SNCR 相对于低 NO_x 燃烧器和 SCR 来说，初期投资低，停工安装期短。脱硝效率处于中等水平。由于受到锅炉结构形式和运行方式的影响，SNCR 技术的脱硝性能变化比较大，据统计，脱硝率在 $30\% \sim 75\%$，此外，由于 SNCR 成本较低。改造方便，适宜协同应用其他的低 NO_x 技术。

5.3.1　SNCR 反应机理

关于 NH_3-NO 高温非催化还原反应机理。国内外的研究人员做了很多的研究工作，这些研究得出的几个基础结论如下。

（1）NH_3-NO 反应是自维持的，且需要氧气参与。NH_3-NO 反应中最关键的一步是初始的 NH_3 与 ·OH 反应生成 NH_2· 的反应：

$$NH_3 + \cdot OH \longrightarrow NH_2 \cdot + H_2O \tag{5-6}$$

$$NH_3 + \cdot O \longrightarrow NH_2 \cdot + \cdot OH \tag{5-7}$$

因为 NH_3 与 NO 直接反应的活化能是很大的，反应式 5-6 和反应式 5-7 能将 NH_3 转化成容易反应的 NH_2·，因此，这个反应在 NO-NH_3-O_2 反应系统中是至关重要的一步。从反应式中可以看出，作为 SNCR 反应的启动因子，反应系统中·OH 的浓度对 SNCR 脱硝反应来说是至关重要的。它的重要性反映在 NH_3 选择性还原 NO 反应的"温度窗口"上，只有在一定的温度区间，·OH 活性根的浓度比较适宜，选择性脱硝反应才能有效地进行。但是随着反应式 5-6 的进行，·OH 浓度会降低。因此，NH_3-NO 反应必须是能自维持的反应，也就是说能在反应过程中连续不断地产生活性·OH，才能保持燃烧产物中的·OH 不被消耗殆尽。Salimian 和 Kee 等最早从机理模型的角度对这个现象进行研究。

按照 Kee 提出的模型，NH_3 与 NO 有两个反应途径，分别是产生链锁因子的反应式 5-8 和不产生链锁因子的反应式 5-9。

$$NH_2 \cdot + NO \longrightarrow NNH \cdot + \cdot OH（产生活性根） \tag{5-8}$$

$$NH_2 \cdot + NO \longrightarrow N_2 + H_2O（产生活性根） \tag{5-9}$$

$$NNH \cdot \longrightarrow N_2 + H \cdot \tag{5-10}$$

$$H \cdot + O_2 \longrightarrow O \cdot + \cdot OH \tag{5-11}$$

$$O \cdot + H_2O \longrightarrow \cdot OH + \cdot OH \tag{5-12}$$

如果缺少链锁因子，NH_3-NO 的自维持反应就无法继续，因此，这两个反应途径的相对速率决定了脱硝反应进行的程度。同时，NNH·分解后可以再通过反应式 5-10 和式 5-12 生成 3 个·OH。根据反应式 5-11 可以看出，产生的·OH 连锁反应过程是需要氧气参与的。这个结论已经多次被实验结果证明。

（2）NH_3-NO 脱硝的反应只能在 1250K 左右的温度范围内发生，加入添加剂（如 H_2、H_2O_2、CO 和 H_2O 等）可以使脱硝反应的"温度窗口"有所移动，但其宽度基本不变。

NH_3-NO 反应的温度依赖性可以从 NH_2·的反应机理上来解释。生成的 NH_2·会沿还原和氧化两条反应路径进行。还原反应在较低温度下占主导，而氧化反应将在高温下影响更大。还原反应主要依赖自维持的反应路径，即反应式 5-8。氧化反应主要是 NH_2·与·OH 反应生成 NH·，NH·通过生成 HNO·而最终转化成 NO。

$$NH_2 \cdot + \cdot OH \longrightarrow NH \cdot + H_2O \tag{5-13}$$

$$NH \cdot + O_2 \longrightarrow HNO \cdot + O \cdot \tag{5-14}$$

$$NH \cdot + \cdot OH \longrightarrow HNO \cdot + H \cdot \tag{5-15}$$

$$HNO \cdot + M \longrightarrow H \cdot + NO + M \tag{5-16}$$

$$HNO \cdot + \cdot OH \longrightarrow NO + H_2O \tag{5-17}$$

$$H \cdot + H_2O \longrightarrow \cdot OH + H_2 \tag{5-18}$$

可见，NH_2·的氧化反应路径会产生 NO。因此，当温度超过 1250K 时，相对于还原反应路径来说，氧化反应路径的重要性增加，NO 会逐渐增加。两条反应路径的相互竞争就会使得脱硝率在某个最佳温度（T_{opt}）时达到最大值。

Lyon 和 James 发现加入其他的一些添加剂可以使 NH_3-NO 反应的温度窗口向低温方向移动。最初研究的添加剂是燃烧产物中常见的碳氢化合物、H_2、H_2O_2、CO、H_2O 等。同样，可以从脱硝反应温度窗口的形成机理来解释这些添加剂对温度窗口的作用。从上述分析可知，产生活性·OH 的反应式 5-8 是低温下 NH_3-NO 反应启动的关键一步。但如果反应物中含有 H_2，·OH 就可以通过式 5-18 的逆反应、式 5-11 和式 5-12 反应得到积累，反应即可在较低温度下进行。同时，由于 H_2 导致·OH 浓度升高，在较低的温度下就达到不添加 H_2 时的·OH 浓度水平。氧化的路径与还原路径的竞争会在较低温度下进行，使得

NO 的浓度在较低的温度下重新上升。由于添加剂的作用只是简单地在各个温度下增加 ·OH 的浓度，所以，温度窗口向低温移动的同时，其宽度并不变。

其他添加剂的作用和 H_2 类似，如 H_2O_2 是通过反应式 5-19 产生 ·OH：

$$H_2O_2 + M \longrightarrow \cdot OH + \cdot OH + M \tag{5-19}$$

而 CO 则是通过反应式 5-20 产生 H·：

$$CO + \cdot OH \longrightarrow CO_2 + H \cdot \tag{5-20}$$

产生的 H· 继续通过反应式 5-10 和反应式 5-12，产生更多的活性 ·OH。

因此，从上述分析可以得知，NH_3-NO 反应中加入可以产生活性 ·OH 的添加剂，可以使 NH_3-NO 反应的温度窗口向低温移动。

（3）反应是非爆炸性的，反应时间在 100ms 左右。最早对 NH_3-NO 高温非催化还原反应进行系统研究的是 Lyon，他们的均相流反应器实验在 982℃ 下进行，反应停留时间为 0.075s。在 NH_3-NO 比小于 1~5 的情况下，达到了 95% 左右的脱硝率，丹麦工业大学的 Duo 等的机理实验也清楚表明尽管反应的程度不尽相同，反应时间为 0.039~0.227s 时 NH_3 和 NO 的还原反应都能比较有效地进行。

5.3.2 SNCR 脱硝过程的影响因素

SNCR 脱硝的基本原理已经被大家熟知，但在实际应用过程中存在许多影响脱硝率的因素。需要考虑的主要因素如下：

（1）还原剂的喷入点。还原剂的喷入点必须保证还原剂进入炉膛内适宜的反应温度区间（870~1205℃）。温度过高，还原剂容易被氧化成 NO_x，烟气中的 NO_x 含量不但不会减少，反而有所增加；温度过低，则反应不充分造成还原剂的流失，最终腐蚀和堵塞下游设备。同时，流失的还原剂还会造成新的污染。

（2）NH_3-NO_x 物质的量比。NH_3-NO_x 物质的量比对脱硝效率的影响也很大。由化学反应方程式可知，NH_3-NO_x 物质的量比理论值应该为 1。但 Takahashi 等的流反应器实验结果表明，加入的 NH_3 初始浓度升高，脱硝效果增强，在 NH_3-NO_x 物质的量比为 1.83 时，脱硝率达到 80%，而脱硝率-温度图线的形状基本不变，脱硝的最佳温度 T_{opt} 基本恒定在 950℃ 左右。与此同时，也有研究人员认为在理想的情况下：温度在 1200~1300K，氧浓度合适，混合充分时存在一个最低的 NO_x 浓度。无论 NH_3-NO_x 物质的量比如何增大，最终的 NO 浓度都不会低于这个最低的 NO_x 浓度。对于 NO_x 稳态浓度的分析论述，可以参考 Dena 和 Ostbeg 的文章。Lucas 和 Brown 的实验中，贫燃油炉生成的尾气气流在反应器中的停留时间短（仅为 40ms），因此，他们的实验使用的 NH_3-NO_x 比从 0.4 上升到 4.4，脱硝率持续上升。他们的实验结果表明，在不同的过量空气系数下，温度窗口（最佳脱硝温度）随着 NH_3-NO_x 比的提高而向高温方向移动。

（3）还原剂类型。Caton 等研究了氨、尿素、氰尿酸（异氰酸）三种不同的还原剂的脱硝过程，发现三种还原剂在不同的氧量和温度下还原 NO 的特性不一样，氨的合适反应温度最低，异氰酸的合适反应温度最高。氨、尿素、氰尿酸三种还原剂分别在 1%、5% 和 12% 的氧量下脱硝效果最好。同时，Caton 还发现尿素在热解过程中等量地生成 NH_3 和 HCN，因此，尿素的脱硝过程应该是氰尿酸和氨的组合。虽然不同氮还原剂的反应机理各有不同，但是其脱硝过程的主要特性是相似的。

（4）停留时间。多数的研究者认为 NH_3 和 NO_x 发生的高温选择性非催化还原反应时间量级为 0.1s，反应在 0.3s 左右就进行到一个比较高的水平。丹麦工业大学的 Duo 等通过实验发现，停留时间在 0.039~0.227s 时脱硝率随着停留时间的上升而上升，在低温区这一现象十分明显，但在高温区，由于反应速率加快，不同的停留时间下 SNCR 反应的差别并不大，脱硝率-温度曲线基本重合。Caton 在高氧浓度下对停留时间的影响做了研究，他们的实验表明停留时间的增加使脱硝的最佳温度 T_{opt} 下降。

（5）还原剂和烟气混合程度。由于喷入的 SNCR 氮还原剂必须与 NO_x 混合才能发挥比较好的选择性还原 NO_x 的效果，但是如果混合时间太长，或者混合不充分，就会降低反应的选择性。因为局部的 NO_x 浓度低，过量的氨等物质会与氧气发生反应，还原剂的效率降低，整体脱硝率也会降低。

5.4　SCR 技术原理

选择性催化还原法（selective catalytic reduction，SCR）是目前国际上应用最为广泛的烟气脱硝技术。该方法主要采用氨（NH_3）作为还原剂，将 NO_x 选择性地还原成 N_2。其具有无副产物、不形成二次污染，装置结构简单，并且脱除效率高（可达90%以上），运行可靠，便于维护等优点。NH_3 具有较高的选择性，在一定温度范围内，在催化剂的作用和氧气存在的条件下，NH_3 优先和 NO_x 发生还原脱除反应，生成 N_2 和水，而不和烟气中的氧进行氧化反应，因而比无选择性的还原剂脱硝效果好。当采用催化剂来促进 NH_3 和 NO_x 的还原反应时，其反应温度操作窗口取决于所选用催化剂的种类，根据所采用的催化剂的不同，催化反应器应布置在局部烟道中相应温度的位置。

在没有催化剂的情况下，上述化学反应只是在很高的温度范围内（980℃左右）进行，采用催化剂时反应温度可控制在 300~400℃，相当于锅炉省煤器与空气预热器之间的烟气温度，上述反应为放热反应，由于 NO_x 在烟气中浓度较低，故反应引起催化剂温度的升高可以忽略。

欧洲、日本、美国是当今世界上对燃煤电厂 NO_x 排放控制最先进的地区和国家，它们除了采取燃烧控制之外，广泛应用的是 SCR 烟气脱硝技术。1975 年在日本 Shimoneski 电厂建立了第一个 SCR 系统的示范工程；1979 年，世界上第一个工业规模的 $DeNO_x$ 装置在日本 Kudamatsu 电厂投入运行，1981 年，日本电力发展公司 Takehara 电站 1 号机组采用 250MW 的燃煤锅炉，燃烧 2.3%~2.5% 的高硫煤。该机组在 2 个平行的 SCR 反应器（A 和 R）上配有热态、低灰 SCR 装置，每个反应器处理 50% 的烟气。另外还有日本的 Chugoku、Shikoku 和 Tokyo 等 20 世纪 80 年代的燃煤电站所使用的 SCR 系统至今仍保持良好的运行状态。到 2002 年，日本共有折合总容量大约为 23.1GW 的 61 座电厂采用了 SCR 脱硝技术。德国于 20 世纪 80 年代引入 SCR 技术，建成 60 多座电站并于这些电厂试验采用不同的方法脱硝，结果表明 SCR 法是最好的方法，到 90 年代，在德国有 140 多座电厂使用了 SCR 法，总容量达到 30GW。位于德国柏林的 Reuter West 电站有一热态、高灰 SCR 装置，SCR 反应器装在省煤器和空气预热器之间，常规的平均温度是 360℃，NO_x 的转化率超过 85%。由于低 SO_2 生成率和低 NH_3 渗漏，空气预热器从未发生阻塞，而且从运行起一直不必清洗，催化层一个星期才进行一次吹灰，运行效果很好。截至 2002 年，欧洲总共有大约 55GW 容量的电力系统应用了 SCR 设备。美国在 1998 年颁布 NO$_x$ SIP（State Implementation Plan）法令时，美国国家环境保护局预计将安装 75GW 的 SCR 系统。美国发电公司的 Carneys Point 电厂是美国燃煤电厂中最早安装 SCR 系统的电厂，有两台相同的锅炉都装有用于高含灰量的 SCR 系统，它的运行记录最长，也是美国燃煤电厂中仅有的具有蜂窝状催化剂层的全容量 SCR 系统。到目前为止，它没有过量氨泄漏的报告，也没有提前冲洗空气预热器的记录，SCR 系统运行情况良好并能满足要求。美国 Logan 电厂是在美国较早使用 SCR 技术的燃煤电厂，安装的是用于高飞灰的 SCR 系统，催化剂装于垂直流动反应器中。该电厂利用了一层板型催化剂层，从而减少了系统的压力降，并使 SO$_2$ 转化为 SO$_3$ 的转化率降低。在低负荷运行时利用省煤器旁路保持较高的烟气温度，以保证催化剂在合适的温度范围内运行。该 SCR 系统运行数据显示，在合理的运行参数下，NO$_x$ 的排放量和氨泄漏量都低于允许值。截止到 2004 年年底，美国有 100GW 容量的电站使用 SCR 设备，大约占美国燃煤电站总容量的 33%。

在我国，大多数电厂已经安装了脱硫装置，基本满足了 SO$_2$ 排放的标准，但在 NO$_x$ 排放的控制技术上还远远落后于世界上拥有先进技术的国家。随着人们对环境污染治理的重视和一些高新技术的开发应用，必然会有更多的新技术应用到 NO$_x$ 的治理工作中。在国家颁布的最新排放标准中，对电站 NO$_x$ 的排放有了严格的规定：燃煤火电厂的 NO$_x$ 最高允许排放浓度为 100mg/m^3。随着国民对环境保护的日益重视，寻找有效且经济的脱氮方法也就成了我们面临的新的挑战。就目前国内电站脱氮技术而言，如果简单依靠低 NO$_x$ 燃烧技术降低排放，其控制过程受到各个方面条件的制约，脱硝效率很低，远远不能达到排放标准。针对国内近 2 亿千瓦的装机容量，并且大多数为燃煤机组，达成控制 NO$_x$ 排放的任务十分艰巨。借鉴国外烟气脱氮 SCR 法的运行经验和结果，在我国燃煤电厂采用 SCR 法控制 NO$_x$ 排放是切实可行的。

目前，工业上主要是使用氨作为还原剂对含 NO$_x$ 的气体进行处理，这是在一定的温度范围内，使氨能有效地将气体中的 NO$_x$ 还原，而不和氧发生反应的方法。这样反应中可不需要消耗大量的氧，使得催化剂床与出口气体温度较低。SCR 脱硝装置具有结构简单、脱硝效率高、运行可靠、便于维护等优点，使其广泛应用于工业催化中。随着 SCR 技术的日益推广、SCR 催化剂性能的改进和反应操作条件的优化，SCR 技术将日趋成熟。

5.4.1　SCR 反应原理

SCR 是还原剂在催化剂作用下选择性地将 NO$_x$ 还原为 N$_2$ 的方法。对于固定源脱硝来说，主要是通过向温度为 280~420℃ 的烟气中喷入尿素或氨，将 NO$_x$ 还原为 N$_2$ 和 H$_2$O。

如果尿素做还原剂，首先要发生水解反应：

$$\text{NH}_2\text{-CO-NH}_2 \longrightarrow \text{NH}_3 + \text{HNCO}(\text{异氰酸}) \tag{5-21}$$

$$\text{HNCO} + \text{H}_2\text{O} \longrightarrow \text{NH}_3 + \text{CO}_2 \tag{5-22}$$

NH$_3$ 选择性还原 NO$_x$ 的主要反应式如下：

$$4\text{NH}_3 + 4\text{NO} + \text{O}_2 \longrightarrow 4\text{N}_2 + 6\text{H}_2\text{O} \tag{5-23}$$

$$8\text{NH}_3 + 6\text{NO}_2 \longrightarrow 7\text{N}_2 + 12\text{H}_2\text{O} \tag{5-24}$$

除了发生以上反应外，在实际过程中随着烟气温度升高还存在如下副反应：

$$4\text{NH}_3 + 3\text{O}_2 \longrightarrow 2\text{N}_2 + 6\text{H}_2\text{O}(>350℃) \tag{5-25}$$

$$4NH_3 + 5O_2 \longrightarrow 4NO + 6H_2O(>350℃) \qquad (5-26)$$

$$4NH_3 + 4O_2 \longrightarrow 2N_2O + 6H_2O(>350℃) \qquad (5-27)$$

$$2NH_3 + 2NO_2 \longrightarrow N_2O + N_2 + 3H_2O \qquad (5-28)$$

$$3NH_3 + 4NO_2 \longrightarrow 3\frac{1}{2}N_2O + 4\frac{1}{2}H_2O \qquad (5-29)$$

$$4NH_3 + 4NO_2 + O_2 \longrightarrow 4N_2O + 6H_2O \qquad (5-30)$$

$$4NH_3 + 4NO + 3O_2 \longrightarrow 4N_2O + 6H_2O \qquad (5-31)$$

$$2NH_3 \longrightarrow N_2 + 3H_2 \qquad (5-32)$$

在 SO_2 和 H_2O 存在条件下，SCR 系统也会在催化剂表面发生如下不利反应：

$$SO_2 + \frac{1}{2}O_2 \longrightarrow SO_3 \qquad (5-33)$$

$$NH_3 + SO_3 + H_2O \longrightarrow NH_4HSO_4 \qquad (5-34)$$

$$2NH_3 + SO_3 + H_2O \longrightarrow (NH_4)_2SO_4 \qquad (5-35)$$

$$SO_3 + H_2O \longrightarrow H_2SO_4 \qquad (5-36)$$

反应中形成的 $(NH_4)_2SO_4$ 和 NH_4HSO_4 很容易沾污空气预热器，对空气预热器损害很大。在催化反应时，氮氧化物被还原的程度很大程度依赖于所用的催化剂、反应温度和气体空速。

催化剂一般由基材、载体和活性成分组成。基材是催化剂形状的骨架，主要由钢或陶瓷构成；载体用于承载活性金属，现在很多蜂窝状催化剂则是把载体材料本身作为基材制成蜂窝状；活性成分一般有 V_2O_5、WO_3、MoO_3 等。

目前工业上已成熟应用的催化剂主要是以 TiO_2 为载体的 V_2O_5 基催化剂，通常包括 V_2O_5/TiO_2、$V_2O_5/TiO_2\text{-}SiO_2$、$V_2O_5\text{-}WO_3/TiO_2$ 以及 $V_2O_5\text{-}MoO_3/TiO_2$ 等类型。而在诸多报道中，对于催化剂工作原理的阐释，最具代表性的是 Topsoe 等的研究，其采用 FTIR-MS 技术，根据不同酸的浓度与 NO_x 转化率的关系，得出 B 酸性位上的 NH_4^+ 在 SCR 反应中起主要作用，并且从电子转移角度完善了 Inomata 等提出的反应历程，表明 V—OH 中的 V 是以五价氧化态形式存在的，即 V^{5+}—OH，一方面氨首先吸附在 B 酸性位上形成—NH_4^+，然后被邻近的 V^{5+}—O 氧化形成 V^{5+}=O 氧化形成—NH_3^+，同时 V^{5+}=O 被还原成 H—O—V^{4+}；另一方面，—NH_3^+ 与气相中的 NO 结合形成—NH_3^+NO，然后分解成 N_2 和 H_2O，而 H—O—V^{4+} 在 O_2 作用下重新氧化形成 V^{5+}=O，从而完成了一个循环。

在采用选择性催化还原法时，其流程要求的温度范围比非选择性催化还原要严格得多。如温度过高时氨氧化可进一步进行，甚至生成一些 NO_x；当温度偏低时会生成一些硝酸铵与亚硝酸铵粉尘或白色烟雾，并可能堵塞管道或引起爆炸。因此，需通过使用适当的催化剂，使主反应在 $200\sim450℃$ 的温度范围内有效进行。反应时，排放气体中的 NO_x 和注入的 NH_3 几乎是以 1：1 的物质的量之比进行反应，可以得到 $80\%\sim90\%$ 的脱硝率。$NH_3\text{-}$ SCR 法去除 NO_x 的基本原理如图 5-8 所示。

5.4.2 SCR 脱硝过程的影响因素

催化剂活性直接决定脱硝反应运行的程度，是影响脱硝性能最重要的因素。目前，广泛应用的 SCR 催化剂大多是以 TiO_2 为载体，以 V_2O_5 或 $V_2O_5\text{-}WO_3$、$V_2O_5\text{-}MoO_3$ 为活性成

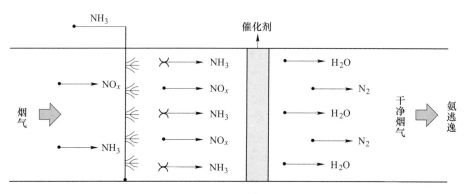

图 5-8　NH_3-SCR 法脱硝基本原理

分组成的蜂窝状催化剂。催化剂活性丧失主要有催化剂中毒、烧结、冲蚀和堵塞等现象。典型的 SCR 催化剂中毒主要是由砷、碱金属、金属氧化物等引起的。

在 SCR 系统设计中，为保持催化剂活性和整个 SCR 系统的高效运转，最重要的运行参数包括烟气温度、烟气流速、氧气浓度、SO_2/SO_3 浓度、水蒸气浓度、钝化影响和氨逃逸等。

（1）烟气温度。烟气温度是选择催化剂的重要运行参数，催化反应只能在一定的温度范围内进行，同时还存在催化的最佳温度（这是每种催化剂特有的性质），因此烟气温度会直接影响反应的进程。

（2）烟气流速。烟气的流速直接影响 NH_3 与 NO_x 的混合程度，需要设计合理的流速以保证 NH_3 与 NO_x 充分混合而使反应充分进行，同时反应需要氧气的参与，但氧浓度不能过高，一般控制在 2%~3%。

在脱硝系统运行过程中，烟气中会有部分 SO_2 氧化成 SO_3，SO_3 在省煤器段形成硫酸蒸气，在空气预热器冷端 177~232℃ 浓缩成酸雾，腐蚀受热面；泄露的 NH_3 与烟气中 SO_3 在 SCR 催化剂中 V_2O_5 的催化作用下发生反应，生成难以清除且具有黏性沉积的铵盐，从而造成空预器的腐蚀及堵塞；SO_3 的泄漏还会使烟气露点温度升高，提高排烟温度，降低锅炉热效率；SO_3 产生的蓝羽降低了排烟透明度，且 SO_3 在排烟时若水蒸气含量较高，则会转化为硫酸，直接形成酸雨。故需严格控制 SO_2/SO_3 浓度。

氨逃逸是影响 SCR 系统运行的另一个重要参数，实际生产中通常是被喷射进系统的氨多于理论量，反应后在烟气下游多余的氨称为氨逃逸。NO_x 脱除效率随着氨逃逸量的增加而增加。另外，水蒸气浓度的增加会使催化剂的性能下降，催化剂钝化失效也不利于 SCR 系统的正常运行，必须加以有效控制。

（3）催化剂的选择。SCR 系统中的重要组成部分是催化剂。当前流行且成熟的催化剂有蜂窝式、板式、波纹状和条状式等。平板式催化剂一般是以不锈钢金属网格为基材，负载上含有活性成分的载体压制而成；蜂窝式催化剂一般是把载体和活性成分混合物整体挤压成型；波纹状催化剂是丹麦 HALDOR TOPSOE A/S 公司研发的，外形如起伏的波纹，从而形成小孔。加工工艺是先制作玻璃纤维加固的 TiO_2 基板，再把基板放到催化活性溶液中浸泡，以使活性成分能均匀地吸附在基板上。条状催化剂是均质催化剂，主要应用在低温脱硝方向。由于垃圾焚烧窑炉飞灰大，温度要求较低，因此条状催化剂在国内外大型垃圾焚烧场有所应用。各种催化剂活性成分均为 WO_3 和 V_2O_5。图 5-9 为蜂窝式催化剂形态。

图 5-9 蜂窝式催化剂形态

（4）还原剂的选择。在 SCR 系统中。靠氨与 NO_x 反应达到脱硝的目的。稳定、可靠的氨系统在整个 SCR 系统中是不可或缺的，制氨一般有尿素法、纯氨法和氨水法三种方法。

1）尿素法：典型的用尿素制氨的方法为即需制氨法（AOD）。运输卡车把尿素卸到卸料仓，干尿素被直接从卸料仓送入混合罐。尿素在混合罐中和水被搅拌器搅拌，以确保尿素的完全溶解。然后用循环泵将溶液抽出来。此过程不断重复，以维持尿素溶液存储罐的液位。从存储罐里出来的溶液在进入水解槽之前要过滤，并要送入热交换器吸收热量。在水解槽中，尿素溶液首先通过蒸汽预热器加热到反应温度，然后与水反应生成氨和二氧化碳，反应式如下：

$$NH_2CONH_2 + H_2O === 2NH_3 + CO_2 \tag{5-37}$$

尿素法安全无害，但系统复杂、设备占地大、初始投资大，大量尿素的存储还存在潮解问题。

2）纯氨法：液氨由槽车运送到液氨贮槽，液氨贮槽输出的液氨在 NH_3 蒸发器内经 40℃ 左右的温水蒸发为 NH_3 并将 NH_3 加热至常温后，送到 NH_3 缓冲槽备用。缓冲槽的 NH_3 经调压阀减压后，送入各机组的 NH_3/空气混合器中。与来自送风机的空气充分混合后，通过喷氨格栅（A1G）的喷嘴喷入烟气中，与烟气混合后进入 SCR 催化反应器。纯氨属于易燃易爆物品，必须有严格的安全保障和防火措施，其运输、存储涉及国家和当地的法规及劳动卫生标准。

3）氨水法：通常将 25% 的氨水溶液（20% ~ 30%）置于存储罐中，然后通过加热装置使其蒸发，形成 NH_3 和水蒸气。可以采用接触式蒸发器和喷淋式蒸发器。氨水法较纯氨法更为安全，但其运输体积大，运输成本较纯氨法高。

上述三种物质消耗的比例为：纯氨：氨水（25%）：尿素 = 1：4：1.9。三种制氨方法的比较见表 5-1。

表 5-1 三种制氨方法的比较

项目	纯氨	氨水	尿素
反应剂费用	便宜	较贵	最贵
运输费用	便宜	贵	便宜
安全性	有毒	有害	无害
储存条件	高压	常规大气压	常规大气压，固态（加热，干燥空气）
储存方式	液压（箱装）	液态（箱罐）	微粒状（料仓）
初投资费用	便宜	贵	贵

项目	纯氨	氨水	尿素
运行费用	便宜，需要热量蒸发液氨	贵，需要高热量蒸发蒸馏水和氨	贵，需要高热量水解尿素和蒸发氨
设备安全要求	有法律规定	需要	基本上不需要

由表 5-1 可见，使用尿素制氨的方法最安全，但投资、运荷总费用最高；纯氨的运行、投资费用最低，但安全性要求较高；氨水介于两者之间。

对于单机容量为 600MW 的燃煤机组，在省煤器出口 NO_x 浓度（标准状态）为 500mg/h，脱硝率为 80% 的情况下，脱硝剂耗量大致如下：纯氨为 300kg/h，氨水为 1100kg/h，尿素为 500kg/h。

5.5 SNCR-SCR 联合脱硝工艺

SNCR-SCR 联合烟气脱硝技术并非是 SCR 工艺与 SNCR 工艺的简单组合，而是结合了 SNCR 与 SCR 两种技术的优点，在提高 NO_x 脱除率的情况下可降低脱硝成本并减少氨的泄漏。在联合脱硝系统中，SNCR 脱硝过程氨的泄漏为 SCR 提供了所需的还原剂。通过 SCR 脱硝过程可脱除掉更多的 NO_x，同时进一步减少氨泄漏的机会。联合脱硝系统所使用的催化剂比起单独使用 SCR 脱硝系统要少得多，而且能达到较高的 NO_x 脱除率。

SNCR 技术把还原剂如 NH_3、尿素稀溶液等喷入炉膛温度为 850~1100℃ 的区域，该还原剂迅速热分解出 NH_3 并与烟气中的 NO_x 进行反应生成 N_2 和 H_2O。该方法以炉膛为反应器，在炉膛 850~1100℃ 的温度范围内，NH_3 或尿素等氨基还原剂可选择性地还原烟气中的 NO_x，其主要反应为

氨为还原剂：

$$NH_3 + NO_x \longrightarrow N_2 + H_2O \tag{5-38}$$

尿素为还原剂：

$$CO(NH_2)_2 \longrightarrow 2NH_2 + CO \tag{5-39}$$

$$NH_2 + NO_x \longrightarrow N_2 + H_2O \tag{5-40}$$

$$CO + NO_x \longrightarrow N_2 + CO_2 \tag{5-41}$$

当温度过高超过反应温度范围时，氨就会被氧化成 NO_x：

$$NH_3 + O_2 \longrightarrow NO_x + H_2O \tag{5-42}$$

在联合脱硝系统中，NH_3 作为脱硝剂被喷入高温烟气脱硝装置中，多余的 NH_3 在催化剂的作用下可以在 280~420℃ 的烟气温度范围内将烟气中 NO_x 分解成为 H_2 和 H_2O，其反应式如下：

$$4NO + 4NH_3 + O_2 \longrightarrow 4N_2 + 6H_2O \tag{5-43}$$

$$NO + NO_2 + 2NH_3 \longrightarrow 2N_2 + 3H_2O \tag{5-44}$$

5.6 脱硝催化剂的设计与研制

5.6.1 钒基脱硝催化剂体系

5.6.1.1 钒基催化剂各组分作用

V_2O_5-WO_3(MoO_3)/TiO_2 是工业上普遍使用的 NH_3-SCR 催化剂，其工作温度一般在 300~400℃，NO_x 转化率可达 90% 以上，更重要的是 H_2O 和 SO_2 在该温度区间对其活性影响很小。其中各活性成分的主要作用如下：

V_2O_5 是其中最主要的活性组分，表面呈酸性，容易将碱性的氨捕捉到催化剂表面进行反应，其特定的氧化优势利于将氨和 NO_x 转化为 N_2 和水，适用于富氧环境，在 350~450℃ 时保持较高活性。然而，V_2O_5 在催化还原 NO_x 的同时也能将 SO_2 氧化成 SO_3，并且过量的 V_2O_5 会使催化剂表面生成 N_2O。因此，钒的担载量不能过大，质量分数通常不超过 1%。

具有锐钛矿结构的 TiO_2 作为载体有很多优势。首先，钒的氧化物在 TiO_2 的表面具有很好的分散度，因此以锐钛矿 TiO_2 为载体负载钒的催化剂可获得较高的活性。钒在钛基表面主要有孤立的钒活性位中心和聚集态两种状态。其次，SO_2 氧化生成的 SO_3 可能与催化剂载体发生反应，生成硫酸盐，但在 TiO_2 作为载体的条件下，其反应较弱并且可逆；此外，在 TiO_2 表面生成的硫酸盐要比在其他氧化物，如 Al_2O_3 和 ZrO_2 表面生成的稳定性要差。因此，在工业应用过程中不会使硫酸盐遮蔽催化剂的表面活性位，同时这部分少量的硫酸盐还会增强反应的活性。

一般 SCR 催化剂中 WO_3 的含量很高，大约能够占到 10%（质量分数），其主要作用是增加催化剂的活性和热稳定性。WO_3 增强 SCR 反应中钒氧化物活性的机理目前还不是很清楚，一些学者认为其增加了 Brönsted 酸性，从而增强了反应的活性；也有学者认为 SCR 反应需要两个活性位，WO_3 提供了另外一个活性位。因为 V_2O_5/TiO_2（锐钛矿）本身是一个很不稳定的系统，是一种亚稳定的 TiO_2 的同分异构体，它在任何温度和压力条件下都有形成稳定的金红石结构的趋势，而 WO_3 的加入能够阻碍这种变化的发生；另外，WO_3 的加入能和 SO_3 竞争 TiO_2 表面的碱性位并代替它，从而限制催化剂硫酸盐化。

MoO_3 在 SCR 反应中，加入 MoO_3 能提高催化剂的活性；而另外一个特殊的作用是防止烟气中的 As 导致催化剂中毒，但是 MoO_3 防治 As 中毒的机理目前还不是很清楚。其他添加剂在工程实际应用的蜂窝状催化剂中，加入了一些硅基的颗粒以提高催化剂的机械强度，在这些颗粒中通常含有一些碱性的阳离子（CaO、MgO、BaO、Na_2O 和 K_2O），这对催化剂来说是一种毒性物质，这也就是实际情况下催化剂活性有所下降的主要原因。另外，在商业化催化剂制造过程中还会加入许多其他添加剂和助剂。

5.6.1.2 钒和钨对催化剂活性的影响

A 钒含量对催化剂活性的影响

钒作为催化剂的主要活性成分，其含量并非越多越好。商业钒钨钛催化剂的钒含量控制在 0.6%~1.5%。这是因为过高的氧化钒尽管有利于催化反应，但同时提高了 SO_2 氧化为 SO_3 的转化率，过量的 SO_3 不仅影响催化剂的活性而且会造成催化剂后部空预器的碳酸氢铵积聚，腐蚀烟道和设备；而过低的钒含量又达不到转化率要求。因此，工业生产中，控制氧化钒的含量十分重要。研究表明，随着钒负载量的提高，V_2O_5/TiO_2 催化剂在 300℃ 以下低温活性显著提高。但是，催化剂中高温区（300℃ 以上）的活性并不随钒负载量的提高而增强，主要是因为还原剂 NH_3 发生氧化从而导致参与 NO 还原反应的 NH_3 含量减少。在高钒条件下，继续增加催化剂中 V_2O_5 的含量对提高钒基催化剂的低温活性效果并不显著，尤其是 V_2O_5 含量（质量分数）由 5% 增加到 8% 后，在相同 WO_3 高负载量的条件下，250℃ 以下的 NO_x 转化率甚至略有下降。但是，在高温（>350℃）条件下，随着 V_2O_5 含量的增加，高钒催化剂的 NO_x 转化率和 N_2 选择性快速下降，可能与高温条件下 NH_3 过氧化有关。NH_3-SCR 反应生成 N_2 的活性中心是 TiO_2 载体表面单层适度分散的 VO_x 物种。低钒条件下，提高钒含量能增加 VO_x 物种的数量，从而使催化剂的低温 SCR 活性明显升高。但 TiO_2 载体表面的附着位点有限且钒氧化物易发生自聚合现象，当进一步提高钒含量时，单层分散的 VO_x 物种不再增加，而是形成大量的多聚态钒氧物种，这种氧化能力较强的多聚态物种将不断增强 NH_3 过度活化和过氧化形成 NO_x 的趋势。因此，高钒条件下催化剂的低温活性不升反降，高温活性和 N_2 选择性持续下降。

B　钨/钼含量对催化活性和选择性的影响

WO_3 是脱硝催化剂中重要的助剂，它的作用主要是有效提高催化剂表面酸度，促进活性组分 V_2O_5 在钛白粉表面的有效分布，拓宽温度窗口，增加催化剂高温抗烧结能力。然而，WO_3 的含量也并非越高越好。在相同 V_2O_5 含量的条件下，负载 WO_3 可以提高高钒催化剂的低温 NO_x 转化率，但这种促进作用随着钒含量的增加而变弱。研究表明，当 WO_3 含量（质量分数）逐渐增加至 10%，催化剂的低温活性没有发生明显变化，而高温 NO_x 转化率和 N_2 选择性同时略有下降。高钒条件下，钨氧化物对 VO_x 物种单层分散的促进作用已不明显，而是与 VO_x 物种竞争表面空间，导致多聚态钒氧物种的不断形成，抑制了催化剂的高温反应活性。高钒催化剂的 SCR 反应活性结果进一步表明，低温 NH_3-SCR 反应活性与 V_2O_5 含量不存在正向关联性，而 WO_3 对于反应活性的促进作用也不再显著，因此，在实际烟气条件下，不能依靠增加催化剂中 V_2O_5 和 WO_3 的负载量来持续提高低温脱硝效率。

图 5-10 表示不同 W 和 Mo 含量（质量分数分别为 3%、5% 和 8%）的钒基催化剂的 SCR 反应活性。可以看出，提高 W 或 Mo 含量有利于一定程度地提高钒基催化剂的低温反应活性。

5.6.1.3　钒和钨对催化剂化学结构的影响

A　V_2O_5 和 WO_3 的构效关系

在钒基 SCR 催化剂中，随着载体表面钒负载量的增加，钒氧物种的存在形式也随之变化，由完全单分散的四配位 VO_4 物种逐渐变为中等程度单层分散的二聚体或多聚体 VO_x 物种，再逐渐变为单层分散的多聚态物种。研究表明，当 V_2O_5 负载量远超过理论单层分散极限，钒氧化物会逐渐形成聚合态物种，直至结晶形成 V_2O_5 晶体。在这些不同的钒氧物种中，中等程度单层分散的 VO_x 物种已被证明是 NH_3-SCR 反应的关键活性中心。钨氧

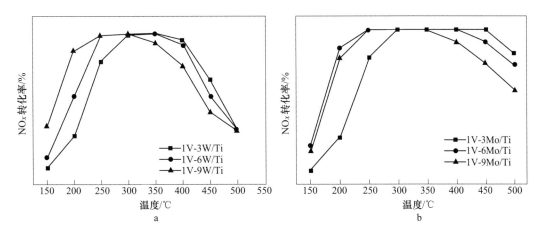

图 5-10　V-W/Ti 与 V-Mo/Ti 传统催化剂的 NH₃-SCR 反应性能

（反应条件：NO、NH₃ 和 O₂ 的体积分数分别为 0.05%、0.05% 和 3%，N₂ 为平衡气，空速为 300cm³/min）

a—V-W/Ti；b—V-Mo/Ti

化物的存在会影响钒氧物种的分散形式，通过与钒氧物种竞争锐钛矿表面的附着位点或挤压钒氧物种，显著增加中等程度单层分散 VO$_x$ 物种的数量。最近，Kompio 等对于钨氧化物的作用提出了新的观点，研究结果表明钨氧物种的主要作用是抑制钒氧物种强烈的自聚合倾向，而非挤压 VO$_x$ 物种的分散空间直至形成多聚态物种或 V$_2$O$_5$ 微晶，单层 VO$_x$ 物种均匀地分散在钨氧化物附近，氧化还原性能及表观的 SCR 性能同时受到影响。

纯相的锐钛矿型 TiO$_2$ 表面只有 Lewis 酸（L 酸）存在，无法为 SCR 反应提供关键的 NH$_3$ 吸附位点，而在 V$_2$O$_5$/TiO$_2$ 催化剂表面，由于 V＝O 键转化为 V—OH 键，只有少量的 Brönsted 酸（B 酸）形成。与 SCR 反应氧化还原循环相关的 V—OH 键，只有少量的 Bronsted 酸（B 酸）形成。与 SCR 反应氧化还原循环相关的 V—OH 酸位和 V＝O（或 V—O—V）氧化还原位属于联合性的活性位点。当添加助剂 WO$_3$ 后，以 W—OH 形式存在的 B 酸位大量形成，提高了催化剂吸附 NH$_3$ 形成 NH$_4^+$ 离子的能力，成为 V—OH 酸性位的补充位点，并且，在锐钛矿型 TiO$_2$ 表面，V、W 元素之间的共同作用可能以 W—OH 与 V＝O（V—O—V）或 V—O—W 的形式存在。尽管关于 V—O—W 的存在和作为 SCR 反应活性中心的直接证据尚未发现，但钨氧化物对 VO$_x$ 物种分散的促进作用和 W—OH 物种的 B 酸增强作用已被证明，并与 VO$_x$ 物种组成了联合活性位点。因此，可以认为助剂钨氧化物能够显著改变钒基催化剂的化学性质并直接提高其催化性能。

B　不同 V$_2$O$_3$ 和 WO$_3$ 负载量对催化剂微观结构的影响

V$_2$O$_3$、WO$_3$ 和 TiO$_2$ 在催化剂上的微观结构与其良好的催化活性息息相关。研究表明，钒基催化剂的 XRD 主要衍射峰都归属为锐钛矿型 TiO$_2$ 载体，即使高含量 V$_2$O$_5$ 和 WO$_3$ 的负载也不会对 TiO$_2$ 载体煅烧时的晶相产生明显影响。

在高钒条件下，钨氧化物虽然仍能抑制钒氧物种的自聚合结晶现象，但自身受到表面空间限制和钒氧化物压缩作用的影响，从而不断形成多聚态 W—O—W 物种。高钒催化剂的拉曼结果表明，钒氧物种仍主要分散在钨氧物种附近，两者相互竞争载体表面位点，形成大量多聚态物种，最终导致高钒催化剂的氧化能力异常增强，高温 SCR 活性和 N$_2$ 选择性下降。因此，钨氧化物作为助剂对高钒催化剂的促进作用并不明显。

　　C　钛钨载体中 WO_x 的表面分散状态对钒基催化剂性能的影响

　　因制备工艺条件的差异，不同类型的 WTi 复合载体中的钨氧化物在 TiO_2 表面表现出不同的分散状态，包括无定形态和结晶态这两种形式。因此，钨氧化物分散状态的差异对钒基催化剂中 VO_x 物种的存在形式和 SCR 反应活性也有着重要的影响。

　　表5-2 给出了不同类型 WTi 样品的化学组分分析结果，WTi 复合氧化物中主要组分为 TiO_2、WO_3 和 SO_4^{2-}，其中，WO_3 含量在5%左右，SO_4^{2-} 含量约2%，其他杂质的含量低于0.3%。

表5-2　不同类型钨钛载体的化学组成

样品	含量（质量分数）/%				
	WO_3	SO_4^{2-}	CaO	SiO_2	P_2O_5
WTi-1 号	4.7	2.4	<0.1	<0.1	<0.1
WTi-2 号	4.9	2.6	<0.1	<0.1	<0.1
WTi-3 号	5.2	2.1	<0.1	<0.1	<0.3
WTi-4 号	6.8	1.6	<0.1	<0.1	<0.1
W-P25	5.0	—	—	—	—

5.6.1.4　钒基催化剂 SCR 反应机理

　　20 世纪70 年代以来，对于 V_2O_5/TiO_2 催化剂的 SCR 反应机理已经开展了大量研究，这些研究大都是建立在反应动力学和反应物吸附态光谱分析基础之上的。Inomata 等提出了一种非常经典的反应机制，如图 5-11 所示。NH_3 在 V_2O_5/TiO_2 催化剂表面与气相 NO 发生反应，生成如图所示的"活化的物种"。这种活性物种随后分解成 N_2 和 H_2O，催化剂表

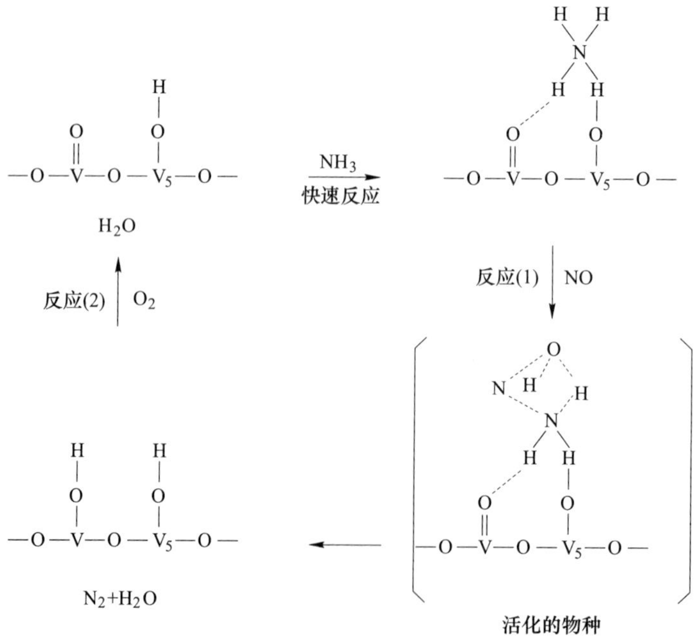

图 5-11　Inomata 提出的 V_2O_5/TiO_2 催化剂上 NH_3-SCR 反应机制

面在 O_2 存在的条件下恢复到初始状态，进入下一个循环反应。Janssen 等进一步详细讨论了 V_2O_5/TiO_2 催化剂上 NH_3-SCR 的中间物种，他们认为 NH_3 在多钒酸盐物种 $O=V—O—V=O$ 上会吸附转化生成 NH_3-SCR 反应中一个非常重要的中间物种——$V-ONH_2$（图 5-12 中的物种 D）。而此结论在接下来很多研究者的报道中也得到证实。1990 年，Ramis 等基于 V_2O_5/TiO_2 催化剂体系提出如图 5-13 所示的反应机理，这与他们之后在 Cu 系催化剂上发现的机理相类似。首先 NH_3 吸附在催化剂表面的 Lewis 酸性位，继而活化脱氢形成高活性的 NH_2 物种（式 5-45），与气相 NO 反应生成 NH_2NO 中间体（式 5-46），进一步分解生成 N_2 和 H_2O（式 5-47），遵循 Eley-Redeal 反应机理。而此机理（也称作氨基-亚硝酰胺机制）也和许多学者的报道相一致。Topsøe 等在 Ramis 课题组提出"NH_2NO 机理"的基础上，对 V_2O_5/TiO_2 催化剂的 SCR 反应机理进行改进，提出了 B 酸活化型双循环式反应机理。如图 5-14 所示，V_2O_5/TiO_2 催化剂的反应活性位是单层分散的 $O=V—O—V—OH$ 二聚态物种，为 NH_3-SCR 反应同时提供了酸性位和氧化还原位。气态 NH_3 主要吸附在以 $V^{5+}—OH$ 形式存在的表面 B 酸位，而 $V^{5+}=O$ 物种主要参与 NH_3 吸附物种的活化反应，经过脱氢反应后，$V^{5+}=O$ 转化为还原态的 $V^{4+}—OH$，通过 O_2 再氧化反应又重新转化为氧化态 $V^{3+}=O$。而在酸碱循环过程中，氨活化物种与 NO 结合后迅速分解为 N_2 和 H_2O，而 $V^{5+}—OH$ 物种重新与 NH_3 结合，开始新的催化循环。但 Busca 等认为，该反应机制中提出的 NH_3^+ 中间物种与 NO 结合后可能无法稳定存在，因此需要进一步研究探讨。

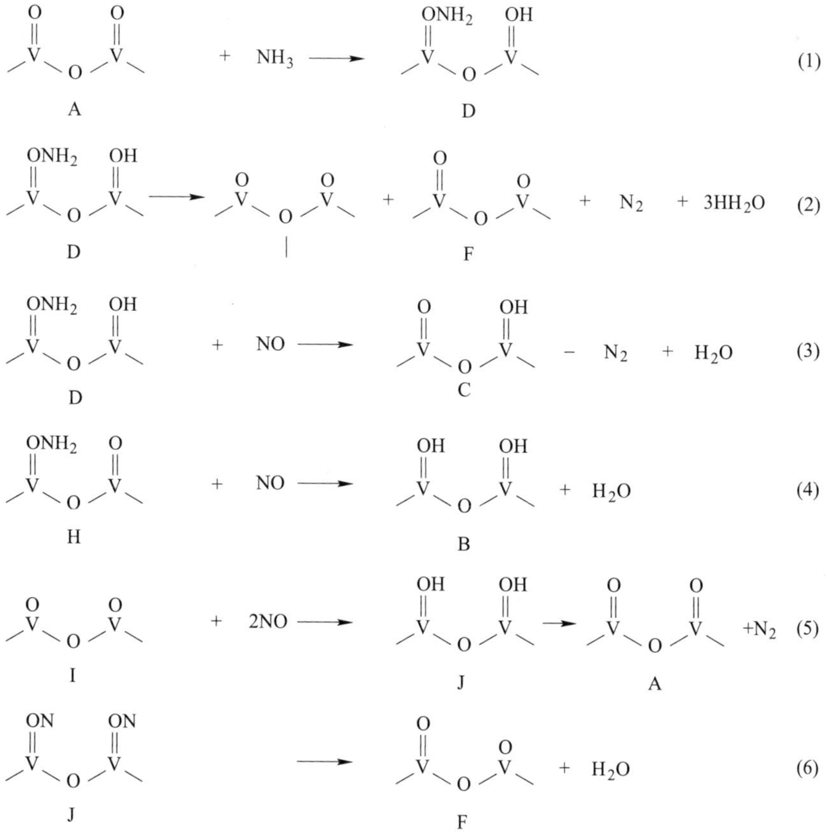

图 5-12 Janssen 等提出的 V_2O_5/TiO_2 催化剂上 NH_3-SCR 反应机制

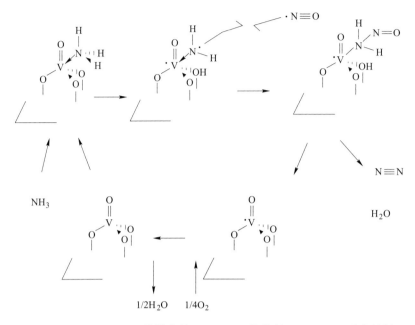

图 5-13　Ramis 等提出的 V_2O_5/TiO_2 催化剂上 NH_3-SCR 反应机制

图 5-14 表示的 B 酸活化型 SCR 反应机理适用于钒基氧化物或其他表面 B 酸位较多的氧化物，并能解释 H_2O 在高温条件下对 SCR 反应的促进作用，以及 WO_3、SO_4^{2-} 等表面 B 酸增强物种对 V_2O_5/TiO_2 催化剂反应活性的促进作用。但 B 酸活化型反应机理无法适用于 Mn/TiO_2、Fe/TiO_2 等只有 L 酸位的 SCR 催化剂。研究表明，表面 B 酸位并不是 SCR 反应的必要物种，NH_3 吸附在 L 酸位经过活化作用后，同样能形成 NH_2NO 物种。

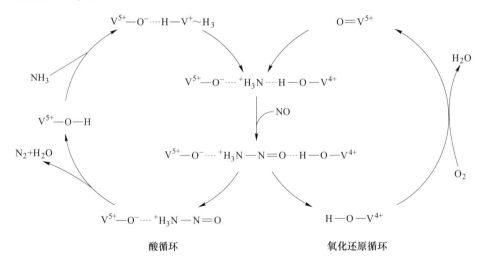

图 5-14　Topsoe 等提出的 V_2O_5/TiO_2 催化剂上 NH_3-SCR 反应机制

$$NH_3 + M^{n+} + O^{2-} \longrightarrow M^{(n-1)+} \cdots NH_2 + {-}OH \tag{5-45}$$

$$M^{(n-1)+} \cdots NH_2 + NO \longrightarrow M^{(n-1)+} \cdots NH_2NO \tag{5-46}$$

$$M^{(n-1)+}\cdots NH_2NO \longrightarrow M^{(n-1)+} + N_2 + H_2O \tag{5-47}$$

$$2M^{(n-1)+} + \frac{1}{2}O_2 \longrightarrow M^{n+} + O^{2-} \tag{5-48}$$

$$2-OH \longrightarrow H_2O + O^{2-} \tag{5-49}$$

5.6.1.5 新型低钒金属氧化物催化剂

低 V 高温催化剂主要是通过在传统的钒钨钛体系中引入非 V 组分，改善其抗中毒能力差、温度窗口窄以及 V_2O_3 自身是有毒物质等缺点。很多课题组在研究低 V 催化剂时取得了一定的效果。清华大学通过引入 Fe、Mn 和 Ce 等成分，在降低 V 含量的同时，改善了催化剂的 SCR 性能（图 5-15）。研究表明，引入 Ce 不仅可以改善催化剂的脱硝活性，拓宽温度窗口，还可以提高催化剂的抗碱金属中毒能力。Ce 引入到 V_2O_5-WO_3/TiO_2 体系所得到的 $V_{0.1}W_6Ce_{10}Ti$ 催化剂在 200～450℃ 范围内脱硝效率达到 90% 以上。甚至在 $113000h^{-1}$ 空速下，250～350℃ 的脱硝效率几乎能达到 100%，并且抗水性能和抗硫性能良好。造成这一现象的主要原因是 Ce 的加入造成了电荷失衡，在催化剂表面形成了空位以及不饱和的化学键。这导致催化剂表面吸附氧的增多，产生更多的 NO_2，从而促进了 SCR 反应的进行。由此可见，通过引入新元素，降低有害物质 V 的含量，发展环境友好的催化剂体系是一种非常有前景的 SCR 催化剂发展计划。表 5-3 汇总了常见组分对钒基催化剂反应性能的影响。

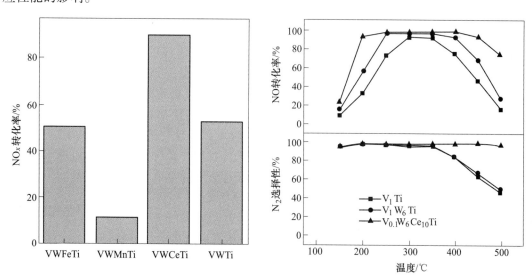

图 5-15　用 Fe、Mn 和 Ce 部分替代 V 后催化剂的活性及 N_2 选择性

（反应条件：$5\times10^{-4}NO$，$5\times10^{-4}NH_3$，$3\%O_2$，N_2 为平衡气，总流量为 $300mL/min$，空速为 $28000h^{-1}$）

表 5-3　部分低 V 高温 SCR 催化剂的掺杂改性

催化剂体系	引入新元素	活性改善原因
V_2O_5-WO_3/TiO_2	Ce	提供更多的吸附氧和 B 酸位，促进 NO_2 的形成
V_2O_5/TiO_2	F	促进 V^{4+} 和 Ti^{3+} 的形成以及 V 在催化剂表面的均匀分布，提高表面超氧离子的数量
V_2O_5/TiO_2	Mn	提高还原性，提供强酸性位

催化剂体系	引入新元素	活性改善原因
V_2O_5/TiO_2	Ag	抑制锐钛矿相 TiO_2 微晶的长大、提高吸附位点的氧化能力
V_2O_5/TiO_2	Ce	促进 NO_2 和单齿硝酸盐物种的形成
V_2O_5/TiO_2	Fe	增加比表面积、酸性位数量和吸附氧含量

5.6.2　主要烟气组分影响

5.6.2.1　H_2O 的影响

一般燃煤烟气中含有 2%~18% 的水蒸气，水蒸气的存在对催化剂的 SCR 活性也有重要影响。水蒸气可以在一定程度上"破坏"催化剂表面的酸性位，从而降低可用的活性位数量。即使在干燥条件下，由于水是 SCR 反应的产物之一，水膜也会覆盖催化剂的某些活性位。因此，在催化脱硝过程中水对反应物吸附的影响是 SCR 研究的重要课题之一。不论是非负载型金属氧化物催化剂还是炭基催化剂，一定程度上水总是会降低催化活性。水对 SCR 反应的影响可以分为两种结果：一种是可逆的；另一种是不可逆的。可逆的失活是由于水与 NH_3 和 NO 竞争吸附抢占了活性位。当水被去除以后这种影响会消失。水化学吸附在催化剂表面生成羟基，当表面的羟基脱附时会破坏催化剂的结构造成催化剂的不可逆失活。温度在 525~775K 时羟基才会被脱除，所以，简单地去除进气中的水不会使失活的催化剂恢复活性。据报道，有水条件下催化剂的 SCR 活性与使用的还原剂种类关系密切。

水的存在可以使催化剂表面形成一层水膜。一方面，水膜的形成增大了 NO_x 和 NH_3 扩散到催化剂活性位的传质阻力，使得催化剂活性降低；另一方面，水膜的存在可以削弱 SO_2 的吸附，大大降低 SO_2 与催化剂活性位的反应，减缓了催化剂中毒失活的速率。因此可以认为，在低温 SCR 反应过程中，SO_2 和 H_2O 对催化活性都有抑制作用，H_2O 的抑制作用较小，并且是可逆的；SO_2 对催化活性影响较大，并且它的中毒是不可逆反应。因此，研究 SO_2 的中毒作用和机制对低温 SCR 反应尤为重要，探讨 SO_2 的中毒机理不仅可以对更好地理解低温 SCR 反应本质有帮助，并且对于探索和提高催化剂的抗硫性能，设计优化更实用的低温 SCR 催化体系具有重要的现实指导意义。

5.6.2.2　SO_2 的影响

SO_2 是燃煤锅炉排放的常见气体之一，也是易使燃煤锅炉的 SCR 脱硝催化剂中毒的物质之一。目前，低温 NH_3-SCR 应用的很重要的问题之一是催化剂 SO_2 中毒。在催化剂的作用下 SO_2 容易被氧化成 SO_3，而 SO_2 与烟气中的水以及 NH_3 反应可以生成硫酸铵和硫酸氢铵，它们沉积在催化剂表面严重影响催化剂的活性。催化剂体系不同，SO_2 影响催化剂活性的机制也不同。在高温下（>400℃），SO_2 对钒系和很多其他金属氧化物催化剂活性没有明显的影响。而在低温时（<300℃），SO_2 存在时可以使催化剂很快中毒。进气中含有的 SO_2 可以使锰基催化剂有不同程度的失活。在有氧存在的情况下，SO_2 被氧化，与催化剂表面的金属形成金属硫酸盐或者与氨反应生成硫酸铵覆盖在活性位上，这是 SCR 反应活性降低的主要原因。Kijlstra 等认为 SO_2 使 MnO_2/Al_2O_3 失活主要是由于形成了 $MnSO_4$。$MnSO_4$ 在 1293℃ 时才会分解，使得催化剂再生非常困难。非负载型锰氧化物的抗硫抗水活性很差。锰在 SO_2 中毒过程中的硫酸盐化可以用以下化学方程式表示：

$$MnO_2 + SO_2 \longrightarrow MnSO_4 \tag{5-50}$$

$$2\,Mn_2O_3 + O_2 + 4SO_2 \longrightarrow 4MnSO_4 \tag{5-51}$$

Tang 等发现当进气中加入 0.1% SO_2 和 10% H_2O 时，NO_x 转化率下降到 70% 左右。当停止加入 SO_2 和 H_2O 时，NO_x 转化率可恢复到 90% 左右。作者认为竞争吸附作用是活性降低的主要原因。Qi 等用共沉淀法制备了 MnO_x-CeO_2 催化剂且发现在 150℃ 时 $1 \times 10^{-4}\,SO_2$ 和 2.5% H_2O 存在的情况下仍能表现出优异的 SCR 活性，在 SO_2 和 H_2O 存在的 3h 内催化剂的 NO 转化率仅降低了 15%，并且这种抑制作用是可逆的。MnO_x-CeO_2 催化剂掺杂 Pr 或 Fe 以后 SO_2 和 H_2O 的存在对 NO 转化率几乎没有抑制作用。但是 Casapu 等研究了涂覆在堇青石模块上的 MnO_x-CeO_2 催化剂，发现 $50 \times 10^{-6}\,SO_2$ 通入催化剂床层以后形成的硫酸盐非常稳定，催化剂表面使 NO 氧化成 NO_2 的活性中心被不可恢复的破坏。不过，通过添加 Fe、V 等组分可以在一定程度上提高锰基整体催化剂的抗硫性能，但其低温活性有所降低。

低温条件下 SO_2 对锰基催化剂的活性影响如图 5-16 所示。由图可以看出，不同温度下 SO_2 对催化剂有不同程度的影响。在 110℃ 时，随着 SO_2 的加入，催化剂的 SCR 活性迅速降低，在 5h 内 NO_x 转化率从原来的活性降到 15% 以下。并且当进口气体中除去 SO_2 以后催化剂的活性不能恢复，说明 SO_2 使催化剂失活是不可逆反应。在 250℃ 时，SO_2 加入进口混合气后，催化剂上的 NO_x 转化率略有降低。

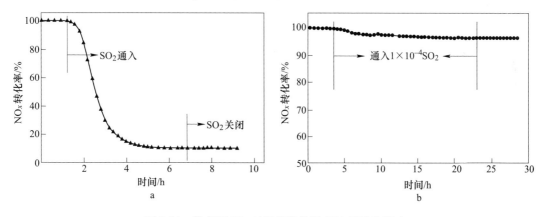

图 5-16　稳态下 SO_2 对锰基催化剂 SCR 活性的影响

a—Mn(0.4)Sn(0.1)CeO$_x$，110℃；b—Mn(0.4)Sn(0.1)CeO$_x$，250℃

为了研究 SO_2 中毒过程中 SO_2 与催化剂的作用，SO_2 与其他反应物之间的相互关系以及 SO_2 中毒的机理，可以在 SO_2 存在的气氛下进行 NO 和 NH_3 的吸附和脱附测试，考察 SO_2 与 SCR 反应物的相互影响。SO_2+NO-TPD 测试的结果如图 5-17 所示。

由图 5-17 可以看出，SO_2 与 NO_x 同时吸附脱附时，两者可以同时吸附在锰基催化剂表面，但与 NO-TPD 结果相比，原有的 380℃ 附近的 NO_x 脱附峰完全消失，只表现出一个宽的脱附峰。200℃ 以下的 NO_x 脱附量与未加 SO_2 时的脱附量差别不大，并且 200~300℃ 的脱附量略高于未加 SO_2 时的脱附量。SO_2 在 600℃ 以前几乎没有任何脱附，这与 SO_2-TPD 中的结果也有差别。SO_2 在 720℃ 有一个很强的脱附峰，该峰的位置与 SO_2-TPD 中的脱附峰相比向低温方向移动了 80℃，表明在这个过程中形成的硫酸盐稳定性降低。这些结果证明 SO_2 和 NO_x 存在一定的竞争吸附作用，在竞争吸附过程中，SO_2 占据了某些活性位中

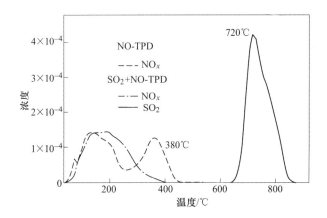

图 5-17 锰基催化剂的 $SO_2+NO-TPD$ 曲线

心，使得 NO_x 不能吸附到这些位置上形成稳定的吸附物种（NO_x 脱附温度越高表明这些物种越稳定）；同时，由于 NO_x 占据了另一些活性位中心，使得 SO_2 的弱吸附不能发生。因此，在共同吸附脱附时，SO_2 少了低温的弱吸附物种的脱附峰，NO_x 少了高温段的稳定吸附物种的脱附峰。综上所述，SO_2 与 NO_x 存在一定的竞争吸附作用。

由图 5-18 可以看出，SO_2 的存在显著促进了 NH_3 在催化剂表面的吸附。在 SO_2+NH_3-TPD 曲线中，NH_3 在 300℃ 和 820℃ 附近有两个脱附峰，脱附的浓度明显大于 NH_3-TPD 中的 NH_3 脱附浓度。SO_2 在 240℃ 和 750℃ 有两个脱附峰。与 SO_2-TPD 相比，高温度段 SO_2 的较强的脱附峰位置也向低温方向偏移，说明 SO_2 与 NH_3 同时吸附也影响了硫酸盐的稳定性。由于 SO_2 是一种酸性气体，NH_3 是碱性气体，两种气体吸附的活性位不同，所以两者在催化剂上的吸附影响不大。而 SO_2 吸附在催化剂表面形成的硫酸盐可以提供更多的酸性位，酸性位数量的增加有利于 NH_3 的吸附，使 NH_3 的吸附量明显增加。同时还应该注意到，SO_2 和 NH_3 的脱附峰位置相近，这可能是因为两者在催化剂表面形成硫酸铵或者硫酸氢铵，也是 NH_3 吸附量增加的原因之一。

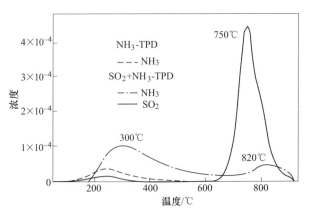

图 5-18 锰基催化剂的 SO_2+NH_3-TPD 曲线

综合研究结果，推测低温 SCR 反应中 SO_2 的中毒抑制作用可能有两个途径。一方面，载体表面的金属氧化物是催化剂的催化活性位，在通入 SO_2 后，部分金属氧化物甚至全部被硫化而中毒失活；另一方面，在 SCR 反应过程中，作为还原剂的 NH_3 为碱性，可与酸性的 SO_2 反应生成（NH_4）$_2SO_4$，随着反应的不断继续，铵盐粒子在催化剂表面不断生成并逐渐覆盖了催化活性位，阻碍了 SCR 反应的顺利进行，从而削弱了催化剂的活性。第一种中毒方式通常是不可逆的，因为多数金属硫酸盐的分解温度较高，若采用高温加热的方法对催化剂进行再生则会严重破坏催化剂表面的碳层；第二种中毒方式是可逆的，可以采用水洗的方式洗去催化剂表面的铵盐，或在惰性气体保护下适当加热令铵盐分解，从而使催化剂得以再生。

提高抗硫性能的途径之一是降低制备过程中催化剂的焙烧温度，使催化剂的钒物种保持相对较低的价态。

5.6.2.3 催化剂硫酸化对低温 SCR 反应的影响

一定的温度下，在 SO_2 存在时，催化剂表面生成硫酸盐沉积在活性位上使催化剂不可逆失活。在低温 SCR 反应中，这种原因导致的催化剂失活尤其明显，并且随着 SO_2 接触催化剂时间的增长，沉积的硫酸盐量增加，硫酸盐颗粒长大，使得催化剂的催化活性迅速降低。通过研究 SO_2 和金属氧化物的相互作用可以分析金属硫酸化的作用机理，有助于研究硫酸盐的形成路径，为提高 SCR 催化剂的抗硫性能找到依据。有人报道了 TiO_2 上负载不同金属氧化物对 SO_2 的氧化性能。结果发现，双金属氧化物上 SO_2 的转化频率（turnover frequencies，TOF）按以下顺序排列：$V_2O_5/TiO_2 > Fe_2O_3/TiO_2 > Re_2O_7/TiO_2 \sim CrO_3/TiO_2 \sim Nb_2O_5/TiO_2 > MoO_3/TiO_2 \sim WO_3/TiO_2$。其中 K_2O/TiO_2 例外，在设定的反应条件下，它几乎没有氧化 SO_2 的能力。除了 K_2O 以外，在三元催化剂中表面的氧化物（也就是 V、Fe、Re、Cr、Nb、Mo 和 W 的氧化物）都能发生氧化还原反应将 SO_2 氧化成 SO_3。在所有的催化剂上 SO_2 氧化的转化频率与表面覆盖度无关，这表明 SO_2 的氧化机理与表面氧化物颗粒的协同作用关系不大。此外，通过对比三元催化剂和两元催化剂可以发现表面的钒氧化物和添加的第三种元素的氧化还原作用是相互独立的，并没有协同作用，每种两元催化剂的催化活性总和与相应的三元催化剂活性定量对应。$V_2O_5/K_2O/TiO_2$ 催化剂与 V_2O_5/TiO_2 相比催化活性显著下降，氧化钾能显著降低表面钒氧化物氧化还原电势的能力是活性较低的主要原因。

不少研究者认为 SO_2 对低温 SCR 活性有一定的促进作用，如活性炭负载 V_2O_5 的催化剂。研究发现，当 V_2O_5 含量（质量分数）小于 5% 时，在 250℃ 温度下进气加入 4×10^{-4} SO_2 可以改善 V_2O_5/AC 催化剂的 SCR 活性。有 SO_2 存在时，1% V_2O_5/AC 催化剂在温度为 180℃ 以下时开始失活，但温度在 180℃ 以上时 SO_2 的促进作用可以维持下去。Huang 等和其他研究者利用工业上的半成焦工艺制得活性炭载体并负载了 V_2O_5 作为 SCR 催化剂，考察了 SO_2 和 H_2O 对 V_2O_5/AC 催化活性的影响。结果表明，水蒸气对活性的影响非常小，并且水的这种抑制作用是由竞争吸附造成的。然而，SO_2 对于活性却有积极作用，SO_2 加入以后，NO 转化率从 60% 升高到 92% 并能保持稳定。研究指出 SO_2 被氧化在催化剂表面形成 SO_4^{2-} 促进了表面的酸性，因此，NH_3 吸附容量显著提高，进一步促进了 NO 的还原。

MnO_x-CeO_2 催化剂本身可以作为一种 SO_2 吸附剂。特别是被钾改性以后，200℃ 下的 SO_2 吸附量可以显著提高。动力学研究显示，在完全酸化以前锰氧化物和钾改性后的锰氧化物吸附储存 SO_2 的反应中硫酸盐在催化剂表面的生成是决速步骤，锰铈混合氧化物上的

SO_2 储存决速步骤使形成的硫酸盐内扩散。硫酸盐形成的反应对于 SO_2 和锰氧化物来说都是一级反应。在掺杂钾的催化剂上，硫首先与锰结合成键然后被转移到 K 位上。

研究表明，硫酸化可以显著提高 CeO_2 样品的 NH_3-SCR 活性。经 $3\times10^{-4}SO_2$ 在 300℃下酸化 1h 后的样品，在 275~525℃ 范围内 NO 转化率接近 100%。硫酸化后的样品 Ce^{3+} 增多，进一步证明了上述硫酸化可使氧化铈还原的结论。同时，硫酸化使氧化铈表面生成更多的酸性位，从而有利于 NH_3 的吸附。

总而言之，在电厂烟气低温脱除 NO_x 的实际应用中低温催化剂十分关键。在过去的十几年里，无论是金属氧化物，还是离子交换的分子筛催化剂的研究都取得了很大的进步。低温 NH_3-SCR 脱除 NO 的反应中锰氧化物是活性最高的催化剂，脱除 NO_x 的活性与锰氧化物中锰的价态和晶相有关。温度升高，锰氧化物上的 N_2 选择性会迅速下降。对于催化剂的实际应用来讲，不论是金属氧化物催化剂还是分子筛催化剂，抗水抗硫性能差是它们所面临的一个巨大挑战。为了解决这个问题，需要更深入地了解 SO_2、NO、NH_3 和催化剂之间的相互作用，掌握 SO_2 和 NO 等在催化剂表面的反应路径和产物状态，几种反应物之间的相互制约关系以及形成的硫酸盐物种对表面酸性位、电子分布的影响。在此基础上，才能建立更系统完善的反应机理和动力学模型，为提高催化剂的抗硫抗水性能做铺垫。

5.6.3 脱硝催化剂在协同脱汞技术中的应用

5.6.3.1 烟气中汞的形态分布

燃煤烟气中的汞的存在形式多样，其价态和化合物形式与烟气条件有很大关系。按照存在形式，烟气中的汞可以分为气相汞（元素汞 Hg^0 和二价汞 Hg^{2+}）和固相颗粒汞（Hg_p）（图 5-19）。在煤燃烧的过程中，燃煤中的汞主要以元素汞（Hg^0）的形式被排放出来。由于各个污染控制设备前后的温度、烟气组分、压差等不同，烟气中汞的形态以及各形态之间的比例也有很大的变化。在烟气中，一部分 Hg^0 被氧化，因此氧化产物主要是 Hg^{2+}。二价态的汞比较稳定，易溶于水，易被湿法洗涤系统去除，部分氧化态的汞还可以被烟气中的颗粒物吸收，随后被除尘设备从烟气中除去。Hg^0 具有较高的饱和蒸气压且难溶于水，是相对稳定的形态，大气污染控制设备（APCD）对 Hg^0 的去除能力相对较弱，所以控制烟气中 Hg^0 的排放必须依赖添加吸收剂或者使其转化为易去除的二价态形式，才能有效地控制燃煤电厂烟气中汞的排放总量。此外，燃煤烟气中汞的氧化程度受到很多因

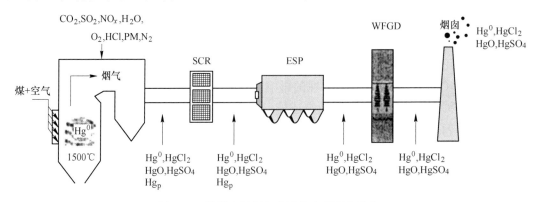

图 5-19　燃煤电厂烟气中汞的主要形态分布

素的影响，如燃烧条件、煤的化学组成（如氯元素的含量）、烟气中的其他组分（SO_2 和 NO_x）、温度和接触时间等。在烟气冷却的过程中 Hg^0 可被氯氧化成 HgCl 或 $HgCl_2$，而煤中含有大量的氯元素，因此，煤中的卤素含量，特别是氯元素的含量是决定烟气中汞形态分布的最重要的因素。

燃烧所用的煤种不同，烟气中汞的形态分布也不同。烟煤燃烧产生的烟气中，汞的形态以二价态为主，占 65%~70%，其他 30%~35%的汞以 Hg^0 的形态存在，少量的以颗粒态存在；无烟煤燃烧产生的烟气中，Hg^{2+} 与 Hg^0 的比例相差不大；而褐煤燃烧产生的烟气中，Hg^0 是其中主要的化学形态。

燃烧方式和污染控制技术是影响大气汞排放和形态的另一重要因素。就电厂而言，燃烧设备的特性和飞灰特性等都会对燃煤过程汞排放的形态产生重要影响。例如，煤粉炉和旋风炉都是在高温条件下运行的，煤炭中的汞在燃烧过程中大部分会释放出来，但是这两种燃烧设备后烟气中汞的形态分布有所不同。旋风炉后烟气中颗粒态汞的含量高于煤粉炉，这主要是由于燃烧产生飞灰的量和特性存在差异，对汞的吸附所致。在旋风炉中，大部分不可燃矿物质都被转化为熔渣，以熔融态从燃烧设备底部去除，因此转化为飞灰等矿物质的量也很少。而在煤粉炉中，90%的不可燃矿物质都转化成飞灰。与司炉和链条炉相比，煤粉炉中煤粉与空气接触更加充分，燃烧效率较高，形成的烟气中气态汞含量相对较高，而留在底渣中的汞相对较少。另外，低氮燃烧器也会增加飞灰碳含量，加强飞灰的汞吸附能力，从而增加进入下游电除尘器或布袋除尘器的烟气中颗粒态汞的含量。最后决定大气汞排放量和特性的主要参数是进入烟气净化装置的烟气中汞形态分布、烟气净化装置的类型、烟气中某些组分浓度（如 Cl、HCl 和 NO_x 等）和烟气净化装置的运行温度等。因此，燃煤电厂汞的排放量不仅与煤中汞的含量、烟气温度和组成、烟气中的颗粒碳含量、烟气污染控制设备有关外，还与汞在烟气中的形态分布有关。我国典型燃煤电厂污控设施对汞的脱除效率如图 5-20 所示。

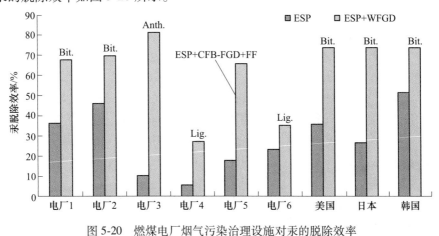

图 5-20 燃煤电厂烟气污染治理设施对汞的脱除效率

（1）除尘设备。运行良好的电除尘器和布袋除尘器能有效地捕获烟气中的颗粒物，因此能够高效地去除烟气中的颗粒汞（Hg^p），部分气态汞也能被吸附在飞灰上并在电除尘或布袋除尘中去除。Hower 等研究发现，含有各类活性炭的飞灰对烟气汞的脱除作用最为明显，含惰性碳的飞灰对烟气中的汞几乎没有吸附作用。此外，烟气汞的脱除效率还与飞灰的温度和布袋除尘器（FF）的运行温度有关，温度越高，脱除率越低。该实验发现，烟气通过除尘器时，大约有 5% 的 Hg^0 被飞灰中的某些金属氧化物催化氧化从而转化为 Hg^{2+}，这有利于汞在脱硫系统中被去除。

布袋除尘器通常用来脱除高比电阻粉尘和细粉尘，它尤其对细粉尘脱除有很好的效果。由于部分细颗粒上富集了大量的汞，因此布袋除尘器对于去除烟气中的汞有很大潜力。研究表明，布袋除尘器的平均脱汞效率为 58%，高于电除尘器的脱汞效率。但是布袋除尘器的工作耐久性在很大程度上依赖于烟气温度和其对烟气中一些腐蚀性元素的抵抗能力。由于烟气温度往往超过了布袋除尘器所能承受的温度，这就限制了其应用。湿式除尘器和机械式除灰器等对烟气中汞的脱除效率不高，分别为 6% 和 0.1%。这两种除尘器的除尘效率较低，对富集有大量汞的细颗粒物的脱除效果很差，这导致其除汞效率不高。

（2）烟气脱硫系统。烟气脱硫系统主要分为两大类，即湿法和干法烟气脱硫系统。湿法脱硫装置包括普遍使用的石灰石氧化法（LSFO）和镁石灰石过滤器（MEL），在美国大约 1/3 的燃煤电厂使用该系统。干法烟气脱硫系统，是一种典型的喷雾干燥吸附法（SDA），它通常在安装有布袋除尘的电厂中使用。在湿式烟气脱硫系统中，使用石灰和石灰石等脱硫吸收剂，均可除去 90% 以上的 Hg^{2+}，而对 Hg^0 没有明显的脱除效果。在一些通常的湿法烟气脱硫（WFGD）系统中，Hg^0 不但不会被吸收，还略微有所增加，其原因是部分 Hg^{2+} 被还原。

研究人员对燃煤电厂湿法脱硫系统中汞减排的效果进行了分析。由于湿法净化器中吸附的 Hg^{2+} 有可能会再次转变成为 Hg^0 排入空气，因此在测试过程中投加了硫化氢钠（NaHS）以防止捕获的 Hg^{2+} 被还原成 Hg^0。美国密歇根州的 Endi-cott 电站（55MW，燃烧高硫煤，采用石灰石氧化法脱硫）的脱硫装置对氧化汞的去除率能达到 96%（占总汞的 76%~79%），因此投加 NaHS 能有效阻止被捕获的汞释放入大气。美国俄亥俄州的 Zimmer 电站（1300MW，燃烧高硫煤，采用镁石灰过滤和氧化装置）的脱硫装置总汞去除率（51%）和 Hg^{2+} 去除率（87%）都低于 Endicott 电站。此外该电厂的湿法脱硫系统使 Hg^0 的浓度增加了 40%，投加 NaHS 也没能有效抑制 Hg^0 的释放。研究人员在 Mount Storm 的中心电厂（2563MW，燃烧中硫煤，采用石灰石氧化法脱硫和选择性催化还原法脱硝）进行了另一项实验。在不开启 SCR 单元并且不投加 NaHS 时，脱硫装置能捕获 90% 的 Hg^{2+}（占总汞的 71%），但捕获到的 Hg^{2+} 再次以 Hg^0 蒸气的形态排放到大气中。投加 NaHS 后脱硫装置不仅仍能维持 90% 的 Hg^{2+} 捕集率（占总汞的 78%），还能有效地阻止 Hg^0 蒸气进入大气。当烟气流经 SCR 单元后，无论是否投加 NaHS，Hg^{2+} 的捕集率都在 95% 以上，且总汞的去除率也达到 90% 左右。这说明在一定的运行条件下，SCR 单元联用 FGD 单元可有效减少汞的排放。

（3）脱硝装置。NO_x 控制技术包括选择性催化还原（SCR）、选择性非催化还原（SNCR）及低氮燃烧技术等。通常认为，选择性催化还原装置利用催化作用在还原 NO_x 的同时，能够将部分的 Hg^0 氧化成 Hg^{2+}。美国 EPA 曾测量了一些装有 SCR 和 SNCR 的电厂的大气汞排放状况和烟气中汞的去除效果，不同电厂的结果偏差很大，不同脱硝技术的脱汞效果优劣尚无定论。SCR 装置对燃煤电厂 Hg^0 的催化氧化效率为 45%~85%，氧化效率的高低受催化反应器的反应温度、氨的浓度、烟气流中氯的浓度等因素影响。有研究发现仅使用 SCR 装置，就可以帮助脱除烟气中 35%~50% 的 Hg^0。同时也有相关报道，利于燃煤电厂的除尘、脱硫和脱硝控制装置，其联合脱汞效率为 65% ~ 90%。

此外，采用低氮燃烧技术也会促进汞的去除。由于低氮燃烧装置会使烟气飞灰中未燃尽的碳含量增加，因此有利于烟气中的汞被吸附脱除。不同的煤种产生的飞灰碳含量不等，因此脱汞效率也有差别。对于烟煤而言，汞的脱除效率可高达 85%，对于亚烟煤而言，其脱汞效率相对较低，仅为 30%~50%。因此，该技术对飞灰量较大的烟煤比较实用。从长远的角度而言，开发污染物联合脱除技术，尤其是利用 SCR 设备来实现硝和汞联合脱除是一种十分经济合理的手段。

多种烟煤和亚烟煤的飞灰能够把模拟烟气中 20%~50% 的 Hg^0 转化 Hg^{2+}，但是褐煤燃烧产生的飞灰的催化能力却很差，Hg^0 的转化率小于 10%。同样地。有学者针对多种不同的飞灰和含碳催化剂，研究其在不同燃煤（褐煤、亚烟煤和烟煤）类型的烟气中 Hg^0 的脱除效果，也得到了不同的结果。在燃烧褐煤产生的烟气中，飞灰和含碳催化剂对 Hg^0 的转化率在 18 周后从 100% 降到了 0。而燃烧亚烟煤锅炉产生的烟气中，含碳催化剂将在 12 周内完全失去活性。此外，一种能将烟煤烟气中 Hg^0 的转化效率在维持两个月在 80% 以上的含碳催化剂，但将其应用于亚烟煤的烟气中，转化效率很快就降到了 80% 以下。考虑经济成本因素，飞灰可能要比 ACI 便宜，但是这还需要更长时间的实验来研究其脱汞前景。

5.6.3.2 烟气汞的脱除机制

烟气中的 Hg^0 可以通过均相和异相氧化脱除。由于异相氧化的反应速率远远大于均相氧化，所以氧化烟气中 Hg^0 的研究主要集中在异相催化剂的开发上。当温度小于 450℃，达到热力学平衡时，理论上 100% 的 Hg^0 都可以被转化成 Hg^{2+}。由于卤素（主要为 Cl）的存在，Hg^{2+} 主要为氯化汞，但在实际烟气中氧化汞、硝酸汞和硫酸汞都有可能形成。

（1）均相氧化。Hg^0 能和许多气态的氧化剂发生反应，如氯气、氯化氢、氯自由基和臭氧等。一般认为，只要达到一定温度，Hg^0 可以被氯自由基氧化。汞和氯反应的活化能很低，在室温下都能反应，其反应速率要远远高于 Hg^0 和氯化氢的反应。汞和氯化氢反应的活化能很高，在一般温度下不容易发生。汞和氯反应需要经过一个中间产物 HgCl：

$$Hg(g) + Cl(g) \longrightarrow HgCl \tag{5-52}$$

生成的 HgCl 接下来被氯化氢或者氯自由基进一步氧化。Niksa 和 Fujiwara 在中试研究中发现煤中氯元素的含量并不是决定 Hg 氧化程度的最必要的因素。Wang 等在比较先前两组研究数据后认为 Hg^0 直接与氯气反应的速率很低，之所以有较高的动力学速率主要是由于在容器壁上发生了异相反应。在正常的烟气温度范围内，Hg^0 的氧化主要受到异相反应的影响。因此，Hg^0 的均相氧化不仅受到氧化剂氯含量的影响，还与挥发分含量以及异相氧化过程密不可分。

（2）非均相氧化。许多研究者对汞的非均相氧化进行了研究。并提出多种机制来描述 Hg^0 的非均相氧化。在较高的温度（300~400℃）下，烟气中可以发生氯化氢被金属氧化物催化氧化产生氧气的反应，即 Deacon 反应，Deacon 机制曾被用来解释 Hg^0 的氧化：

$$2HCl(g) + \frac{1}{2}O_2 \longrightarrow Cl_2(g) + H_2O \tag{5-53}$$

如果存在合适的催化剂，Deacon 反应可以将烟气中的氯化氢转化成氯气，然后氧化 Hg^0。然而烟气中氯化氢的浓度一般小于 1%，所以平衡时 Cl_2 的含量很低。Niksa 和 Fujiwara 曾建立了一个模型来研究 Hg^0 的非均相氧化，研究显示 Hg^0 的氧化只有很小一部分直接由气相反应导致。因此，还需要建立其他反应机制来解释 Hg^0 的氧化，如催化剂对 Hg^0 的吸附机制。

吸附在同一表面上的两种物质的双分子反应可以用 Langmuir-Hinshelwood 机制来描述：

$$A(g) \longrightarrow A(ads) \tag{5-54}$$

$$B(g) \longrightarrow B(ads) \tag{5-55}$$

$$A(ads) + B(ads) \longrightarrow AB(ads) \tag{5-56}$$

$$AB(ads) \longrightarrow AB(g) \tag{5-57}$$

对以上表达式而言，A 代表 Hg^0，B 表示含氯化合物如氯化氢。这个反应的总速率是受气相中反应物 A 和 B 的浓度、吸附平衡常数（K_i）和表面反应动力学常数（K_{surf}）共同影响的。Hg^0 可以吸附在活性炭和其他吸附剂以及飞灰中的碳上，氯化氢也能被吸附在这些位置上。所以 Langmuir Hinshelwood 机制认为同时能够吸附 Hg^0 和氯化氢的物质具有催化氧化 Hg^0，使之形成 $HgCl_2$ 的能力。许多研究都发现即使在过量的氯化氢存在的情况下，Hg^0 的氧化程度与氯化氢的浓度之间仍具有相关性。此外，如果存在氯化氢的吸附剂如 CaO，Hg^0 的氧化程度将有所下降。

烟气中的主要气体组分，如 SO_2、NO_x 和 HCl 等对 Hg^0 的吸附机制影响明显，主要的机理是通过竞争活性炭和其他吸附剂上的活性位。研究发现模拟烟气中的高浓度二氧化硫会抑制 Hg^0 的转换，这可能是由于其和氯化氢竞争吸附位所造成的。但是有时二氧化硫的存在也会加强汞的氧化或者影响不大。Schofield 等提出了 Hg^0 被氧化成 $HgSO_4$ 的机制。在包含二氧化硫的模拟烟气中，氧化汞和硫酸汞同时会在催化剂的表面沉积。这个反应对 Hg^0 而言服从一级动力学，对二氧化硫来说服从零级动力学。没有二氧化硫存在时，主要 HgO 在催化剂表面沉积，而当加入氯化氢以后，沉积在催化剂表面的氧化汞被转换成氯化汞。他们认为在反应过程中首先生成了氧化汞和硫酸汞，随后它们再与氯化氢反应生成氯化汞。此外，Granite 和 Pennline 在研究没有氯化氢存在的条件下，在光化学氧化 Hg^0 的过程中发现了氧化汞和硫酸亚汞的生成。Olson 等提出了另一种机制来描述二氧化硫和氮氧化物在 Hg^0 氧化过程中的作用，即 Hg^0 和二氧化氮能够在活性炭表面反应生成硝酸汞。在这个反应中，二氧化氮得电子为电子受体。当二氧化硫存在时，许多碳的表面被硫酸盐化了，硝酸汞就不会产生了，取而代之的是硫酸氢汞。此时二氧化氮仍然扮演电子受体的角色。Olson 等在使用二氧化锰吸附模拟烟气中 Hg^0 的研究中发现硫酸氢汞能和硝酸根反应形成硝酸汞。而 Niksa 等认为当氯化氢吸附在催化剂表面时，Hg^0 将很难甚至不能被吸附。这些研究人员提出以上 Hg^0 的氧化和吸附过程遵循 Eley-Rideal 机制，也就是说吸附态氯化氢与气态的 Hg^0 发生反应。式中的 A 代表氯化氢，B 代表 Hg^0：

$$A(g) \longrightarrow A(ads) \tag{5-58}$$

$$A(ads) \longrightarrow AB(g) \tag{5-59}$$

但是大家普遍认为 Hg^0 能在许多吸附剂表面上产生吸附。Eley-Rideal 机制和 Langmuir-Hinshelwood 机制都是通过测定催化剂表面吸附的反应物，如氯化氢或 Hg^0 等建立起来的。此外，将催化剂预暴露在氧化剂如氯化氢下，随后在没有气态氯化氢时，将 Hg^0 通入，研究发现 Hg^0 同样能够被氧化。这进一步证实了 Eley-Rideal 机制和 Langmuir-Hinshelwood 机制中所描述的有氯化氢被吸附在催化剂的表面上。尽管反应物的吸附行为十分复杂，Langmuir-Hinshelwood 机制可以通过化学动力学来证明。一般 Hg^0 的氧化相对于 Hg^0 的浓度和氯化氢的浓度来说都遵守一级动力学方程。

与以上吸附和氧化过程类似,Granite 等提出了 Hg^0 的氧化遵守 Mars Maessen 机制。他们认为吸附态的 Hg^0 可以与催化剂晶格中的氧化剂发生反应(如氧或者氯),反应损耗掉的吸附剂晶格中的氧化剂再从气相中补充。Hg^0 在卤素预处理过的活性炭上氧化可以用这一机制来解释。下述反应描述了吸附态的 Hg^0 被催化剂晶格氧氧化的反应:

$$A(g) \longrightarrow A(ads) \tag{5-60}$$

$$A(ads) + M_xO_y \longrightarrow AO(ads) + M_xO_{y-1} \tag{5-61}$$

$$M_xO_y + \frac{1}{2}O_2 \longrightarrow M_xO_y \tag{5-62}$$

$$AO(ads) \longrightarrow AO(g) \tag{5-63}$$

$$AO(ads) + M_xO_y \longrightarrow AM_xO_{y+1} \tag{5-64}$$

式中,A 代表 Hg^0;M_xO_y 代表金属氧化物催化剂。

到目前为止还没有任何一种机制能够完全阐明 Hg^0 催化氧化的机理。现有机制的最大缺点就是都不能对不同催化剂催化氧化 Hg^0 的程度进行预测。

5.6.3.3 吸附法脱汞

活性炭是一种常见的吸附剂,活性炭注入法(ACI)可以同时去除烟气中的 Hg^0 和 Hg^{2+}。它不仅去除烟气中的汞,还可以吸附 NO、SO_2 和 HCl 等,同时吸附在活性炭上的 Hg^0 和 HCl 之间也可以发生反应,使 Hg^0 被氧化,因此活性炭可以作为 Hg^0 脱除的催化剂和吸附剂。许多研究都发现 Hg^0 可以吸附在飞灰中的碳上,且 Hg^0 的氧化程度受飞灰中未燃烧的碳的量决定。

研究人员在燃煤电厂的烟气中投加活性炭吸附剂来控制汞的排放,在除尘器前投加粉末状吸附剂是该控制技术的关键。TOXECONTM 就是这样的装置之一,它的内部安装了小型布袋除尘器,并布置于静电除尘器的末端。当静电除尘器去除了大部分的颗粒物后,在装置后投加吸附剂,下游的布袋除尘器会将吸附剂和剩余颗粒物全部收集,再有效地分离飞灰和吸附剂。

最常用的吸附剂就是粉末活性炭(PAC)。一般而言,PAC 的投加量越大,汞的去除效率也越高。由于烟气中必须含有足量的卤素才能保证 PAC 对 Hg^0 的去除率,因此当燃烧低品位煤含氯浓度较低时,必须通过投加 PAC 达到去除汞的目的。现有烟气污染控制装置的类型和结构对 PAC 除汞效果的影响很大。例如,将小型布袋除尘装在静电除尘器后面,以大剂量投加 PAC 时,可以提高汞的去除效率。但当捕集了汞的 PAC 是用静电除尘器收集时,PAC 的粒径等因素会影响汞的去除率,而用布袋除尘器时,其影响却微乎其微。

一般而言,随着烟气中 Hg^{2+} 的增加,PAC 对汞的捕集效率也会提高。另外,烟气中卤素的含量也会直接影响 Hg^{2+} 的含量。但对以下三类电厂的燃煤及污染控制设备的使用情况,PAC 的成效不明显。第一类电厂燃烧低品位的煤,采用静电除尘器,煤中的氯含量较低。第二类电厂燃烧低品位煤,采用喷雾干燥脱硫和布袋除尘系统,其结果与第一类电厂相似。第三类电厂燃烧高硫煤,烟气中含有的大量的三氧化硫能富集在 PAC 表面上,影响汞的吸附。但是这些电厂可采用 SCR 联合 FGD 工艺控制汞的排放。活性炭对烟气中汞的吸附是一个非常复杂的过程，到目前为止对具体汞吸附机理的认识还很不充分，从实验结果判断可能是一个物理吸附和化学吸附并存的过程。从这个角度出发，开发脱汞效果好的活性炭技术，则依赖于在其表面添加卤素或者能与汞发生反应的非金属单质或者化合物对活性炭表面进行预处理。Uddin 等发现经 SO_2 或 H_2SO_4 处理后活性炭的汞吸附效果有显著提高，他们还采用 MnO_2 浸渍、$FeCl_3$ 浸渍以及渗硫等方法对活性炭进行预处理后得到改性活性炭，与原活性炭吸附剂相比，改性活性炭吸附剂对汞吸附能力有较大提高。他们认为原因在于其吸附过程中除了物理吸附外还发生了化学吸附。活性炭在 SO_2 浸渍后对 Hg^0 的氧化过程中，还借助了烟气中的 O_2 和 H_2O 组分形成了 SO_2 或者 H_2SO_4，从而对汞进行了氧化脱除。

Chi 等报道了碘（I_2）改性的活性炭氧化剂在 393K 时对模拟的烟气汞有 70% 的氧化效率，当添加飞灰或者活性炭粉末改性后，碘活性炭对烟气 Hg^0 的氧化能力将迅速提高至 90%。一些学者针对活性炭的粒径特征、用量和用于脱汞的经济可行性方面进行了相关研究。Miller 等的实验表明去除含 $10\mu g/m^3$ 的 Hg^0 的烟气中的 $1.0gHg^0$（去除率在 90% 以上），分别需要 $4\mu m$ 或 $10\mu m$ 粒径的活性炭 3000g 和 18000g。在实验中评价活性炭的吸附容量一般都用 C/Hg 值。活性炭对烟气汞的去除效果明显，但是不能区别 Hg^0 和 Hg^{2+} 分别的去除效率，因为活性炭可以吸附氯化汞，这使得测量 Hg^0 的氧化效率变得十分困难。美国 EPA 认为通过投加 PAC 和提高现有装置的协同除汞能力，可以实现 60%~90% 的除汞率。美国 EPA 认为如果能投加卤化型 PAC 和其他化学药剂，则除汞的效率可以达到 90%~95%，并能在 2010~2015 年进行商业运作，至少其中一些汞污染控制关键技术可以得到应用，而这些优化的脱汞技术主要包括吸附剂和改良的 SCR 联用 FGD 系统。以上活性炭及其改性技术等目前还在深入研究中，以目前的技术水平，在燃煤电厂的运行成本和汞污染控制法案之间尚未统一，不适宜大规模投入使用。

美国 EPA 研究了钙基类物质对烟气中汞的脱除，研究表明钙基类物质如 $Ca(OH)_2$ 对 Hg^{2+} 有 85% 左右的去除效果，其他钙基类物质如 CaO 也可以有效地吸附汞的氯化物物种，但它们对 Hg^0 的去除效率却很低。钙基类物质在电厂十分常见，容易获取且价格低廉，是一种有效的烟气脱硫剂，因此也成为实现同时脱硫脱汞的研究热点。煤粉炉燃烧产生的飞灰粒径极细，具有一定的经济价值。在对其吸附性能的研究表明，飞灰也是一种潜在的汞吸附剂。

飞灰对燃煤电厂烟气汞去除的效果差别很大，主要取决于飞灰中磁铁矿的含量以及飞灰中类晶石结构的氧化铁的含量。试验发现飞灰炭表面的氧化官能团和卤素的存在可以提高飞灰对汞的吸附，然而表面积对汞容量并没有重要的影响。Hg^0 在飞灰上的氧化一直被认为是发生在碳的位置上，因此有研究者建立了飞灰中未燃烧的碳和汞的脱除效率之间的相关性，但用烧失量来评价未燃烧碳的量经常会高估飞灰中碳的浓度。

飞灰的脱汞性能受燃煤烟气中的气体组分影响明显。Galbreath 等观测到在有飞灰存在的情况下提高 HCl 或 HBr 的浓度能够促进 Hg^{2+} 的生成。Kellie 等也观测到飞灰中的氯含量较大时也会增加烟气中 HCl 的含量，因而有利于 Hg^0 的形成。Laudal 等发现氮氧化物可以和飞灰发生作用，但这种影响可能受到 NO/NO_2 比例的控制。NO_2 能够异相氧化 Hg^0，但是与氯相比其作用要小得多，有飞灰存在时，NO_2 能够加强汞的氧化程度，而 NO 却抑制汞的氧化，且 NO 和 NO_2 的脱汞影响机制到目前为止尚未明晰。

5.6.3.4 SCR 催化剂协同脱汞

由于活性炭注入法非常昂贵，美国能源部估算要控制燃煤电厂 90% 的烟气汞排放，脱除 1 磅（相当于 0.4536kg）汞需要 25000~70000 美元。这样的价格很多燃煤电厂难以接受，因此，众多研究人员开始关注更经济实用的烟气脱汞方式，如烟气汞的催化氧化脱除，通过寻找更优良、更经济的脱汞催化剂达到高效除汞的效果。事实上，燃煤电厂最优化的脱汞方式之一是在现有的 SCR 装置上使烟气中的 Hg^0 和氮氧化物一起实现联合脱除。这不仅可以减少场地及装置的再建和运行费用，也可减少含汞飞灰等电厂副产品的二次污染，实现集中控制。

目前商用 SCR 催化剂的主要成分是以二氧化钛为载体的 V_2O_5，针对 SCR 催化剂催化氧化烟气中 Hg^0 的研究范围十分广泛。

（1）催化剂研发及脱汞机理研究。Hg^0 的氧化脱除是 SCR 催化剂研发的热点方向之一，如何有效提高 Hg^0 氧化率是研究协同脱汞的关键。研究表明，许多金属和金属氧化物对 Hg^0 具有较好的氧化脱除效率，高价态的催化剂中心是 Hg^0 氧化的主要活性位。Kamata 等综述了以 TiO_2 为载体的金属氧化物，如 V_2O_5、NiO、CuO、MoO_3、Fe_2O_3 和 WO_3 均以 1%~15% 的金属量负载时的汞氧化性能。研究发现 V_2O_5/TiO_2 和 CuO/TiO_2 在 10% 的负载下表现最优的汞氧化性能。在 423K 时，实验中添加 20×10^{-6} HCl 后，大约有 80% 的 Hg^0 被氧化成 Hg^{2+}。这与 V_2O_5 的形态及模拟烟气中的 SO_2 的浓度有关，也与采用的低浓度汞源有关。

Qiao 等利用 MnO_x/Al_2O_3 对烟气中的 Hg^0 进行催化氧化脱除，脱除效率在 600K 时达到最优 90%，脱汞效率随着 Mn 的负载量变化而变化，当 Mn 的负载量为 3% 时去除效果最好，但受 Cl_2 和 HCl 气体浓度的影响较大。Hrdlicka 等利用 Au/TiO_2 和 Pd/Al_2O_3 置于布袋除尘器上对烟气中的 Hg^0 进行催化氧化实验，发现脱汞效率分别为 40%~60% 以及 50%~80%，并且 Pd/Al_2O_3 的脱汞效率存在改进的空间。

在模拟烟气气氛的实验中，发现多种金属氧化物，如 Al_2O_3、SiO_2、Fe_2O_3、CuO 和 CaO 等对 Hg^0 的催化氧化有不同程度的影响，如 CuO 和 Fe_2O_3 均能高效催化氧化烟气中的 Hg^0。同时，在对金属氧化物脱除烟气 Hg^0 影响因素的研究中，Uddin 等发现 SO_2 对 Hg^0 的氧化去除有明显的抑制作用，但 Li 等的研究表明 SO_2 对烟气汞的氧化有一定的促进作用（图 5-21）；他们的研究还综合考虑 O_2、HCl、NO、NO_2、SO_2 和 H_2O 对烟气中 Hg^0 脱除的促进或抑制作用，这对后来学者研究烟气主要组分和脱汞效率之间的关系有很大的帮助，但该研究结果在台架尺度的实验上表现不如其他的研究结果明显。

其他金属和氧化物，如铁和铁氧化物也可以催化氧化烟气中的 Hg^0。Dunham 等发现在 120℃ 和 180℃ 时，Hg^0 的氧化程度与飞灰中磁铁矿的浓度成正比。Ghorishi 等发现在 250℃ 氯化氢存在时，含三氧化二铁的飞灰能使 90% 的 Hg^0 发生氧化；若飞灰中没有三氧化二铁，仅有 10% 的 Hg^0 被氧化成 Hg^{2+}。这说明三氧化二铁能够催化氧化烟气中的 Hg^0。Galbreath 等将赤铁矿和磁赤铁矿喷入含有飞灰的烟气中，喷入赤铁矿不能改变烟气中汞的形态，但将磁赤铁矿放在布袋除尘器内，能够提高烟气中 Hg^0 的氧化程度。这些结果都说明铁的氧化物，如三氧化二铁等对烟气中的 Hg^0 也有很好的脱除效果。

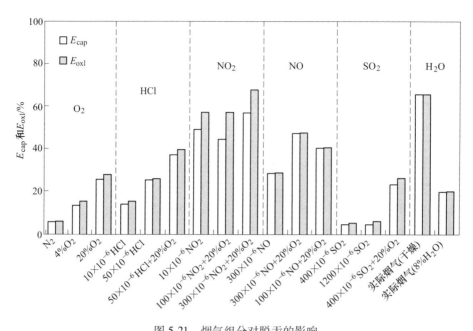

图 5-21　烟气组分对脱汞的影响

在布袋除尘器内，能够提高烟气中 Hg^0 的氧化程度。这些结果都说明铁的氧化物，如三氧化二铁等对烟气中的 Hg^0 也有很好的脱除效果。虽然贵金属的价格很贵，但是也可以尝试将其应用在燃煤电厂烟气中 Hg^0 的氧化脱除上。因为贵金属催化剂只需要少量的负载就能达到较好的效果。将 1% 的贵金属负载在 99% 的氧化铝上就能在 140℃ 使 Hg^0 的氧化效率达到 75%；同时，这些贵金属催化剂可以经高温（370℃）再生或者用 N_2 和 CO_2 吹扫再生。其他贵金属，如铜、金、银和钯等都曾经被用来催化氧化烟气中 Hg^0。在对钯催化剂长达十个月的中试实验研究显示，钯催化剂能长期保持较好的催化脱汞性能，对 Hg^0 的氧化效率没有较大的变化，仅从开始的大于 90% 降到 80%；并且现场短期试验显示无论是烟煤、亚烟煤还是褐煤，钯催化剂都能达到 90% 左右的氧化效率。十个月的长期试验还显示，发生活性下降是由于此类催化剂放在了 ESP 的下游，飞灰的累积仍然是一个问题。其原因是飞灰覆盖了催化剂的表面活性物质，导致催化剂催化活性的快速下降，作者建议针对钯催化剂做一些后处理，如使用 N_2 或 CO_2 吹扫，使其催化活性再生。由于贵金属具有较高的 Hg^0 转换效率并能够再生使用，贵金属催化剂有可能具有一定的市场应用前景。初步的经济分析显示，当 Hg^0 的转换效率为 80% 时，贵金属催化剂比 ACI 节省 62%；当 Hg^0 的转换效率为 90% 时，能节约 9%。但是贵金属催化剂的持续有效性还需要进一步的测试。

除了以上脱汞效果和影响因素的研究外，部分学者还针对 SCR 催化剂的脱汞机理进行了一些探索。虽然 SCR 催化剂催化氧化 Hg^0 的机制目前尚未完全清楚，大多数研究都发现了 Hg^0 可以吸附在 SCR 催化剂的表面。一般认为 SCR 催化剂还原氮氧化物以及氧化 Hg^0 分别在两个区域进行，第一个是入口附近，这里的 NH_3 比较多，SCR 表面的活性位主要被氨占据，这个区域发生 NO 的还原反应；在 SCR 催化剂的后半程，大部分 NH_3 被消耗，此时占据催化剂表面的主要是 HCl 或者 Cl_2，在这个区域实现 Hg^0 的氧化反应。

有学者认为，SCR 催化剂上 Hg^0 的氧化与催化还原 NO 的机制类似，首先是 HCl 吸附

在 V_2O_5 表面，然后再与气相中的 Hg^0 或者物理吸附在 V_2O_5 表面的 Hg^0 反应，这就造成了氨会与 HCl 竞争催化剂表面的活性位。Hocquel 认为 NH_3、HCl 和 Hg^0 同时竞争催化剂表面的活性位，Hg^0 的氧化是通过相邻位上吸附的 Hg^0 和 HCl 间的反应实现的（Langmuir-Hinshelwood 机制）。还有研究者在 SCR 催化剂上检测到了 Cl_2，这说明 Hg^0 的氧化也有可能是 Deacon 反应在起作用。

同时，不少研究也报道了烟气组分对催化剂脱汞效率的抑制机制。有研究发现氨浓度的增加会导致 Hg^0 从催化剂表面脱附，但没有对脱附过程进行具体的介绍。Senior 也提出了一种模型来解释 Hg^0 在 SCR 催化剂上的抑制机制，该模型认为 Hg^0 的氧化遵循 Eley-Rideal 机制（吸附的 Hg^0 与气态的 HCl 反应），Hg^0 和氨发生竞争吸附。这个模型能够预测烟气温度、空速、HCl 的浓度、催化剂的结构以及 NH_3/NO 值和 Hg^0 的氧化效率之间的影响关系，但并未合理解释其原因。由于 NH_3-SCR 系统的反应机理和动力学十分复杂，汞的加入对催化剂的脱硝效果造成的影响尚不清楚，相关的研究工作还不够深入，需要加强该方面的研究，有关 SCR 催化剂催化氧化烟气中的 Hg^0 及其抑制机制也需要进一步深入的研究。

（2）催化脱汞工业化试验研究。对于 SCR 催化剂脱汞的研究已经不仅仅局限在实验室阶段，有不少文献报道了中试尺度规模的运行测试结果。这些研究中还考察了主要的脱汞影响因素，如烟气主要气体组分（HCl 的浓度、NO 的浓度、NO/NH_3 值等）、烟气温度和燃煤类型等的影响。实验室研究显示 SCR 催化剂能够有效地催化氧化烟气中的 Hg^0，且烟气组分对脱汞效率的影响最为明显。有研究发现模拟烟气中 Hg^0 的氧化程度与含氯气体浓度有很大的相关性，其中脱汞效率与烟气中 HCl 的浓度呈正相关关系，同时还发现氨浓度的增加会降低 Hg^0 的氧化效率。Laudal 等在中试研究中发现在 340℃ 时，SCR 出口的 Hg^0 的浓度与 HCl 和 SO_2 的浓度呈负相关，这与其他研究者在实验室固定床研究结果一致。同时，他们还发现降低 NO/NH_3 值和减少 HCl 的浓度都会降低 Hg^0 的氧化效率。此外，烟气组分不但会影响 SCR 的脱汞效率，而且还会影响脱汞产物。Eswaran 和 Stenger 的研究发现在烟气温度高于 300℃ 条件下，当烟气中含有 $(10 \sim 20) \times 10^{-4}$ 的 HCl 时，Hg^0 的氧化程度能够达到 95%，汞的最终产物是 $HgCl_2$，但在存在 SO_2 或者硫酸时，生成的产物则有可能是 $HgSO_4$。

在实验室和中试规模都已经开展针对铁催化剂的脱汞研究，中试实验发现将铁催化剂喷入烟气中后烟气汞的脱除效率仅能达到 10%~60%。其他针对铁催化剂的研究还发现铁催化剂的脱汞效果不仅与铁的负载形式相关，还与燃煤烟气的类型相关。URS 公司针对含铁催化剂的短期实验（3~9d）发现亚烟煤产生的烟气中有 30% 的 Hg^0 能够被氧化，而烟煤烟气中有 90% 的 Hg^0 能够被氧化。但这种催化剂会很快失活，12 周后 Hg^0 的转化效率就降到 40% 以下。其他实验还显示不锈钢中的铁和含铁化合物也是有效的氧化 Hg^0 的催化剂。由于不锈钢抗腐蚀，对它进行的研究更能引起燃煤电厂方面的关注，但是实验室研究发现在温度 150℃ 左右，Fe/Cr 催化剂仅能少量脱除烟气中的 Hg^0。

许多研究也调查了安装 SCR 催化装置的电厂烟气中 Hg^0 的氧化效果，发现不仅气体组分和气体浓度会影响 SCR 催化剂的脱汞效果，空速和燃煤类型等参数也会影响催化剂的脱汞效率。研究发现燃烧亚烟煤的锅炉烟气的空速从 $3000h^{-1}$ 增长到 $7000h^{-1}$ 时，Hg^0 的氧化效率从 30% 降到了 15%。据报道，一些商业 SCR 催化剂在燃烧 87% 的亚烟煤和 13% 的无烟煤的一个电厂中催化氧化烟气中 Hg^0 的效果，正常工况下，Hg^0 的转化效率一般在 60%~80%。研究发现在燃烧褐煤产生的烟气中（350~360℃），极少量的 Hg^0 被氧化；但在烟煤和亚烟煤混合燃烧产生的烟气中（315~345℃），Hg^0 转换成 Hg^{2+} 的比例较高。

通过 SCR 联合 FGD 单元在控制 NO_x 和 SO_2 的同时去除烟气中的汞是一种比较经济可行的办法。现有的 SCR 位置不太适合 NO_x 和 Hg^0 的联合脱除，目前 SCR 催化剂大都只放在颗粒物控制装置的上游，故 SCR 催化剂一般都暴露在了高浓度的飞灰中，因此需要进行部分改造。目前，也有研究者试图将 SCR 催化剂放在颗粒物控制装置和 FGD 的下游，在低温（150℃）下运行来专门控制汞的排放。由于 SCR 催化剂一般在 300℃ 以上运行，高温能够使吸附在催化剂表面的 Hg^0 脱附，从而又限制了 Hg^0 的氧化程度。

虽然实验室研究发现 SCR 催化剂能使大约 95% 的 Hg^0 发生氧化，但在真实的烟气中其氧化效率有明显下降。中试脱汞研究发现经过长时间的运行后，Hg^0 的氧化效率从 70% 降到了 30%，这可能是由飞灰堵塞了催化剂造成的。由于飞灰中含有大量的碱性物质，含碱性物质的飞灰被吸附在 SCR 催化剂的表面，它们能够降低 SCR 催化剂的表面酸位，进而降低了催化氧化 Hg^0 的效率。

以上研究工作都显示了用 NH_3-SCR 系统进行同时脱硝脱汞是现实可行的，但需要对现有的 SCR 设备进行一些改造。即便如此，利用现有的脱硝设备进行联合脱汞仍然具有现实可行的意义。目前，燃煤电厂还没有一项成熟、可应用的脱汞技术。除汞技术在燃煤电厂烟气中的应用还存在很多问题，大部分的脱汞技术还都处于实验室研究阶段。针对燃煤电厂烟气脱汞的研究重点可能集中在如何有效利用现有污染控制设备以提高汞的脱除效率，走复合式污染控制的道路。因此，利用烟气脱硝的控制设备来实现协同脱汞有明显的优势，其应用前景非常广阔。

$\boldsymbol{6}$ 二氧化硫控制技术

我国是世界上最大的煤炭生产国和消费国，以煤炭为主要一次能源的消费结构在很长一段时期内不会改变。我国的"煤烟型"污染已达到了相当严重的程度。作为大气主要污染源，SO_2 的排放已造成我国大面积的酸雨，因此必须努力加以控制。

6.1 湿式石灰石/石膏法烟气脱硫技术

该法是用含石灰石的浆液洗涤烟气，以中和（脱除）烟气中的 SO_2，故又称之为湿式石灰石/石膏法烟气脱硫。这种方法是应用最广泛、技术最为成熟的烟气 SO_2 排放控制技术。其特点是 SO_2 脱除率高，脱硫效率可达95%以上，能适应大容量机组、高浓度 SO_2 含量的烟气脱硫，吸收剂石灰石价廉易得，而且可生产出副产品石膏，高质量石膏具有综合利用的商业价值。随着石灰石/石膏法 FGD 系统的不断简化和完善，不仅运行、维修更加方便，而且设备造价也有所降低。华能珞璜电厂配套引进三菱重工湿式石灰石/石膏法 FGD 的装置，作为示范工程已运行了几年。

6.1.1 工艺原理

湿式石灰石/石膏法的化学过程如下：

在水中，气相 SO_2 被吸收并生成 H_2SO_3：

$$SO_2(g) \longrightarrow SO_2(l) \tag{6-1}$$

$$SO_2(l) + H_2O \longrightarrow H^+ + HSO_3^- \tag{6-2}$$

$$HSO_3^- \longrightarrow H^+ + SO_3^{2-} \tag{6-3}$$

产生的 H^+ 促进了 $CaCO_3$ 的溶解，生成一定浓度的 Ca^{2+}：

$$H^+ + CaCO_3 \longrightarrow Ca^{2+} + HCO_3^- \tag{6-4}$$

Ca^{2+} 与 SO_3^{2-} 或 HSO_3^- 结合，生成 $CaSO_3$ 和 $Ca(HSO_3)_2$：

$$Ca^{2+} + SO_3^{2-} \longrightarrow CaSO_3 \tag{6-5}$$

$$Ca^{2+} + 2HSO_3^- \longrightarrow Ca(HSO_3)_2 \tag{6-6}$$

反应过程中，一部分 SO_3^{2-} 和 HSO_3^- 被氧化成 SO_3^{2-} 和 HSO_4^-：

$$SO_3^{2-} + \frac{1}{2}O_2 \longrightarrow SO_4^{2-} \tag{6-7}$$

$$HSO_3^- + \frac{1}{2}O_2 \longrightarrow HSO_4^- \tag{6-8}$$

最后吸收液中存在的大量 SO_3 和 HSO_3^-，通过鼓入空气进行强制氧化转化为 SO_4^{2-}，最后生成石膏结晶。

$$Ca^{2+} + SO_4^{2-} + 2H_2O \longrightarrow CaSO_4 \cdot 2H_2O \tag{6-9}$$

脱硫反应的基础是溶液中 H^+ 的生成，只有 H^+ 的存在才促进了 Ca^{2+} 的生成，因此，吸收速率主要取决于溶液的 pH 值。因此，控制合适的 pH 值是保证脱硫效率的关键，所有湿式脱硫工艺都把研究的重点放在吸收液 pH 值的稳定控制方面。

烟气中除含 SO_2 外，还含其他有害气体如 HCl、HF 等，$CaCO_3$ 与其他有害气体发生反应：

$$2HCl(g) + CaCO_3(s) \longrightarrow CaCl_2(l) + H_2O + CO_2 \tag{6-10}$$

$$2HF(g) + CaCO_3(s) \longrightarrow CaF_2(s) + H_2O + CO_2 \tag{6-11}$$

其中，$CaCl_2$ 溶于水，且可随废水排放。

6.1.2　烟气脱硫（FGD）工艺系统

6.1.2.1　湿式石灰石/石膏法 FGD 工艺流程

湿式石灰石/石膏法 FGD 装置的工艺流程如图 6-1 所示。除尘后的烟气经过气/气换热器（GGH）被冷却后进入吸收塔，在塔内与石灰石浆液高效地进行气液接触，烟气中的 SO_2 被吸收，然后经过气/气换热器的再热侧，提高烟气温度后从烟囱排放。吸收过 SO_2 的浆液循环使用，当浆液中石膏达到一定的过饱和度时排入石膏制备系统，制取副产品石膏。

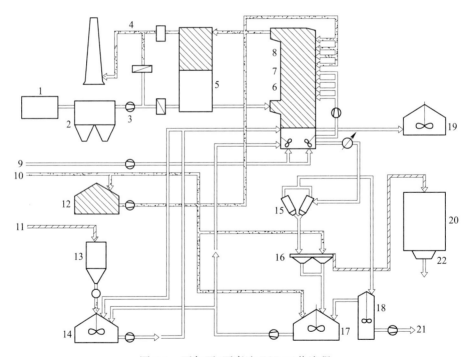

图 6-1　石灰石/石膏法 FGD 工艺流程

1—锅炉；2—电除尘器；3—未净化烟气；4—净化烟气；5—烟气/烟气换热器；6—吸收塔；7—吸收塔底槽；
8—除雾器；9—氧化用空气；10—工艺过程用水；11—粉状石灰石；12—工艺过程用水；13—粉状石灰石储仓；
14—石灰石中和剂储箱；15—水力旋流分离器；16—皮带过滤机；17—中间储箱；18—溢流储箱；
19—维修用塔槽储箱；20—石膏储仓；21—溢流废水；22—石膏

（1）浆液（吸收剂）制备系统。FGD 所需吸收剂石灰石粉粒度为 250～400 目不等，要求其 CaO 含量大于 50%。将石灰石粉送入灰浆配制槽内，配制成浓度为 20%～30% 的石灰石浆。用泵将灰浆经过一个带流量测量装置的循环管道打入吸收塔底部的浆液循环槽。每套脱硫装备设独立浆液制备系统，浆液用量可根据烟气中 SO_2 含量等自动调节。

（2）吸收系统。吸收系统包括吸收塔主体、浆液循环和强制氧化系统。吸收塔是 FGD 装置的核心设备，在吸收塔内进行下列主要工艺步骤：1）浆液对有害气体的吸收；2）烟气与洗涤灰浆分离；3）在塔底的氧化槽内鼓入空气将中间产物 HSO_3^-、SO_3^{2-} 氧化。

早期的吸收塔多设计成填料塔，填料塔由于本身的结构和运行特点，易结垢和堵塞，且结构复杂、造价高、操作气速低。因此，在目前的吸收法烟气脱硫中多采用高效喷淋塔，即空塔。如二期脱硫工程即采用了空塔-双接触流程液柱塔。

华能珞璜电厂一期工程 FCD 装置中吸收塔采用的是顺流格栅填料塔，兼备除尘、脱硫、氧化综合功能。塔高（包括反应槽）30.7m；塔身断面 11.2m×7.2m 方塔；在标高 21.7m 处，安装低压头涌泉式喷嘴，塔内布置两层规则填料，每层 4m；底部反应槽内密布氧化空气喷管，设置中央搅拌器，塔内壁安装破泡装置及全部覆盖树脂鳞片防腐内衬。底部浆液槽的容积为 1500m³。

反应槽内进行 HSO_3^- 的氧化过程，在大量空气中氧的作用下，几乎所有 HSO_3^- 均被氧化成稳定的 SO_4^{2-}。

为缓解塔内结垢，采用大液气比（L/G＝26），运行中控制适宜 pH 值与石膏的过饱和度，并且保持石膏晶种的合适密度。

此外，还有烟囱组合型吸收塔，见图 6-2。其特点如下：
1）不用另设烟囱；
2）在非常狭窄的场地也能设置；
3）设备费低；

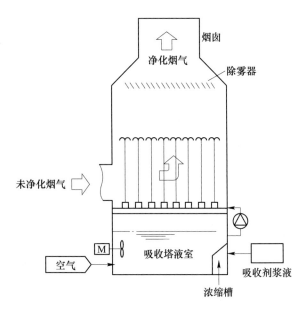

图 6-2 烟囱组合型吸收塔结构

4）运行经济。

双接触流程液柱洗涤塔系空塔，由逆/顺流程的双塔组成，平行竖立于氧化槽之上，塔下部均匀布置压力喷嘴，在后置的顺流塔顶部水平安装除雾器及气/气换热器（再热侧）管束。

来自锅炉引风机出口烟气经气/气换热器（吸热侧）降温后，自上而下通过逆流塔，与向上喷射呈柱状的石灰石浆液逆向进行气、液接触传质，并与喷射后淋落的高密度微细液滴同向降落，继续进行传质。在反应罐上部空间，烟气90°折转，自下而上通过顺流塔，与向上喷射的液柱及向下淋落的微细液滴，又一次进行气液两相高效接触，完成第二次脱硫过程，然后经除雾与再热，进入烟囱排放。

由于液柱塔内气液两相反复接触，充分传质，所以不仅能保证高的脱硫效率，而且避免了填料所带来的结垢和堵塞问题。

（3）烟气换热系统。由高效除尘器排出的热烟气（140～150℃），通过换热器降温至100℃以下，进入吸收塔进行洗涤，脱硫后的净化烟气通过除雾器后，温度降至5℃左右，已降至露点以下，为利于烟气抬升和防止尾部烟道高温腐蚀，需通过换热器升温至90℃左右（露点以上），由烟囱排放。

（4）石膏制备系统。从吸收塔排出的石膏浆液，在水力能旋流分离器中增稠到其固体含量40%～65%，同时按其粒度分级。然后将稠化的石膏用真空皮带脱水机脱水至石膏含水量10%以下，送到石膏仓储存。为了使 Cl⁻ 含量减到不影响石膏使用的程度，在用真空皮带脱水机对石膏进行脱水的同时应对其进行洗涤。石膏脱水系统示意图见图6-3。

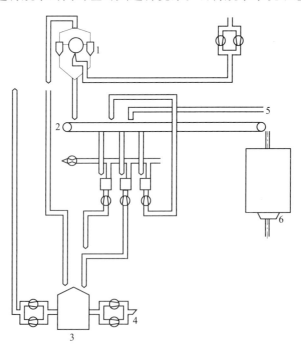

图6-3　石膏脱水系统示意图

1—水力旋流分离器；2—皮带过滤器；3—中间贮箱；4—废水；5—工艺过程用水；6—石膏贮仓

（5）石膏抛弃系统。石膏综合利用后尚有余量时，为保证 FGD 装置连续运行，设置石膏浆液抛弃系统。经水力旋流分离器浓缩到40%～60%的高浓度石膏浆液，输送到灰场。

此外，FGD 系统还应有废水处理系统。为得到高质量的石膏，需用清水冲洗石膏滤饼，以除去氯化物等，故有一定量的废水排放。

6.1.2.2 FGD 装置控制系统

FGD 装置一般用 DCS（集散控制）系统，并可通过键盘实现人机对话。该控制系统具有整套装置顺序启停、自动监控、数据采集、事故报警及追忆等各种功能，DCS 能实现包括锅炉负荷跟踪在内的各项运行参数的自动控制和根据锅炉负荷变化调整浆液再循环量的优化控制。

6.1.2.3 FGD 装置材料

湿式石灰石/石膏 FGD 工艺需使用耐蚀材料或加涂层，FGD 装置中所用材料见表 6-1。

表 6-1 FGD 装置中所用的材料

设 备	温度/℃	酸露点/℃	防腐蚀措施
未净化烟气管道	>100	>100	非合金钢
	>85	>85	玻璃鳞片树脂涂层
	<85	>85	软橡胶衬里
洗涤塔一进口区域	>85		玻璃鳞片树脂涂层
	>160		铬镍铁合金板
	>180		硝酸镍基合金板
	<85		软橡胶衬里
洗涤塔	40~60		软橡胶衬里
			聚丙烯
			玻璃钢
			碳化硅喷嘴
净化烟气管道	40~85		软橡胶衬里
	>100	>100	非合金钢
	>85	<85	玻璃鳞片树脂涂层

6.1.3 优化双循环湿式石灰石 FGD 工艺（DLWS）

由德国诺尔（NOELL）公司开发的双循环湿式 FGD 工艺是一个比较好的 FGD 技术，在美国有 7800MW 以上容量的机组装有该系统。目前，全世界已有 2000W 的机组装了该工艺系统。该工艺经过多次改进，已发展到第三代。

优化双循环石灰石 FGD 系统与传统的混式 FGD 相比有以下优点：

（1）石灰石的利用率达 97%以上；

（2）运行可靠，没有备用吸收塔，可以多台锅炉使用一个吸收塔；

（3）脱硫率达 90%以上，高的可达 95%；

（4）净化后烟气经冷却塔排出而不进入烟囱。

该法的吸收塔分上下两段，每段均有独立浆液循环系统，各段均在不同的 pH 值条件下运行。第一段（下段）为冷却预洗段（pH = 4.0 ~ 5.0），第二段（上段）为吸收段（pH＝5.8~6.5）。其工艺系统如图 6-4 所示，烟气在第一段内被石灰石循环浆液冷却，除去约 30% 的 SO_2 和 Cl^- 等杂质，随后进入上部的吸收区，在吸收区保持较高的能力，保证了 SO_2 吸收效率。

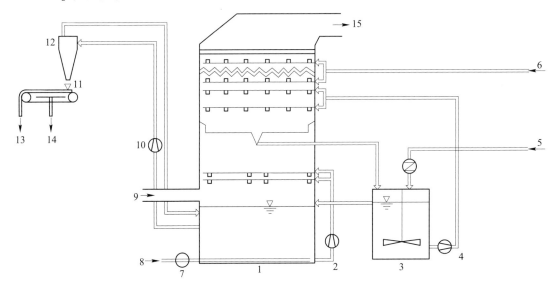

图 6-4　双循环湿法脱硫工艺系统

1—吸收塔；2—预洗段（下段）循环泵；3—吸收段加料槽；4—吸收段（上段）循环泵；

5—石灰石；6—喷雾器水；7—空气压缩机；8—氧化空气；9—烟气入口；10—浆液泵；

11—过滤器；12—离心分离器；13—石膏；14—滤液；15—净化烟气出口

石灰石浆液可以单独引入每一回路，也可以同时引入上、下两个回路。洗涤液中含有石灰石和部分产物，以略大于 1.0 的化学计量比喷入回路，烟气沿切线方向进入吸收塔下部（冷却回路）被冷却。冷却阶段液相总反应为：

$$SO_2 + CaSO_3 \cdot H_2O \longrightarrow Ca(HSO_3)_2 \qquad (6\text{-}12)$$

这是因为 $Ca(HSO_2)_2$ 具有一定的缓冲作用，使浆液的 pH 值几乎不随烟气中 SO_2 浓度变化而变化太大。同时，低 pH 值有利于 $CaCO_3$ 的溶解。

烟气中的 HCl 和 HF 在冷却回路被完全除去，这样，可将具有腐蚀性的氯化物限制在吸收塔很小的范围内而不至于造成大范围腐蚀。

经过冷却段后，烟气通过一段液环状空间进入吸收塔上部的喷雾区（称为吸收回路或上回路），吸收回路中浆液有较高的 pH 值，可达到最大的脱硫效率。采用足够大的液气比（L/G＝10~20），降低液膜传质阻力，保证所需的传质面积。吸收回路总的化学反应为：

$$SO_2 + CaCO_3 + \frac{1}{2}H_2O \longrightarrow CaSO_3 \cdot \frac{1}{2}H_2O + CO_2 \qquad (6\text{-}13)$$

$$SO_2 + 2CaSO_3 + \frac{3}{2}H_2O \longrightarrow Ca(HSO_3)_2 + CaSO_3 \cdot \frac{1}{2}H_2O \qquad (6\text{-}14)$$

与其他的混式石灰石石膏法 FGD 工艺一样，在吸收塔下部设有空气强制氧化系统，生成的 $CaSO_3$ 充分氧化得到石膏，当石膏浆液的含固量达到 12%~16% 时将其送入脱水系统进行脱水，得石膏副产品。

双循环石灰石 FGD 系统的运行和许多参数有关，如液气比（L/G）、石灰石活性、浆液 pH 值，$CaSO_4 \cdot 2H_2O$ 在悬浮液中的过饱和度及石膏固体在悬浊液中的停留时间等。

双循环湿式脱硫系统适用于氯化物含量高的烟气，因为大部分氢化物可在冷却回路去除，仅有少量进入吸收回路，这样，可以在吸收塔不同位置使用不同的材料，而不必为防腐必须在全塔使用较贵的耐蚀合金。由于双循环湿法脱硫工艺能够很好地缓冲 SO_2 的负荷，故通过简单的控制和调节即可减少结垢，而且吸收剂利用率高，能生产出高品质的石膏。

6.2 喷雾干燥法脱硫技术

喷雾干燥吸收法（Spray Dry Absorption，简称 SDA）脱硫技术在中等能量和中等吸收剂消耗情况下，可脱除燃用中、低硫煤的烟气中 SO_2、HCl 和 HF。

由于该法使用的吸收剂本身是湿态的，而副产物是干态的，故又称之为半干法。该法是将吸收剂浆液 $Ca(OH)_2$ 在反应塔内喷雾，雾滴在吸收烟气中 SO_2 的同时被热烟气蒸发，生成固体并由电除尘器捕集。吸收剂浆液一般采用喷嘴式或旋转式喷雾，目前大部采用旋转式，所以又称旋转喷雾干燥法。当钙硫比（Ca/S）为 1.2~1.5 时能达到 70% 的脱硫效率。副产品是亚硫酸钙和灰的混合物，可用于回填。为提高吸收剂利用率，常将部分脱硫灰再循环。

6.2.1 工艺原理

旋转喷雾干燥法是将石灰浆液以雾状喷入反应塔内，与热烟气接触，经雾化的微小液滴同时发生传热、传质过程：

（1）酸性气体从气相进入液滴表面的传质过程。

（2）被吸收的酸性气体与溶解的 $Ca(OH)_2$ 发生如下化学反应：

$$SO_2 + H_2O \longrightarrow H^+ + HSO_3^- \tag{6-15}$$

$$HSO_3^- \longrightarrow H^+ + SO_3^{2-} \tag{6-16}$$

$$Ca^{2+} + SO_3^{2-} \longrightarrow CaSO_3 \tag{6-17}$$

反应过程中有一部分 $CaSO_3$ 被氧化成 $CaSO_4$：

$$CaSO_3 + \frac{1}{2}O_2 \longrightarrow CaSO_4 \tag{6-18}$$

上述反应发生在气-液界面且假设反应瞬间完成，SO_2、HCl 和 HF 的反应速率取决于它们在恒速干燥过程中穿过气膜的传质速率，以及酸性气体在减速干燥过程中穿过产物层的扩散速率。

干燥过程中形成的产物（主要是 $CaSO_3 \cdot \frac{1}{2}H_2O$）（大渣）在反应塔底部被除去，气体中剩余的污染物在除尘器内与未反应的 $Ca(OH)_2$ 作用被进一步除去。

实际上，烟气在吸收塔内与雾化后的石灰浆微粒反应是一个复杂的物理化学过程。一方面液体微粒中的水分受热蒸发，液滴界面不断变小；另一方面，液滴中的钙离子通过液滴界面吸收烟气中的 SO_2，是一个复杂的气液反应过程。

6.2.2　喷雾干燥吸收法（SDA）工艺系统

喷雾干燥吸收法脱硫工艺流程如图6-5所示。

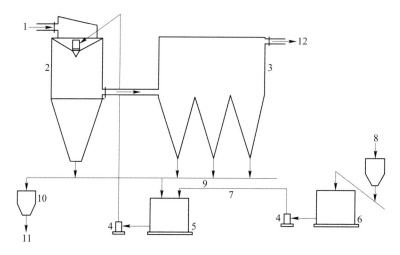

图6-5　喷雾干燥吸收法脱硫工艺流程

1—未净化烟气；2—喷雾干燥吸收塔；3—除尘器；4—料浆泵；5—料浆循环槽；6—石灰熟化槽；
7—石灰浆；8—生石灰；9—固体吸收剂循环；10—副产物储仓；11—固体副产品；12—净化烟气

黄岛电厂烟气脱硫工业性试验采用旋转SDA工艺，其工艺流程如图6-6所示。

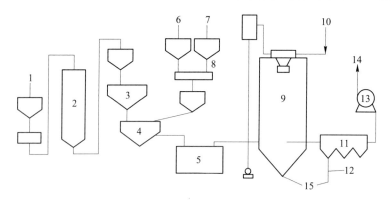

图6-6　黄岛电厂旋转喷雾干燥法烟气脱硫工艺流程

1—生石灰；2—生石灰储仓；3—计量槽；4—熟化槽；5—供浆槽；6—飞灰；7—副产品；8—脱硫灰仓；
9—脱硫反应塔；10—烟气；11—电除尘器；12—至脱硫灰仓；13—风机；14—至烟囱；15—至冲灰管

脱硫反应主要在吸收塔内进行。生石灰经制浆系统消化成具有反应活性的熟石灰浆液，然后送入旋转喷雾器，在此石灰浆液均匀地注入高速旋转的雾化轮。在离心力作用下浆液喷射成均匀雾滴，雾滴直径小于$100\mu m$。具有很大比表面的分散液滴与烟气接触且进行热交换和化学反应，它吸收烟气中SO_2和热量，并迅速将水分蒸发，形成含水量很低的固体。如果微粒没有完全干燥，则在下游的除尘器中继续进行吸收SO_2的化学反应。

6.2.2.1　浆液制备和供给系统

生石灰计量后进入生石灰熟化槽，在熟化槽完成熟化并成为具有良好脱硫活性的熟石灰 $Ca(OH)_2$ 浆液后，经过滤除渣后进入浆液供给槽，由供泵泵入脱硫反应塔的高位料箱，然后送入旋转喷雾器。

生石灰的消化采取间歇制浆法。运行中，控制加水量、消化温度、时间、速率等多参数并根据需要投入一定比例的飞灰和脱硫灰渣。在系统中采用振动筛或其他高效除渣装置除去浆液中较粗的颗粒以减少对高速雾化系统的磨损，特别是当石灰杂质含量高时应特别意这一点。

6.2.2.2　烟气脱硫系统

烟气从锅炉引风机引出后，从脱硫反应塔顶部（有时分成顶部和中部）切向进入，经和吸收剂浆液接触反应后，从脱硫反应塔下部引出，最后经电除尘器除尘后由脱硫引风机引入烟囱。

脱硫塔是工艺的核心部分，它由高速旋转喷雾器、烟气分配器和塔体组成。烟气分配器很大程度上决定了塔内烟气流场，从而影响系统脱硫效率。根据径高比不同，吸收塔有粗短型和细长型，后者塔型占地面积小，但对设计参数的选择和烟气分配器要求较高，且易发生塔壁积灰等问题。黄岛 SDA 法脱硫系统中设计反应塔为细长型，有效高度 23m，塔径 8.6m，烟气停留时间 10s。停留时间较长，有利于提高脱硫效率。

旋转喷雾器是半干法脱硫工艺的关键设备。通过高速旋转，产生巨大的离心力，使进入雾化轮的吸收剂浆液从喷嘴甩出，且破碎成细小雾粒（50~100m）。形成均匀的细小微粒是保证该工艺脱硫效率的关键。雾化轮转速通常为 7000~10000r/min。在实际运行中存在一个最佳转速，它能提供一个最佳的浆液雾滴直径，此时脱硫效果较好。

旋转喷雾器的驱动系统很复杂，传统雾化器采用齿轮增速的方法提供所需高转速，而高转速的机械需相应的支承、轴承、密封和同心度，且易产生振动。黄岛 SDA 系统采用高速变频调速电机驱动，无复杂的机械升速系统，使设备体积大大减小，电耗降低 20%。

脱硫后的烟气经电除尘器排入烟囱。

6.2.2.3　灰渣处理和再循环系统

灰渣处理采用抛弃法。由脱硫电除尘器收集的脱硫灰（亚硫酸钙）以及反应塔底部排出的灰渣，用冲灰泵排到灰渣池，通过除灰系统排出。

为提高吸收剂的利用率，系统设计了脱硫灰的再循环系统。将一部分排灰经气力输送到脱硫灰仓储存。再视需要按比例投料，由球磨机磨细后，加至副产品搅拌槽，加水搅拌后进入生石灰消化槽进行循环利用。

6.2.2.4　监测和控制系统

SDA 烟气脱硫系统采用集散控制方式。使用计算机 DCS 系统控制全系统的启停、运行工况调整和异常工况报警，DCS 系统具有自动调节运行参数、自动采集数据的功能，可自动调节烟气出口温度和钙硫比等。在线监测器能连续监测和采集各项运行参数。

6.2.3　SDA 烟气脱硫工艺运行中存在的问题

黄岛 SDA 烟气脱硫在我国是一示范工程，于 1994 年 10 月开始进行正式工业性试验。

在不断完善设备的同时，进行了最佳运行参数试验、脱硫反应塔热特性试验、多品质生石灰试验和设备耐久性试验等，取得大量试验数据。其中最佳参数试验包括生石灰熟化时间、熟化起始温度、注入盐分、浆液浓度、副产品加入量、旋转喷雾器转速、烟气量变化试验等。

由于黄岛 SDA 装置是一套工业性试验装置，还存在不少需要进步完善之处。

（1）脱硫反应塔壁积灰及下部灰斗堵灰。脱硫反应塔壁积灰及下部灰斗堵灰问题是运行中存在的问题之一。通过在脱硫反应塔底长斗处安装大尺寸大功率碎渣机后，塔底堵灰问题不再发生，但塔壁积灰现象仍存在。产生原因与浆液浓度、烟气温度、浆液雾化程度有关。

（2）旋转喷雾器雾化圆盘磨损及喷嘴结垢。旋转喷雾器是 SDA 工艺的核心部件。旋转喷雾器圆盘底板均采用高耐磨性能的镍铬铁合金喷镀碳化钨材料，但在运行 100h 后便发生磨损。运行后检查雾化器喷嘴，发现有结垢现象，严重影响了雾化效果，同时也降低了脱硫效率。通过增设旋流器等除渣设施、改变喷嘴形状等，磨损和结垢问题已基本得到解决，但生石灰在制浆系统的排弃量大大增加，且使钙的有较利用率降低。

（3）旋转喷雾器振动值过大。尽管装置能达到运行条件钙硫比 1.4、脱硫率 70%的设计要求，且设备能连续运行，但运行费用较高，钙的总有效利用率较低，有待提高。

6.3　LIFAC 脱硫技术

LIFAC 脱硫技术是由芬兰 Tampella 公司和 IVO 公司联合研究开发的干法烟气脱硫工艺。LIFAC 工艺的全称为 Limestone Injection into the Furnace and Activation of Calcium，即石灰石炉内喷射和钙活化。LIFAC 工艺分为两个主要工艺阶段，即炉内喷射和炉后活化。

LIFAC 工艺于 1986 年正式商业化运行并推广到世界范围的电力工业中。我国在南京下关电厂 1993 引进并建成了两套 LIFAC 装置，现已进行工业性试验。

LIFAC 工艺使用的脱硫剂是高品位的石灰石，钙硫比（Ca/S）为（2~2.5）:1 时，系统脱硫效率可达 75%以上。近年来，Tampella 对 LIFAC 技术做了进一步改进，利用增湿后的脱硫灰进行再循环，使脱硫效率有可能达到 90%（Ca/S=2）。

进入运行的 LIFAC 装置有加拿大的 SHAND 电厂、美国的 RICH-MOND 等。

6.3.1　工艺原理

LIFAC 工艺包括两个主要阶段，即炉内喷钙和炉后增湿活化。

第一阶段，即炉内喷钙阶段，粒度为 325 目左右的石灰石粉（$CaCO_3$）用气力喷射到锅炉炉膛上部温度为 900~1200℃ 的区域。$CaCO_3$ 受热分解成 CaO 和 CO_2，即炉内发生分解：

$$CaCO_3 \longrightarrow CaO + CO_2 \tag{6-19}$$

锅炉烟气中 SO_3 和部分 SO_2 与 CaO 反应生成硫酸钙：

$$CaO + SO_2 + \frac{1}{2}O_2 \longrightarrow CaSO_4 \tag{6-20}$$

$$CaO + SO_3 \longrightarrow CaSO_4 \tag{6-21}$$

未反应的 CaO 与飞灰随烟气一起流向锅的下游。经验证明，只要保证锅炉处于正常吹灰运行方式，锅炉受热面不会产生积灰和结焦问题。

第二阶段，即炉后增湿活化阶段，在一个专门的活化器中喷入雾化水（雾滴粒径 50~100μm）对烟气进行增湿。烟气中未反应的 CaO 与水反应生成在低温具有较高反应活性的 $Ca(OH)_2$，$Ca(OH)_2$ 与烟气中未反应的 SO_2 反应生成亚硫酸钙。同时，有一小部分亚硫酸钙被氧化成硫酸钙。

$$CaO + H_2O \longrightarrow Ca(OH)_2 \tag{6-22}$$

$$Ca(OH)_2 + SO_2 \longrightarrow CaSO_3 + H_2O \tag{6-23}$$

$$CaSO_3 + \frac{1}{2}O_2 \longrightarrow CaSO_4 \tag{6-24}$$

最终形成稳定的脱硫产物。上述脱硫机理可用图 6-7 说明。

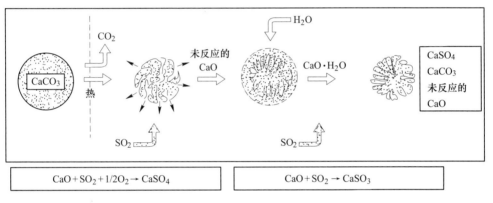

图 6-7　LIFAC 工艺脱硫机理

活化器内的水以压缩空气为介质，由二相流喷嘴雾化成细小雾滴，二相流喷嘴的优点为寿命较长且易维修。

为保证 LIFAC 工艺的脱硫灰为干态，并使系统具有最佳脱硫效率，应严格控制喷水量及雾滴直径。主要应控制增湿后烟气的温度与其露点温度的差值 Δt，这是 LIFAC 技术控制的两个主要指标之一。Δt 的数值应在一个合适的范围内，一般控制在 10~15℃，Δt 小有利于提高脱硫率，但易造成活化器粘壁；Δt 太大脱硫率降低。控制 Δt 的方法是通过一个反馈系统控制活化器中的喷水量。

经过活化器后的烟气温度降低且体积减小，同时湿度有所增加，这在一定程度上改善了电除尘器（ESP）的运行工况。但由于喷入一定量的吸收剂，在 SO_2 的吸收反应中生成了新的固体颗粒，加上飞灰再循环使 ESP 入口粉尘浓度大大增加。因此若要保证 ESP 出口烟尘浓度达标，应根据具体情况采取措施。

由于脱硫灰主要成分为飞灰（60%~70%）、未反应的吸收剂和产物。因此可重新送入活化器使未反应的吸收剂与烟气中 SO_2 继续反应，以提高吸收剂的利用率，这就是再循环过程。从活化器出来的增湿后的烟气温度为 55~60℃，为防止在 ESP 和烟囱中烟气温度降到露点以下，在活化器出口与 ESP 的入口之间设有烟气再热装置，用以提高烟气温度，防止结露造成腐蚀。

6.3.2 LIFAC 工艺系统

LIFAC 工艺流程图如图 6-8 所示。

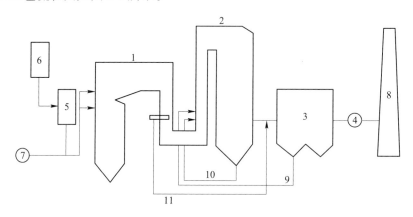

图 6-8 LIFAC 工艺流程简图

1—锅炉；2—活化器；3—ESP；4—引风机；5—计量仓；6—石灰石主粉仓；

7—喷粉风机；8—烟囱；9—灰再循环；10—渣再循环；11—空气加热

南京下关电厂 LIFAC 示范工程系统中各分系统之间的物料平衡参数见图 6-9（以 100% 最大连续负荷，SO_2 按干烟气和 6% O_2 计）。

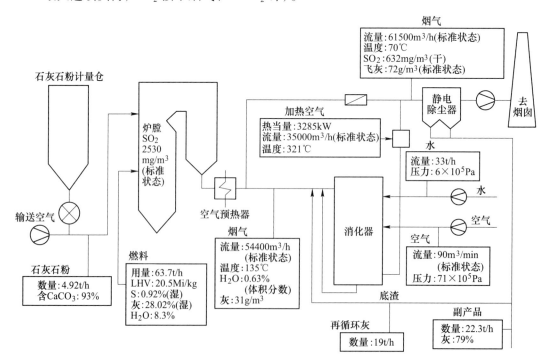

图 6-9 下关电厂 LIFAC 系统物料平衡参数图

LIFAC 工艺系统大致由以下几个系统单元组成。

（1）吸收剂制备系统。LIFAC 工艺采用的吸收剂是石灰石粉，其具体要求如下：

1）石灰石粉 $CaCO_3$ 含量≥92%；

2）粒径 325 目，80%粒径≤40μm。

由于在炉内喷钙过程中石灰石粉经过合适温度区的时间很短，因此要求石灰石粉有大的比表面积，以便在极短时间内完成煅烧及吸收 SO_2 的反应，石灰石粉的比表面积与其生成的条件和年代有很大关系，故需对各种不同矿源的石灰石进行筛选。

（2）炉内喷钙系统。本系统的主要任务是完成石灰石向粉仓内输送、计量、送粉量调节、炉内喷射，使石灰石粉在炉内煅烧分解，生成高孔隙率的 CaO 并与烟气中 SO_2 反应脱去烟气中部分 SO_2。这一阶段的脱硫率在 20%~30%。炉内喷钙系统的工艺流程如图 6-10 所示。

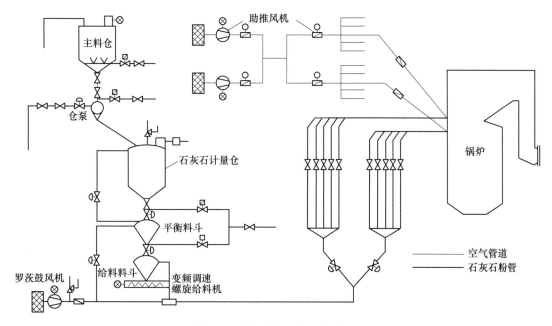

图 6-10　炉内喷钙系统工艺流程图

极细的石灰粉通过喷嘴快速喷入炉内，炉膛内设有一个专门的空腔接收吸收剂喷射，并在约 1200℃设计温度窗口有 1s 的停留时间。

为了使石灰石粉能均匀地喷入合适的炉内温度反应区，在炉前不同标高处分别设置 2~3 排喷嘴，从混合器出口总管来的石灰石粉分成两路，在电动阀门的切换下，送到喷嘴管路。运行时喷嘴的开闭数量受脱硫率支配调节。在电动阀后设有分配器将粉均匀地分配到各只支管中。由于负荷变化会使最佳反应区温度场位置发生变化，此时可通过上下排喷嘴的切换以保证有较好的炉内喷钙脱硫率。

为了使石灰石粉气流能与烟气主气流混合均匀，喷嘴处石灰石粉流喷射速度应保持在 60~90m/s，并设置二次风作为助推空气。其管路系统与粉路系统一一对应，在喷嘴处汇合。管路系统设有两只电动调节阀控制风量，可保证一定的风速。另外，当锅炉运行而喷嘴停用时，助推风还起到冷却喷嘴的作用。

在炉内喷钙系统中，除了石灰石粉中 $CaCO_3$ 含量、细度及其活性等因素之外，选择合适的喷射点以保证石灰石粉在合适的温度区是很关键的因素。温度太高会使 CaO 烧僵而失去吸附活性。

（3）烟气活化增湿系统。烟气活化增湿系统的作用是通过活化器内喷的水雾与烟气中未反应的 CaO 反应生成高活性的 Ca(OH)$_2$，在较低的温度下与烟气中剩余的 SO$_2$ 反应最终生成 CaSO$_3$，达到进一步脱硫的目的，占系统总脱硫效率的 40%～50%，使总的脱硫效率达到 80%。该系统流程如图 6-11 所示。

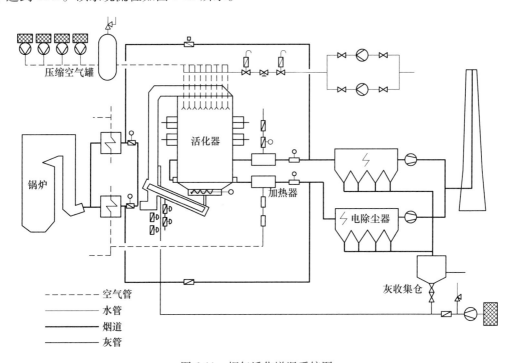

图 6-11　烟气活化增湿系统图

烟气活化增湿系统由带喷水的活化器、压缩空气、雾化及飞灰再循环系统组成。活化器具有"上升、下降通道"结构。雾化水雾滴喷射到活化器烟气进口的上升通道。活化及蒸发发生在上升气流中，其余为固态产物。部分产物与飞灰一起在下降通道从烟气中分离，这些含有未反应吸收剂的分离出来的飞灰再回到活化器进口处水喷射的上游。

Ca/S 比与 SO$_2$ 脱除效率的关系如图 6-12 所示。显然，Ca/S 比增加，脱硫效率也增加。活化器本体是一个圆柱型不锈钢塔，外壳有较好的保温层。烟气从塔顶进入，由塔下部排出。烟气在塔顶部穿过气液两相流形成的雾区（液滴直径为 50～100μm），使烟气中未反应的 CaO 与水发生反应。有资料报道，增湿水中氯化物是影响活化器性能的一个重要因素。氯化物含量高的增湿水喷到活化器中，会延缓蒸发过程，活化器中易形成泥浆。当用含氯化物低的水作增湿水时，活化器的运行温度比饱和时的温度高 4～8℃；用含氯化物高的水作增湿水时，活化器温度增加 30℃。

（4）烟气加热系统。活化器出口烟气温度较低，通常为 55～60℃。为防止电除尘器和烟囱的结露腐蚀，设置烟气再热器，提高烟气温度后再进入电除尘器。烟气加热介质可直接采用锅炉空气预热器前的烟气或蒸汽，但使用未经过活化器的高温烟气与净化烟气混合会降低系统的脱硫效率。若用蒸汽加热则要增加换热器而使系统复杂，并易造成堵塞等。

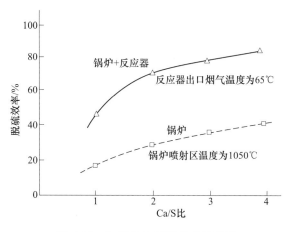

图 6-12　Ca/S 比与脱硫效率的关系

下关电厂 LIFAC 工艺系统采用将空气预热器出口热空气直接混合加热烟气的方式，该法的不足是增加了送引风机的风量。

（5）脱硫飞灰再循环系统。为了利用飞灰中未反应的 CaO 和 Ca(OH)$_2$，将电除尘器收集的飞灰再送入活化器，这样可提高吸收剂的利用率和脱硫效率。据资料介绍，利用再循环飞灰可提高活化器脱硫效率 5%~15%，并且可以改善活化器的运行状况，消除活化器的结垢、结灰现象。

（6）仪表控制系统。下关电厂 LIFAC 烟气脱硫示范工程的控制系统采用小型 DCS 系统来实现整个烟气脱硫系统的自动控制。

在单元控制室内，以带屏幕显示的并可键盘操作的操作员站为中心，实现脱硫系统正常运行工况的监视和调整、异常工况的报警和紧急事故处理；通过操作员站可以对系统进行自动启停，并对有规律的连续操作采用顺序控制。DCS 系统还提供以安全为目的的连锁保护，具有对单个设备进行远方启停以及对系统的运行工况、经济分析、异常工况事故报警、产生报表等功能。

6.4　海水烟气脱硫技术

潮水烟气脱硫工艺是利用海水的天然碱度来吸收烟气中的 SO$_2$。海水中因含有 Ca(HCO$_3$)$_2$ 和 Mg(HCO$_3$)$_2$，其 pH 值达 7.5~8.5 而呈碱性，天然碱度为 1.2~2.5mmol/L。海水与烟气中的 SO$_2$ 反应最终生成 SO$_4^{2-}$。

海水脱硫工艺可分为两类：一类是不添加任何化学物质，用纯海水作为吸收液的工艺，这种工艺已得到较多的工业化应用；另一类是在海水中添加一定石灰以调节吸收液的碱度，该工艺在美国建成示范工程，但未推广应用。以下介绍的海水脱硫工艺系指第一类工艺。

海水脱硫工艺具有以下特点：

（1）采用天然海水作吸收液，不添加其他任何化学物质，节省了吸收剂制备系统和吸收剂，工艺系统简单。

（2）吸收系统不产生结垢、堵塞等运行问题，系统可利用率高。

（3）洗涤烟气后的海水经处理符合环境要求后排入海中，对海洋环境无实际影响。无脱硫灰渣生成，不需脱硫灰渣处理设施。

（4）脱硫效率较高，可达90%以上，有明显的环境效益。

（5）投资和运行费用较低，通常比湿式石灰石/石膏法低1/3。

深圳西都电厂采用了挪威ABB公司的ABB Flakt-Hydro海水脱硫工艺，现已投入运行。

6.4.1　工艺原理

海水脱硫工艺由两大部分组成。

6.4.1.1　吸收系统

由锅炉排出的烟气经除尘后进入吸收塔，在吸收塔内的吸收区烟气与海水充分接触，可用海水的天然碱度使SO_2溶解，发生如下反应：

$$SO_2 + H_2O \longrightarrow H_2SO_3 \longrightarrow 2H^+ + SO_3^{2-} \qquad (6\text{-}25)$$

$$H^+ + OH^- \longrightarrow H_2O \qquad (6\text{-}26)$$

$$2H^+ + CO_3^{2-} \longrightarrow H_2O + CO_2 \qquad (6\text{-}27)$$

$$M^{2+} + SO_3^{2-} \longrightarrow MSO_3 \qquad (6\text{-}28)$$

6.4.1.2　海水恢复系统

吸收塔内洗涤烟气后的海水呈酸性，且含较多的SO_3^{2-}，而且通过吸收塔之后，洗涤海水COD将升高，溶解氧将降低，所以不能直接排入海水中。因此，将洗涤过烟气的海水从吸收塔排至曝气池（或称后反应池），在此与来自冷却循环系统的大量海水混合，并且通入大量空气，其作用有四点：一是使SO_3^{2-}完全氧化为SO_4^{2-}；二是除去溶解的CO_2以提高海水的pH值；三是降低海水COD；四是增加水中溶解氧，使海水达标排放。另外，在反应过程中生成的SO_4^{2-}是海水中自然存在的，虽然在海水排放口附近的海水中SO_4^{2-}含量略有升高，但完全在自然变化的范围之内。

海水FGD主要化学反应可用图6-13说明。

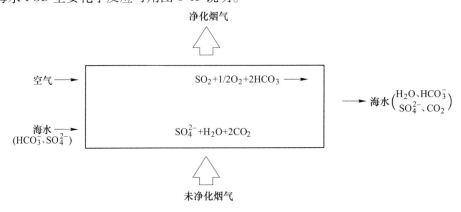

图6-13　海水烟气脱硫主要化学反应

6.4.2 海水 FGD 工艺系统

6.4.2.1 海水 FGD 工艺系统

海水 FGD 工艺系统由烟气系统、SO_2 吸收系统、海水供排水恢复系统、监测与控制系统组成。其工艺系统流程如图 6-14 所示。

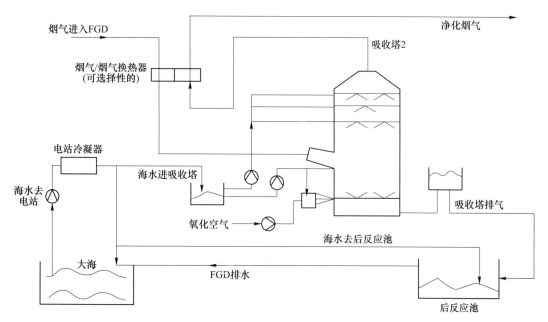

图 6-14 海水 FGD 系统流程

以深圳西部电厂的 FGD 工艺进行说明。深圳西部电厂海水 FGD 工艺流程如图 6-15 所示。

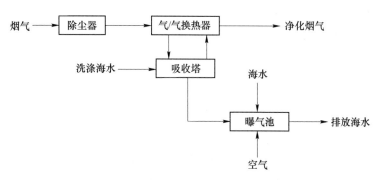

图 6-15 深圳西部电厂海水脱硫工艺基本流程

（1）烟气系统。烟气自锅炉引风机出口烟道引出。经增压风机，由气/气换热器降温后进入吸收塔，净化后的烟气经气/气换热器升温后，再进入烟囱排放。

（2）SO_2 吸收系统。FGD 系统的吸收塔可采用填料塔。烟气自吸收塔下部进入，向上流经吸收区。用泵将海水送到吸收塔上部，流经填料的过程中在填料表面吸收烟气中的 SO_2。净化烟气经塔顶部除雾器除去水滴后从吸收塔顶部排出。洗涤烟气后的海水汇集在吸收塔底部水池内，靠重力流入海水恢复系统。

（3）海水处理（恢复）系统。海水处理（恢复）系统的主要设备是曝气池，来自吸收塔的吸收酸性气体的酸性海水与凝汽器排出的碱性冷却循环水在曝气池充分混合，同时通过曝气系统向曝气池中鼓入适量空气，海水中的亚硫酸盐氧化成稳定无害的硫酸盐，而且从海水中解吸出 CO_2 气体，使海水的 pH 值升高到 6.5 以上，达到排放要求的海水排入大海。

有的工艺如德国 Bischoff 工艺在吸收塔池中注入氧化空气完成氧化过程，而曝气池（后反应池）的取舍视实际情况而定，如海水的成分和需要量、烟气中 SO_2 浓度、达到的脱硫效率及其他环保要求等。

（4）监测与控制系统。海水 FGD 工艺系统的监测与控制系统具有以下功能：

1）数据采集功能：连续采集和处理反映 FGD 系统运行工况的重要测点信号，如 FGD 系统进、出口烟气的 SO_2 浓度、O_2 浓度、烟气温度，曝气池排水的 pH 值、COD，水温等；

2）控制功能：FGD 系统的控制系统对烟气旁路挡板的前后压差进行闭环控制，其他设备采用顺序控制；

3）装备各种必要的烟气、海水现场监测仪表。

6.4.2.2 主要技术指标

深圳西部电厂海水 FCD 系统主要技术参数：燃煤含硫量为 0.75%；曝气池出口海水 pH 值不小于 6.5；排水口的海水水质满足《海水水质标准》（GB 3097—82）中的三类标准；FGD 系统出口烟气温度不低于 70℃。

6.5 烟气循环流化床脱硫技术

固体流态化技术是近年来在化工、环保领域发展迅速的一项重要技术。由于流化床具有很高的传热效率，温度分布很均匀，气固相有很大的接触面积，因而大大强化了操作，简化了流程。近年来采用流态化技术原理设计的烟气循环流化床脱硫系统显示了较强的竞争优势，引起国内外学者的极大兴趣。

6.5.1 烟气循环流化床脱硫装置的组成

图 6-16 为典型的烟气循环流化床脱硫系统的流程图。

依据流态化原理设计的烟气循环流化床脱硫装置一般主要由下面几部分组成。

（1）烟气循环流化床主体。烟气循环流化床可以设计成内循环流化床和外循环流化床两种方式，有时在流化床的床内加装隔风板，目的是使吸收剂在塔内按一定的方式进行循环，以增加气固接触面积和接触时间。内循环流化床较适合于小规模的锅炉脱硫。外循环流化床的特点是吸收剂的循环倍率高，吸收剂中的有效成分可以高效使用，外循环流化床可以用于较大参数的锅炉烟气脱硫。

（2）气固分离装置。气固分离装置可采用旋风除尘器（又叫旋风子），也可采用静电除尘器或布袋除尘器。由于旋风除尘器具有结构简单、回料容易等特点，流化床设计中较多采用旋风除尘器。流化床的返料机构设计方面应能调节物料流量，另外应防止物料反窜

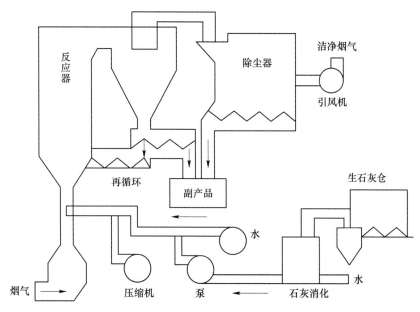

图 6-16　烟气循环流化床脱硫系统的流程图

至分离器，造成短路。必要时可加装螺旋给料机进料。

（3）雾化喷嘴。其作用在于调节烟气湿度，提高脱硫反应效率。要求喷出的水雾雾滴粒径在 $100\mu m$ 以下。

（4）加料系统。一般采用螺旋加料器给料。加料系统采用两路加料系统：一路直接加石灰与调质灰，另一路加回料灰。

6.5.2　循环流化床的其他构件

6.5.2.1　气体分布板

气体分布板的作用是保证流化床具有良好而稳定的流化状态。好的气体分布板应满足以下四个条件：

（1）均布气流，压降小，不产生"沟流"；

（2）必须使流化床有一个好的初始流化状态，消除"死角"；

（3）在长期的操作中不堵塞和磨蚀；

（4）停运时固体物料不大量下漏。

当采用多层流化床时，还必须考虑流化床内的水平构件（如固体物料支承）和垂直构件（物料溢流装置），对于反应热效应大的处理过程，还要考虑设置换热器。图 6-17 为几种水平构件示意图。

6.5.2.2　气固分离装置

气固分离装置的作用是捕集固体物料并部分或全部返回床中，在循环流化床的实际操作中往往采用比理论上大得多的操作气速。如不设置颗粒抽集装置，由于细颗粒的带出，将破坏床层原有的粒径分布，降低流化质量。对于催化反应流化床，则会损失大量的贵重催化剂。对于非催化反应来说，许多未反应物料被气流带出，增加物料消耗。因此颗粒捕

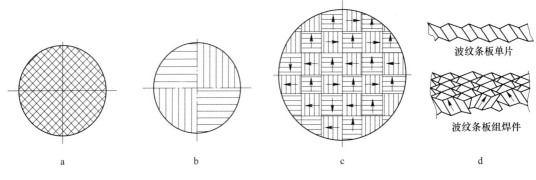

图 6-17　几种水平构件示意图
a—筛网；b—单旋导向挡板；c—多旋导向挡板；d—波纹挡板

集装置成为流化床重要的组成部分。

流化床可以采用内旋风除尘器或外旋风除尘器，有时也采用静电除尘器或布袋除尘海作为回料装置。

（1）内旋风除尘器。将旋风除尘器安装在流化床内具有不需要保温、可减少配管量、设备紧凑以及被捕集的物料易于返回等特点，因此常把内旋风除尘器安装在流化床顶部的稀相段。根据物料回收率的要求，可采用一级、二级或三级串联。内旋风除尘器的缺点是设备结构复杂，调控困难，分离效率不稳定，操作弹性小，故在流化床脱硫系中较少采用。

（2）外旋风除尘器。在一些大型循环流化床脱硫设计中多采用外置旋风除尘器，根据物料循环要求，设计旋风除尘器的除尘效率。旋风除尘器的设计计算读者可参阅有关参考书。

6.5.2.3　测量与控制系统

烟气循环流化床一般需要测量风量、温度、压力、循环物料量以及烟气成分等参数。需要合理布置测点，尽量采用自动化技术，实现在线监测。

一般而言，烟气循环流化床应设置三个控制回路来控制系统的性能。

（1）根据反应塔进口烟气量和烟气中 SO_2 浓度控制系统的性能。

（2）根据反应塔出口的烟气温度直接控制反应塔底部的喷水量，以保证烟气出口温度的 Δt 尽可能地小。

（3）控制适宜的固/气比及吸收剂的有效钙含量。

6.5.3　典型烟气循环流化床脱硫工艺

近几年烟气循环流化床脱硫技术发展很快，目前，已达到工业化应用的主要有三种流程，下面分别予以介绍。

6.5.3.1　鲁奇（Lurgi）循环流化床烟气脱硫技术

A　工艺流程

早在 20 世纪 70 年代，德国鲁奇公司就开发了循环流化床烟气脱硫工艺。该工艺通过吸收剂的多次循环，使气、固的接触时间大大增加，从而大幅度提高了吸收剂的利用率。

且其工艺简单，占地少，投资省，副产品呈干态，易于处理或综合利用，并能在较低的钙硫比情况下达到与湿法相近的脱硫效率。该工艺流程主要包括吸收剂的制备系统、吸收塔、除尘器、吸收剂再循环系统以及仪表控制系统等部分，其流程见图6-18。

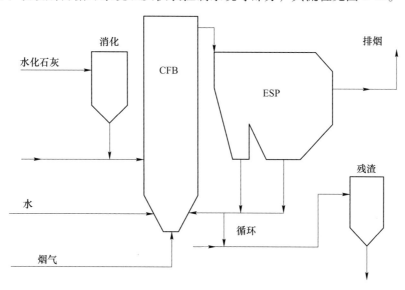

图6-18 循环流化床（CFB）干式脱硫系统

B 工艺简介

烟气CFB工艺采用干态的消石灰粉作为吸收剂，在特殊情况下也可采用其他对二氧化硫有吸收能力的干粉作吸收剂。

由锅炉排出的未经处理的烟气从流化床的底部进入，如果考虑到综合利用的因素，不希望脱硫的副产品与飞灰混合在一起，则需要在吸收塔之前安装一个除尘器。

流化床吸收塔的底部为一个文丘里装置，使烟气加速，在流化床中与吸收剂粉末混合并与烟气中的二氧化硫反应，生成亚硫酸钙。吸收剂循环使用，吸收塔内飞灰和石灰颗粒浓度通常高达 $500\sim2000mg/m^3$。经脱硫后带有大量固体颗粒的烟气由吸收塔的顶部排出进入吸收剂再循环除尘器中，被分离出的颗粒经过一个中间灰仓返回到吸收塔循环使用，由于吸收剂循环使用，固体物料的滞留时间可达30min以上。

以干粉的形式输入流化床的吸收剂，同时还要喷入一定量的水以增大吸收剂的反应活性，提高脱硫效率。

影响脱硫效率的一个重要的因素是烟气温度与水露点温度之差 Δt_o。Δt_o Δt 越小则系统的脱硫效率越高。在其他条件一定的前提下，喷水量越大，Δt 越小，但 Δt 过小，会引起系统的堵塞和吸收剂结块而影响流化质量。因此要根据烟气温度调节喷水量，以保证 Δt 的最佳值。实践证明，Δt 应控制在 $8\sim15℃$。

6.5.3.2 回流循环流化床（RCFB）脱硫工艺

A 工艺流程

德国沃尔夫（Wulff）公司在Lurgi公司原有技术基础上开发出了第二代内循环式循环液化床工艺，即脱硫吸收塔-回流循环流化床（RCFB），工艺流程见图6-19。

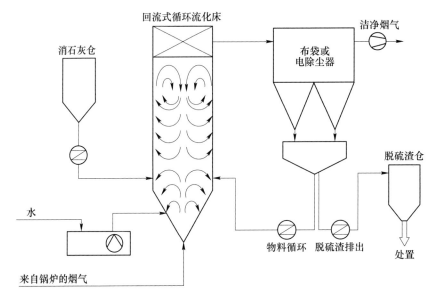

图 6-19　回流循环流化床（RCFB）

B　工艺简介

在工艺原理上 RCFB 与 Lurgi 公司的 CFB 很类似。但与 Lurgi 公司的 CFB 相比，该工艺主要在吸收塔的流场设计和塔顶结构上做了较大改进，使得在吸收塔内烟气和吸收剂颗粒在向上运动中，有一部分颗粒在塔内回流，类似于吸收中的液柱塔。由于在塔内形成一定程度的环流状态增加了烟气与吸收料剂的接触时间，在外部循环同时存在的情况下，脱硫性能得到强化。同时反应塔内的回流还大大降低了反应塔出口烟尘浓度，RCFB 吸收塔的内部回流的固体物料约为外部再循环物料的 30%～50%，这样与一般的烟气 CFB 脱硫相比，出口烟尘浓度可降低 15%～30%。由于出口烟尘浓度的降低，使得下游的除尘器设计简化，在 RCFB 工艺中取消了 Lurgi 公司 CFB 中的机械预除尘器。这不但简化工艺，节省了投资，而且由于外部灰循环量的减少也减少了运行费用。

RCFB 装置的特点是简单易操作，要求空间小。在低消耗下实现很高的污染物脱除效率。运行试验表明，对含硫量为 2% 的煤，在 Ca/S 比为 1.11 时，脱硫效率可达 97% 以上，并可除去 99% 以上的重金属。

6.5.3.3　气体悬浮吸收（GSA）烟气脱硫技术

丹麦 F. L. Smitb 公司开发的气体悬浮吸收（GSA）烟气脱硫技术也是采用了流化床脱硫原理。该工艺和前两种工艺所不同的是该工艺不是喷干粉吸收剂，而是把石灰浆液经喷嘴雾化后从吸收塔底喷入烟气中，并在吸收塔中保持悬浮湍动状态，边干燥边反应，干燥后的吸收剂颗粒经除尘除下后返回吸收塔循环利用，其中石灰颗粒在 GSA 中大约能循环 100 次左右。图 6-20 是 GSA 烟气脱硫示意图。

图内一些科研机构也积极开展循环流化床技术的研究。清华大学在实验室条件下进行了循环流化床烟气脱硫实验。东南大学的变速循环流化床热态脱硫装置也已经申请了国家实用新型专利，其床体分为上升段和下降段，一方面降低了床体的高度，另一方面加强了床内湍动程度，提高了气固间的传质速率，适合于中小型工业锅炉的脱硫需要。还有一种

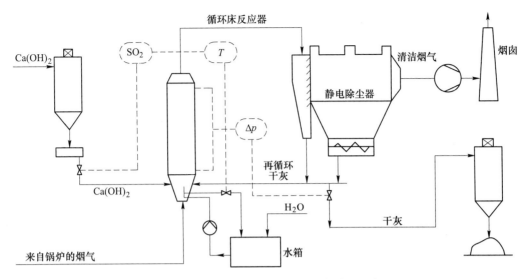

图 6-20 气体悬浮吸收（GSA）烟气脱硫示意图

多组分粒子流化床半湿式脱硫系统，在其鼓泡床上方，同时存在一种输送床或循环床。虽然流化床的形式多样，但其原理都是以流态化技术为基础的。

6.5.4 烟气循环流化床脱硫工艺特点

烟气循环流化床脱硫工艺特点具体如下：

（1）系统简单、运行可靠，工程投资、维修和运行费用低，占地面积小，适于现有电厂及工业锅炉的改造。其投资和运行费约为石灰石-石膏法的 60%。

（2）吸收剂在流化床内多次循环，气固间剧烈紊流混合，可以使未反应的消石灰颗粒表面不断更新，而且吸收接触时间长，因此脱硫效率较高。

（3）可以通过喷水量控制将床温控制在最佳反应温度条件下，排烟温度可在烟气露点温度以上，不需常规脱硫工艺的烟温调整。

（4）对煤种适应性强，既可处理燃低、中硫煤的烟气，又可处理燃高硫煤的烟气。对于高硫煤，在钙硫比为 1.1~1.5 时，脱硫效率可达 90% 以上，与湿法脱硫接近。

（5）锅炉负荷变化时，系统仍能正常工作，这使系统的适应性增强。同时，其可以用于中小锅炉。

（6）脱硫产物呈干粉状，无污水排放，不会产生二次污染，并可以开发产物综合利用。

6.6 其他脱硫技术

6.6.1 燃烧前脱硫概述

所谓燃烧前脱硫，就是在煤燃烧前脱除一部分硫。国外用于发电、冶金、动力的煤质量有一定的标准：炼焦煤，硫分小于 1%；动力煤，硫分 0.5%~1%。一般原煤均需要经过分选，除去煤中的矿物质成分等，才能达到规定的标准。燃烧前脱硫的主要方法有煤的物理脱硫、化学脱硫、微生物脱硫以及煤的转化。

6.6.1.1 煤的物理脱硫

煤的物理脱硫方法主要有摇床法、重介质法、跳汰法、旋流器法和高梯度磁选法（HGMS）等。前四种方法是利用煤中矿物质和煤中有机质的密度不同而进行分选，适用于粒径大于 0.5mm 的煤粒。浮选法适用于细颗粒煤，主要根据煤及黄铁矿的浮力水性等表面性质的差异进行分离。这些方法一般只能脱除煤粒表面的无机硫。其脱硫效果视煤中黄铁矿硫含量、煤粒直径等因素而异，通常仅能脱除煤中硫量的 20%~40%，使灰分减少 70% 左右，它不能脱除有机硫和粒度很细的黄铁矿硫。

高梯度磁选法是根据煤中黄铁矿呈顺磁性，而煤呈逆磁性的磁性质差异，采用高梯度磁选脱除煤中黄铁矿，而且可以脱除含铁量较高的煤系黏土、菱铁矿等矿物，降低煤的灰分。

6.6.1.2 煤的化学脱硫

化学脱硫是采用强酸、强碱和强氧化剂在一定的温度与压力条件下通过化学氧化、还原提取和热解等步骤来脱除煤中的黄铁矿。采用较多的化学脱硫方法是氧化法，可脱除大部分无机硫及相当多的有机硫。

6.6.1.3 煤的微生物脱硫

微生物脱硫的原理是利用某些微生物（如硫杆菌属、钩端螺旋体菌属、硫化叶菌属等）溶解黄铁矿以及采用硫杆菌去除煤中的有机硫。某些嗜酸耐热菌在生长过程中消化黄铁矿的反应过程可用下式表示：

$$2FeS_2 + \frac{15}{2}O_2 + H_2O \longrightarrow 2Fe^{3+} + 4SO_4^{2-} + 2H^+ \tag{6-29}$$

尽管此法具有工艺简单、处理量大、不受场地限制等特点，但脱硫周期长，特别是堆浸法，甚至需要 11 个月以上，难以适应大规模工业化的需要，因此目前此法尚处于试验阶段。

化学方法和微生物方法虽能除去煤中一部分有机硫，但成本高，反应条件严格，一般仅用于对煤质要求很高的特殊场合。

6.6.1.4 煤的转化

煤的转化是指将煤进行气化或液化，在气化和液化过程中脱除硫分。

（1）煤炭的气化。煤炭的气化是煤与气化剂（空气或氧气与水蒸气）由部分煤燃烧自供热或由外部供给热量在达到操作温度和压力条件下，以一定流动方式完全转化为可燃气体，煤中的灰分则以废渣的形式排除。在气化过程中，煤中的硫被转化成 H_2S，然后采用各种脱硫技术脱除煤气中的 H_2S。目前成为技术开发热点的 IGCC 技术就是利用了煤炭的气化技术开发出的清洁燃烧工艺。

（2）煤炭的液化。煤与石油的主要成分都是碳和氢，不同之处在于煤中氢元素的含量只是石油的一半左右，如褐煤的氢含量为 5%~6%，而石油的氢含量为 10%~14%，所以只要往煤中加氢使煤中的碳氢比（11~15）降低到天然石油的碳氢比（6~8），使原来煤中含氢量少的高分子固体物转化为含氢量多的液态或气态化合物，这样煤就转化为液体的人造石油。煤炭的液化可分为直接液化和间接液化两大类。

煤在用加氢溶剂萃取法进行液化过程中,其中的无机硫,主要是硫铁矿因不溶于溶剂而被分离;有机硫则在加氢时转化为 H_2S,然后采用常规脱硫技术脱除。

图 6-21 是氢煤法(H-Coal)直接加氢煤液化工艺流程。

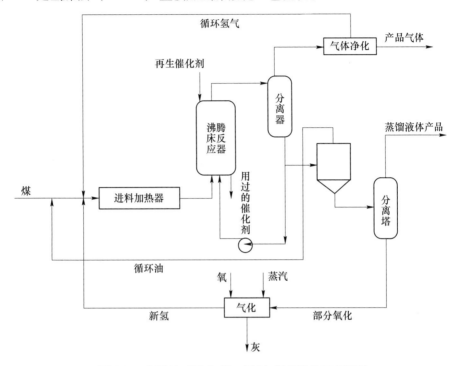

图 6-21 氢煤法(H-Coal)直接加氢煤液化工艺流程

氢煤法使用沸腾床反应器和固体钴-钼催化剂($Co-Mo-Al_2O_3$),反应器内温度为 438~460℃,压力为 20MPa,每吨煤可生产燃料油或合成原油 340kg。

6.6.2 氨法脱硫技术

氨法脱硫是采用氨水作为吸收剂脱除烟气中的二氧化硫。传统湿式洗涤工艺的副产品石膏如果不能得到有效的利用,将占用大量土地,而且产生废水排放问题,污染环境可以认为只是将气体污染物转化为固体或迁移到水体。氨法脱硫工艺的特点是低成本、低能耗,具有高脱硫效率(90%~99%),副产品为硫酸铵或亚硫酸氨,可作为农业肥料,而且没有废水和其他废物产生,无二次污染之忧。

从国外氨法脱硫的实践看,由于氨法脱硫具有的优点,近年来又得到重视。代表性的工艺是 Lurgi 集团 Lentjer Bischoff 公司的氨水脱硫工艺,该工艺采用两级洗涤,回收硫酸铵副产品。国内华东理工大学肖博文采用氨水吸收二氧化硫得到亚硫酸铵,然后和电厂周围的化肥厂联合,用磷酸或硝酸将亚硫酸铵中的二氧化硫置换出来,得到高浓度的二氧化硫。此工艺的前提是电厂周围要有氨源和酸源。

由于氨水来源广泛,价格便宜,且脱硫工艺系统简单、运行费用低,最重要的是产生的硫酸铵可以作为农业肥料进行出售,从而获得可观的经济效益,补充脱硫的部分费用,硫酸铵结晶后的废水循环使用，不产生二次污染，因此此方法具有一定的吸引力。氨中和法脱硫工艺在国内外电厂已有所应用，但氨中和法脱硫存在的一个重要问题是氨的挥发和泄漏，以致在脱硫的同时又向大气中排入了大量氨，产生了另一种污染物，因此限制了氨法的广泛应用。尽管如此，氨法仍不失为一个治理烟气中低浓度 SO_2 的有前途的方法。本法的技术原理主要包括如下几部分。

（1）吸收。亚硫酸铵对 SO_2 有很好的吸收能力，从反应原理来看，实质的吸收剂是亚硫酸铵。氨法工艺实质是（NH_4）$_2SO_3$-NH_4HSO_3 溶液吸收 SO_2 的过程。

$$2NH_4OH + SO_2 \longrightarrow (NH_4)_2SO_3 + H_2O \tag{6-30}$$

$$(NH_4)_2SO_3 + SO_2 + H_2O \longrightarrow 2NH_4HSO_3 \tag{6-31}$$

（2）中和。随着 NH_4HSO_3 比例的增大，溶液的 pH 值下降，吸收能力降低，需补充氨水将 NH_4HSO_3 转化为（NH_4）$_2SO_3$。pH 值是（NH_4）$_2SO_3$-NH_4HSO_3 水溶液组成的单值函数，工业上可以通过控制吸收液的 pH 值，以获得稳定的吸收组分。

$$NH_4HSO_3 + NH_3 \cdot H_2O \longrightarrow (NH_4)_2SO_3 + H_2O \tag{6-32}$$

（3）脱氮。亚硫酸氢铵还具有一定的脱氮功能。

$$NO + 2NH_4HSO_3 \longrightarrow \frac{1}{2}N_2 + (NH_4)_2SO_3 + SO_2 + H_2O \tag{6-33}$$

$$NO + 4NH_4HSO_3 \longrightarrow \frac{1}{2}N_2 + 2(NH_4)_2SO_3 + 2SO_2 + 2H_2O \tag{6-34}$$

（4）氧化。

$$(NH_4)_2SO_3 + \frac{1}{2}O_2 \longrightarrow (NH_4)_2SO_4 \tag{6-35}$$

$$NH_4HSO_3 + \frac{1}{2}O_2 \longrightarrow NH_4HSO_4 \tag{6-36}$$

（NH_4）$_2SO_3$-NH_4HSO_4 吸收液表面上的 SO_2 分压力（p_{SO_2}）和氢的分压力，当溶液的 pH 值在 4.71~5.96 之间时，可用下式计算：

$$p_{SO_2} = M\frac{(2S - C)^2}{C - S} \tag{6-37}$$

$$p_{NH_3} = N\frac{C(C - S)}{2S - C} \tag{6-38}$$

式中　S——溶液中 SO_2 含量，$mol/100molH_2O$；

　　　　C——溶液中 NH_3 含量，$mol/100molH_2O$；

　　　　M——系数，$\lg M = 5.868 - 2369/T$，T 为绝对温度，K；

　　　　N——系数，$\lg N = 13.680 - 4987/T$，T 为绝对温度，K。

当吸收操作的温度增加，SO_2 的吸收量增加，则 p_{SO_2} 增加、p_{NH_3} 下降。因而若要提高吸收 SO_2 的效果，操作温度必须保持在较低的水平，同时采用适宜的吸收液组成。

（NH_4）$_2SO_3$-NH_4HSO_3 吸收液的 pH 值与组成的关系为：当 $S/C = 0.5 \sim 0.95$ 时，$pH = 8.88 - 4(S/C)$。随着 SO_2 的吸收量增加，S/C 增大，pH 值减小，因而需要补充氨水使 pH 值保持在合适的水平，一般 pH 值保持在 6 左右，以获得稳定的吸收液成分。

根据获得产品的不同，氨法脱硫可以分为氨酸法、氨亚硫酸铵法和氨硫酸铵法等。在这几种脱硫方法中，其吸收原理和过程是相同的，不同之处是对吸收液的处理和各自的工艺路线。

图 6-22 所示为氨-硫酸铵法的工艺流程。

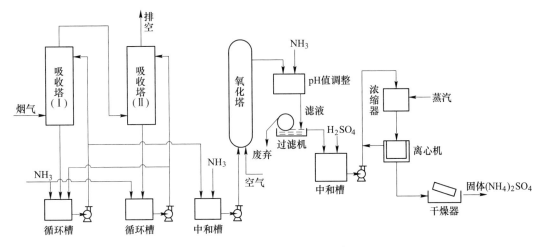

图 6-22 氨-硫酸铵法的工艺流程

6.6.3 钠碱法脱硫技术

6.6.3.1 钠碱法脱硫简介

钠碱法是采用碳酸钠或氢氧化钠等碱性物质来吸收烟气中的二氧化硫。与其他碱性物质吸收 SO_2 相比，钠碱法脱硫具有以下优点：

（1）与氨法比，吸收剂碱的来源限制小，便于运输、储存。不存在吸收剂在洗涤烟气过程中挥发及氨雾问题。

（2）与使用钙碱相比，由于系统中没有 Ca^{2+}，因而吸收塔不容易产生结垢、堵塞等问题。

（3）与使用钾碱相比，钠碱比钾碱的来源丰富且价格要便宜得多。

（4）钠碱吸收剂的吸收能力大，吸收剂用量少，吸收效率较高。

但与氨碱及钙碱相比，钠碱碱源相对比较紧张，特别是氢氧化钠，成本也高。

由于对吸收液的处理方法不同，所得副产品也不同，钠碱法可分为亚硫酸钠法、亚硫酸钠循环法及钠盐酸分解法等。

亚硫酸钠法与亚硫酸钠循环法的区别在于亚硫酸钠法生成的亚硫酸钠不循环应用，而是回收后作为化工原料，作为漂白剂或还原剂，用于纺织、造纸等工业部门。亚硫酸钠循环法生成的亚硫酸钠循环应用。

亚硫酸钠循环法又称为威尔曼洛德法（Wellmen Lord），简称为 W-L 法，该法在国外有较多应用。我国 1974 年曾在湖南 300 号电厂建设了一套示范装置。下面介绍一下亚硫酸钠循环法的工艺原理和工艺过程。

6.6.3.2 工艺原理

本法开始时使用碳酸钠或氢氧化钠作为吸收剂，而实际起作用的是亚硫酸钠。其吸收反应如下。

使用碳酸钠作为吸收剂：

$$2Na_2CO_3 + SO_2 + H_2O \longrightarrow 2NaHCO_3 + Na_2SO_3 \tag{6-44}$$

$$2NaHCO_3 + SO_2 \longrightarrow Na_2SO_3 + H_2O + 2CO_2 \tag{6-45}$$

$$Na_2SO_3 + SO_2 + H_2O \longrightarrow 2NaHSO_3 \tag{6-46}$$

使用氢氧化钠作为吸收剂：

$$2NaOH + SO_2 \longrightarrow Na_2SO_3 + H_2O \tag{6-47}$$

$$Na_2SO_3 + SO_2 + H_2O \longrightarrow 2NaHSO_3 \tag{6-48}$$

实际上，Na_2SO_3 吸收 SO_2 的反应是本工艺的主要反应。

由于烟气中有 O_2 和金属氧化物颗粒的存在，引起如下的副反应：$Na_2SO_3 + \frac{1}{2}O_2 \longrightarrow Na_2SO_4$，这是一个人们不希望发生的副反应，因为 Na_2SO_4 不具备吸收 SO_2 的能力，因此工艺上常加入抗氧化剂以阻止这一副反应的发生。

由上述反应可知，循环吸收液一般含有 Na_2SO_3、$NaHSO_3$ 和 Na_2SO_4。在正常情况下，Na_2SO_4 比较少，因此溶液的主要成分是 Na_2SO_3 和 $NaHSO_3$，$NaHSO_3$ 是一种酸式盐，不具有吸收 SO_2 的能力，唯一能吸收 SO_2 的是 Na_2SO_3，溶液中 $NaHSO_3$ 和 Na_2SO_3 的比例以 S/C 表示。S 为每升溶液中硫的总物质的量；C 为每升溶液中钠的有效物质的量，即与亚硫酸盐和亚硫酸氢盐结合的物质的量。当溶液中全部为 Na_2SO_3 时，S/C 为 0.5，此时溶液对二氧化硫的吸收能力最强；当溶液中 Na_2SO_3 全部转化为 $NaHSO_3$ 时，S/C 为 1.0，此时溶液对二氧化硫没有吸收能力。在吸收过程中，当吸收液中的 $NaHSO_3$ 含量达到一定值，一般控制 S/C 为 0.9 时，吸收液就应该进行解吸。

亚硫酸钠循环法中，吸收液解吸时采用加热分解的方法。由于 $NaHSO_3$ 不稳定，受热分解，分解温度一般控制在 100℃左右。解吸反应为：

$$2NaHSO_3 \longrightarrow Na_2SO_3 + SO_2 + H_2O \tag{6-49}$$

通过解吸，得到高浓度的 SO_2 气体，富含 SO_2 的气体经过冷凝分离水分和除去其他杂质，可以用作制酸的原料气或转化为硫黄等其他产品。得到的 $NaSO_3$ 结晶则返回系统继续使用。

再生也可使用加石灰浆液的办法进行，生成 Na_2SO_3 和不溶性的半水亚硫酸钙在稠化器中沉积，上清液与 Na_2SO_3 返回吸收系统循环使用。

6.6.3.3 工艺流程

亚硫酸钠循环烟气脱硫的工艺流程见图 6-23。

WL 法用于含硫量为 1.0%~3.5% 的煤的烟气脱硫时，脱硫效率可达 97% 以上。整个系统的烟气阻力损失为 4000~7000Pa，系统可用率达 95%。该法适用于高硫煤，以尽可能回收硫的副产品，从而实现硫的资源化，本法在德国、日本、美国等不少电厂均得到较好的应用。

6.6.4 粉煤灰（FA）脱硫工艺

粉煤灰脱硫一般采用干法工艺。干法脱硫工艺特别是管道喷射气脱硫工艺具有系统简单、投资费用低、占地面积小等优点，得到一定程度的应用，主要缺点是脱硫率低，吸收

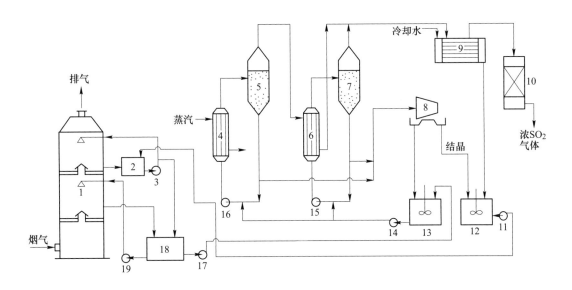

图 6-23 亚硫酸钠循环法工艺流程

1—吸收塔；2，18—循环槽；3，11，14~17，19—泵；4，6—加热器；5，7—蒸发器；

8—离心机；9—冷却器；10—脱水器；12—吸收液槽；13—母液槽

剂利用率低，因此提高吸收剂的吸收效率和利用率，减少吸收剂用量，降低运行费用，成为干法脱硫工艺的主要研究内容。国外对提高干法钙基吸收剂利用率的研究主要集中在三个方面：

（1）灰渣再循环；

（2）加入添加剂；

（3）采用高效吸收剂。

目前尚未找到十分有效且价廉的添加剂，普通灰液再循环虽有一定作用，但效果亦不理想。国外对提高干法钙基吸收剂利用率最活跃的研究领域是高效吸收剂的开发。

20世纪80年代末，美国、日本两国分别在实验室用石灰、飞灰等研制出脱硫吸收剂，并成功进行了小型脱硫试验和现场中间试验。日本研究成功 LILAC 工艺，美国称 ADVA-CATE 工艺。图 6-24 是 ADVACATE 工艺流程。

活化吸收剂的制备主要是在消化器中进行，将石灰、脱硫副产品加水在一定条件下消化，使粉煤灰中的二氧化硅活化为活性硅系脱硫剂，使石灰的消耗量减少。这样制成的高效吸收剂还兼具脱氮功能，实现同时联合脱硫脱氮。1993 年进行的 LILAC 工艺管道喷射试验表明，在 Ca/S 比为 2.5 时，脱硫率可达 75%以上，脱氮率达 55%。试验显示出脱硫吸收剂巨大的技术优势和市场潜力，对那些老电厂或按季节性运行的电厂，干式喷射工艺具有比常规湿式石灰石-石膏法或喷雾干燥法低的投资成本，也许是投资最低的烟气污染控制方案。但由于存在脱硫率低、吸收剂利用率低等问题，距离实用阶段尚有不少问题有待解决。

南京电力环保所对采用粉煤灰制备的吸收剂进行了开发性研究，已建成工业化装置。

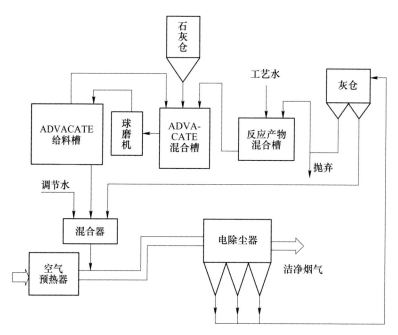

图 6-24　ADVACATE 工艺流程

7 汽车尾气净化处理技术

7.1 汽车尾气污染及治理技术概述

7.1.1 概述

过去的 20 年间，随着中国轿车进入家庭步伐加快以及个体私营经济的迅速发展，中国的汽车工业实现了飞跃式的发展，自 2000 年以来，我国汽车保有量迅速增加，年平均增长率高达 15% 左右。据公安部交通管理局统计，截至 2019 年底，我国传统能源汽车保有量达 2.6 亿辆，新能源汽车 381 万辆。目前，中国已经成为世界上最大的汽车销售市场，汽车已经深入普通民众的家庭，给生活带来极大便利的同时，其排放的污染物也已构成公害，引起了世人的关注。

目前，机动车仍主要使用化石燃料，在行驶过程中汽油、柴油等化石燃料经完全或不完全燃烧，会排放出各种成分复杂的污染物，主要包括一氧化碳（CO）、氮氧化物（NO_x）、碳氢化合物（HC）、二氧化碳（CO_2）以及各种粒径的颗粒物（PM），对居住环境及人类健康有着非常不利的影响。生态环境部发布的《中国移动源环境管理年报（2019）》显示，2018 年中国机动车污染物排放总量初步核算为 4065.3 万吨。该年报还显示，中国已连续十年成为世界机动车产销第一大国，机动车等移动源污染已成为大气污染的重要来源。其中，NO_x 和 HC 在静风、逆温等特定条件下，经强烈阳光照射，会转化为光化学氧化物等二次污染物，如式 7-1 所示，进而形成危害更大的光化学烟雾。

$$HC + NO_x + 紫外光 \longrightarrow O_3 + 二次污染物 \tag{7-1}$$

早在 20 世纪 60 年代，由于汽车数量的大幅增长，欧美发达国家的一些主要城市光化学烟雾现象的发生频率显著增加，给人们的健康造成了巨大的损伤。CO_2 则是导致温室效应的罪魁祸首，温室效应已成为人类的一大祸患。冰川融化、海平面上升、厄尔尼诺现象、拉尼娜现象等都给人类的生存带来了极为严峻的挑战。因此，减少汽车尾气污染物排放，有效控制机动车污染物排放总量，使城市空气质量得到有效改善对于人类的生存发展具有重要意义。

20 世纪 70 年代，美国颁布了《清洁空气法》。汽车尾气净化催化剂开始被广泛使用，尾气中的有害物质显著减少，汽车尾气对环境的影响大大降低。如今尾气催化剂已经作为标配，成为汽车的一个重要成分。以美国为例，从 20 世纪 70 年代起，政府对汽车排放的要求日趋严格，汽车尾气处理的技术也日趋先进。从 20 世纪 70 年代到 90 年代初，由于排放法规的变化，汽车尾气中排放的 NO_x 和 HC 分别减少了 90% 和 95%，而从 20 世纪 90 年代初到 21 世纪初，NO_x 和 HC 的排放又分别下降了约 95% 和 98%，所以虽然车辆的数量和车辆行驶的里程大幅增加，但是空气质量并没有因此下降。

中国的汽车尾气处理起步较晚，我国从 20 世纪末开始对在用车加装三元催化剂，以减少有害尾气的排放。由于当时大量的汽车使用化油器对发动机空燃比的控制不够精确，因而三元催化剂的效率有限。我国在 2000 年发布了第一个汽车排放的国标（国一），在随后的若干年颁布了越来越严格的标准（国二、国三、国四、国五和国六），目前国六已经进入实施阶段《轻型汽车污染物排放限值及测量方法（中国第六阶段）》（GB 18352.6—2016）和《重型柴油车污染物排放限值及测量方法（中国第六阶段）》（GB 17691—2018）。同国外大城市相比，我国城市的机动车拥有量并不很大，但污染状况却相当严重，主要有两个原因：我国机动车排放控制水平较差，机动车单车排放因子较大；城市配套设施建设相对落后，交通管理和控制措施不利，交通的供需矛盾使机动车运行工况恶化，加重了车辆的排放。随着燃油电喷装置的使用和发动机控制水平的提高，三元催化剂的效率日益提高。最新的国六标准和欧洲的欧六、美国的 LEVI/Tier 标准非常接近。在短短十几年内，中国排放标准发展的程度相当于欧美国家半个世纪走过的道路。但必须意识到，要达到最新的排放标准，需将发动机尾气中绝大多数的有害排放物加以转化。这是一项非常艰巨的任务，需要足够的知识、技术和资源来实现这个目标。

7.1.2 汽车尾气污染物

20 世纪初，内燃机汽车在交通领域的普及，重塑了美国的生活方式、社会文化和城市布局，美国也逐渐变成了一个车轮上的国家。家庭拥有了汽车，意味着居民可以不必生活在城市中心区，居住在空间更大的郊区成为当时的潮流。石油行业的蓬勃发展和道路设施的不断完善，促使汽车成为每个美国家庭的必需品。20 世纪前半叶，整个汽车行业技术的进步主要围绕在经济性、动力性、可靠性和耐久性等要求上。人们在享受着汽车所带来的现代文明初始，并未意识到汽车在使用过程中所排放的污染物会带来新的环境问题——空气污染。直到 20 世纪 40~60 年代洛杉矶等地爆发的烟雾（Smog，其为 Smoke 和 Fog 的合成词）污染，才让人们开始关注汽车所排放的大气污染物。等到大力采取措施控制汽车尾气排放时，距离空气污染的爆发已经过去了近 30 年。

7.1.2.1 污染物构成及生成机制

以汽油车为例，如图 7-1 所示，其排放的污染物可以根据来源不同分为尾气管污染物和非尾气管污染物。

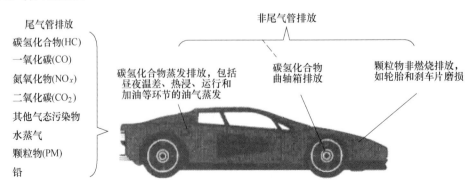

图 7-1　汽油车空气污染物的主要排放来源

尾气管排放的物质既包括水蒸气和CO_2等主要燃烧产物及空气组分（如氮气），也包括会影响大气环境质量的污染物，比如HC、CO、NO_x和PM。部分大气污染物来自燃料的不完全燃烧，如HC、CO和PM。部分尾气管污染物则来自油品中存在的杂质或添加剂，例如曾被广泛用于增强汽油抗爆性能的添加剂四乙基铅会导致尾气管排放含铅污染物。

NO_x包括一氧化氮（NO）和二氧化氮（NO_2），其生成机制是氮气和高温下氧气分解的氧原子发生自由基链反应，生成NO_x。多年的研究表明，在内燃机的典型温度和接近理论物质的量比的条件下，NO的生成服从扩充的Zeldovich机理。其中主要的化学反应如下：

$$O + N_2 \longrightarrow NO + N \tag{7-2}$$
$$O_2 + N \longrightarrow NO + O \tag{7-3}$$
$$OH + N \longrightarrow NO + H \tag{7-4}$$

需要指出的是，传统汽油车尾气管排放NO_x主要是以NO的形式存在的，其占NO_x的体积比例达到90%甚至95%以上，NO在大气环境中被大气氧化剂氧化成NO_2。目前NO_x是世界上各国环境空气质量标准所规定的法规污染物，因此机动车排放法规常将NO根据物质的量折算成NO_2进而计算NO_x的质量。由于NO_x和其他气态污染物（如CO和HC）的生成机制不同，针对NO_x尾气管排放的控制技术也有所差异，这在早期汽油车（如美国1981年以前）的排放控制策略发展中体现得非常明显。

CO的生成率主要受混合气浓度的影响，与燃料成分的关系较小。由于常规汽油机在部分负荷时过量空气系数略大于1，全负荷时小于1，因此CO排放情况比柴油机严重得多。汽油机排气中CO含量要比在燃烧室中测得的最大值低，但比相应排气状态的化学平衡值高得多，这表明CO的生成也受化学动力学机理控制。实验表明，在碳氢化合物和空气的预混火焰中，CO的浓度在火焰区迅速达到最大值，此时CO生成主要机理可归纳为以下过程：

$$RH \longrightarrow R \longrightarrow RO_2 \longrightarrow RCHO \longrightarrow RCO \longrightarrow CO \tag{7-5}$$

式中，R为烷基，CO在燃烧过程中生成以后，经较慢的速率氧化成CO_2。

HC的生成源比较复杂，主要有以下几种途径。（1）燃烧室狭缝间隙：在压缩与燃烧过程中，由于气缸中压力升高，把一部分未燃混合气压入与燃烧室相通的狭缝（例如，活塞顶环上部和气缸壁形成的狭缝），由于燃烧时火焰不能进入狭缝，因此不能完全燃烧。在膨胀和排气行程中，在气缸压力降低后，以未燃碳氢化合物的形式进入排气，这是碳氢化合物的主要来源。（2）气缸壁的激冷反应：在早期认为这是碳氢化合物的主要来源。在火焰逼近气缸壁，离气缸壁<0.1mm薄层内的可燃混合气，由于火焰的淬灭现象，这一薄层内的可燃混合气以未燃碳氢化合物进入排气。但以后的研究发现，对于清洁的气缸壁这一现象并不存在，由于气缸内气流的强烈运动，这一薄层内的未燃碳氢化合物在火焰未淬灭前早已进入气缸内燃烧掉。但是，对于使用时间较长的发动机，气缸壁上有一层多孔性的沉积物，积存在它里面的可燃混合气体得不到燃烧，会显著增加碳氢化合物排放。（3）存在于气缸壁、活塞顶以及气缸盖底面上的润滑油：在进气和压缩行程中，气缸内的燃油蒸气浓度与进气歧管内的浓度接近，因此在此期间留在气缸壁上的润滑油膜将吸收燃油蒸气。在燃烧过程中，气缸内的燃油蒸气浓度降至零，吸附在气缸壁润滑油膜内的燃油蒸气将释放出来，释放过程也可能持续到膨胀和排气过程。早期释放的燃料蒸气和高温燃烧产

物混合而氧化，在后期释放的燃料蒸气往往停留在温度较低的边界层内或和较冷的燃烧产物混合而不能完全氧化，成为未燃碳氢化合物排出。（4）燃烧室壁面沉积物：新发动机运转一段时间后，在燃烧室表面生成多孔性碳质沉淀物，此时碳氢化合物排放增加，对含铅汽油碳氢化合物排放增加 7%～20%。沉积物引起碳氢化合物增加的机理，仍然可用它对燃料蒸气的吸附和释放来做解释。若在活塞顶盖间隙内也充满碳质沉淀物，则由于间隙容积的减少，可起着减少碳氢化合物排放的作用。（5）燃烧不完全：该现象主要发生在怠速和低速、低负荷工况，此时残余废气量很大，使燃烧速率下降，甚至在排气形成开始后，火焰还不能传遍整个燃烧室，从而产生大容积可燃混合气的激冷现象，使碳氢化合物排放激增。此现象在混合气过稀、排气再循环（EGR）值过大或点火过分推迟时也容易发生，特别在发动机处于瞬态工况时，若控制系统的动力特性不够理想，也容易产生上述现象。

和汽油车不同，柴油车采用压燃式发动机，以扩散燃烧的方式实现着火燃烧。与采用点燃式发动机和预混燃烧的传统汽油车相比，柴油机具有更高的热效率和燃油经济性（即排放相对较少的 CO_2），不完全燃烧产物（如 HC）较少。但柴油的扩散燃烧会存在混合气浓度不均匀的问题，容易产生黑碳（Black Carbon，或称为积碳，Soot），并且高温和富氧燃烧条件也使柴油机的 NO_x 排放浓度升高。如何在保证经济性的基础上重点解决柴油车 NO_x 和颗粒物的尾气管排放问题成为近年来柴油车排放控制技术的最主要工作。此外，为了提高燃油经济性，近年来汽油车大量发展汽油缸内直喷或汽油直喷（Gasoline Direct Injection，GDI）发动机技术。和传统汽油机相比，控制 GDI 发动机的颗粒物排放是目前机动车尾气控制方面的一项重要工作。

7.1.2.2　洛杉矶光化学烟雾污染

1943 年 7 月 26 日，洛杉矶遭遇了一场浅蓝色的浓雾，许多居民感觉到眼睛发红、咽喉疼痛、呼吸憋闷甚至头昏头痛；道路能见度降低到仅仅三个街区的距离，许多汽车如同消失在城市中一般。此后在整个 20 世纪 40 年代，洛杉矶频频遭到这种烟雾污染的袭扰，特别是在每年的 5～10 月间，烟雾会持续数天不消散。烟雾污染通常的特征为，上午 9 点到 10 点开始形成橙色和棕色烟雾，在午后臭氧浓度最高时烟雾呈现出浅蓝色，之后烟雾随着太阳落山而退散。频繁出现的现象让洛杉矶居民意识到，烟雾并非来自外部攻击，而是来自洛杉矶地区排放的空气污染物。

洛杉矶地区在 20 世纪 30 年代就在美国的工业、商业和文化等领域占据重要的地位，到 40 年代初就拥有汽车 100 万辆，这个数字在第二次世界大战后增长了 1 倍以上。一辆没有采用排放控制技术的车辆行驶一年将排放 230kg HC、760kg CO 和 40kg NO。在 1943 年那场烟雾污染爆发之后几天，洛杉矶政府官员将南加州瓦斯公司（Southern California Gas Company）下属生产合成橡胶原料气丁二烯的阿利索街工厂（Aliso Street Plant）锁定为烟雾污染的主要来源，并关闭了这家化工厂。但是，洛杉矶的烟雾污染仍然持续出现。洛杉矶时任市长在 1943 年 8 月信誓旦旦地宣布，将在 4 个月内根除烟雾污染，并禁止居民在后院使用垃圾焚烧炉。这些措施依然没有改善洛杉矶的空气质量。

阿里·哈根-施密特（Arie J. Hagen-Smit），现代空气污染治理之父，他原本是加州理工大学一位研究菠萝口味的荷兰裔生物有机化学教授。1948 年，他开始关注洛杉矶空气污染对于农作物的影响。哈根-施密特和他的研究伙伴根据洛杉矶烟雾气味及其对农作物的影响现象做出了一个敏锐的判断，即洛杉矶的污染特征和美国东部及欧洲由于大量燃煤导致的二氧化硫（SO$_2$）与烟尘污染不同。他首先将研究焦点放在臭氧（O$_3$）上，因为洛杉矶在遭遇烟雾污染时大气中的 O$_3$ 浓度会达到 0.5×10^{-6}，是清洁空气中正常 O$_3$ 浓度水平的20 倍，考虑到大气中其他物质对 O$_3$ 的消耗，大气污染下高浓度的 O$_3$ 水平意味着每天需要生成数千吨 O$_3$，这显然不可能都是由工业过程或其他放电过程直接产生的。从 1950 年起，哈根-施密特与来自加州理工大学、加州大学河滨分校和洛杉矶县大气污染控制局的研究人员合作开展了长达一年的实验观察，关注石油行业排放的 HCl 和 O$_3$ 等物质的大气化学反应特征。

1952 年，哈根-施密特的研究团队在《植物生理学杂志》（Journal of Plant Physiology）上发表了《洛杉矶地区空气污染对植物损害的影响调查》（Investigation on Injury to Plants from Air Pollution in the Los Angeles Area）一文，这是在现代空气污染治理领域中具有里程碑意义的一篇文章。在这个研究中，哈根-施密特利用加州理工大学所在地的农作物实验室，观察不同污染物（如 HC、O$_3$、SO$_2$ 和 NO$_2$ 等）在不同条件下对菠菜、莴苣、甜菜、燕麦等农作物的影响情况。他们发现仅存在 O$_3$ 并不能导致农作物出现和洛杉矶烟雾影响相同的典型受损特征，然而，不饱和 HC（如烯烃和苯，也包括汽油在 39～69℃时的馏分）在 O$_3$ 存在时的反应产物能够给农作物带来典型受损特征。实验结果证明，洛杉矶烟雾的影响并非来自洛杉矶环境空气中的高浓度 O$_3$，而是来自 HC 的大气氧化产物。哈根-施密特进一步发现，即使没有 O$_3$ 参与，这些不饱和 HC 在 NO$_2$ 和光照（或紫外线）条件下，同样能给农作物带来典型受损特征的影响。

哈根-施密特和其他科学家进一步研究发现，汽车尾气排放的 HC 和 NO$_x$ 是造成洛杉矶光化学烟雾的主要原因。例如，约翰·圣菲尔德（John Seinfeld）等通过烟雾箱（Smog Chamber）等实验手段进一步探索了形成光化学烟雾的复杂化学反应过程及其动力学参数（见表 7-1）。简而言之，空气中的 NO$_2$ 在紫外线存在的环境下会发生光解反应，产生氧原子（O）和 O$_3$ 等产物，引发一系列化学反应；HC 和 O、O$_3$ 以及羟基自由基（OH）等物质反应，产生醛、酮、醇、酸等中间产物和大量活性自由基（包括过氧自由基，如过氧酰基（RO$_2$）），并发生自由基的链传递反应；过氧自由基一方面能够将 NO 快速氧化成 NO$_2$，进一步加速光解反应，导致 O$_3$ 等产物浓度增高，另一方面也能与 NO$_2$ 和 O$_2$ 反应生成大气化学氧化剂过氧乙酸硝酸酯类（PAN）物质。由于上述污染物的产生是由阳光中的紫外线引发的（即 NO$_2$ 光解），因此上述洛杉矶烟雾污染也被称作光化学烟雾。哈根-施密特明确指出，伴随石油产品生产和使用产生的 HC 本身并没有显著危害，但是经过复杂的大气反应会产生出影响健康、环境和农作物的有毒物质。例如光化学烟雾中产生的 O$_3$、PAN 和中间产物（如有机醛、有机酸）是导致农作物受损、人体器官受刺激以及橡胶产品（如汽车轮胎）开裂的主要因素，并且还会和空气中的其他物质进一步反应产生影响大气能见度的气溶胶，越来越多的医学研究也证实了光化学烟雾污染和呼吸道疾病的关联。

表 7-1　圣菲尔德概括的光化学烟雾形成机制

1. 链引发反应：NO$_2$ 光解是形成光化学烟雾的主要起始反应。

$$NO_2 + h\nu(紫外线) \longrightarrow NO + O$$

$$O_2 + O + M \longrightarrow O_3 + M$$

$$O_3 + NO \longrightarrow NO_2 + O_2$$

2. 自由基传递反应：HC(RH) 被 OH、O 和 O_3 等氧化，生成中间产物（如醛 RCHO）和活性自由基，并发生链传递。

$$RH + OH \longrightarrow RO_2(过氧烷基自由基) + H_2O$$

$$RCHO + OH \longrightarrow RCO(酰基自由基) + H_2O$$

$$RCHO + h\nu(紫外线) \longrightarrow RO_2 + HO_2(过氧化基自由基) + CO$$

$$HO_2 + NO \longrightarrow NO_2 + OH$$

$$RO_2 + NO \longrightarrow NO_2 + RCHO + HO_2$$

$$RC(O)O_2(过氧酰基自由基) + NO \longrightarrow NO_2 + RO_2 + CO_2$$

3. 链终止反应：自由基传递形成稳定的最终产物（如 PAN 和 HNO_3 等强氧化剂），使自由基消除从而终止反应。

$$OH + NO_2 \longrightarrow HNO_3$$

$$RC(O)O_2 + NO_2 \longrightarrow RC(O)O_2 NO_2(即 PAN)$$

$$RC(O)O_2 NO_2 \longrightarrow RC(O)O_2 + NO_2$$

　　尽管在 20 世纪 50 年代初期，哈根-施密特的研究已经为治理洛杉矶烟雾事件指明了方向，然而，当时政府并没有采取积极的措施来降低汽车尾气对环境的影响。20 世纪五六十年代，部分地区的全年污染天数能够达到 200 天，不少居民似乎也对烟雾污染司空见惯。这期间，南加州地区空气质量管理部门解决了不少污染源问题，包括使用溶剂后产生的 HC 排放、垃圾填埋产生的有毒气体、电厂产生的 NO_x 排放和油脂工厂产生的动物废气，但是 O_3 峰值浓度依然没有下降，人们开始重视汽车尾气排放对洛杉矶光化学烟雾的重要影响。由于洛杉矶当地并没有汽车产业，所以汽车尾气治理需要在州政府和联邦政府层面对汽车行业提出约束。加利福尼亚州通过法规治理汽车尾气排放已经是在 20 世纪 60 年代末期，这距离洛杉矶第一次爆发严重的光化学烟雾污染已经过去了 20 多年。

7.1.2.3　汽车尾气催化器的诞生、发展与普及

　　第二次世界大战结束后，尤金·霍德里（Eugène J. Houdry）成立了 Oxy-Catalyst 公司，专门研究、开发与推广用于汽车和工业大气污染物排放控制的技术及产品。1956 年，霍德里率先发明了用于去除汽油车尾气中 CO 和 HC 排放的催化转化器并获得了美国发明专利号。这种催化转化器主要依靠催化器在尾气温度下利用空气中的氧气实现对 CO 和 HC 的氧化生成 CO_2 和水蒸气等产物，主要包括以下两步同时发生的反应。

CO 催化氧化：　　　　　　　　　　$CO + O_2 \longrightarrow CO_2$　　　　　　　　　　(7-6)

HC 催化氧化：　　　　　　　　　　$C_xH_y + O_2 \longrightarrow CO_2 + H_2O$　　　　　　　(7-7)

　　因此，这种催化转化器也被称为氧化型催化转化器或两元催化转化器。虽然霍德里早在 1956 年就已经发明了两元催化转化器，但当时汽油抗爆添加剂四乙基铅会导致催化转化器中毒。直到 20 世纪 70 年代，修订的《清洁空气法》制定标准对汽油铅含量做出了限制，全面淘汰了含铅汽油，从而为两元催化转化器的大规模应用提供了必要条件。

　　两元催化转化器并不能降低汽油车尾气中的 NO_x 浓度，随着 1981 年汽油车新车 NO_x 排放限值的全面实施，两元催化转化器退出了美国新车市场。事实上，两元催化剂在汽油车排放控制领域的大规模应用主要集中在 1975～1980 年间美国和加拿大的新车市场。目前，氧化型催化转化器在柴油车和其他稀薄燃烧发动机车辆上采用，用于控制 CO 和 HC

排放，并对降低 PM 具有一定辅助作用。

20 世纪 70 年代，随着两元催化转化器的应用，汽油车尾气管排放的 CO 和 HC 得到了较为有效的控制，因此控制 NO_x 成为当时一个最主要的技术挑战。1970 年，美国组织了一场清洁空气车赛（Clean Air CarRace），共有 43 个院校和企业参与了这场以汽车排放控制为主题的竞赛。以汽油车组为例，参赛车辆需要满足从麻省理工学院到加州理工学院全程 3600mile[❶] 耐久条件下的污染物达标要求（即 1970 年清洁空气法修正案提出的 1975 年款车排放限值）。最终，美国韦恩州立大学与福特汽车公司的参赛汽油车通过对开环化油器（open-loop carburetor）空燃比（air-fuel ratio，AFR）的精确控制和应用恩格尔哈德公司（Engelhard Corporation，2006 年被巴斯夫公司收购）开发的钯基催化剂在所有参赛队伍中获胜。这个研究团队探索到了一个非常重要的现象，如果将空燃比精确控制在细小窗口下（14.65 附近），CO 和 HC 的氧化反应与 NO_x 的还原反应是有可能同时进行的。1974 年，沃尔沃、博世和安格公司合作，开发了带有氧传感器（lambda sensor）、闭环反馈（close-lop feedback）和机械连续燃油喷射系统（K-jetronic injection）的发动机技术，使得空燃比控制的精确性大大提高。1976 年，沃尔沃在此基础上开发了催化剂系统，该系统可以将 NO_x 排放控制在 0.2g/mile 以下，显著低于当时排放限值的要求。这一类催化剂能够同时控制 CO、HC 和 NO_x 排放，因此也被称为三元催化转化器。汽油车尾气在经过三元催化转化器的瞬间，能够同时发生至少 15 种的复杂反应，包括了 HC 及 CO 氧化、水煤气（water gas shift，WGS）与蒸汽重整（steam reforming）、NO_x 还原和氧储存四大类。

从 1981 年起，三元催化转化器在美国和加拿大的新车市场中得到了普遍使用，并且成为满足后来汽油车排放标准的标配技术。在其他国家和地区，随着严格排放标准的实施，三元催化转化器也成为标配技术。例如，中国在 2000 年开始实施轻型车国一排放标准，三元催化转化器也大量进入了中国新车市场。在过去 30 年间，多点燃油电喷、无铅低硫汽油和 Rh-Pd 双层催化剂体系等技术的进步不断提高了三元催化转化器在实际应用过程中的催化效率、耐久性、热稳定性及抗中毒性等指标，使其成为各国污染物排放标准能够持续加严的技术基础。

柴油车尾气排放净化技术也经历了不断进步和发展的过程。从 2005 年以来，世界上柴油车的主要市场（国家和地区）大幅度加严了 NO_x 与 PM 的排放限值。仅仅依靠发动机技术和机内净化技术（如废气返回燃烧，exhaust gas recirculation，EGR），已经较难满足最严格的排放标准。部分国家和地区还将引入实际道路排放测试法规，强化对关键污染物的严格控制。柴油颗粒捕集器（diesel partile filler，DPF），选择性催化还原催化剂（selective catalytic reduction catalyst，SCR 催化剂）和稀燃 NO_x 吸附催化剂（lean NO，trap catalyst，LINT 催化剂）等尾气净化技术正在得到快速普及，本书将对这些技术进行介绍。

7.2 汽车催化剂基础

7.2.1 汽车催化剂的特点和主要成分

汽车尾气的排放物主要包括 CO、HC 和 NO_x 等有害物质，另外还包括二氧化碳、水、

---

❶ 1mile（英里）= 1609.344m。

氢气、氧气和氮气等无害物质。使用汽车催化剂的主要目的是减少有害物质对环境的排放。虽然尾气从发动机中出来时仍然有一定的温度，如果没有催化剂，CO、HC 和 NO_x 在排气管中互相接触也会发生反应，但反应速度极慢，几乎没有转化。而当它们通过三元催化剂后，每一种的转化率都达到 90% 以上，达到排放要求。汽车催化剂是工业催化剂的一种，既有一般催化剂的共性，也有自己的特性。汽车催化剂的使用环境比较特殊，它要求催化剂的体积不大但高效、便于安装、能耐高温和大的温差、能经受道路颠簸。当代汽车三元催化器的结构如图 7-2 所示。催化剂活性材料被涂在蜂窝状体上的众多小孔的表面。当发动机尾气流过小孔表面时，气体和表面的催化剂接触，产生反应。CO、HC 和 NO_x 被转化成 N_2、CO_2 和 H_2O。

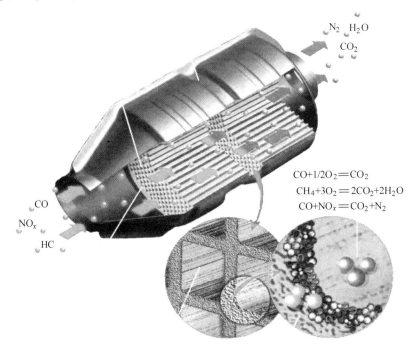

$$CO + 1/2O_2 = CO_2$$
$$CH_4 + 3O_2 = 2CO_2 + 2H_2O$$
$$CO + NO_x = CO_2 + N_2$$

图 7-2 三元催化器示意图

在三元催化剂中，CO、HC、NO_x 和 O_2 可以相互反应，生成对环境基本无害的产物（水、氮气和 CO_2）。但同时有一些副反应发生，生成一些不希望得到的产物，比如氨（NH_3）、一氧化二氮（N_2O）等。

消除 CO 的反应：

$$CO + O_2 \longrightarrow CO_2 \tag{7-8}$$

$$CO + NO_x \longrightarrow CO_2 + N_2 \tag{7-9}$$

消除 HC 的反应：

$$HC + O_2 \longrightarrow CO_2 + H_2O \tag{7-10}$$

$$HC + NO_x \longrightarrow CO_2 + N_2 + H_2O \tag{7-11}$$

消除 NO_x 的反应：

$$NO_x + CO \longrightarrow CO_2 + N_2 \tag{7-12}$$

$$NO_x + HC \longrightarrow CO_2 + N_2 + H_2O \tag{7-13}$$

尾气中的氢气也参与反应：

$$H_2 + O_2 \longrightarrow H_2O \tag{7-14}$$

$$H_2 + NO_x \longrightarrow N_2 + H_2O \tag{7-15}$$

$$H_2 + NO_x \longrightarrow NH_3 + H_2O \text{（不希望发生的副反应）} \tag{7-16}$$

$$H_2 + NO_x \longrightarrow N_2O + H_2O \text{（不希望发生的副反应）} \tag{7-17}$$

反应中生成的 NH_3 有刺鼻的气味，N_2O 是一种比 CO_2 更强的温室气体，它们都是不希望产生的气体。

尾气中的 CO 和水在合适的温度下发生水煤气反应，生成氢气，反应式如下：

$$CO + H_2O \longrightarrow CO_2 + H_2 \tag{7-18}$$

在较高的温度下，三元催化剂可以催化尾气中的 HC 和水，发生蒸汽重整反应，生成氢气和 CO，反应式如下：

$$HC + H_2O \longrightarrow CO_2 + H_2 \tag{7-19}$$

如果汽油中含有乙醇（酒精），那么发动机燃烧后的产物将含有一定量的乙醇（CH_3CH_2OH）和乙醛（CH_3COH）。它们也和其他 HC 一样，参与反应。

除了以上的反应，还有一类重要的反应，即氧储存反应，氧储存反应对三元催化剂的影响很大：

$$Ce_2O_3 + O_2 \longrightarrow CeO_2 \text{（吸收氧气）} \tag{7-20}$$

$$CeO_2 + CO \longrightarrow Ce_2O_3 + CO_2 \text{（吸收 CO，等同于放出氧气）} \tag{7-21}$$

7.2.1.1　汽车催化剂的活性物

汽车催化剂使用很多材料，但是用于降低反应活化能，加快反应速度的材料主要是三种贵金属，即铂、铑和钯。其他物质主要用于帮助贵金属更好地发挥作用。

在大规模应用铂（Pt）、铑（Rh）和钯（Pd）之前，也曾考虑过其他元素，尤其是价格低廉且具有一定催化作用的元素，如铜、镍、铁等。但是大量的实验表明这些基本元素在反应活性、耐久性和对化学中毒的抵抗性方面不能满足汽车催化剂的要求。还有一些其他的贵金属元素，比如钌（Ru）、铱（Ir）和锇（Os）等，研究发现它们都容易形成易挥发的氧化物，不宜在高温环境下工作，或者反应的选择性差，容易生成副产物，比如将 NO_x 转化为氨而不是 N_2。到目前为止，铂、铑和钯这三种贵金属是用于汽车尾气反应的最有效的活性材料。它们的用量较少，能有效地降低反应的活化能，使转化反应能在尾气出口的温度环境中进行，同时它们能够满足各种耐久性要求，在汽车催化剂的有效使用期内保持理想的活性。

催化剂中贵金属的含量在 $20 \sim 100 \text{g/ft}^3$（或 $1 \sim 3 \text{g/L}$）之间。催化剂的体积一般在 $1 \sim 2\text{L}$ 之间，贵金属的总含量在 5g 以下。钯和铂的总量一般是铑的量的 $5 \sim 10$ 倍。虽然贵金属含量的绝对数量不高，但其高昂的价格对汽车的成本有很大影响。如何尽量减少贵金属的用量，甚至用普通金属取代部分或全部的贵金属，永远是催化剂研究的一个方向。

铂主要作为氧化 CO 和 HC 的催化剂，大部分用于柴油氧化催化剂（Diesel Oxidation Catalyst，DOC），小部分用于三元催化剂；铑主要作为 NO_x 还原的催化剂，主要用于三元催化剂；钯既作为氧化反应的催化剂，也可以作为还原反应的催化剂，大部分用于三元催化剂，小部分用于柴油催化剂。它们在催化剂中的工作原理非常复杂。在催化剂的设计中主要考虑如何尽可能地提高其使用效率和保持其活性。具体来说，一方面要提高贵金属在催化剂中的分散度，使尽可能多的贵金属得到利用；另一方面要提高催化剂的耐久性，使其在使用过程中仍然保持其分散度，使催化剂老化后的尾气中的分子仍然可以接触到相当数量的活性中心。大多数催化剂的研究和开发集中在这两个领域。

　　在实验室里，往往把贵金属的微小颗粒（小于 50nm）分散在三氧化二铝的表面，作为模型催化剂进行研究。在实际的汽车催化剂中，其工作原理也是将贵金属颗粒分散到高比表面积的催化剂活性物载体上，但其过程和结构更为复杂。除了贵金属和承担贵金属的载体外，催化剂还包括很多其他材料，比如氧化铈、氧化锆、氧化钡、稀土金属、镍等，它们起到促进、稳定和其他的作用。

　　对于柴油车的催化剂而言，情况比较复杂。在柴油氧化催化剂中仍然使用铂和钯来转化 CO 和 HC，其结构和三元催化剂类似，但是对 NO_x 的转化，则使用完全不同的催化剂。根据不同的技术路线，或者使用贵金属铂（LNT 催化剂，也称 LNT），或者使用普通金属，例如铜、铁、钒等（SCR 催化剂，也称 SCR）。

7.2.1.2　汽车催化剂活性物载体

　　在汽车催化剂中起催化作用的活性成分是价格高昂的贵金属，希望其用量越少越好。化学反应的效率依赖于反应物可以接触到的贵金属颗粒，反应物接触到的催化剂活性物越多，则反应越快。因此，在汽车催化剂中必须将少量的贵金属及其微小颗粒分散到催化剂的表面，争取最大限度地利用贵金属的催化特性。

　　汽车催化剂活性物载体是具有高比表面积、高稳定性的承载催化剂活性物的材料。活性物载体由许多微小颗粒组成疏松的结构，其内部有很多微小的孔隙，使载体的可用表面积远远大于其可视的外表面积。将贵金属催化剂的微小颗粒分散到孔隙内部的表面，气体分子通过扩散进入孔隙内部，接触催化剂活性中心进行反应。催化剂活性物载体的使用，大大地增加了贵金属的分散度，增加了气体和催化剂活性中心接触的机会，从而提高了催化剂的利用率。

　　常用的催化剂活性物载体有三氧化二铝（Al_2O_3）、二氧化硅（SiO_2）、二氧化钛（TiO_2）、氧化铈（CeO_2）、氧化锆（ZrO_2）和分子筛（Zeolite）。

　　优良的催化剂活性物载体有较高的比表面积、合适的空隙大小和分布、良好的热稳定性和化学稳定性。

A　三氧化二铝

　　三氧化二铝是最常用的催化剂活性物载体。先由沉淀法产生结合一定水分的三氧化二铝（$Al_2O_3 + xH_2O$），再经过热处理，去掉部分水分，三氧化二铝分子间相互连接，形成类似高分子的网状结构。根据制备方法的不同、所含杂质的不同和热处理的不同，可以生成不同类型的三氧化二铝。它们的结构、表面积和热稳定性也有所不同。最常用于催化剂活性物载体的一种氧化铝叫伽马三氧化二铝（$\gamma\text{-}Al_2O_3$），它是由一种叫 Boehmite 的三氧化二铝加热到 500~850℃ 时生成的。伽马三氧化二铝具有很高的比表面积（可以达到 100~200m^2/g）和良好的热稳定性。

　　然而如果加热伽马三氧化二铝到 1150℃ 或更高，其晶体结构将发生变化。内部的网状结构受到破坏，内部的空隙坍塌或封闭，晶体颗粒增大，其比表面积越来越小，此时伽马三氧化二铝将产生相变，生成阿尔法三氧化二铝（$\alpha\text{-}Al_2O_3$）。阿尔法三氧化二铝的比表面积只有 $1\sim5\text{m}^2/\text{g}$，完全不适合做催化剂的活性物载体。如果贵金属被分散到伽马三氧化二铝的表面，而伽马三氧化二铝在高温下被转化成阿尔法三氧化二铝，那么大部分催化剂活性物被掩埋在晶体结构之内，不能被气体接触和利用，催化剂基本失去活性。

通过检测三氧化二铝的结构可以大致判断其所经历的温度。如果发现阿尔法三氧化二铝的生成，则说明催化剂经历了极度的高温。

在较高温度下，即使没有阿尔法三氧化二铝的生成，三氧化二铝的晶体结构也会受到破坏，比表面积缩小，致使催化剂活性降低，因此必须想办法提高三氧化二铝的热稳定性。研究发现，在三氧化二铝内加入少量其他物质会显著影响其稳定性。如果在三氧化二铝中掺有氧化钠的杂质，那么铝的流动性会增加，使得三氧化二铝的热稳定性更差。其他研究发现，在三氧化二铝内加入另外的物质会降低其烧结的速度。比如在三氧化二铝内加入少量的氧化镧（La_2O_3）可以非常显著地减小温度升高对晶体结构的破坏。这个发现对催化剂稳定性的提高具有非常重大的意义。后来还发现其他一些氧化物，比如氧化铈（CeO_2）、氧化钡（BaO）和二氧化硅（SiO_2）在加入三氧化二铝时都可起到稳定剂的效果。

三氧化二铝的缺点是容易和尾气中的三氧化硫结合，生成硫酸铝，使得催化剂活性降低。所以当使用含硫量较高的燃油时，可能需要其他对硫的抵抗性较强的活性物载体。

B 二氧化硅

二氧化硅和三氧化二铝类似，也是具有很高的比表面积的多孔隙物质，其比表面积可以达到 $300\sim400\text{m}^2/\text{g}$。

三氧化二铝容易和尾气中产生的三氧化硫（SO_3）反应生成化合物，改变晶体的内部结构，导致催化剂失活。但二氧化硅不会和三氧化硫反应，所以当燃油中的含硫量较高时，为了减小硫对催化剂活性物载体的影响，可以采用二氧化硅作为催化剂载体。但是二氧化硅在高温下的热稳定性较差，在温度达到 500℃ 以上时其比表面积就会显著降低，因此它不适宜在汽油车催化剂中作为单独的活性物载体。少量的二氧化硅作为稳定剂加入三氧化二铝中可以提高三氧化二铝的热稳定性。

C 二氧化钛

二氧化钛也是具有高比表面积的多孔隙物质，其比表面积可以达到 $50\sim80\text{m}^2/\text{g}$。二氧化钛和二氧化硅一样对硫具有抵抗力，适用于尾气中硫含量较高的情况。但其热稳定性差，在温度到达 550℃ 以上时就发生相变，其比表面积急剧下降。所以二氧化钛适合于一些硫含量较高、低温的环境，比如用于柴油机后处理系统中的 SCR 催化剂（V_2O_5/TiO_2）。

D 氧化铈

氧化铈的比表面积很高，接近 $200\text{m}^2/\text{g}$。它在催化剂中占有很高的比例，其主要用途是提供氧储存能力。氧化铈可以促进很多贵金属的催化性能，故往往将贵金属催化剂分散到氧化铈的表面，以提高贵金属的效率。在现代催化剂中，氧化铈和氧化锆在一起使用。

E 氧化锆

氧化锆在活性物载体中用作稳定剂和氧化铈的促进剂。单独的氧化锆的比表面积可以

达到 $100\sim150m^2/g$，但在温度达到 500～700℃时快速失去比表面积。

　　F　分子筛

　　分子筛是由铝硅酸盐组成的一种特殊物质。它既可以由天然生成，也可以由人工合成。

　　分子筛的结构如图 7-3 所示，在分子筛中，铝和硅通过氧原子连接。每个硅和铝都与 4 个氧原子结合，形成网络结构。在这个网络中形成很多小的孔道，孔道的大小在 0.3～0.8nm 之间，和一般有机物分子的大小接近。如果分子的截面尺寸小于孔道的开口，那么分子就可以进入孔道内；如果分子的截面尺寸大于孔道的开口，那么分子就不能进入，从而可以把不同大小的分子分开，所以把它叫作分子筛。每一种分子筛都有固定的晶体结构和孔道大小。大多数分子筛在 500℃以下可以保持热稳定性。

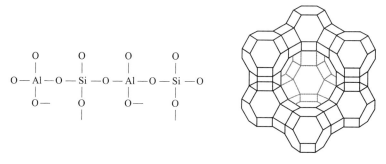

图 7-3　分子筛的结构示意图

　　由于硅和铝的电荷不同（Si^{4+}、Al^{3+}），与铝相连的一个氧原子带有负电荷，必须吸引带正电荷的离子才可以平衡，这个离子可以是氢离子（H^+）、氨离子（NH_4^+）或者是其他的金属离子。当金属离子被连接到带负电荷的氧原子时，叫作被交换到分子筛内。鉴于这个特性可以将分子筛和其他元素结合，使分子筛的催化特性得以改善。

　　在分子筛内氧化硅和氧化铝的比例（silica alumina ratio，SAR）有很大的变化区间，可以从个位数到 3 位数。硅铝比也是分子筛的一个重要特性，对催化剂的性能有重要影响。

　　分子筛的热稳定性不如三氧化二铝，大部分在 500～600℃时就会发生显著的结构变化，丧失比表面积。分子筛主要用于一些温度较低的特殊场合。目前在汽车催化剂里，分子筛主要有以下两类用途。

　　第一是用于柴油后处理中消除 NO_x 的 SCR 催化剂中。金属（铜或铁）被离子交换到分子筛内部，金属和分子筛一起作为催化剂的有效成分。目前最新的 SCR 催化剂的热稳定性得到了很大的提高，可以接受 750～900℃的高温而保持活性。

　　第二是用于冷启动时 HC 和 NO_x 的捕获。在低温时，利用分子筛内部的孔道结构将体积较小的污染物分子暂时捕获，当温度上升时，在分子筛内部的污染物分子被释放。在柴油氧化催化剂中已经开始使用分子筛降低冷启动时 HC 的排放，但在汽油车的后处理系统中分子筛还没有得到广泛的应用。许多人在研究冷启动时吸附 NO_x 和 HC 的分子筛材料。

　　7.2.1.3　汽车催化剂涂层

　　顾名思义，汽车催化剂涂层是指在汽车催化剂的蜂窝状结构中，被涂抹在管壁上起催化作用的材料（见图7-4）。催化剂的涂层厚度一般在 20~40μm，其用量在 100~200g/L 之间，其比表面积在 100~200m²/g（未老化时）之间。

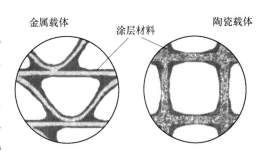

图 7-4 催化剂涂层示意图

催化剂涂层包括催化剂活性物载体（比如氧化铝）和其他用来提高催化剂活性与稳定性的材料（比如氧化铈、氧化锆、氧化钡、氧化镧等）。优良的涂层材料有较高的比表面积，以及催化剂载体表面良好的黏结性、优异的热稳定性和化学稳定性。涂层材料对催化剂的性能影响极大，涂层材料的制作过程非常复杂，是催化剂公司的商业机密，受到严格的保护。

将各种材料按程序混合形成涂层材料后，在其中加水形成浆液，再将浆液涂抹在催化剂载体的管道内壁，然后加热、烘干，就形成催化剂涂层。浆液在涂抹以前要进行充分的研磨，保证其颗粒的大小在规定的范围内。颗粒的大小决定催化剂的涂层材料与陶瓷载体材料的黏结力，同时浆液的黏度和流动性必须在要求的范围内，以保证单位体积的涂层质量得以控制。在实际操作中，希望能均匀地将涂层材料分布在孔壁的表面，同时还希望能精确控制涂层的厚度。若涂层太薄，催化剂的含量不足，则会影响反应的效率；若涂层太厚，催化剂上管道的内径缩小，则气流的阻力增加，同时也增加成本。有很多种将涂层浆液涂抹于催化剂载体上的方法，比如真空吸入法、浸入法、喷淋法等，它们基本都能准确地控制涂层物在催化剂载体上的含量。

在涂层材料中必须加入催化剂活性材料（比如贵金属），才能最后形成实用的催化剂。有两种加入贵金属的方法，可以直接将贵金属加到涂层溶液中，然后一起涂到载体表面；也可以先把涂层溶液涂到催化剂载体表面，再把贵金属加上去。

在早期工艺中，首先将涂层材料固定在催化剂的表面，然后将贵金属材料加到涂层材料上的方法，称为浸渍法（impregnation）。其具体过程是将贵金属材料（一般是贵金属盐）制备成溶液，把加了涂层的催化剂载体浸入溶液，溶液中的贵金属成分（一般是贵金属盐），通过毛细管作用或静电作用，进入涂层中活性物载体的孔隙内，吸附在孔隙内的表面上，然后将催化剂整体取出，在110℃的温度下烘干脱水，再加热到约600℃煅烧，使贵金属转化为金属或金属氧化物，永久停留在催化剂的涂层内。控制贵金属在涂层中的最终含量很重要，一定体积的催化剂涂层浸泡在贵金属盐的溶液中时，最后可以吸收的溶液量是固定和可以测量的，所以调节溶液中金属盐的浓度就可以控制最终贵金属在催化剂中的含量。

另外一种加贵金属到涂层上的方法是在制成的涂层浆液中直接加入贵金属盐，使贵金属和催化剂活性物载体（比如 Al_2O_3）在液体中混合。由于化学和物理作用，贵金属将吸附在催化剂活性物载体颗粒的表面。当涂层浆液被固定在催化剂载体的表面时，贵金属和载体等共存在涂层材料中。

当催化剂涂层中有多种贵金属和活性物载体时，贵金属之间、贵金属和活性物载体之间互相接触，可能发生不利于催化剂活性和稳定性的反应。为了保证催化剂的活性和稳定性，希望能够准确控制涂层中各个材料的相互关系，有目的地将某些成分合并或分离。一些特殊方法，比如多层涂层（multilayer coating）和分区涂层（zone coating），可以优化涂层结构，最好地发挥各个成分的作用。

当用于催化 NO_x 的铑（Rh）的氧化物分散在氧化铝的表面时，在高温和富氧的条件下，氧化铑和氧化铝会发生反应，使催化剂失去活性。在较新的催化剂设计中，有意将铑和氧化铝分离。具体方法是准备两种涂层材料，一种是将铑分散在氧化铈/氧化锆混合体的表面（Rh/CeZrO），另一种是将铂分散在氧化铝的表面（PV/Al₂O₃）。将两种涂层分层涂在催化剂的表面，避免了铑和氧化铝的接触，可以有效地提高催化剂的耐久性。另外，钯和铑可能反应形成合金而降低催化剂的效率，因此在有些催化剂中将它们分层，一层是将钯分散在氧化铝上（Pd/Al₂O₃），另一层是将铂和铑分散在氧化铈/氧化锆上（Pt-Rh/CeZrO）。

由于多种原因，催化剂中一般存在温度的轴向和径向分布。催化剂在接近入口处的温度一般高于接近出口处的温度，催化剂在轴心的温度一般高于催化剂周边的温度。相应地，在催化剂的不同位置放置不同的涂层可以优化贵金属的使用效率。比如，有的设计在催化剂的前半段和后半段使用不同的涂层，在前半段使用高活性、高金属含量的涂层，保证催化剂在冷启动时可以快速起活；在后半段使用贵金属含量低、分散度好的涂层，使催化剂在较低的温度环境下仍然可以保持活性。

7.2.1.4 汽车催化剂的载体及特性

催化剂的活性物和涂层材料的量很小，需要一定的承载材料才能安装固定在车上，起到催化作用。关于如何将催化剂固定安装，曾经有过两个发展方向。

一种方法是将贵金属活性物分散到三氧化二铝载体上，然后将带有催化剂活性物的载体做成小的颗粒，将颗粒密集堆放在一个容器内，尾气流过容器，和颗粒表面的催化剂接触产生反应（图7-5）。这一方法的优点是制作简单，气体在容器内曲折流动，气体传导阻力小，使催化剂得到充分的利用，但缺点是气体通过容器时的压力降较大，而且由于车辆的颠簸，颗粒在容器内容易产生相对运动和摩擦，因此会造成颗粒的破碎，颗粒的破碎会对催化剂造成致命的损坏。这种方法只存在了很短的时间，之后没有得到继续使用。

图 7-5　颗粒物催化剂载体示意图

另一种方法是将陶瓷材料通过特殊的挤出装置生成多孔蜂窝状物体，将催化剂涂层材料涂抹在中空管道的管壁上（图7-6）。和颗粒状催化剂载体相比，蜂窝状催化剂载体的安装灵活，气体通过时的压力降小，而且没有彼此摩擦破碎的危险，现在已经成为汽车催化剂的唯一选择。

制作催化剂载体的材料是一种叫董青石（cordierite）的矿石材料，主要成分是镁、硅和铝的氧化物（MgO、SiO₂ 和 Al₂O₃）。根据材料配比的不同和加工过程及装置的不同，可以生成不同型号、不同性质的载体，用于不同的场合。但所有用于催化剂的载体都要满足

下面的要求:

（1）由于载体本身没有催化能力，必须将催化剂涂层材料涂抹在载体的表面，因此在载体和涂层材料之间必须有足够的黏结力。

（2）因为希望催化剂能快速加热起活，所以希望载体的热容量小，比热容小，热传导系数高。

（3）汽车尾气净化处理技术单位体积的表面积大，这样不仅可以增加气体和催化剂的接触面积，还可以在单位体积内涂抹更多的催化剂材料，增加催化剂的活性点。

（4）必须能够耐高温。

图7-6 蜂窝状催化剂载体示意图

（5）由于当发动机发生不正常燃烧，产生高温尾气时，会在催化剂上瞬间形成大的温度梯度，因此催化剂的载体必须能够抵抗温差带来的热冲击。

（6）气体通过催化剂时的压力降必须足够小，以避免影响发动机的运行。

（7）要有足够的强度抵抗在车辆行驶中由于震动造成的冲击。

陶瓷材料制作的蜂窝状载体基本满足上述的所有条件。下面介绍载体材料的一些性质:

（1）载体的空隙率和表面微孔结构。作为催化剂载体的陶瓷材料内部呈空隙结构，结构疏松的材料可以减轻载体的质量，有利于催化剂快速升温，但过高的空隙率（porosity）可能影响材料的强度。目前大多数的催化剂载体空隙率在30%~60%之间。催化剂载体表面微孔结构（surface microstructure）将影响载体和催化剂涂层之间的黏结力。一般涂层材料（以氧化铝为主）在涂抹于载体表面前都被研磨成很小的颗粒，使涂层材料的颗粒大小与载体表面微孔结构的大小匹配，以保证涂层在载体表面的黏合度和涂层的耐久性。载体的空隙率和表面微孔结构可以通过改变陶瓷材料的成分比例与制作方式来控制。

（2）孔密度和孔壁厚度。催化剂载体上孔的大小和密度对催化剂的性能影响很大。按照惯例，用孔密度（cell density）和孔壁厚度（wall thickness）两个指标来描述催化剂载体的孔结构。孔密度的单位是每平方英寸孔的数目（cell per square inch，CPSI），孔壁厚度的单位是千分之一英寸（mil）。孔密度常用的范围在200~600 CPSI之间，最高可达到1200 CPSI。孔壁厚度一般在2~12mil之间。400/6.5是三元催化剂最常用的规格，它表示在每平方英寸的截面积上有400个开孔，管道的壁厚是0.006ft（0.17mm），如果孔的开口是正方形，则内孔的边长为1.1mm。总的来说，孔密度越大，孔壁越薄，催化剂载体的比表面积越大，单位体积的质量越小，可承载的催化剂涂层材料越多，加热得越快，越适合于在冷启动时快速起活。对于最靠近发动机出口处的催化剂，往往使用大孔密度、薄管壁的载体，比如900/2.5或600/4，甚至还有1200/2的催化剂载体（金属材料）。但是这些大孔密度和薄孔壁载体的缺点是制造成本高，强度较低，而且气流通过时的压力降较大。在一般情况下，400/4或400/6.5的载体使用得较多，它们较好地平衡了比表面积、加热性、强度、压力降等性质。对于柴油车的催化剂，因为要考虑柴油车尾气中颗粒物的堵塞，因此不宜使用孔径过小的载体，一般使用400CPSI或400CPSI以下的载体，如200CPSI或300CPSI。对于在用车的改造，也不宜用孔径过小的载体，以300CPSI以下为宜，以防发动机背压过高。

（3）表面积和开孔率。催化剂载体表面积（general surface area，GSA）是指单位体积的载体裸露在外的宏观面积，即不包括载体内微小孔隙产生的面积。因为催化剂的涂层材料被涂在载体的表面，载体的表面积越大，可涂的催化剂越多，催化剂的活性越大，因此希望表面积越大越好。载体的表面积取决于孔密度和孔壁厚，孔越密，孔壁越薄，表面积就越大。开孔率（open frontal area，OFA）是指在催化剂的入口处开孔面积占总面积的比例。开孔率越高，气体流过载体时的压力损失越小，对发动机的运行越有利。同样，孔密度越高，管壁越薄，开孔率越高。

催化剂能否快速升温是决定催化剂性能的重要指标之一。在催化剂的整体结构中，无论是体积还是质量，催化剂的载体都是主要部分。催化剂载体的升温能力几乎就是催化剂的升温能力。催化剂的升温速度取决于催化剂的热质（thermal mass）、比热容（specific heat capacity）和热传导系数（heat conductivity coeffcient）。热质越低，比热容越低，热传导系数越高，则催化剂升温越快。孔密度越高，孔壁越薄，热质越低，则气体加热催化剂的速度越快。

衡量催化剂的另外一个指标是气体流过时产生的压力降。压力降增加，发动机内就需要额外的功来克服出口压力，这将影响发动机的油耗和运行。在一般情况下，截面开孔率越高，可能产生的压力降越小，孔径越小，压力降越大。

催化剂需要有足够的强度。催化剂安装在一个金属壳的容器内，被紧紧地包裹在缓冲材料里。为了保障催化剂被稳定地固定在容器内，载体要承受一定的压力。在车辆运行时，催化剂系统随路况的颠簸振动，会在各个方向给催化剂施加压力。因此必须保证催化剂在轴向和径向上有足够的强度，这样在安装和使用过程中才不致破裂。另外，当催化剂内产生温度梯度时，会产生热应力，热应力也会破坏催化剂。衡量载体抵抗机械损伤和热损伤的指标有热膨胀系数（coefficient of thermal expansion，CTE）、强度（strength）、E模数（E module）和疲劳常数（fatigue constant）。热膨胀系数取决于材料的晶体结构，适宜的热膨胀系数可以防止催化剂涂层和载体表面之间在高温时产生分离。高强度有助于抵抗安装时的压力，降低因发动机振动、道路颠簸和温度梯度产生的损伤。E模数度量催化剂的硬度和柔度，衡量抵抗温度梯度和不均匀气流对催化剂造成伤害的能力。E模数越低，催化剂的性能越好。疲劳常数衡量催化剂在使用中当表面和内部有小的裂痕出现时，抵抗裂痕持续增长直到破坏的能力。这些参数表征了催化剂的综合性能，和催化剂的材料、结构以及制备都有关，它们都有规定的测量程序和标准。评价催化剂载体的性能，需要保证载体的各项指标都满足要求。

催化剂的耐久性是一个衡量其品质的主要指标。美国最新的排放标准（Tier 3和LEVⅢ）要求催化剂在24万千米内排放仍然达标，最新的国六标准也要求催化剂在16万千米内有效。有关催化剂载体的耐久性，要使催化剂涂层和载体表面有足够的黏结力，在使用期内催化剂涂层的剥落损失不能超过某一限度。另外，安装在壳体内的催化剂，要能够抵抗在车辆运行期间产生的颠簸震动引起的损伤。有专门的模拟测试程序被用来评价催化剂载体的耐久性，比如使用高速气流在高温条件下连续吹催化剂涂层，测量在规定时间后催化剂涂层的损失量，从而确定催化剂载体的耐久性是否满足要求。

催化剂载体主要是由基于董青石的陶瓷材料制成的，另外一个选择是使用金属材料，一般使用铁铝合金或者铁铝镍的合金。使用金属材料的优点是：载体的强度高，容易加工，可以做成各种形状，载体的孔密度可以很大，孔壁厚度可以很薄，表面积增加，截面开孔率较高，气流的压力降较小。从开孔率和壁厚等角度出发，金属载体比陶瓷载体有相同或更好的性能，但在车上测试时金属载体没有显示其显著的优点。可能的原因是金属材料的密度大，即使金属载体的管壁很薄，单个载体的质量仍然远远超过同规格的陶瓷载体，致使金属载体的加热速度慢于陶瓷载体。另外，催化剂涂料和金属表面的黏结远不如和陶瓷表面黏结容易，在涂层中需要特殊的黏合剂，这是由于催化剂载体和金属材料的热膨胀性有差别，而催化剂涂层在高温环境和大温差环境下易于脱落。在超过800℃的高温条件下，金属载体容易被氧化变脆，而且金属一旦变形，就是永久性变形，不易恢复。基于以上特点，使用金属材料的载体，对催化剂的效率和耐久性没有显著的正面影响，只有在少数对系统压力降要求较高的环境中具有优势，因此其被应用得不多。

三元催化剂用于汽油发动机的后处理，柴油车发动机的后处理催化剂也需要催化剂载体，尤其是柴油颗粒捕集器（DPF），它对载体有更具体的要求。对于柴油颗粒捕集器，气体被强制穿过管壁，从管道一侧流到另一侧。载体材料充当捕集器，管壁中有微小的开孔，容许气体分子通过而截获体积较大的固体颗粒物。这种工作原理对载体的要求更高，比如载体材料的空隙率、载体内孔隙的大小分布等对过滤效率有关键影响。

7.2.2 汽车催化剂的封装和布局

汽车催化剂的工作环境较为恶劣，有高温、动态气流、震动、温差、潮湿和腐蚀性气体。在车辆上安装催化剂时，必须为催化剂提供安全稳定的环境，达到热量损失小、流体分布均匀、气体压力降低、安装稳固等要求，以使催化剂的效率最大化。如图7-7所示，催化剂载体被包装在金属壳结构内，主要部件有金属外壳、外壳与载体之间的垫料、堵头、进气道和出气道。

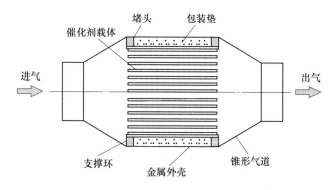

图 7-7　汽车催化剂封装示意图

催化剂载体和外壳之间的垫料很重要。如果金属外壳和陶瓷载体之间相互接触，那么一来气体容易泄漏，二来它们相互接触碰撞会损坏载体。在它们之间加一层较软的垫料，可以有效地防止气体泄漏和缓冲外壳与载体间的作用力。目前使用的垫料大多为陶瓷纤维，它有一个特殊的优点，即在加热到约600℃时，纤维会发生一定程度的膨胀，从而将载体和外壳更紧密地连在一起，而且陶瓷纤维的膨胀是个不可逆的过程，在第一次膨胀后，即使温度下降，纤维也不会收缩。将安装好的催化剂在出厂前加热一次，垫料膨胀后紧紧地嵌满载体和外壳之间的空隙，这样既可以防止气体的短路泄漏，也可以将催化剂安全地固定在金属外壳之中，保证了催化剂的安全。除了可膨胀的陶瓷纤维外，还有其他材料可以垫在载体和外壳之间，比如金属丝网。

包装催化剂载体的金属外壳一般用不锈钢材料，这样可以抵抗来自道路的侵蚀。外壳的结构有很多种，比如蛤壳型、鞋盒型、塞入型等，每种的封装方法都不同。当催化剂被加热后，会通过外壳向环境散热，降低催化剂的温度。为了保持催化剂的温度，有时会在外壳上加一层保温层夹套，保温层夹套里可以是真空、绝缘材料或空气。

在外壳和载体之间还可能有一个堵头。它的作用是进一步固定催化剂载体和垫料，防止它们相互运动，同时可以防止尾气进入催化剂和外壳之间的区域，接触和侵蚀垫料。

由于排气管直径远小于催化剂外壳的直径，因此必须有锥形管将它们连接，这就是锥形进气道和锥形出气道，锥形进、出气道两端分别焊接到排气管和催化剂的外壳上。在设计气道时要考虑使气体从排气管进入催化剂时，在催化剂的截面上达到均匀的气流分布，这样催化剂才能得到最好的利用，同时气流通过催化剂的压力降也最小。

7.2.2.1 密距耦合催化剂

众所周知，温度越高，反应速度越快，污染物的转化率就越高，所以催化剂距离发动机出口越近，在冷启动时，催化剂的升温和起活越快。催化剂靠近发动机出口，在正常行驶时，可以维持在较高的温度。当催化剂被安装于紧靠发动机出口的位置时，该催化剂叫作密距耦合催化剂（close-coupled catalyst）。由于温度对催化剂的重要性，几乎所有的后处理系统都尽量使用密距耦合催化剂。为了保持温度，甚至在催化剂外壳和排气管上加保温绝缘层，以减少向空气的散热。

然而，使用密踞耦合催化剂也有其局限性。首先，由于发动机出口处的部件很多，要找到合适的位置安装一个体积不小的催化剂并不容易，需要在发动机开发的时期早做计划，预留位置。其次，在发动机出口处，气流温度相当高，最高时接近1000℃，这个温度几乎接近从伽马氧化铝到阿尔法氧化铝的相变温度，而且在高温下，贵金属很容易烧结，形成更大的颗粒而减少活性。如此高温对催化剂的耐久性是很大的考验，早期的催化剂热稳定性有限，在长时间高温环境中不能保持应有的活性，所以不宜太靠近发动机的出口。直到20世纪90年代，才开发出了在长时间高温下仍然能够保持活性的催化剂涂层材料，密距耦合催化剂才得以广泛应用。即使如此，应用密距耦合催化剂仍然需要格外小心，严格控制催化剂的温度。当催化剂的局部温度超过1100℃时，即使经过很短的时间，催化剂也会受到很大的损伤，其活性显著下降，所以在使用密距耦合催化剂时要严格控制催化剂的温度上限，避免发生催化剂过热而造成催化剂的损坏。

密距耦合催化剂的主要功能是实现催化剂的快速起活，所以要求催化剂的质量小、加热快、活性物含量高。因此一般使用高孔密度、超薄壁厚的催化剂载体，比如900/2.5、600/4等。

7.2.2.2 下游催化剂

当催化剂被安装在远离发动机出口的位置时，该催化剂叫作下游催化剂（underbody catalyst）。在冷启动时下游催化剂的加热速度没有密距耦合催化剂快，由于尾气管道的散热，下游催化剂能维持的温度也没有密距耦合催化剂高。在一般情况下，下游催化剂被用来清除密距耦合催化剂没有转化完毕的污染物，尤其是 NO_x。下游催化剂中的贵金属含量一般较低，一般使用孔密度较小的催化剂载体。由于下游催化剂的温度偏低，因此它适合于用有些对温度很敏感的催化剂载体，比如分子筛催化剂。

催化剂离发动机越近，催化剂的温度越高，其反应效率也越高，但是催化剂的温度越高，老化得越快，这对催化剂的效率起负作用。因此高温度带来的高反应速度和更严重的老化效果互相制约，应当加以综合考虑。

除了催化剂的活性物，整个后处理系统的稳定性和耐久性也必须得到验证，以保证排放系统在有效期内一直完整有效。有两类常见的测试方法可以检验系统的耐久性，即热振动测试和推出测试。

热振动测试：将整个系统放置在一个以固定频率振动的架子上，使热气流通过催化剂。气流可以是发动机尾气，也可以是燃油燃烧器生成的尾气，还可以在催化剂中加入空气以控制氧气含量、温度和流速。在完成固定时间的测试后，检测后处理系统的完整性和转化效率。

推出测试：主要测试催化剂在金属外壳内的封装强度。将催化剂外壳固定，可以一定力量去推催化剂，并测量催化剂在壳中发生的位移，确保移动的距离不超过规定值；也可以持续加力推动催化剂载体，直到催化剂被推出壳体，确保最大推力大于规定值。

7.2.3 汽车催化剂中的传递与反应机理

发动机尾气流过催化剂表面发生反应，是一个典型的气固异相反应，经历了反应物的传递、扩散和反应等过程。以 CO 和 O_2 反应生成 CO_2 为例，介绍气体在反应中所经历的各个步骤（图 7-8）。

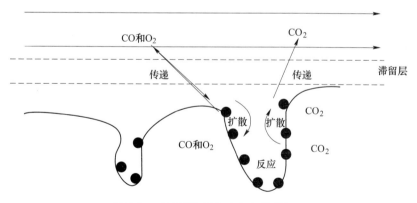

图 7-8 三元催化剂中反应和传递机理

（1）气体传递到催化剂涂层表面：在气流中的氧气和 CO 分子从气流的主体转移到催化剂涂层表面。在接近涂层的表面上有一个很薄的气体滞留层，气体在其中以层流的方式流动，在涂层表面的流速为零。由于气体在滞留层两侧的浓度差别，氧气和 CO 从气流主体传递到催化剂表面。气体传递速度主要取决于物质在气流中的浓度和在催化剂表面上的浓度的差别，还取决于气体温度、气流速度和分子的性质。

（2）气体扩散到催化剂活性点附近：涂层中的催化剂活性物载体布满许多微细的孔

，催化剂的活性物分散在孔隙内部的表面。气体经孔扩散进入孔隙，到达催化剂的活性中心。气体的孔扩散速度取决于温度载体的内孔结构和分子的性质。

（3）气体被活性点吸附：在催化剂的活性点附近，氧气分子被分解为氧原子，同时CO 分子和氧原子分别被化学吸附到相邻催化剂的活性点上。

（4）气体在活性点反应：在相邻催化剂的活性点上的 CO 分子和氧原子结合生成CO_2，这是一个活化能较高的反应。

（5）气体在活性点解吸：生成的 CO_2 分子从催化剂的活性点上解吸脱落到催化剂涂层内的微孔表面。

（6）气体从催化剂活性点附近扩散到催化剂表面：CO_2 分子经孔扩散穿过催化剂载体内部的孔隙，到达涂层表面。

（7）气体从涂层表面传递到气流主体：CO_2 分子经过质量传递，穿越滞留层进入气体主体，随气体流出催化剂。

按照具体类型，可以将以上七个步骤详细归纳为以下三大类。

（1）反应步骤。在第（3）~（5）步中，CO 和氧气反应生成CO_2，称为动力学步骤。动力学步骤的反应速率主要取决于温度和反应的活化能。

（2）扩散步骤。在第（2）和（6）步中，分子经过孔扩散在催化剂涂层表面和孔隙表面间传递，称为孔扩散步骤。孔扩散步骤的速率主要取决于催化剂活性物载体内部孔隙的大小和结构，也取决于气体分子的大小和形状。

（3）传质步骤。在第（1）和（7）步中，分子由于浓度差的驱动穿过滞留层，称为传质步骤。传质步骤的速率取决于气体浓度、分子特性、流速和催化剂的外表面特性。

这三个步骤相互依赖。如果某一步的传递或反应速率不够快，将导致整个过程的速率降低，最终影响 CO 的转化率。通常将过程中最慢的一步称为速度限制步骤，显然整个过程的反应速率取决于速度限制步骤。在温度较低时，CO 和氧气在催化剂的活性中心上的反应较慢，该反应步骤很容易成为速度限制步骤。在温度升高时，反应速度快速增加，但是孔隙扩散速度没有显著增加，该反应步骤容易成为速度限制步骤。在温度更高时，孔隙扩散速度也增加，如果转化率没有达到理想值，则有可能是受到了表面传质的限制。图7-9 显示了不同温度下的速度限制步骤。在实际应用中，如果转化率没有达到理想值需要提高，那么应该研究清楚哪个是速度限制步骤，这样才能有的放矢、事半功倍。

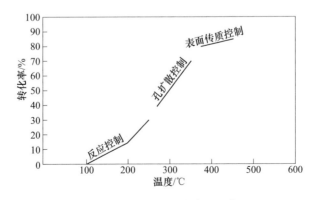

图 7-9   催化剂速度限制步骤示意图

在上面介绍的步骤中，同时伴随着热量的传递。在催化剂的活性中心上进行的主要反应都是放热反应。反应产生的热量以传导的方式沿催化剂的轴向和径向传递，同时在发动机尾气和催化剂表面之间也有热量的传递，在催化剂最外层的热量向环境扩散，由此形成温度在催化剂的轴向和径向分布。

7.3 汽油发动机车辆尾气后处理技术

7.3.1 汽油发动机尾气的产生和组成

汽油发动机通过燃烧，把汽油中储存的热能转化成机械能驱动汽车。汽油和空气的混合物在汽缸中被压缩后，借助火花塞产生的电弧发生燃烧，产生压力驱动活塞往复运动，从而提供动力。汽油是 HC 的混合物，如果有足够的空气、理想的混合和足够的燃烧时间，则汽油和空气中的氧气完全燃烧，反应产物将是对环境危害较小的 CO_2 和水。但是由于燃烧在极短时间内进行，而且汽油和空气也达不到完全理想混合的状态，因此 HC 的燃烧不可能完全，总会有一些副产物生成。对环境有害的燃烧副产物有 CO（不完全燃烧）和 HC（没有燃烧和部分燃烧）。另外，空气中的氧气和氮气在汽缸里的高温下发生反应，生成一氧化氮和少量二氧化氮，合称 NO_x。在汽油燃烧产生的尾气中，污染物的含量和发动机的设计与运行状态有关，污染物在尾气中的含量为 $(500 \sim 1000) \times 10^{-6}$ 的 NO_x、$1\% \sim 2\%$ 的 CO、大约 3000×10^{-6} 的 HC。HC 是多种物质的混合物，一般是烷烃、烯烃和芳香烃的混合物。此外发动机的燃烧尾气中还有约占 CO 含量 1/3 的氢气，含有约 10% 的水、约 20% 的 CO_2 和少量的氧气，其余为氮气。

CO、HC 与 NO_x 对环境和人体健康形成直接或间接的损害，国家对它们的排放有严格的要求。无论发动机的设计和运行多么完善，尾气从发动机直接排放都不可能满足排放法规的要求，必须有专门的后处理设备来转化它们。依照目前和将来的排放标准，必须将发动机尾气中 95% 以上的污染物加以转化，才能满足要求。如前所述，使用三元催化剂可以将汽油发动机尾气中的有害物质加以清除。

7.3.2 三元催化剂的发展历程

从 20 世纪 70 年代到今天，三元催化剂经历了从无到有、从简单到复杂的过程。以下回顾几个主要的发展步骤及其相应技术。

7.3.2.1 氧化催化剂

20 世纪 60 年代美国发布了《清洁空气法》。在最初的立法中，主要限制了 CO 和 HC 的排放，对 NO_x 的排放规定较为宽松。因为一氧化碳和 HC 都是还原剂，所以需要氧化反应来消除。至于 NO_x，则采用废气返回燃烧（EGR）技术，将部分燃烧产生的气体返回到发动机进气中，和新鲜空气混合燃烧。这样汽缸中的燃烧温度降低，NO_x 的产生减少。另外，发动机采用贫氧燃烧，也可以降低尾气中的 NO_x。以上两个措施基本可以满足 NO_x 排放的要求。当时主要采用氧化催化剂（oxidation catalyst）转化尾气中的 CO 和 HC。

由于采用贫氧燃烧来降低 NO_x，尾气中缺乏足够的氧化剂来转化 CO 和 HC，因此在发动机的出口和催化剂的进口之间安装进气装置。该装置将额外的空气打入催化剂，以提供转化 CO 和 HC 所需要的氧化剂。

对于氧化催化剂的选择，人们研究了很多材料，最后发现两种贵金属作为氧化催化剂最有效，即铂（Pt）和钯（Pd）。同时研究了其他材料，比如铜（Cu）、铬（Cr）、铁（Fe）、镍（Ni）和锰（Mn）等普通金属材料。和贵金属相比，普通金属的活性较小，在高温下容易烧结，对硫中毒的抵抗性差。如果采用普通金属，因为其活性较低，所以需要的催化剂量巨大，那么对于汽车这样的应用环境显然不合实际。虽然贵金属的价格高得多，来源也稀缺，但其活性高、用量小，因此仍然作为催化剂的选择。

催化剂的使用促进了汽车发展史上的另外一个进步，那就是无铅汽油的使用。以前四乙基铅被添加到汽油中以增加汽油的辛烷值。在使用以铂和钯为主的氧化催化剂后，发现汽油中的铅会和贵金属反应，生成一种难以分解的合金，使贵金属失去活性，导致催化剂中毒。这样虽然新鲜的催化剂可以有效地转化 CO 和 HC，但经过一段里程后，由于汽油中铅的作用，催化剂会很快失去活性，不能满足排放要求。在研究催化剂铅中毒的同时，还发现汽油中添加的铅排放到大气中会对环境造成影响，伤害人类的健康，从此以后，对车辆排放有较高要求的国家基本采用了无铅汽油。

7.3.2.2　三元催化剂

随着人们对 NO_x 对环境的影响的认识加深，对 NO_x 的排放要求越来越高。采用 EGR 和贫氧燃烧难以满足 NO_x 的排放要求，必须采取措施将尾气中的 NO_x 加以转化。

最初的想法是在发动机的出口处安装两级催化剂。因为发动机贫氧燃烧，发动机出口处的气体还原剂过剩，这有利于 NO_x 的转化，所以首先在一级催化剂中将 NO_x 转化，然后在一、二级催化剂之间加入空气，并在二级催化剂中转化一氧化碳和 HC（氧化反应）。但是在一级催化剂中 NO_x 往往被转化为氨（NH_3），而氨在二级催化剂中又被氧化成 NO_x，这样并没有达到降低 NO_x 排放的要求。

大量研究发现转化 NO_x 的最佳催化剂是铑（Rh）。如果尾气中氧化剂和还原剂的比例合适，将铂、钯、铑三种金属灵活使用，三种污染物可以同时反应生成无害的二氧化碳、水和氮气，这种催化剂就叫三元催化剂。

最早的三元催化剂使用铂和铑作为活性材料。贵金属颗粒分散在三氧化二铝的表面。为了减少空燃比波动对催化剂的影响，氧储存材料被引入催化剂。如前面的介绍所言，由于 Ce^{4+}（CeO_2）和 Ce^{3+}（Ce_2O_3）在一定条件下可以互相转换，因而可以调节尾气中的空燃比，使催化剂具有更适宜的工作环境。

通常使用氧化铈（CeO_2）作为氧储存材料。氧储存材料还可以促进下面两类反应：水煤气反应和蒸汽重整反应。

水煤气反应是水和尾气中的一氧化碳反应生成二氧化碳和氢气，反应式如下：

$$CO + H_2O \longrightarrow CO_2 + H_2 \tag{7-22}$$

HC 在催化剂的帮助下也会和水发生重整反应生成氢气和一氧化碳，反应式如下：

$$CH + H_2O \longrightarrow CO + H_2 \tag{7-23}$$

两种反应可以消耗污染物一氧化碳和 HC，生成氢气。氢气是非常活跃的还原剂，可以和 NO_x 反应生成氮气。

其他的金属，比如镍、铁等，也有类似的氧储存功能，但它们的氧储存能力和耐久性都不如铈，因此没有在三元催化剂中得到应用。

在早期的铂铑型三元催化剂中，贵金属总含量为 0.1%~0.15%，铂和铑以 5∶1~10∶1 的比例混合。在催化剂中加入 10%~20% 的氧储存材料，以高比表面积的三氧化二铝作为催化剂活性物的载体。在三氧化二铝中加入一些其他材料，比如氧化镧和氧化钡，作为稳定剂提高三氧化二铝的热稳定性。催化剂采用孔密度为 400CPSI 的载体，催化剂涂层的载量是 $1.5~2g/in^3$。

7.3.2.3 高耐久性的三元催化剂

20 世纪 80 年代末~90 年代初，汽车工业有了新的发展。车辆平均速度的提高使发动机出口温度提高，催化剂的操作温度提高。为了追求低油耗，在车辆减速时停止向发动机供油，使大量的空气在高温下流过催化剂。由此催化剂的工作环境有所变化，其暴露于更高的温度和更大范围的空燃比。这些都是降低催化剂活性的不利因素。法规要求的排放值越来越低，同时要求催化剂的有效里程越来越高，这些都对催化剂的耐久性提出了更高的要求。

研制高耐久性的催化剂，首先要研究催化剂的失活机理。导致催化剂失活的因素有以下几点：

（1）温度。温度越高，催化剂越容易失活。在较低温度（比如 400℃ 以下）时，温度对催化剂失活的影响不显著；在较高温度（超过 1100℃）时，催化剂会很快失去全部的活性；在中间温度时，温度越高，其对催化剂失活的影响越大。

（2）时间。温度和时间在一起作用促使催化剂老化。在较低温度时，无论多长时间，催化剂的老化都不明显；在高温时，经过很短的时间催化剂就会严重老化；在中间温度时，温度越高，时间越长，催化剂老化越严重。在温度和时间之间存在一个平衡，比如较低温度下、较长时间的老化效果等同于较高温度下、较短时间的老化效果。在催化剂的开发过程中，为了快速模拟催化剂的实际老化效果，采用高温短时间的老化程序来模拟实际运行中的老化过程。

（3）空燃比。催化剂的活性成分对空燃比的反应有所不同。铂和钯以氧化物存在时，其活性较高；铑以还原态存在时，其活性较高。在设计催化剂时，尽量使铂和钯能以氧化物的稳定状态存在，使铑以金属的状态存在。在高温条件下，尾气空燃比的变化可能改变催化剂中活性成分的存在状态，从而影响催化剂的活性。同时在老化催化剂时，要提供不同的空燃比条件以求尽可能真实地模拟老化条件。

（4）化学物质。发动机燃烧后产生的尾气中有微量的含硫、磷的化合物。在经过较长时间后，这些化合物会对催化剂产生中毒效应，使催化剂的活性降低。

催化剂的工况对催化剂耐久性提出了新的要求。尤其是铑，在高温和氧气过量的条件下，会和催化剂活性物载体三氧化二铝反应生成惰性化合物，降低其转化 NO_x 的能力。幸运的是，在一定温度下，如果提供适当的还原剂，生成的惰性化合物可以分解生成铑，恢复催化剂的活性。

$$Rh_2O_3 + Al_2O_3 \longrightarrow RhAlO_3(贫相，800℃) \tag{7-24}$$

$$RhAlO_3 + H_2 \longrightarrow Rh + Al_2O_3 + H_2O(富相) \tag{7-25}$$

$$RhAlO_3 + CO \longrightarrow Rh + Al_2O_3 + CO_2(富相) \tag{7-26}$$

由上述可知，当采用减速关油措施（decelerate fuel shut off，DFSO）时，氧气在高温下流过催化剂，催化剂中的铑和三氧化二铝反应，其活性降低。如果不采取措施，那么接下来 NO_x 的转化率将受到影响。通常在短暂的 DFSO 后，在发动机中进行降低空燃比的操作，提供额外的一氧化碳和氢气，促使催化剂中的铑得以还原，恢复活性。

采用 DFSO 的目的是降低油耗。但是为了恢复催化剂对 NO_x 的活性，需要在 DFSO 之后消耗额外的燃油，这减少了 DFSO 可能带来的收益。可见各种手段和利益都是相互制约与平衡的，需要系统加以考虑。

氧储存材料的活性对催化剂的性能影响很大。氧化铈（CeO_2）以小颗粒的形式分散在活性涂层中，在高温下氧化铈（CeO_2）容易聚集形成大颗粒，降低活性。为了稳定氧化铈（CeO_2）的活性，将氧化铈（CeO_2）分散于氧化锆（ZrO_2）的载体上，由于氧化锆（ZrO_2）具有良好的稳定性，从而保持了氧储存材料的稳定性。

总而言之，催化剂的耐久性得到了重视。催化剂的配方和结构得到了相应改变，使得催化剂在更加不利的环境下仍然能够保持相应的活性。

7.3.2.4　只含钯的三元催化剂

汽车作为一种高度市场竞争的产品，其成本对产品的影响巨大。催化剂作为汽车的一部分，其发展也受到了价格和成本的影响。

长期以来，三种用作催化剂的贵金属的价格趋势是铑（Rh）≫铂（Pt）>钯（Pd）。显然从成本考虑，应该尽量多使用低价格的钯而尽量少使用价格极高的铑（Rh）。最初的三元催化剂使用铂铑（Pt/Rh）配方，在当时的使用条件下获得了所需要的转化率。但是出于对成本的考虑，逐渐开始研究以下技术路线的可行性，即从铂铑型（Pt/Rh）到钯铑型（Pd/Rh）再到铂钯型（Pd/Pt），最后到只含钯（Pd only）的催化剂。

福特汽车公司在 1995 年首次用只含钯的三元催化剂（Pd only TWC）取代钯铑型（Pd/Rh）的三元催化剂。一般来说，钯对转化 NO_x 的催化作用不如铑。在制作只含钯的三元催化剂（Pd only TWC）时，将碱金属和稀土金属氧化物小心地分散在钯的周围，加速水煤气反应，增加尾气中氢气的含量，而氢气可以最有效地转化 NO_x，从而促进 NO_x 的分解和转化。新催化剂的氧储存功能也有很大的提高。最后，整车的排放测试表明，只含钯的三元催化剂的性能甚至超过当时的钯铑型三元催化剂，一氧化碳、HC 和 NO_x 的排放都显著降低，热稳定性也有所提高。

同时发动机控制技术日趋提高，对空燃比的控制更加精确。发动机出口处空燃比的波动幅度越来越小，波动频率越来越大，燃油的质量也在提高。催化剂被安装在离发动机出口更近的位置，使得催化剂可以快速升温起活，并且保持在较高的温度。这些都是使用钯催化剂的有利条件。

20 世纪末至 21 世纪初，贵金属的价格又发生了变化。尤其是铂和钯的价格相差幅度变小，有时甚至相互交错。图 7-10 显示了近 10 年贵金属价格的变化趋势，钯催化剂并不总有价格优势。不同金属的性能不同，其用量也不同。在某些应用中，铂钯型（Pd/Pt）催化剂可能比只含钯的催化剂在价格和性能上更有优势，甚至铑的相对价格也比以前低了许多。现代的三元催化剂对贵金属的使用非常灵活，其具体配方受性能要求和价格成本的影响很大。

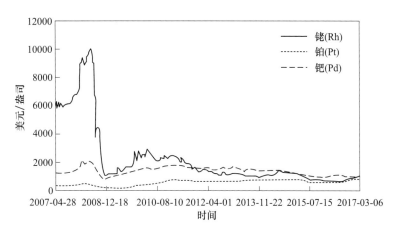

图 7-10 贵金属的价格示意图

7.3.2.5 现代三元催化剂

现代三元催化剂仍然使用贵金属作为催化剂的主要活性成分。由于贵金属价格的变化和贵金属的不同作用，厂商将三种贵金属结合灵活使用，以达到性能和成本的最优结合。催化剂中贵金属的含量比以前显著降低，但催化剂的综合性能更好。在 20 世纪 90 年代末密距耦合催化剂中的贵金属含量往往接近 $100g/ft^3$，现在的密距耦合催化剂中的贵金属含量一般在 $50g/ft^3$ 左右。现代三元催化剂中铑的比例一般小于 5%。

氧化铈作为氧储存材料被广泛使用。现代催化剂都是将氧化铈和氧化锆混合在一起使用。氧化铈和氧化锆的混合物具有较高的比表面积和非常好的稳定性。氧化铈在氧化铈和氧化锆的混合物中的比例没有确定的最优值，随催化剂中的其他成分变化，其范围可以从 10%~90%。一般而言，氧化铈的含量越高，混合物的氧储存能力越大，但是氧化锆的含量越大，氧化铈和氧化锆的混合物的稳定性越好，其老化后的氧储存能力保持得越好。另有研究表明氧化锆的使用可以使混合物形成结构缺陷，这样不光是在混合物颗粒表面的氧化铈，甚至是在颗粒内部的氧化铈也可以被气体接近，从而使更多的氧化铈得以利用，使混合物的氧储存能力更高。

氧化铈和氧化锆的混合物除了作为氧储存材料外，还可以作为水煤气反应、HC 蒸汽重整反应的催化剂。

现代三元催化剂仍然使用稳定性好、比表面积高的三氧化二铝作为催化剂的活性物载体。由于贵金属、氧储存材料和三氧化二铝之间的相互作用可能对催化剂的性能产生影响，因此现代催化剂大多采用多层涂层的方法，有目的地使某些成分互相接近、某些成分互相分离，促进某些成分的活性，避免不良的相互反应。比如由于铑可能与三氧化二铝反应导致铑失活，因此在铂铑型三元催化剂的设计中有意地将铑和三氧化二铝分隔，将铑分散在氧化铈和氧化锆的混合物上，将铂分散在三氧化二铝颗粒上，在催化剂载体上的两层涂层分别包含铑/氧化铈/氧化锆（Rh/CeZrO）和铂/三氧化二铝（Pt/Al$_2$O$_3$），这样就可以有效地降低铑和三氧化二铝之间的不良反应。多涂层催化剂还有其他种类，在此不一一列举。另外，由于尾气流过催化剂时，催化剂的入口处和出口处的环境差别很大。比如接近催化剂入口处的温度高于接近催化剂出口处的温度，磷、锌等可使催化剂中毒的化学物都集中在催化剂入口处，这使得催化剂入口处的工况更为恶劣，更容易被老化。因此有的催化剂在前半段和后半段使用不同的涂层材料。如果催化剂后半段的温度足够高，可以依赖催化剂的后半段来完成冷启动时的转化，就可以在后半段使用贵金属含量较高的涂层配方，而在前半段使用低或无贵金属含量的涂层配方，这样在催化剂前端因为磷中毒而基本失去效用时，后端的涂层仍然可以保证催化剂的效率。但是如果必须依赖整个催化剂来达到冷启动的效率，则可以在前端使用贵金属含量高的涂层，以保证催化剂在中毒后仍然保持相当的活性。

由于排放要求的提高和对成本的控制，对催化剂的耐久性要求也越来越高，一些其他金属被加入催化剂来提高稳定性。其作用主要针对以下三个方面：

（1）贵金属稳定性：防止高温烧结形成大颗粒贵金属而降低活性。

（2）氧储存材料的稳定性：防止高温烧结损失比表面积。

（3）三氧化二铝载体的稳定性：防止高温烧结损失比表面积，掩埋贵金属材料。

一般使用微量的稀土金属来达到目的。比如，在三氧化二铝中加入镧（La）可以增加三氧化二铝的抗老化性，使其在老化后仍然保持需要的比表面积。此外，微量的镨（Pr）、钕（Nd）和镱（Yb）等元素可以提高贵金属的稳定性。如何减少贵金属的用量，在达到排放目的的基础上减少成本，也是研发的重点。有人开发了下游催化剂不含贵金属的系统，显著降低了成本。

目前汽油中的硫含量已经被降到很低（小于 100×10^{-6}），但在尾气中仍然可以生成少量的二氧化硫，在催化剂温度较高、尾气流量不高、空燃比较低（贫氧燃烧）时，尾气通过催化剂产生大量的氢气，二氧化硫容易被还原，生成硫化氢。硫化氢具有刺鼻的味道，是臭鸡蛋气味的主要成分，必须予以去除。目前的催化剂采用氧化镍来控制硫化氢的释放，氧化镍可以吸收产生的硫化氢气体生成金属硫化物。当催化剂表面有大量氧气流过时，金属硫化物被氧化，生成二氧化硫和金属氧化物，二氧化硫被排出，金属氧化物被循环使用。

$$H_2S + NiO_2 \longrightarrow NiS + H_2O \tag{7-27}$$
$$NiS + O_2 \longrightarrow NiO + SO_2 \tag{7-28}$$

日趋严格的排放条件要求催化剂在起活以后保持接近 100% 的转化率。在催化剂起活后，催化剂温度一般较高，尾气中污染物的转化率对尾气 λ 值很敏感，发动机进气的空燃比必须保持在一个理想的范围才能保持理想的转化率。传统的发动机控制采用的加热型尾气氧气传感器（HEGO）只能通过探测发动机进口燃油过量或不足来调节喷油量，这会导致尾气中空燃比的波动幅度较大，从而影响催化剂对污染物的转化率。在传统氧气传感器的基础上，发明了新型的宽频氧气传感器（wide band oxygen sensor），宽频氧气传感器可以定量测量尾气中的空燃比，从而准确控制油的变化，将尾气中空燃比的波动幅度降低，提高尾气中污染物的转化率。

7.3.3　冷启动排放

7.3.3.1　降低冷启动排放

当发动机熄火超过一定时间后，发动机、催化剂和排气管道都达到与环境相似的温度。此时发动汽车，在初始启动的几十秒内，催化剂的温度将逐渐从环境温度上升到催化剂需要的起活温度。现代的三元催化剂至少需要 300℃ 的高温才可以起活。在催化剂的温度到达起活温度之前，绝大部分发动机尾气将从尾气管排出。一旦催化剂被加热到 350~400℃，其转化效率将非常高，污染物的排放将非常小。图 7-11 显示了在一个标准的测试过程中尾气中 HC 在冷启动时经过催化剂后的排放状况。显然，绝大部分排放产生于最初几十秒的冷启动，CO 和 NO_x 都是类似的情况。可见冷启动排放是车辆排放的最主要部分，而降低冷启动排放也成为目前排放研究和开发的主要内容。对于不同的排放标准，冷启动时间的长度也不同。低排放（LEV）车辆的催化剂需在 80s 内完全起活，超低排放（ULEV）车辆的催化剂需在 50s 内完全起活，极低排放（SULEV）车辆的催化剂则需在 20~30s 内完全起活。

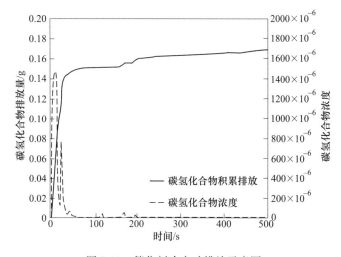

图 7-11　催化剂冷启动排放示意图

降低冷启动排放有很多措施和手段，但主要是围绕两个方面：发动机的控制和催化剂的开发。以下是几种主要途径：

（1）发动机优化设计和运行（engine optimized design and operation）；

（2）催化剂快速加热（catalyst fast warm up）；

（3）低温起活催化剂（low temperature light-off catalyst）；

（4）密距耦合催化剂（close-coupled catalyst）；

（5）冷启动 HC/NO_x 捕获（hydrocarbon/NO，trap）；

（6）电加热催化剂（electrically heated catalyst，EHC）；

（7）绝缘保温（insulation）。

为了降低冷启动时的排放，发动机的优化设计起关键作用。

首先，要严格控制在冷启动时发动机产生的排放量。因为此时催化剂对污染物的转化率接近零，发动机排出的污染物几乎全部排放到环境中，如果不加以控制，很可能在冷启动时整车的排放已经接近或超过排放标准。由于氧气传感器需要一定的工作温度，在冷启动的最初一段时间内（10~20s）氧气传感器处于加热状态，不能进入工作状态，发动机的空燃比不可以使用闭环控制，只能采用开环控制，同时发动机汽缸在常温下启动，发动机的燃烧相对不够完全，此时发动机内产生的污染物尤其多。因此要争取达到稳定的燃烧，尽量减少 HC 和 NO$_x$ 的大幅度波动。采用废气返回燃烧（EGR）技术，将部分燃烧后的废气引入发动机入口，和新鲜空气及燃油混合后燃烧，可以有效地降低发动机 NO$_x$ 的产生。由于 HC 是不完全燃烧的产物，当采用 EGR 技术时，有可能同时升高发动机 HC 的产生量，因此要优化设计平衡各种污染物的产生量。一般来说，在冷启动时产生的 HC 较多，采用略微的富氧燃烧，可以降低冷启动时的 HC，但是 NO$_x$ 的转化率将很低。对冷启动时产生的 HC 可以用其他方法予以降低（比如 HC trap），需要考虑 NO$_x$ 的冷启动排放，那么就可以在冷启动时采取略微的贫氧燃烧。此时发动机内的 NO$_x$ 产生较少，而且一旦温度上升，NO$_x$ 将很快起活。

发动机要经过精心的调试，使其在冷启动时能快速提高尾气的温度而不至于增加冷启动时的排放。在发动机的控制中，根据动力需求来调整发动机的参数。在一般情况下动力需求越高，发动机输出动力越高，尾气的温度也越高。福特的控制工程师提出了冷启动低排放协调方案（coordinated strategy for starting with reduced emissions, CSSRE），该方案将催化剂加热需要的能量转化为动力需求，和其他的动力需求相加输入发动机，从而使发动机在冷启动时以较高的负荷运转，使尾气温度迅速上升。

目前催化剂的起活温度在 300℃ 以上，如果能将这个温度降低，那么冷启动排放也会有显著的下降。近年来许多研究在改进催化剂的配方，目标是将催化剂的起活温度降到 150℃ 左右。这是指完全老化后催化剂的起活温度，而不是新鲜催化剂的起活温度，这一目标具有相当的难度，尤其是要降低 HC 和 NO$_x$ 的起活温度。目前的研究都处在实验室阶段，还没有开发出在 150℃ 起活的实用催化剂。

催化剂由催化剂的载体和催化剂的涂层材料组成，起催化作用的是涂层材料而不是载体材料，希望加热的也是涂层材料而非载体材料。如果载体材料较多，那么很多热量用于加热载体材料，会形成能量的浪费，导致整体催化剂的加热减慢，延缓催化剂的起活。显然使用质量轻、比表面积高的催化剂载体，可以以较少的催化剂载体质量承载较多的催化剂涂层材料，这将有利于冷启动时的快速加热。使用高孔密度、薄壁的催化剂载体正好满足这个要求。通常使用 600/4（陶瓷）、900/2.5（陶瓷）甚至 1200/2（金属）作为载体，它们的热质低，热传导能力高，催化剂的装载量高，使有限的热量快速加热催化剂的涂层，有助于实现快速起活。

在加热起活时，催化剂的外壁和环境存在温度差，会向环境中散热。为了减少热量损失，可以在催化剂的外壁增加保温绝缘层。另外，连接催化剂和发动机的管道散热也会造成热量损失，有时使用带有夹层的管道来减少热量损失。

为了实现催化剂的快速起活，催化剂一般被安装在靠近发动机出口的位置。在有涡轮增压的发动机里，主要催化剂被装在涡轮之后。在涡轮之前的管道的体积较小，但在冷启动时温度迅速升高，因此也可以考虑安装催化剂，叫涡轮前催化剂（pre-turbocharger catalyst）。涡轮前催化剂几乎瞬间被加热，但是其空速非常高，接近 $100 \times 10^4 h^{-1}$，因此不能期望它有太高的转化率。涡轮前催化剂的另一个缺点是催化剂上的任何微小脱落物都可能对高速转动的涡轮造成损伤。

加热催化剂的热量主要来源于发动机的尾气，但是还有另外一种选择，就是使用电能辅助将催化剂快速加热，这就是电加热催化剂（electric heated catalyst, EHC）。它将加热元件分布于催化剂内部，在冷启动时通电将催化剂迅速加热。传统汽车的电池输出功率有限，电加热速度慢，新型混合动力汽车的电池容量显著提高，为电加热催化剂提供了更大的可能性。

7.3.3.2 冷启动排放催化剂

目前催化剂冷启动技术的开发主要集中在如何降低催化剂的起活温度和加速催化剂的加热等方面。但是无论如何，在冷启动开始时，总是存在至少几十秒的时间，催化剂达不到足够高的温度以转化发动机释放的 NO_x 和 HC，于是产生了冷启动催化剂的概念。其主要思路是在冷启动期间，使用催化剂中特殊的吸附材料暂时吸附发动机排出的 NO_x 或者 HC。在冷启动之后，随着发动机排气系统的温度升高，释放在冷启动时储存的 NO_x 或者 HC，由三元催化剂将其转化。冷启动催化剂的效率主要取决于其在冷启动时捕获 NO_x 或者 HC 的量，以及被捕获的 NO_x 或者 HC 能够保持到多高的温度才释放。显然，在冷启动时吸收的污染物越多，释放温度越高，可能的转化率就越高。

冷启动催化剂由两个关键部分组成：吸附材料和催化剂。吸附材料在低温下吸附发动机在冷启动时产生的 NO_x 或者 HC，并在高温下释放出来；催化剂转化吸附材料释放出的 NO_x 或者 HC。不同于在稀燃 NO_x 吸附催化剂（LNT）中 NO_x 的氧化和反应过程，冷启动时产生的 NO_x 或者 HC 的吸附和解吸主要是物理过程。冷启动催化剂根据用途可以划分为 HC 吸附催化剂（HC trap catalyst）和 NO_x 吸附催化剂（NO_x trap catalyst），也可以是两者的结合。

A HC 吸附催化剂

HC 吸附催化剂是针对冷启动时的 HC 的催化剂，可以粗略地分为主动式和被动式两种。主动式是指在使用催化剂时需要对发动机和/或后处理系统加以控制，提供特殊的条件来提高冷启动污染物的转化效率从而降低冷启动排放。被动式是指直接在发动机排气管上应用 HC 吸附催化剂，无须其他的条件和控制技术，在车辆的自然运行过程中完成污染物的吸附、释放和转化。

目前最有效的 HC 吸附剂材料是铝硅酸盐分子筛，包括 β-分子筛、Y-分子筛、ZSM-5分子筛等。不同分子筛具有不同的三维（3D）结构，其内部的孔道大小不同（0.3 ~ 1.8nm）。当 HC 的分子尺寸小于分子筛内的孔道尺寸时，HC 被吸附到分子筛的内部。

分子筛结构在高温下通常是不稳定的。当它们暴露在850℃以上的高温环境下时，大多数分子筛结构会发生崩溃。这就限制了它们在与汽车发动机紧密耦合的三元催化剂中的应用，因为紧密耦合的催化剂经常暴露在高于900℃的发动机废气中。因此，HC 吸附催化剂在汽油机排气系统中的正确位置通常是在汽车底板下面。

a HC 吸附催化剂的构造

图 7-12 显示了 HC 吸附催化剂的一种典型结构。将可以吸收 HC 的分子筛材料涂覆在催化剂陶瓷载体上，再将三元催化剂材料涂覆在分子筛材料的上部。HC 在冷启动期间穿过三元催化剂层，被吸附材料吸附，当吸附材料被加热到一定温度时 HC 被释放出来，被释放的 HC 在经过上层的三元催化剂时被转化。当然，希望这时三元催化剂的温度足够高，到达 HC 的起始温度。

b HC 吸附催化剂在应用中面临的挑战

吸附催化剂在应用中的最大困难是被吸附的 HC 被加热时，在低于三元催化剂的起活

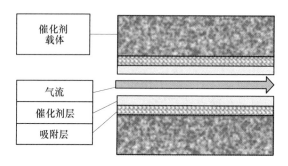

图 7-12　HC 吸附催化剂的结构示意图

温度下就提早释放出来，导致被存储的 HC 不能被有效转化。图 7-13 展示了在催化剂被加热时，存储的 HC 的释放浓度和三元催化剂转化 HC 的效率随三元催化剂温度的变化。冷启动时存储的 HC 通常在 120~250℃之间从分子筛中释放出来，而三元催化剂转化 HC 的效率在 250℃下仅为约 20%，这就导致大部分在冷启动时被吸收的 HC 未经转化就释放到空气中。

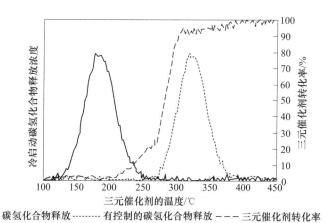

—— 碳氢化合物释放 ········· 有控制的碳氢化合物释放 ――― 三元催化剂转化率

图 7-13　冷启动 HC 释放浓度和三元催化剂转化 HC 的
效率随三元催化剂温度变化的示意图

　　要提高冷启动 HC 的转化率，必须让图 7-13 中 HC 释放和三元催化剂转化率的两条曲线有更多的重合。通常的方法是，要么提高分子筛中 HC 的释放温度，要么降低三元催化剂的起活温度。经过大量的研究发现，目前的各种分子筛很难在吸收 HC 后将其保持在 250℃以上释放。然而，在分子筛里加入其他元素，比如过渡金属和贵金属等，可以改变分子筛的吸附性能并适当提高存储的 HC 的释放温度。另外，可以设法降低 HC 吸附催化剂中三元催化剂的起活温度，以提高冷启动 HC 的转化率。目前成熟的三元催化剂都已经过一定程度的优化，其起活温度难以大幅降低。增加催化剂中贵金属的含量可以适当降低起活温度，但如此对成本影响很大。不同于传统三元催化剂，一种新型的配方可以明显降低三元催化剂的起活温度，具有应用于降低碳氢化合物吸附催化剂中三元催化剂起活温度的潜力。

　　目前对 HC 吸附催化剂的研究和开发比较活跃。有报道称用于实际车辆的吸附催化剂已经能够降低超过 40%的冷启动非甲烷 HC。

    c   主动式 HC 吸附催化剂

    如前所述，主动式 HC 吸附催化剂就是在 HC 的吸附、解吸或转化过程中，增加额外的硬件和控制，而不是单纯依赖发动机的自然运行以达到最高的冷启动 HC 的转化效率。主动控制可以有不同的具体方法，图 7-14 所示是其中的一例。这套装置和被动式 HC 吸附催化剂的不同之处在于，两者的三元催化剂和 HC 吸附器分别在不同的催化剂载体上。该装置的三元催化剂在 HC 吸附器的下游，并且多了一个换向阀门和废气旁路。

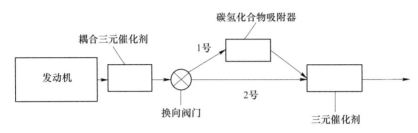

图 7-14   主动式 HC 吸附催化剂工作示意图

    主动式 HC 吸附催化剂的具体操作过程如下：在冷启动时，发动机排出的废气通过耦合三元催化剂后，从换向阀门经过排气途径 1 号进入 HC 吸附器。尾气中的 HC 在低温下被捕获，剩余的尾气再通过下游的三元催化剂排出。当冷启动完成后，发动机尾气温度上升，这时，吸附器的温度较低，被吸附的冷启动 HC 还没有释放出来。切换换向阀门到排气途径 2 号，尾气逐渐加热下游三元催化剂，直到它到达起活温度。然后将换向阀门转到排气途径 1 号，让发动机废气加热 HC 吸附器，直到释放所有储存的 HC。释放的 HC 经过下游已经起活的三元催化剂被转化掉。如此一来，可以转化绝大部分被吸收的 HC，实际效果相当于把图 7-13 中冷启动时 HC 的释放曲线向右移动到控制的 HC 释放曲线的位置。

    这套装置的缺点是需要在催化剂的排气管上安装换向阀门来转换气流的方向，从而增加了成本。由于换向阀门需要在发动机的尾气环境中长期地工作，装置的可靠性和耐久性难以得到保证，因此该装置还没有得到应用。

    B   冷启动 NO_x 吸附催化剂

    在冷启动时 NO_x 吸附催化剂和 HC 吸附催化剂类似，也是在低温下吸附 NO_x，在高温时释放将其转化。冷启动 NO_x 吸附催化剂也有类似于 HC 吸附催化剂中被吸附的冷启动污染物过早释放的问题。它也可以分为主动式和被动式。

    普通分子筛很难吸附 NO_x 并将其保持到较高温度释放。研究发现分子筛支持的贵金属钯（Pd）在低于 200℃的温度下具有非常高的一氧化氮吸附效率和储存能力。研究结果表明，在分子筛的交换位点上高度分散的钯被认为是低温一氧化氮储存的活性位点。高度分散的钯不仅影响一氧化氮的储存容量，而且影响一氧化氮的解吸温度，还影响分子筛负载钯的抗硫酸毒化性能。Pd—Si 键在高温和还原环境中不稳定，会很快分离，从而失去吸附一氧化氮的能力。因此，目前冷启动 NO_x 吸附器技术主要是应用于稀燃（富氧）发动机的尾气减排中，比如柴油机的尾气处理。在 NO_x 吸附催化剂中释放的 NO_x 一般需要下游的其他催化剂予以转化，比如 SCR 和稀燃 NO_x 吸附催化剂（lean NO_x trap，LNT）。

报道显示在柴油尾气处理中，NO_x 吸附催化剂和下游催化剂配合，转化了超过 40% 的冷启动 NO_x。由于柴油发动机排气温度比较低，因此冷启动 NO_x 吸附器可以放置于接近发动机排气口的位置。另外，钯-分子筛结构也有利于捕获冷启动 HC。因此，应用于柴油机尾气处理的冷启动 NO_x 吸附器技术可以同时减少 HC 和 NO_x 的排放。

此处介绍的冷启动 NO_x 吸附催化剂和 LNT 都是用来转化稀燃条件下的 NO_x 的，但它们有很大的不同：

（1）NO_x 吸附催化剂是利用分子筛和贵金属的物理吸附特性，而 LNT 是利用氧化物（如氧化钡和二氧化氮）进行化学反应达到化学吸附的。

（2）NO_x 吸附催化剂只吸附低温下的 NO_x，而 LNT 吸附各种温度下的 NO_x。

（3）NO_x 吸附催化剂吸收 NO 和 NO_2，而 LNT 将 NO 氧化成 NO_2，并吸收 NO_2。

（4）NO_x 吸附催化剂的主要功能是低温吸附和高温释放，但不转化 NO_x，而 LNT 能够吸附、解吸和转化 NO_x。

（5）NO_x 吸附催化剂不需要对发动机进行特殊的操作，而 LNT 需要对发动机进行频繁的富燃操作，从而将被储存的硝酸盐分解成 NO_x。

7.3.4　汽油车颗粒捕集器

7.3.4.1　汽油缸内直喷发动机

传统的汽油发动机都是燃油进气道喷射（port fuel injection，PFI），将燃料喷射到进气道或汽缸端口中，在与空气预混合后进入汽缸进行压缩、点火、燃烧。而汽油缸内直喷（GDI）发动机在高压下，通过共轨燃料管将燃料直接喷射到汽缸内，与缸内的高压气体混合后点火燃烧。汽油缸内直喷发动机代表着目前最先进的汽油发动机技术，其与使用低压喷射的常规发动机技术差别很大。汽油缸内直喷发动机根据发动机负荷的变化精确控制燃料量、喷射时间和点火时间，提高了燃料的燃烧效率和增加了发动机的功率输出，同时可以更精确地控制发动机的排放水平。此外，其中一些汽油缸内直喷发动机以全进气口操作，没有节流板，这就消除了传统发动机中的空气节流损失。另外汽油直接喷射又减少了活塞的泵送损失，极大地提高了发动机的效率。汽油缸内直喷发动机在汽车工业中得到越来越多的应用。

7.3.4.2　汽油直喷发动机颗粒

与常规汽油发动机相比，汽油直喷发动机显著提高了燃烧效率，最高可降低 20% 的燃油消耗，同时减少了二氧化碳排放。汽油直喷发动机存在的一个明显问题是在发动机冷启动时，由于汽缸内温度较低，汽油的挥发性较低，直接喷射的燃料和空气的不均匀混合（分层）导致燃料的不均匀燃烧与颗粒物的排放增加。在发动机运行过程中，随着汽缸温度迅速升高，汽油的挥发性急剧增强，燃料和空气的混合效果得到改善，颗粒的产生量迅速降低。任何改善冷启动时汽缸内燃料和空气混合状况的有效措施，例如使用低沸点的燃料（天然气或液化石油气），都能明显降低发动机的颗粒排放。

在最新的排放法规中，颗粒物的排放标准非常严苛，如美国 EPA 的 Tier3（3mg/mile）、欧盟的欧六（6×10^{11} 个/km）和中国的国六（3mg/km，6×10^{11} 个/km）等。这就要求目前的汽油缸内直喷发动机的颗粒排放降低约 90% 才能满足新的排放法规，因此必须采取相应的措施。

7.3.4.3 汽油发动机产生颗粒物的组分

类似于柴油发动机产生的颗粒物，汽油发动机产生的颗粒物包括三个主要组成部分：元素碳（又称黑碳）和灰分（固体）、有机部分（soluble organic fraction，SOF，液体）和硫酸盐颗粒（液体）。黑碳和有机部分均来自汽油燃料的不完全燃烧，灰分来自燃料和发动机机油中添加剂的燃烧，硫酸盐颗粒来自燃料和机油中含硫的燃烧产物。此外，对于旧车而言，来自排气管内壁的锈以及上游催化剂脱落的涂层材料也会出现在汽油颗粒中。

7.3.4.4 汽油颗粒捕集器

柴油颗粒捕集器（DPF）的成功应用为汽油颗粒捕集器（GPF）的研发提供了重要的借鉴和经验。

汽油颗粒捕集器在发动机排气系统中的配置可以分为"附加"和"集成"两类。"附加"是在发动机排气系统中加入单独的汽油颗粒捕集器，其目的只是用于吸附汽油发动机排气中的颗粒物，而其他污染物由三元催化剂转化。"集成"是指将三元催化剂和汽油颗粒捕集器的功能集中在一个新催化剂上来替代常规的三元催化剂。

汽油颗粒捕集器的结构和柴油颗粒捕集器完全相同，最常见的设计是壁流式，即圆柱形的陶瓷结构，它具有沿轴向方向延伸的许多小的平行通道。同样，汽油颗粒捕集器的载体材料具有更高和更精确控制的开孔率，捕集器中的相邻通道在每个端部交替堵塞，从而强制气体流过充当过滤介质的孔壁。壁流式捕集器载体和一般催化剂载体之间的气体流动模式的差异如图 7-15 和图 7-16 所示。当发动机排气通过壁流式载体时，混合在排气中的汽油颗粒会被吸附在载体的壁上，从而与排气分离。

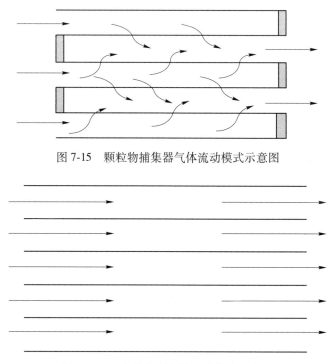

图 7-15 颗粒物捕集器气体流动模式示意图

图 7-16 一般催化剂气体流动模式示意图

7.3.4.5　汽油颗粒捕集器和柴油颗粒捕集器的比较

汽油颗粒捕集器（GPF）作为柴油颗粒捕集器（DPF）的延伸产品，与柴油颗粒捕集器有着很多类似的地方，例如颗粒捕集器的详细工作原理、运行过程和再生的副产品等。由于发动机排气的差异，两种颗粒捕集器又有各自的特点。

柴油颗粒捕集器（DPF）的载体材料可以是陶瓷或者碳化硅（SiC），但是汽油颗粒捕集器（GPF）的载体材料都是陶瓷。原因是碳化硅材料在汽油机的排气（理论空燃比）环境中化学性能不稳定，因而一般不在汽油颗粒捕集器中使用。

柴油颗粒集器（DPF）的颗粒吸附机理包括深层（深床）过滤和表层过滤。由于颗粒总量较低，汽油颗粒捕集器吸附机理以深层过滤为主，并不形成表层过滤的滤饼。汽油颗粒捕集器收集颗粒的效率通常低于类似的柴油颗粒捕集器，尤其是在汽油颗粒捕集器初始使用时，其吸附效率偏低。但是随着黑炭和灰分在捕集器中的积累，吸附层的间隙减小，汽油颗粒捕集器吸附颗粒的效率逐渐提高。

汽油颗粒的产生主要发生在发动机冷启动时，而柴油颗粒的产生贯穿于整个运行过程中，柴油机排出的颗粒总量远大于（超过10倍于）汽油机排出的颗粒。柴油颗粒捕集器产生的背压降（气体流过捕集器产生的压力差）一般大于汽油颗粒捕集器产生的背压降，但是和柴油发动机相比较，汽油发动机的工作状态对背压降的变化更敏感。图7-17是颗粒捕集器上的气体经过捕集器后的背压降随颗粒总量增加而变化的示意图。柴油颗粒捕集器产生的背压降比较高，而且与颗粒捕集器上收集颗粒的总量呈线性关系，所以在柴油颗粒捕集器的控制中，通常根据背压降的大小确定颗粒捕集器上颗粒的总量，从而实时控制主动再生（消除、捕获的颗粒）的启动时间。然而，由于汽油颗粒捕集器产生的背压降与颗粒捕集器上收集的颗粒总量不呈线性关系，测量背压降不能有效地反映其捕获的颗粒总量，所以测量背压降的方法不适用于汽油机颗粒捕集器的再生控制。

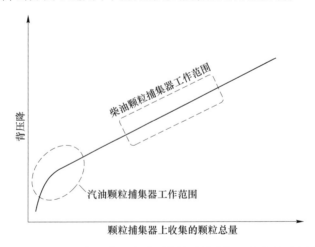

图7-17　颗粒捕集器背压降随颗粒物总量增加而变化的示意图

汽油颗粒捕集器的再生机理主要是氧气氧化，其基本要素是足够高的温度和充足的氧气。柴油颗粒捕集器的再生机理是氧气氧化和二氧化氮氧化的结合。在柴油机的排气中具有足够多的氧，但是其温度偏低，要通过提高捕集器温度来实现主动再生。汽油机的排气温度足够高，但是通常缺少足够的氧气用以再生。因此在汽油发动机减速时，采用减速燃油切断的办法，在高温下引入空气（氧气）来再生汽油颗粒捕集器。汽油颗粒捕集器的再生过程主要是连续和被动式的。由于汽油机颗粒总量相对较小，发动机温度较高，被动再生可以有效地控制捕集器中颗粒的累积量，在运行中不需要采用主动再生和实时测量来监控颗粒捕集器上颗粒的总量。而柴油颗粒捕集器（DPF）的再生过程以间断性主动控制为主，以连续和被动式为辅，因此必须实时测量压力降来监控颗粒捕集器上颗粒的总量。

在柴油颗粒捕集器中，大多数灰分位于捕集器后段的堵塞区域。但在汽油颗粒捕集器中，大多数灰分集中在捕集器壁中间。

汽油颗粒捕集器中搜集的灰分不可再生，其解决方法与柴油颗粒捕集器处理搜集的灰分类似。设计的指导思想是确保在车辆使用寿命内，汽油颗粒捕集器有足够的承受灰分的能力，不需要更换。考虑的主要因素包括压力降、过滤效率和车辆有效使用寿命内的灰分总容量。通常颗粒捕集器越大，对压力降、过滤效率和灰分容量都更有利。

捕集器的压力降受捕集器的几何形状和尺寸的影响很大。对于同样体积的汽油颗粒捕集器，较大的直径能够显著地降低压力降。

类似于柴油颗粒捕集器的发展过程，其他类型的汽油颗粒捕集器的研究开发工作也一直在进行中。其他有代表性的捕集器主要是由金属材料制成的，包括金属薄箔、金属泡沫和金属纤维。这些汽油颗粒捕集器都存在着一个共同的问题，就是收集颗粒的效率普遍偏低（40%~50%），因此无法满足降低排放的需求，无法跟陶瓷材料组成的壁流式颗粒捕集器展开有效的竞争。

7.3.5　三元催化剂的耐久性和车载诊断系统

汽车的使用周期很长，规定的污染物排放量必须在车辆的正常使用期内有效才有意义。人们很早就认识到催化剂的性能随着车辆行驶里程的增加而逐渐降低，所以所有的排放标准都是指在规定里程内的排放，而不是指新车的排放。比如，以加利福尼亚州的轻型车排放标准为例，LEV、LEV Ⅱ和LEV Ⅲ的排放有效期分别是10万英里、12万英里和15万英里。

为了保证车辆的排放值在相当的里程内仍然保持在标准值之内，需要开发耐久性更高的催化剂，而开发耐久性高的催化剂，则要研究催化剂的老化机理。只有了解了催化剂的老化机理，才有可能开发新型的材料和制备方法，生产出在老化条件下仍然满足要求的催化剂。同时了解催化剂的老化机理，可以帮助开发有效的催化剂快速老化程序，在车辆的开发阶段检验催化剂在老化后的性能。

7.3.5.1　催化剂的高温失活

理想的催化剂是将单个活性材料的原子（或分子）分布在催化剂活性物载体的表面，这样催化剂所有的活性材料都能得到利用，效率达到最高。如图7-18所示，活性材料分布在高比表面积的三氧化二铝的表面。当催化剂活性物载体和其表面的贵金属颗粒暴露于高温中时，由于贵金属颗粒之间的相互作用、活性物载体材料表面的变化以及贵金属和活性物载体之间的作用，催化剂的性能发生变化。

当催化剂被分散到活性物载体表面时，催化剂的颗粒非常微小，在1~2nm之间。由于催化剂的用量较小、活性物载体的表面积较大，因此微小的金属颗粒分散在活性物载体孔隙内部的表面。在高温条件下，微小的金属颗粒容易在活性物载体孔隙内部的表面上形成相对运动，相邻的颗粒彼此碰撞结合，生长成为较大的晶体，如图 7-19 所示。显然当小颗粒聚集生成大颗粒时，埋在大颗粒内部的活性金属将不能和气体接触，起不到催化作用。一般用透射电子显微镜（TEM）可以观察到催化剂颗粒大小的变化。

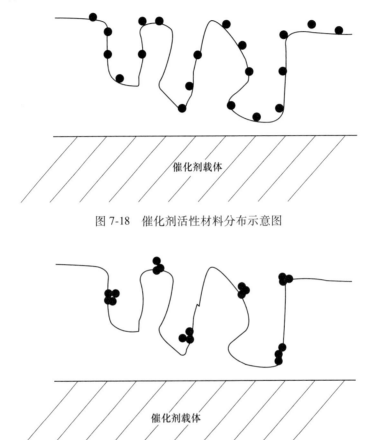

图 7-18　催化剂活性材料分布示意图

图 7-19　催化剂活性颗粒高温烧结示意图

　　由于高温导致的贵金属催化剂颗粒聚集而失去活性对汽车催化剂的影响很大。当高温导致金属颗粒聚集后，一部分催化剂不起作用，要想仍然保持催化剂的高度活性，势必要增加催化剂的用量。为了有效利用昂贵的贵金属催化剂，必须想办法减缓贵金属颗粒在高温下的烧结。在催化剂中加入稳定剂可以减少贵金属大颗粒的生成，常用的稳定剂有氧化铈（CeO_2）、氧化镧（La_2O_3）等。稳定剂的使用非常有效地提高了催化剂的耐久性。

　　催化剂的活性物载体也会由于温度的变化影响催化剂的性能。活性物载体是高比表面积的氧化物，如三氧化二铝、二氧化硅等。这种材料有许多曲折的内孔，催化剂颗粒分布在孔隙内的表面上。在高温条件下，活性物载体结构发生变化，孔隙的开口会收缩甚至关闭（见图 7-20）。当孔隙开口变小时，气体进出孔隙的扩散速度降低，当扩散速度足够低时，气体的孔扩散可能成为速度限制步骤，使整体反应速度降低。当孔隙完全关闭时，孔隙内的活性物将被封闭而失去功效，从而降低催化剂的活性。经过高温后活性物载体的表面积有较大的变化，可以用比表面积变化的程度来衡量温度对催化剂活性物载体的影响。

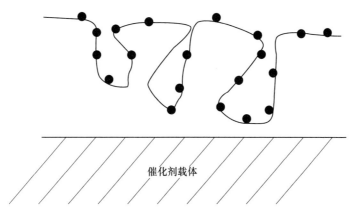

图 7-20 催化剂活性物载体高温烧结示意图

使用 BET 方法可以测量三氧化二铝等高比表面积的材料的表面积。

使用稳定剂可以增加催化剂活性物载体的热稳定性。BaO、La_2O_3、SiO_2、ZrO_2 等化合物被加入三氧化二铝的载体中,可以有效防止孔隙结构在高温下的变化。

此外,贵金属氧化物和催化剂活性物载体之间也可能发生反应,生成惰性化合物,使催化剂失去活性。比如在高温(800℃)和富氧环境下,氧化铑可以和载体材料发生反应:

$$Rh_2O_3 + Al_2O_3 \longrightarrow Rh_2Al_2O_4 + O_2 \tag{7-29}$$

由于铑主要负责还原 NO_x,这个反应会使 NO_x 的转化率降低。

7.3.5.2 催化剂中毒

催化剂的中毒是指由于尾气中化学物质的作用导致催化剂失去活性。在使用含铅汽油时,汽油中的铅对三元催化剂有致命的影响。铅容易和贵金属钯生成惰性合金,而且生成的惰性合金不会逆转而恢复活性,所以目前含铅汽油已经基本匿迹。

历史上有过多种通过使用添加剂提高汽油辛烷值的方法,MMT 是一种可以有效提高汽油辛烷值的化学品。但是 MMT 对催化剂有很负面的影响,尤其是对孔密度较高的催化剂载体,可能使其形成堵塞。

目前最常见的催化剂化学中毒是由废气中的磷和硫引起的。磷和硫在尾气中的含量很低,在短时期内的影响较小,但长期的行驶会使其在催化剂上形成积累,从而影响催化剂的性能。

A 催化剂的磷中毒

发动机尾气中的磷来源于发动机中的润滑油。润滑油中的添加剂 ZDDP 含有磷,磷化物在燃烧后生成氧化物,流过催化剂。一方面,氧化磷和催化剂中的铝、钙等结合,生成磷酸铝、磷酸钙等物质。这些物质在催化剂载体的表面形成釉状覆盖物,阻挡气体进入覆盖物下的催化剂,造成催化剂的失活。另一方面,磷化物还可能与氧储存材料反应生成惰性的磷酸盐化合物磷酸铈($CePO_4$)。该磷酸盐一旦生成,就不会分解,它将用于储存氧的铈锁定而使其失去氧储存能力,从而降低催化剂的效率。

通过对老化后催化剂的理化分析,可以得到磷在催化剂中的分布情况。所有的数据表明,随着里程数的增加,磷逐渐沉积在最靠近发动机催化剂的前端,一般在 $1 \sim 2in$ 之内。在催化剂靠近出口的位置基本没有磷的存在,远离发动机的催化剂基本不受磷中毒的影响。同时，对催化剂涂层的分析表明，磷的沉淀集中在催化剂涂层靠近表面的地方，磷没有渗透到涂层深处。

磷会对催化剂造成永久性的中毒。在车辆的正常运行状态下，催化剂不能恢复由于磷中毒导致的活性损失。研究表明，催化剂经过特殊的处理，比如酸性溶液的清洗，可以去除部分催化剂中的磷，恢复部分催化剂的活性。

减小磷对催化剂的影响最直接的方法是减少机油的消耗和减少机油中磷的含量等。目前的机油消耗已经下降了很多，但是还没有找到完全不含磷的机油，因此仍然需要考虑磷对催化剂活性的影响，因为催化剂的有效期变得越来越长，磷中毒仍然对催化剂有显著的影响。在催化剂方面，有考虑采用改进性能的催化剂活性物载体，以削弱催化剂和尾气中磷化物的反应，也可以采取在催化剂的前端和后端使用不同的涂层材料的方法。如果需要严重依赖催化剂前端的转化率，那么在催化剂的前端放置较多的贵金属，可以使其在中毒后仍然保持相当的活性，以保证催化剂的转化。也有人考虑在前端放置较少的活性材料，甚至只有少量材料用于吸收磷化物，以保护其余的催化剂。将催化剂前端用于捕获发动机尾气中的磷，主要依赖催化剂后端的活性材料完成反应，这样磷对整个催化剂的影响较小。

B　催化剂的硫中毒

硫普遍存在于原油中，从原油加工得到的燃油不可避免地含有硫化物。在炼油厂通过脱硫工艺可以将燃油中的硫含量降低，但是燃油的成本将上升。出于对环保的考虑，机动车所用的燃油中的硫含量已经降到很低的水平。以美国为例，柴油中的硫含量在 15×10^{-6} 以下，而汽油中的硫含量在 30×10^{-6} 以下。由于硫对催化剂的影响，美国环保署规定了最新的环保要求（Tier 3），汽油中的硫含量要降到 10×10^{-6} 以下。

硫化物在发动机中燃烧，当空燃比小于1（贫氧燃烧）时，硫在尾气中以硫化氢存在；当空燃比大于或等于1时，燃油中的硫生成氧化硫。对于汽油发动机和柴油发动机来说，尾气中生成的硫化物主要是二氧化硫。催化剂的硫中毒主要是指二氧化硫和三氧化硫与催化剂反应使其失活。

C　二氧化硫对贵金属的影响

三元催化剂含有铂、钯、铑中的一种或几种贵金属。尾气中的二氧化硫和贵金属结合，从而减弱贵金属的催化活性。

当尾气中氧气过量且温度小于500℃时，二氧化硫会被直接吸附到贵金属颗粒上。铂的吸附能力最强，其次是钯，铑对二氧化硫的吸附能力远远小于铂和钯对二氧化硫的吸附能力（Pt >Pd≫Rh）。二氧化硫附着在贵金属上，阻碍了其他化学物的吸附，使得参与反应的化学物不能充分接近和利用催化剂的活性中心。二氧化硫在贵金属上的吸附主要影响低温条件下的反应活性，即升高了催化剂的起活温度。在高温条件下，二氧化硫的影响不明显。

在尾气的 λ 值小于或等于1（理论空燃比或贫氧）时，二氧化硫以硫（S）的形态被吸附到贵金属上。钯的吸附能力最强，其次是铂，铑对硫的吸附能力远远小于铂和钯对硫的吸附（Pd>Pt≫Rh），虽然附着在贵金属上的硫的量并不多，这是由于空间阻碍和电场的影响，减少了贵金属对反应物的吸附。铑对二氧化硫的吸附能力较弱，铑吸附的硫很容易被去除（相对于钯和铂）。总的来说，铑对硫中毒没有钯和铂敏感。对于钯，被吸附的硫不只停留在颗粒表面，还会渗透到金属颗粒的内部，在恢复硫中毒的钯催化剂活性时需要格外高的温度。在贫氧尾气中，需要800℃的高温来恢复被铂吸附的硫，需要约900℃的高温来恢复被钯吸附的硫；而在富氧尾气中，需要300℃以上的温度来去除被钯吸附的二氧化硫，需要700℃以上的高温来去除被铂吸附的二氧化硫。

总之，贵金属会吸附二氧化硫而减弱活性，硫对铂和钯的影响大于对铑的影响。在高温条件下，贵金属吸附的硫被解吸，催化剂恢复活性。

D 氧化硫对催化剂活性物载体的影响

当氧气存在时，二氧化硫在贵金属表面很容易被氧化为三氧化硫，而三氧化硫和催化剂活性物载体三氧化二铝反应生成硫酸铝。

$$3SO_3 + Al_2O_3 \longrightarrow Al_2(SO_4)_3 \qquad (7-30)$$

硫酸铝的生成可能导致催化剂表面的孔隙开口变小甚至关闭，增加反应物经扩散进入孔隙内表面的阻力，从而导致催化剂活性的下降。在高温条件下，当生成的硫酸铝暴露在还原性气体中时，三氧化硫将从催化剂中释放，催化剂的活性将恢复。

当使用二氧化硅或氧化钛做催化剂活性物载体时，它们不易和三氧化硫产生反应，所以它们适用于含硫较高的气体。

E 氧化硫和催化剂内其他成分的反应

三氧化硫可以和催化剂内的氧化铈反应生成硫酸铈（$Ce(SO_4)_2$）。由于氧化铈用作氧储存材料，硫酸铈的生成将降低催化剂的氧储存能力，使催化剂对污染物的转化率对尾气空燃比的变化更敏感，导致转化率的下降和排放的增加。在一定条件下，结合在硫酸铈内的硫可以被消除。在富氧环境下，需要800℃以上的高温条件；在贫氧环境下，需要600℃以上的高温条件。

三氧化硫和三元催化剂内的其他金属氧化物（氧化钡、氧化锆、氧化镧）也可能发生反应生成硫酸盐，但没有证据表明其对催化剂的性能有显著影响。

三元催化剂内的氧化镍是一种用来消除硫化氢的材料。当发动机中进行贫氧操作时，在尾气中会形成硫化氢气体。氧化镍和硫化氢等反应生成硫化镍，避免了硫化氢直接释放到空气中。在氧化环境下，生成的硫化镍被氧化成二氧化硫释放。

7.3.5.3 催化剂的快速老化

如前所述，排放标准都有相应的里程期，要求车辆排放在相应里程内都满足要求。在车辆开发阶段，必须测试催化剂在行驶规定里程（5万英里、10万英里、12万英里或15万英里）后的性能，才能保证实际行驶的车辆在里程期内满足排放要求。在开发阶段一般只有新鲜的催化剂，所以必须将催化剂加以老化后再测试其性能。在一般情况下，有三种老化催化剂的方法：实际行驶老化、加热炉老化和发动机台架老化。

在实际行驶的车上老化催化剂最具有代表性，催化剂老化后的性能最能说明实际情况，催化剂的热稳定性和化学稳定性同时得到检验。可是这个过程需要大量的时间和资源，即使是5万英里的里程，也需要耗费几个月的时间，再加上车辆、油料和人工费用的消耗，因此在大多数情况下避免使用这种方法。

催化剂可以在加热炉内进行老化。将催化剂放置于加热炉内，炉子的温度远高于催化剂的实际运行温度，可以利用较短的时间模拟由于温度带来的催化剂老化。炉内的温度可高达900~1000℃（对于柴油催化剂，炉子的温度较低），同时通入水蒸气、氧气、二氧化碳等。一般在十几个小时内就可以达到老化效果。在加热炉内老化催化剂，主要是模拟催化剂由于高温引起的烧结而产生的失活。由于这种方法使用的气体成分较为简单，因此可能和实际车辆的老化有所差别。

使用发动机台架老化催化剂可以结合整车和加热炉的特点。台架上的发动机尾气成分和实际车辆接近，可以同时模拟由于温度和化学中毒引起的老化。一般在老化时将发动机在高负荷、高转速下运行，发动机的出口温度高于正常运行时的出口温度，使得催化剂的老化时间大为缩短。在发动机台架中还可以模拟实际驾驶中的空燃比。由于使用较短的老化时间，因此往往人为地提高尾气中硫和磷的含量，原则是和车辆实际行驶相比，催化剂暴露于同等数量的硫和磷中。例如将燃油的含硫量增加到正常值的若干倍，使燃油内消耗的硫等于在实际行驶时燃油内消耗的硫。同时，在燃油里加入含磷化合物，使其燃烧后的尾气中产生氧化磷。同样，燃油里加入的磷等同于在正常运行时从机油里消耗的磷的总量。在发动机台架老化时，尾气中硫和磷的浓度都高于发动机正常运行时的浓度。

A　标准道路循环

催化剂在实际行驶过程中经历的老化过程随行驶环境的不同而不同，在经过一定里程后，催化剂的老化效果和车辆的排放水平也有所区别。同样行驶10万英里，如果大部分是高速行驶，那么催化剂的工作温度较高，但是总的运行时间较短，机油消耗少，化学中毒程度可能较低；如果大部分是市内低速行驶，那么催化剂的工作温度较低，但运行时间较长，机油消耗多，化学中毒程度较高。为了减小行驶环境对催化剂老化的影响，美国环保署在2005年发布了标准道路循环（Standard Road Cycle，SRC）。图7-21显示了标准道路循环的速度曲线，共有7段，每段3.7mile。标准道路循环的平均速度为46.3mile/h，最大续航速度为75mile/h，包含24个减速燃油切断（DFSO）。这个循环基本涵盖了一般车辆行驶时的各种状况。对于某种车辆，行驶在标准循环下的工况（温度、流量、空燃比、硫磷的含量等）可以定义为催化剂老化的标准工况。同样的车型，就有同样的老化条件；对于不同的车型，老化条件也可能不同。

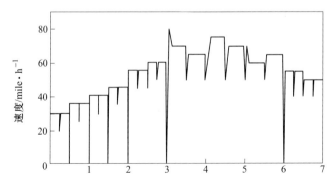

图7-21　标准道路循环速度示意图（共7段，每段3.7mile）

B　催化剂老化温度的选择

在对催化剂进行老化时，需要选择合适的温度。如果完全按照标准道路循环，催化剂处于正常行驶时的温度，那么需要很长的时间来完成老化。如果选择较高的温度，达到同等程度的老化，则需要较短的时间。老化温度和老化时间不是简单的线性关系，而是服从阿伦尼乌斯关系，如式 7-31 所示。

$$t_1 \times \exp \frac{E}{T_1} = t_2 \times \exp \frac{E}{T_2} \qquad (7\text{-}31)$$

假设催化剂在温度 T_1 环境下老化 t_1 小时，如果想达到同样的老化效果，那么在温度 T_2 环境下需要老化 t_2 小时。E 是老化活化能，从实验中获得，和车辆、催化剂性能有关。

显然如果对于某一车型，经过一个标准道路循环就可以得到催化剂在 26mile 内温度的分布。对于某一行驶里程（5 万英里、10 万英里或 15 万英里），可以计算催化剂在各个温度下的老化时间，比如 T_1 温度下 t_1 小时，T_2 温度下 t_2 小时，T_3 温度下 t_3 小时等。如果在发动机台架上老化催化剂，则希望经过 t 小时达到和标准道路循环类似的效果，那么采用的温度 T 应该满足如式 7-32 所示的条件。

$$\sum_{i=1}^n t_i \times \exp \frac{E}{T1} = t_2 \times \exp \frac{E}{T} \qquad (7\text{-}32)$$

根据上式可以计算在某一温度下需要的老化时间，或者在规定的老化时间内需要的老化温度。

在发动机台架上对催化剂进行老化时，出于对成本和效率的考虑，希望老化时间越短越好，可是时间越短意味催化剂的老化温度越高。催化剂虽然有一定的热稳定性，但是也有温度上限，超过某一温度，催化剂的活性物、活性物载体甚至陶瓷载体都会发生质变，催化剂失去大部分活性甚至被损毁。一般希望催化剂内的最高温度不超过 1050℃（对于以三氧化二铝为载体的催化剂）。当然这个温度上限随催化剂的不同而变化。比如分子筛、二氧化钛、二氧化硅等做催化剂活性物载体时，老化温度的上限远低于 1000℃。在快速老化过程中，催化剂在高于正常工作温度下工作，需要严格控制催化剂的温度，严防因过热导致的温度上升。比如发动机如果产生失火，燃油在汽缸内没有燃烧而进入催化剂内燃烧，可能导致催化剂局部温度瞬间升高，只需几秒钟就可以造成催化剂的显著失活。

车辆在实际运行时，发动机不会始终保持恒定的空燃比。当车辆加速时，一般供应稍多的燃油来提供足够的动力，尾气的空燃比较低。当车辆减速时，发动机供油急剧减少甚至停止，大量的空气在高温下流过催化剂。尾气中空燃比的变化会对催化剂内的某些活性成分（比如贵金属和氧储存材料）进行往复的氧化和还原，加速催化剂的老化。在设计快速老化程序时，应该考虑空燃比波动变化对催化剂的影响。

图 7-22 显示了一个催化剂的老化程序。老化程序包括很多重复的循环，每个循环长 60s，包括 4 个模式，分别是理论空燃比燃烧（$\lambda = 1$）、贫氧燃烧（$\lambda < 1$）、贫氧燃烧加空气注入（$\lambda < 1$）和理论空燃比燃烧加空气注入（$\lambda > 1$）。在贫氧燃烧并加空气时，尾气中的还原物（CO 和 HC）与加入的空气在催化剂上发生强放热的反应，可以使催化剂内产生局部高温，必须保证这个局部高温不超过损毁催化剂的临界温度。根据 SRC 的数据和式 7-32 就可以得到需要的老化时间。这个老化循环基本包括了汽车行驶时催化剂所经历的各种状态，较真实地模拟了催化剂的老化过程。对于柴油车的催化剂老化则需要进行修改，比如降低或取消理论空燃比的时间，增加富氧燃烧的时间。另有一种催化剂的老化方法是使用燃油燃烧器（fuel burner）。使用发动机台架产生的尾气老化催化剂，可以同时检验热

256

稳定性和化学稳定性，但是发动机的运行比较复杂，成本也较高。究其实质，在老化时并不利用发动机产生的动力，只是利用燃油和空气燃烧产生的废气。如果不考虑动力的因素，很简单的装置就可以实现燃油和空气的燃烧。燃油燃烧器使用结构相对简单的装置，将燃油和空气混合燃烧。通过调节燃油的供应，可以轻易改变空燃比；通过改变进气量，可以改变空速；可以任意增加空气的注入；同时在燃油中加入适量的磷化物和硫化物，还可以模拟催化剂的化学中毒。

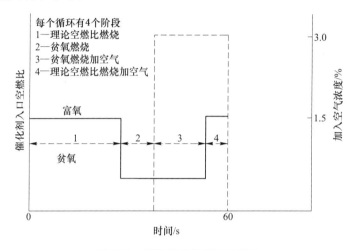

图 7-22   催化剂老化循环示意图

7.3.5.4   车载诊断系统和催化剂的性能监测

车载诊断系统（OBD）于 20 世纪 90 年代开始广泛应用于北美制造的车辆。OBD 可以及时诊断车辆的故障从而发出警告，还可以用于监测许多和排放有关的系统和部件，比如发动机（engine）、废气返回燃烧系统（EGR）、燃油蒸发排放系统（EVAP）和催化剂效率（catalyst efficiency）。

对催化剂效率的监测是 OBD 最主要的功能之一。在车辆的有效里程期内，要求催化剂正常工作，在规定的测试循环和测试条件下尾气的排放量不超过排放标准。但是，OBD 只用于检测在道路行驶的车辆。OBDⅡ排放法规规定，一旦由于各种原因，当尾气的排放超过排放标准的 1.5 倍时，OBD 监测系统能够及时发现，给予警示并给出代码，维修人员就可以根据代码做相应的维护。

在车辆上很难直接测量任何一种污染物的排放值从而给出警告信号，必须找到另外的方法来间接测量污染物的排放水平。经过研究发现，三元催化剂的氧储存能力和催化剂的效率有直接关系，而氧储存能力又可以通过比较催化剂前后的空燃比（或 λ 值）得到。现代的三元催化剂在催化剂的前后都装有氧气传感器，发动机出口处的传感器主要用于控制发动机的供油量和空燃比，在催化剂后面的氧气传感器则主要用于监测催化剂的性能。氧储存能力可以通过比较催化剂前后氧气传感器的信号得到。图 7-23 展示了催化剂前的空燃比和催化剂后的空燃比。

当催化剂正常工作时，进入催化剂的气体空燃比上下波动，由于氧储存材料的作用，尾气离开催化剂时，空燃比的波动幅度将大幅度减小，图 7-24 显示了一个尾气通过正常

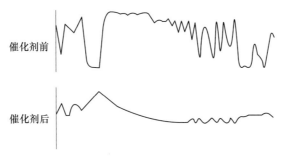

图 7-23　催化剂前后氧气传感器信号示意图

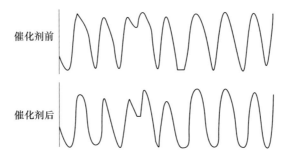

图 7-24　催化剂前后氧气传感器信号示意图（损毁催化剂）

工作的催化剂时空燃比的变化。然而当催化剂过度老化，或者催化剂烧毁、破裂时，催化剂的氧储存能力和转化率都将急剧下降，此时尾气通过催化剂时的空燃比波动幅度变化不大。

　　通过比较催化剂前后空燃比的频率或幅度，得到一个催化剂效率参数，即空燃比变化值。当该参数接近1时，说明催化剂前后的空燃比变化不大，催化剂被严重老化，氧储存材料不起作用，催化剂的效率很低；当该参数远小于1时，说明催化剂中的氧储存材料使尾气中的空燃比波动减小，催化剂的性能正常。当空燃比变化值大于某一临界值时，催化剂的排放超过标准的1.5倍，监测系统给出警示信号，通过特殊的仪器可以读出故障的代码，从而得到维修。

　　对于排放超标时空燃比变化值的临界值，不同车辆有不同标准。在车辆的开发过程中，要准备一系列老化程度不同的催化剂，其中包括经过正常的老化仍然达到排放标准的催化剂，也包括经过过度老化实际排放值超过排放标准1.5倍的催化剂。测量每种催化剂的排放值，同时测量在规定条件下每种催化剂的空燃比变化值，从而得到排放值和空燃比变化值的关系。根据以上的关系可以得到空燃比变化值的临界值。

　　不光三元催化剂需要OBD来监测其性能，其他催化剂也需要相应的OBD来监测它们的性能。比如柴油后处理系统中的DOC、SCR、LNT和DPF都有相应的监测体系。

8 挥发性有机物污染控制技术

8.1 挥发性有机物污染控制概述

8.1.1 挥发性有机物定义及来源

挥发性有机物（volatile organic compounds），常用 VOCs 表示，是一种以蒸汽形式存在的有机物。根据世界卫生组织（WHO）的定义，挥发性有机物是在常温下，沸点 50～260℃ 的各种有机化合物。在我国，挥发性有机物是指常温下饱和蒸汽压大于 70Pa、常压下沸点在 260℃ 以下的有机化合物，或在 20℃ 条件下，蒸汽压大于或者等于 10Pa 且具有挥发性的全部有机化合物。除此之外，美国、欧盟等国家和组织对挥发性有机物都有自己的定义。

挥发性有机物按其化学结构的不同，可分为 8 类：烷类、芳香烃类、烯类、卤烃类、酯类、醛类、酮类和其他。挥发性有机物的主要成分有烃类、卤代烃、氧烃和氮烃，它包括苯系物、有机氯化物、氟利昂系列、有机酮、胺、醇、醚、酯、酸和石油烃化合物等。挥发性有机物主要来源于化工和石油化工、制药、包装印刷、造纸、涂料装饰、表面防腐、交通运输、电镀、纺织等行业排放的废气，包括各种烃类、卤代烃类、醇类、酮类、醛类、醚类、酸类和胺类等。这些污染物的排放不仅造成了资源的极大浪费，而且严重地污染了环境。在室内装饰过程中，挥发性有机物主要来自油漆、涂料和胶黏剂。

挥发性有机物相对分子质量较小，在通常条件下容易气化。它们可在有机物质的生成过程中形成，也可以在有机物质发生化学分解或生物学降解的过程中形成，还可以在引进化合物使用过程中形成，并逸入大气。挥发性有机物的含量和种类往往因测定方法和条件的不同而异。挥发性有机物具有相对强的活性，是一种性质比较活泼的气体，导致它们在大气中既可以以一次挥发物的气态存在，又可以在紫外线照射下，在 PM_{10} 颗粒物中发生无穷无尽的变化，再次生成为固态、液态或两者并存的二次颗粒，且参与反应的这些化合物寿命还相对较长，可以随着风吹雨淋等天气变化，或者飘移扩散，或者进入水体和土壤，污染环境。近年研究发现，$PM_{2.5}$ 与挥发性有机污染物有直接关系。在 $PM_{2.5}$ 形成之前，作为前驱物的 VOCs（挥发性有机物），它们和 SO_2，NO_x 生成的硫酸盐、硝酸盐一起，在光的作用下，发生一系列的光化学反应，生成以 $PM_{2.5}$ 细小颗粒物为主的霾。当大气湿度超过 90% 且温度较低时，就形成了雾，于是就产生了雾霾。雾在气温升高时容易消散，但是，霾却会长期漂浮在大气中。近几年，低浓度、高毒性的 VOCs 在 $PM_{2.5}$ 中的比重上升很快，因而使细粒子污染渐趋于严重。

8.1.2 挥发性有机物污染治理技术分类

挥发性有机物处理技术大体上可以分为两大类：一类是回收技术，另一类是消除技术。回收技术是通过物理方法，在一定温度、压力下，用选择性吸收剂、吸附剂或选择性渗透膜等方法来分离挥发性有机物，主要包括吸附法、吸收法、冷凝法和膜分离法等。消除技术是通过化学或生物反应等，在光、热、催化剂和微生物等的作用下将有机物转化为水和二氧化碳，主要包括燃烧法、低温等离子体分解法、生物法、光化学氧化法以及催化氧化法等。

8.1.2.1 挥发性有机物回收技术

A 吸收法

吸收法是采用低挥发或不挥发性溶剂对气相污染物进行吸收，再利用有机分子和吸收剂物理性质的差异进行分离的气相污染物控制技术。吸收法可用来处理挥发性有机物气体，气体流量一般为 $3000 \sim 150000 m^3/h$，浓度（体积分数）为 $0.05\% \sim 0.5\%$，去除率可达 $95\% \sim 98\%$，对于特定的吸收设备来说，吸收剂的选择是决定有机气体吸收处理效果的关键。吸收法的优点是工艺流程简单、吸收剂价格便宜、投资少、运行费用低，适用于废气量较大、浓度较高、温度较低和压力较高情况下气相污染物的处理，在喷漆、绝缘材料、粘接、金属清洗、化工等行业得到了比较广泛的应用；其缺点是设备要求较高，需要定期更换吸收剂，同时设备易受腐蚀。

目前，许多新技术的出现，逐渐取代了吸收法在处理挥发性有机物方面的应用。

B 冷凝法

利用物质在不同温度下具有不同饱和蒸气压这一性质，采用降温、加压的方法，使气态的有机物冷凝而与废气分离。该法特别适用于处理体积分数在 1% 以上的有机蒸气，在理论上可达很高的净化程度。但当体积分数低于 10^{-4} 时采取冷冻措施，这使得运行成本大大提高。在工业生产中，一般要求挥发性有机物浓度在 0.5% 以上时方采用冷凝法回收，其回收率在 $50\% \sim 85\%$ 之间。根据物质的临界温度和临界压力的概念，冷凝过程可在恒定温度条件下用增大压力的办法来实现，也可在恒定压力条件下用降低温度的办法来实现。采用冷凝法，能使废气得到很高程度的净化，但是高的净化要求，往往是室温下的冷却水所不能达到的，净化要求越高，所需的冷却温度越低，必要时还得增大压力，这样就会增加处理的难度和费用。因此，冷凝法往往只作为净化高浓度有机气体的前处理方法，与吸附法、燃烧法或其他净化手段联合使用，以降低有机负荷，并回收有价值的产品。

C 吸附法

吸附法是挥发性有机物回收的重要方法，其原理是利用多孔性固体吸附剂处理流体混合物，使其中所含的一种或数种组分浓缩于固体表面上，以达到分离的目的。目前的常规吸附工艺大都是变温吸附工艺，操作时，在常压下将有机气体经吸附剂吸附浓缩后，采用一定手段（如升温，有时也采用减压方式）进行解吸，从而得到高浓度的有机气体，这些高浓度的有机气体可通过冷凝或吸收工艺直接进行回收或经催化燃烧工艺完全分解。目前常用的吸附剂有颗粒活性炭、活性碳纤维、沸石分子筛、活性氧化铝、硅胶等。由于吸附剂往往具有高的吸附选择性，因而具有高的分离效果，能脱除痕量物质，但吸附容量一般不高。吸附剂浸渍法是提高吸附剂吸附能力（容量）和选择性的一种有效方法。如浸渍活性炭对挥发性有机物去除效果较好，且经过简单加热再生即可循环使用。吸附分离适用于低浓度混合物的高效分离与回收，如含碳氢化合物废气的处理，目前已广泛应用于有机化工、石油化工、制药、包装印刷、涂料、喷涂、涂布等行业，成为一种必不可少的治理 VOCs 的手段。吸附法有以下优点：基于吸附剂的高选择性，它能处理其他工艺难以分离的气体混合物，从而有效地清除（回收）浓度很低的有害物质，无二次污染，净化效率高，设备简单，操作方便，且能实现自动化。不足之处是由于吸附容量受限，不适于处理高浓度有机气体。目前国内许多环保公司利用吸附法与其他净化方法（如吸收、冷凝、催化燃烧等）的集成技术，治理众多行业的有机废气，在国内得到了推广应用。随着吸附技术和工艺的快速发展和新型吸附剂的开发，吸附过程已经成为一种重要的化工工艺单元过程，尤其在有机气体分离、净化、回收等方面得到越来越广泛的应用。

D　膜分离法

气体的膜分离法是近年来崛起的一项富有生命力的分离技术，其研究与开发已经成为世界各国竞争的热点。与传统的膜法水处理技术不同，气体膜分离法的基本原理是利用膜中混合气体各组分在压力的推动下透过膜的传递速率不同，从而使不同气体选择性地透过，进而达到分离的目的。膜材料的化学性质和膜的结构对膜的分离性能有着决定性的影响。气体分离膜材料应该同时具有高的透气性和较高的机械强度、化学稳定性以及良好的成膜加工性能。与传统方法相比，利用膜分离法回收空气中的有机蒸气具有高效节能、操作简单、回收率高（大于 97%）的特点，同时不易造成二次污染；其缺点是气体预处理成本高、膜元件造价高、使用寿命短及存在堵塞问题。

8.1.2.2　消除技术

A　燃烧法

用燃烧方法去除挥发性有机物使其变为无害物质的过程，称为燃烧净化。该法只适用于处理可燃或在高温下可分解的有害气体。对化工、喷涂、包装印刷、绝缘材料等行业的生产装置所排出的有机废气已广泛采用了燃烧净化的手段。挥发性有机物燃烧氧化的结果是生成 CO_2 和 H_2O，有用物质不能被回收，因此，只有对一些在目前技术条件下还不能回收的挥发性有机物才采用该法。由于燃烧时放出大量的热，所以可以回收热量。采用燃烧法处理挥发性有机物时，若其中含有硫、氮、卤素等成分，还应考虑对燃烧后废气的处理，以免造成二次污染。燃烧法还可用来消除恶臭。

目前使用的燃烧法有直接燃烧、热力燃烧、蓄热燃烧、催化燃烧以及蓄热催化燃烧。

（1）直接燃烧。直接燃烧是把废气中可燃的有害组分当作燃料燃烧，因此该法只适用于处理高浓度的或热值较高的有机气体，其燃烧时放出的热量能够维持燃烧的持续进行。

（2）热力燃烧。热力燃烧适用于可燃有机物质含量较低废气的净化处理。由于可燃物质含量较低，燃烧时产生的热量不足以维持燃烧，为此，必须投加辅助燃料。热力燃烧工艺适用于气体流量为 2000~10000m/h、挥发性有机物体积分数为 0.01%~0.2% 的场合。

（3）蓄热燃烧。蓄热燃烧（RTO）出现在 20 世纪 70 年代。蓄热燃烧采用蓄热式烟气余热回收装置，交替切换燃烧后的高温烟气流经蓄热体，将热量传给蓄热体，使原烟气温度降到 180℃ 以下后排放；然后切换使烟气进入蓄热体，能够在最大程度上回收高温烟气的显热，使有机废气直接加热到 760℃ 以上的高温，在氧化室分解成 CO_2 和 H_2O，氧化后产生的高温烟气通过特制的蜂窝陶瓷蓄热体，使陶瓷升温而蓄热，从而使炉腔始终维持在很高的工作温度，节省废气预热、升温的燃料消耗。

（4）催化燃烧。催化燃烧又称催化氧化，与其他燃烧法相比具有如下优势：无火焰燃烧，安全性好；反应温度低，辅助能耗少；对可燃组分的浓度和热值的限制少，因此应用非常广泛。对于特低浓度的挥发性有机物可先采用吸附浓缩的方法，将脱附出的气体再进行催化燃烧，目前这种组合工艺已得到了广泛的应用。

（5）蓄热催化燃烧。蓄热催化燃烧（RCO）是 20 世纪 90 年代在 RTO 基础上发展起来的，流程同 RTO，只是在燃烧室装填上催化剂，使废气在催化燃烧室内低温催化燃烧。其最大优点是不生成 NO_x。该技术使用的蓄热材料与 RTO 使用的蓄热材料也大致相同。蓄热燃烧和蓄热催化燃烧的关键是选择蓄热能力强的蓄热体和性能优越的换向阀，因为换向阀每 0.5s 就需要切换一次，每年要切换上千万次，为此要求换向阀必须耐磨，而且对密封的要求也特别高。

燃烧法的缺点是在燃烧过程中产生的燃烧产物及反应后的催化剂往往需要二次处理，并且该法不适于处理含硫、氮及卤化物的废气。此外，在气体中污染物浓度低时，需要加入辅助燃料，使处理成本增加。近年来出现的吸附浓缩催化燃烧一体化技术，解决了浓度较低的 VOCs 的处理问题。

B 低温等离子体技术

低温等离子体技术又称非平衡等离子体技术，是在外加电场的作用下，通过介质放电产生大量的高能粒子，高能粒子与有机污染物分子发生一系列复杂的物理-化学反应，从而将有机污染物降解为无毒无害物质。低温等离子体技术主要有电子束照射法、介质阻挡放电法、沿面放电法和电晕放电法等技术。低温等离子体的特点是能量密度较低，重粒子温度接近室温而电子温度却很高，整个系统的宏观温度不高，其电子与离子有很高的反应活性。低温等离子体技术的优势是适用于各类 VOCs 的治理，处理效率高，无二次污染物产生、易操作，特别适用于大气量、低浓度的有机废气的处理。目前等离子体技术与催化技术的结合越来越密切，同时 VOCs 的化学结构与能量利用的相互关系的分析也越来越受到重视。

C 生物净化法

生物净化法是利用驯化后的微生物在新陈代谢过程中以污染物作碳源和氮源，将多种有机物和某些无机物进行生物降解，分解成 H_2O 和 CO_2，从而有效地去除工业废气中的污染物质。生物净化法的理论基础是微生物在生长过程中产生的生物酶，这种酶有一种极强的生物催化活性，它比一般的催化剂具有更强的催化活性，就是这种比普通化学催化剂催化能力大上千万倍的生物酶，使得污染物得以降解。常见的生物处理工艺包括生物过滤法、生物滴滤法、生物洗涤法、膜生物反应器法和转盘式生物过滤反应器法。生物净化法特别适合于处理气体流量大于 $17000m^3/h$、VOCs 体积分数小于 0.1% 的气体。其优点是可在常温、常压下操作，设备结构简单、投资低，操作简便、运行费用低，净化效率高、抗冲击能力强，只要控制适当的负荷和气液接触条件，净化率一般都在 90% 以上，尤其在处理低浓度、生物降解性好的 VOCs 时更显其经济性；不产生二次污染，特别是一些难治理的含硫、氮的恶臭物以及苯酚、氰等有害物均能被氧化和分解。该法的缺点是由于氧化分解速度较慢，生物过滤需要很大的接触表面，过滤介质的适宜 pH 范围也难以控制；采用生物洗涤法时，有些不易氧化的恶臭物难于脱净。特别强调：采用生物法首先必须满足微生物的生长、繁殖条件，如温度、pH值、营养物质等，否则一切都是空谈。以生命科学为基础发展起来的生物工程技术，正在以惊人的速度向环保领域扩大，环境生物工程制剂正在逐步被引入挥发性有机物的治理领域，尤其是在除臭方面正在发挥其独特作用。

8.2 吸附法治理挥发性有机污染物

有数百种挥发性有机物的蒸气可对空气造成污染，它们来源于石油、化工、轻工等许多行业和部门，有些行业如化工、石油化工、包装印刷、油漆制造、喷漆涂布、炼焦与煤焦油加工等带来的污染尤其严重。如果进行治理，不仅减少了对大气的污染，而且还可回收资源。对这些有机蒸气的治理，可以有多种方法和工艺，如冷凝、吸收、吸附、燃烧（包括直接燃烧、热力燃烧及催化燃烧）、生物法以及其他方法，或上述方法的组合。欲选择一个合适的治理方案，必须既考虑技术上的可行性，又考虑经济上的可行性。具体应从污染物的性质、浓度、净化要求并结合生产中的具体情况以及投资、运转费用、回收效益等诸方面予以考虑，同时还要综合考虑环境效益和社会效益。

吸附法净化挥发性有机物多用于低浓度的有回收价值的 VOCs 的回收净化上，对于浓度较高的这类废气，往往是采取冷凝吸附的方法，近年来出现的膜分离技术及变压吸附技术术在高浓度有机废气回收方面逐渐崭露头角；对恶臭气体的处理一般采用吸附浓缩-催化燃烧的方法或生物法。

采用吸附法净化挥发性有机物可以达到相当彻底的程度。由于大多数挥发性有机物都对人体有害，因此对其在空气中的含量要求都很严格，根据国家相关标准，有的挥发性有机物的排放浓度甚至达到以 $\mu g/m^3$ 为单位来计量。另外，在不使用深冷和高压等手段的情况下，可有效地回收有价值的有机物组分。例如在大量使用有机溶剂的行业如感光胶片行业、油漆制造行业等，采用吸附的方法，回收有机溶剂的量相当可观。

8.2.1 挥发性有机物的吸附材料

挥发性有机物大多数都属于非极性或弱极性物质，希望选用非极性吸附剂来进行吸附。除此之外，希望吸附剂有大的比表面积和孔隙率。由于有时是进行的多组分吸附，要求吸附剂有比较宽广的孔径范围。另外，要求吸附剂有较强的吸附能力和较大的吸附容量。由于在多数情况下吸附挥发性有机物是出于回收的目的，因此要求所选用的吸附剂要易于脱附和再生。当然，机械强度高、热与化学稳定性好和使用寿命长是对吸附剂的一般要求。

根据以上原则和生产实践，可用作净化有机蒸气的吸附剂有活性炭、硅胶和分子筛。其中应用最广泛、效果最好的吸附剂当属活性炭。活性炭除具有非极性外，由于它的孔径范围宽，因此可吸附的有机物种类很多，吸附容量大。特别是在有水蒸气存在的情况下，活性炭对有机组分的吸附表现出了突出的选择性。因此在对挥发性有机物净化时，首先选择的就是活性炭或活性碳纤维。表 8-1 列出了活性炭的物性参数。

表 8-1　活性炭的物性参数

性质	粒状活性炭	粉状活性炭	性质	粒状活性炭	粉状活性炭
真密度/g·cm^{-3}	2.0~2.2	1.9~2.2	细孔容积/cm^3·g^{-1}	0.5~1.1	0.5~1.4
粒密度/g·cm^{-3}	0.6~1.0		平均孔径/nm	0.12~0.40	0.15~0.40
堆积密度/g·cm^{-3}	0.35~0.6	0.15~0.6	比表面积/m^2·g^{-1}	700~1500	700~1600
孔隙率/%	33~45	45~75			

随着有机合成工业的发展，为了有效地分离回收有用的原料气，广泛采用了分子筛分离技术。分子筛具有的两大特点，特别适用于有机合成工业。一是孔径的均一，因为有些需要分离的物质，其分子动力学直径与待除去物质的分子动力学直径很接近，采用活性炭或其他吸附剂很难进行选择性吸附；二是分子筛在高温下的吸附特性。据报道，在聚丙烯、聚乙烯和丙烯乙烯共聚物生产时所排出的废气中，除含有大量的烯烃外，还含有少量的乙烷、丙烷。因乙烷、丙烷和乙烯、丙烯的分子动力学直径很接近，若用一般吸附剂吸附后，必须进行精馏分离才能回收利用，否则只能烧掉。为了有效地回收这些烯烃，美国新泽西州 BOC 气体有限公司利用一种阳离子改性的 LTA 型分子筛，采用变压吸附的方法，在 50~200℃ 的范围内从上述混合气体中成功地从含有 80%~85% 的烯烃和 10%~15% 烷烃的混合气体中回收了烯烃，回收率达 90% 以上。这个叫 Petrofin 的系统，已投入工业化运行多年。此技术与传统的蒸馏法相比，设备投资低 40%，运行费用可降低 50%。

但是，价格低廉、应用面广的挥发性有机物吸附材料主要还是各种类型的活性炭。活性炭可从空气气流中回收的有机溶剂很多，包括汽油或石油醚之类以及烃类、醇类、酯类、酮类、卤代烃类、芳香烃类等，以及许多其他有机化合物。

8.2.2　吸附法净化挥发性有机物的工艺流程

尽管移动床吸附器已成功地应用于挥发性有机物的净化上，但目前工业上回收净化有机蒸气大多数还是采用固定床吸附流程。图 8-1 所示为活性炭吸附挥发性有机物的一般流程。

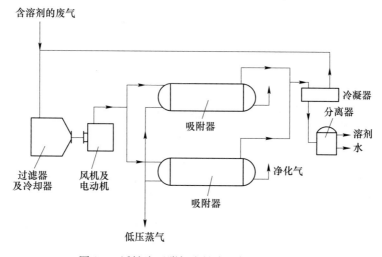

图 8-1　活性炭吸附挥发性有机物的一般流程

8.2.2.1 固定床吸附流程的组成

活性炭吸附挥发性有机物流程一般由 4 部分组成。

（1）废气预处理。为了保证活性炭的微孔不被固体颗粒或液滴堵塞，以保持活性炭的吸附活性，减少气体通过床层的阻力，通常需要设置废气预处理装置。除此之外，预处理装置还兼有降温的作用，对于浓度较高的有机废气，预处理有时还加冷凝工序，以预先除去沸点高、浓度高的成分。预处理常采用水幕、喷淋、冲击式水浴或文丘里等几种洗涤装置，可根据过滤要求、压力损失及设备结构等因素适当选择。

2013 年 3 月，国家环保部发布《吸附法工业有机废气治理工程技术规范》（HJ 2026—2013）对废气预处理做出了严格的规定。

（2）吸附部分。吸附部分采用固定床吸附器，根据生产流程和吸附质性质，可采用单床、双床或三床制，以保证吸附—脱附—再生的过程连续进行，不至于影响生产。对排放要求严格的场合，应设有备用（事故）床。

目前大多数处理工艺均采用变温吸附，即常温（或低温）吸附、高温脱附工艺。吸附的操作温度一般是常温，空塔气速根据吸附质在床层内的停留时间（即吸附质与吸附剂的有效接触时间）而定。

（3）吸附剂的脱附与再生。吸附剂达到吸附饱和或接近饱和时，要对其进行脱附，脱附的方式有多种方法可供选择。利用活性炭吸附挥发性有机物多采用低压水蒸气脱附的方法，蒸汽温度一般在 102℃ 以下足以，水蒸气脱附有多种优点。经过水蒸气脱附的活性炭层（一般指颗粒活性炭）要经过热空气干燥再生，以恢复其吸附活性。在吸附高温蒸气的场合，可以不单独设立热空气。

采用水蒸气脱附时还应考虑吸附质的性质，有些挥发性有机物被活性炭吸附后用水蒸气脱附困难（见表 8-2），则应考虑其他脱附方法如热空气、热烟气脱附等。近年来出现的采用氮气脱附的工艺已经基本成熟。

表 8-2 难以从活性炭中除去的溶剂

丙烯酸	丙烯酸乙酯	异佛尔酮	丙酸
丙烯酸丁酯	2-乙基己醇	甲基乙基吡啶	二异氰酸甲苯酯
丁酸	丙烯酸-2-乙基己酯	甲基丙烯酸甲酯	三亚乙基四胺
二丁胺	丙烯酸异丁酯	苯酚	戊酸
二乙烯三胺	丙烯酸异癸酯	皮考啉	

对于以上这些挥发性有机物的处理，一般不采用吸附的方法。

（4）溶剂回收部分。由脱附部分出来的高温气体混合物经过冷凝、静置后，不溶于水的溶剂会与水分层，可直接倾析回收，废水经处理达标后排放。水溶性溶剂和水不能自然分层，需采用蒸馏的方法予以分离。

对于回收的多组分非水溶性溶剂，一般也采用蒸馏的方法进行分离回用。但是，如果所处理的废气来源于一个生产线上的回收品，也可以不进行精馏，而是通过成分分析后，根据原生产工序中使用的原料，对回收品成分进行调整后直接回用。

对于处理量小的水溶性溶剂，再设蒸馏工序已属不合理，可以掺煤入炉烧掉。

8.2.2.2 活性炭吸附系统的运行管理

活性炭吸附系统的运行管理十分重要，一个管理好的系统不仅能保证有高的净化效率，而且可大大延长吸附剂的寿命。应注意以下几点。

（1）处理设备要经常注意检查和维修，保证废气的预处理效果，以防止吸附器堵塞，延长吸附剂寿命。

（2）正确把握吸附周期，及时脱附，保证污染物浓度在排放浓度以下。吸附床设计已定出吸附周期，但实际运行中可变因素很多，因此在运行初期要加强检测，以定出合理的操作周期。同时随着废气流量和浓度的变化，还应注意随时调整吸附周期。实际上，现在的许多吸附设备在操作时，其吸附周期时间远远低于设计的吸附床保护作用时间，在吸附床还远没有饱和的情况下即已进入脱附阶段，以减缓吸附剂的劣化速度，延长其使用寿命。同时可以提高设备的净化率。

（3）掌握脱附蒸汽的温度和脱附时间。脱附蒸汽一般采用102℃的低压水蒸气脱附效果很好。若用120℃蒸汽脱附，10min 脱附率即可达到95%，30min 可达98%，1h 可达99%以上，可依具体情况而定，但要考虑设备的承压能力。同时，采用高温蒸汽脱附还会带来其他问题。另外还必须考虑经济问题。

（4）要控制好炭层温度，防止活性炭自燃。活性炭的着火点在300℃以上，200℃时无明显氧化。但少量金属氧化物的催化作用可引起它的自燃。因此，除设计时考虑有机蒸气吸附产生的温升和在结构上保证之外，运行过程中要随时注意床层的温度变化。一般在自动化操作的吸附装置中，均要求设计安装温度自动报警装置。

（5）活性炭的使用周期一般可保1~2年，因此，要每1~2年清理一次吸附器，除去炭粉，补充新的活性炭，必要时需全部更换。活性碳纤维的使用周期最高可达5年以上。

8.2.3 恶臭物质的吸附净化

恶臭是指难闻的臭味，臭气可能是最复杂的空气污染问题。一是种类繁多，分布广，影响范围大，迄今凭人的嗅觉即能感觉到的恶臭物质已达4000多种，其中对健康危害较大的有硫醇类、硫醚类、氨（胺）类、酚类、醛类等几十种。二是人们对臭气的性质还不太了解，分析测定方法也没有客观统一的标准。在美国，将臭气列为非标准污染物；在日本的公害诉讼中，恶臭案仅次于噪声，居第二位。

对恶臭物质的治理有多种方法，如吸收法、吸附法、燃烧法、生物法等。一般在浓度高、气量小、废气温度又高的情况下，可采取直接燃烧或催化燃烧的方法；中等浓度的恶臭物质可采用吸收净化的方法；对低浓度的恶臭物质可采用吸附净化的方法。有时在采用单的方法不能达到排放要求时，往往采取几种方法的联合应用。

吸附法是处理低浓度恶臭气体的很重要的方法之一。虽然可供使用的吸附剂很多，如活性炭、两性离子交换树脂、硅胶、磺化煤、氢氧化铁等，但大多数吸附剂对空气中水分的吸附能力大于对恶臭物质的吸附能力，而活性炭对恶臭气体有较大的平衡吸附量，对多种恶臭气体有较强的吸附能力。因此活性炭吸附剂被广泛用于下列情况的脱臭：（1）尾气排入大气之前的脱臭；（2）具有臭味的气体送入建筑物之前脱臭；（3）室内循环气体脱臭。已经证明，用活性炭对室内气体循环脱臭，比更换空气的方法要经济和节省能量，尤其是严冬或酷暑季节，要将室外空气调节到室温的费用是很高的，而采用活性炭脱臭无疑是比较经济的方法。最近发现北方一些大城市，冬季施工建楼时使用了一种含胺的防冻剂，如尿素，这些物质在空气不流通的情况下就会向房间里散发一种臭味，影响人的精神和健康。对这些臭味，可以采取活性炭吸附的方法除去，有关的试验正在进行中。

在应用活性炭吸附法脱臭时，首先考虑的是活性炭类型的选择，活性炭的种类很多，应针对恶臭物质的性质，用实验的方法进行选取，力争选择吸附能力强、吸附容量大、吸附速度快、阻力小、易再生的活性炭，做到性能又好，价格又低廉。在用于空气交换脱臭时，要特别注意选择吸附容量大的活性炭，因为这类装置的活性炭有时可能几年才更换一次。在用于流化床吸附脱臭时，还要特别注意选择机械强度好的活性炭。有时为了吸附某种特殊的恶臭气体，可以采取活性炭浸渍的方法，以改善活性炭的吸附能力。近几年在空气脱臭中，活性碳纤维毡被大量应用。

应用活性炭脱臭要考虑的第二个问题就是吸附床形式的选择。一般情况下，选择固定床的场合较多，而对于处理气量大、恶臭浓度较高的情况下，可选用移动床或流化床，因这两种床传质效果好，但设备复杂，投资大，运行中活性炭磨损严重。

其三，当用活性炭处理恶臭气体时，要根据恶臭气体的浓度、成分和其中含不含粉尘气溶胶等杂质，适当采取预处理措施或采用几种处理方法联合的工艺。如某生产二甲基二硫醚的乡镇企业，生产过程中排放大量甲硫醇、甲硫醚、二甲基二硫醚含量很高的恶臭废气，污染范围达周围十多公里，居民反应强烈。对这种高浓度的恶臭气体，治理单位就采用了多种方法联合的工艺，如图 8-2 所示。首先采取冷凝的方法除去沸点比较高的二甲基二硫醚（该厂产品），回收了产品，接着用吸收氧化的方法除去大部分的甲硫醚和甲硫醇，最后采用活性碳纤维毡吸附的方法，使尾气排放达到了标准。

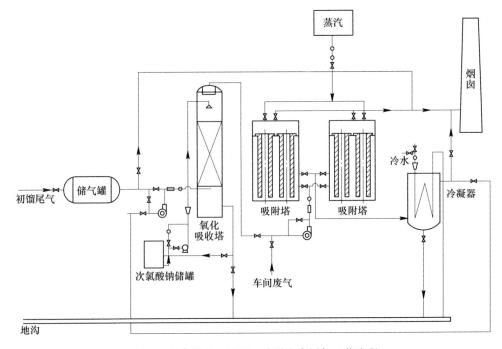

图 8-2 联合处理二甲基二硫醚生产尾气工艺流程

根据《大气污染治理工程技术导则》（HJ 2000—2010）的规定，在采用活性炭吸附时吸附温度要控制在 40℃ 以下，废气浓度要控制在爆炸下限的 40% 以下。

吸附法净化气态污染物是一类非常重要的方法，用吸附法还可以吸附净化含汞废气、沥青烟、各种气态碳氢化合物以及其他行业的废气。可根据吸附法的原理、吸附剂的特性，结合污染物的性质和具体情况，选择合理的处理工艺。

8.3 挥发性有机污染物的催化净化

与吸收法和吸附法相比，催化转化法在挥发性有机污染物治理方面的单独应用是比较窄的。但它若与吸收和吸附结合起来，就显示出了它的优越性。在吸收法中，经常利用加入催化剂的方法来提高污染物的处理效率，此种方法称作液相催化。在与吸附法相结合方面，用途就更加广泛。实质上，吸附和催化是无法截然分开的，在气固相催化反应体系里，如果没有吸附的发生，是不可能发生催化反应的。因此在研究气-固相催化时，往往都是和吸附结合在一起进行研究的。不少吸附剂都是催化剂的载体，如常用的活性氧化铝、铝硅酸盐等，有些活性颗粒物不光有吸附作用，本身就有催化作用，比如活性炭在用于硫化物治理上它本身就有催化作用。再如不少沸石分子筛其本身既是吸附剂也是催化剂。

目前在催化转化法净化有机废气方面已有许多年的工业应用经验，催化转化法治理汽车尾气经过几代的发展也相当成熟。目前在化工、石油化工、包装印刷、涂装涂料等行业的挥发性有机物的处理方面，也出现了不少较成熟的技术。

8.3.1 催化燃烧法净化挥发性有机物

对挥发性有机物的燃烧法处理通常分为直接燃烧、热力燃烧（加辅助燃料）和催化燃烧。前两种燃烧温度较高，一般可达 600~800℃，有明火，安全性差，尤其热力燃烧，还需耗费燃料。而催化燃烧是借助催化剂在低温（200~400℃）下，实现对有机物的完全氧化，因此能耗少，操作简便、安全、净化效率高，在挥发性有机物特别是回收价值不大的或者成分复杂、回收有困难的挥发性有机物净化方面，比如化工、喷漆、绝缘材料、漆包线、油漆生产等行业应用比较广，已有不少定型设备可供选用。

8.3.1.1 催化燃烧用催化剂

用贵金属铂、钯为活性组分制成的催化剂催化活性最高，因此，在挥发性有机物的催化燃烧中大都用到它。但由于价格昂贵，资源少，多年来人们特别注重新型的价格较为便宜的催化剂的开发研究，我国是世界上稀土藏量最多的国家，我国的科技工作者研究开发了不少稀土催化剂，有些性能也比较好。

按载体分，催化燃烧所用催化剂有非金属载体（以 Al_2O_3 为主）和金属载体（如镍铬合金、镍铬铝合金、不锈钢等）两大类，它们多做成不定形颗粒状、球状、蜂窝状、丝网状蓬体球状等多种不同的形状。表 8-3 列出了各种催化剂的品种和性能。

表 8-3　催化剂的品种与性能

催化剂品种	活性组分含量/%	2000h^{-1}下90%转化温度/℃	最高使用温度/℃
Pt-Al$_2$O$_3$	0.1~0.5	250~300	650
Pd-Ni、Cr 丝或网	0.1~0.5	250~300	650
Pd-蜂窝陶瓷	0.1~0.5	250~300	650
Mn、Cu-Al$_2$O$_3$	5~10	350~400	650
Mn、Cu、Cr-Al$_2$O$_3$	5~10	350~400	650
Mn-Cu、Co-Al$_2$O$_3$	5~10	350~400	650
Mn、Fe-Al$_2$O$_3$	5~10	350~400	650
稀土催化剂	5~10	350~400	700
锰矿石颗粒	25~35	300~350	500

8.3.1.2　催化燃烧的工艺组成

不同的排放场合和不同的废气，有不同的工艺流程。但不论采取哪种工艺流程，都由以下工艺单元组成。

（1）废气预处理。为避免催化剂床层的堵塞和催化剂中毒，废气在进入床层之前必须进行预处理，以除去废气中的粉尘、液滴及催化剂的毒物。按照《催化燃烧法工业有机废气治理工程技术规范》（HJ 2027—2013）规定：当废气中含有颗粒物时，应通过预处理工艺将颗粒物含量降低到 10mg/m³ 以下。

（2）预热装置。预热装置包括废气预热装置和催化剂燃烧器预热装置。因为催化剂都有一个最低催化活性温度，对催化燃烧来讲称为催化剂的起燃温度，必须使废气和床层的温度达到起燃温度才能进行催化燃烧，因此必须设置预热装置。但对于排出的废气本身温度就较高的场合，如漆包线、绝缘材料、烤漆等烘干排气，温度可达 300℃ 以上，则不必设置预热装置。

预热装置加热的热气可采用换热器和床层内布管等方式。预热器的热源可采用烟道气或电加热，目前采用电加热较多。当催化反应开始后，可尽量以回收的反应热来预热废气。在反应热比较大的场合，还应设置废热回收装置，以节约能源。

预热废气的热源温度一般都超过催化剂的活性温度，为保护催化剂，加热装置应与催化燃烧装置保持一定距离，这样还能使废气温度分布均匀。

预热装置外部要加装保温层。从需要预热这一点出发，催化燃烧法最适用于连续排气的净化，若间歇排气，不仅每次预热需要耗能，反应热也无法回收利用，会造成很大的能源浪费，在设计和选择时应注意到这一点。

（3）催化燃烧装置一般采用固定床催化反应器。反应器的设计按规范进行，应便于操作，维修方便，便于装卸催化剂。用于催化燃烧的反应器常设计成筐状或抽屉状的组装件。

在进行催化燃烧的工艺设计时，应根据具体情况，对于处理气量较大的场合，设计成分建式流程，即预热器、反应器独立装设，其间用管道连接。对于处理气量小的场合，可采用催化燃烧炉，把预热与反应组合在一起，但要注意预热段与反应段间的距离。

当废气中含有腐蚀性气体（如含硫、氯、氮等有机化合物）时，反应器内壁和换热器主体应选用防腐等级不低于 316L 的不锈钢材料；同时还应在催化反应器后设置辅助脱硫、脱氯、脱氮的工序，以保证排气达标。

催化剂使用温度以及操作空速的选择等均应参照《催化燃烧法工业有机废气治理工程技术规范》（HJ 2027—2013）的规定执行。

8.3.2 催化燃烧法脱臭

恶臭物质绝大部分属有机物，散发出使人不愉快的臭味，有些还会危害人体健康。大部分恶臭物质的阈值很小，表 8-4 列出了某些恶臭物质的嗅觉阈值和性质。

表 8-4 某些恶臭物质的嗅觉阈值和性质

名称	分子式	嗅觉阈值	形态	沸点/℃	臭味
β-甲基吲哚	$CH_3C_8H_5NH$	$3.3×10^{-13}$	片状晶体	268	粪臭味
甲硫醇	CH_3SH	$1×10^{-10}$	气体	5.96	
甲基硫	$(CH_3)_2S$	$1×10^{-10}$	液体	37.5	
三甲胺	$(CH_3)_3N$	$1×10^{-10}$	气体	3.2~3.8	氨味、鱼腥味
甲二硫	$CH_3S_2CH_3$	$3×10^{-9}$	液体	116~118	
丙烯酸乙酯	$C_2H_3COOC_2H_5$	$4×10^{-10}$	液体	100~101	
硫化氢	H_2S	$4.7×10^{-10}$	气体	-61.8	臭蛋味
酪酸	C_3H_7COOH	$6×10^{-10}$	液体油状	163.5	酸败油味
戊硫醇	$C_5H_{11}SH$	$6.7×10^{-10}$	液体	129	
乙硫醇	C_2H_5SH	$1×10^{-9}$	液体	36.2	蒜臭、烂甘蓝臭
甲酚	$CH_3C_6H_4OH$	$1×10^{-9}$			
丁硫醇	C_4H_9SH	$1.9×10^{-9}$	液体	97~98	
丙烯醛	$CH_2=CHCHO$	$2×10^{-9}$	液体	52.5	辛辣刺激味
苄基硫		$2.1×10^{-9}$			
丙硫醇	C_3H_7SH	$2.2×10^{-9}$	液体	67.8	
二苯硫	$(C_6H_5)S$	$4.7×10^{-9}$			
硝基苯	$C_6H_5NO_2$	$4.7×10^{-9}$	油状液体	21.09	杏仁油味
乙硫醚	$(C_2H_5)_2S$	$5×10^{-9}$	液体	92~93	蒜臭味
丙硫醚	$(C_3H_7)_2S$	$5×10^{-9}$	液体		
己硫醇	$C_6H_{13}SH$	$5.6×10^{-9}$	液体		
庚硫醇	$C_7H_{15}SH$	$1.1×10^{-8}$	液体		
二甲胺	$(CH_3)_2NH$	$1.7×10^{-8}$	气体	7.4	氨味
苯乙烯	$C_6H_5C_2H_3$	$1.7×10^{-8}$	液体	146	芳香味
丁硫醚	$(C_4H_9)_2S$	$1.4×10^{-8}$			
一甲胺	CH_3NH_2	$2.1×10^{-8}$	气体	-6.3	氨味
吡啶	C_5H_5N	$2.1×10^{-8}$	液体	115.56	芥子气味
磷化氢	PH_3	$2.1×10^{-8}$	气体	-87.4	刺激味
苄基氯	$C_6H_5CH_2Cl$	$4.7×10^{-8}$	液体	179.4	刺激味

续表8-4

名称	分子式	嗅觉阈值	形态	沸点/℃	臭味
苯酚	C_6H_5OH	$4.7×10^{-8}$	晶体	18.2	
溴	Br	$4.7×10^{-8}$	液体	58.8	刺激味
三氯乙醛	CCl_3CHO	$4.7×10^{-8}$	液体	97.7	刺激味
臭氧	O_3	$5×10^{-8}$	气体	-112	刺激味
氨	NH_3	$1×10^{-7}$	气体	-33.5	刺激味
二苯醚	$(C_6H_5)_2O$	$1×10^{-7}$	晶体	259	洋海棠味
二甲苯	$C_6H_4(CH_3)_2$	$1.7×10^{-7}$	液体	139.3	芳香味
乙醛	CH_3CHO	$2.1×10^{-7}$	液体	20.2	辛辣味
二硫化碳	CS_2	$2.1×10^{-7}$	液体	46.3	臭蛋味、刺激味
一氯苯	C_6H_5Cl	$2.1×10^{-7}$	液体	132	苯味
异丙烯酸甲酯	$C_3H_5COOCH_3$	$2.1×10^{-7}$	液体		
氯	Cl	$3.14×10^{-7}$	气体	-34.6	刺激味
二氧化硫	SO_2	$4.7×10^{-7}$	气体	-10	刺激味

　　催化燃烧法脱臭的工艺流程、设备及所用催化剂与有机废气催化燃烧所用的基本相同，但由于臭气种类繁多，组分复杂，含量一般都较低，加之它们的嗅觉阈值很小，国家对一些主要的恶臭污染物排放要求又很严格［见《恶臭污染物排放标准》（GB 14554—1993）］，因此在设计和工艺的选择上应保证高的净化效率。一般脱臭工艺都采用联合工艺，如吸收-吸附-催化燃烧，或吸附-催化燃烧。

　　目前在脱除低浓度臭气方面（如污水处理厂）大量采用生物处理法。可以认为生物处理废气也是一种催化反应，只不过它使用的是生物催化剂，是利用生物酶的催化作用，使有机废气中的有害成分分解，有资料介绍，酶的催化活性要比一般催化剂的催化活性大数千万倍。而且，生物处理净化有机物特别是臭味，设备简单，能耗低，不消耗有用原料，安全可靠，无二次污染。目前在用生物处理醇类、酚类、硫醇类、脂肪酸类、醛类、胺类等方面已有比较成熟的方法。因此，生物处理有机污染物是很有发展前途的。

8.3.3　蓄热催化燃烧技术简介

　　在介绍蓄热式催化燃烧（regenerative catalytic oxidation，RCO）之前，首先介绍一下蓄热式燃烧（regenerative thermal oxidizer，RTO）。RTO的原理是把有机废气加热到760℃以上，使废气中的VOCs氧化分解成CO_2和H_2O。氧化产生的高温气体流经特制的陶瓷蓄热体，使陶瓷体升温而"蓄热"，此"蓄热"用于预热后续进入的有机废气，从而节省废气升温的燃料消耗。陶瓷蓄热体应分成两个（含两个）以上的区或室，每个蓄热室依次经历蓄热—放热—清扫等程序，周而复始，连续工作。蓄热室"放热"后应立即引入部分已处理合格的洁净排气对该蓄热室进行清扫（以保证VOCs去除率在95%以上），只有待清扫完成后才能进入"蓄热"程序。作为一种蓄热式有机废气处理设备，它的特点是：运行费用省，有机废气的处理效率高，在国内外被广泛地用于VOCs的处理。

不过，现在这种设备已经是一种过时的产品，已经被蓄热式催化燃烧代替。蓄热式催化燃烧法是近20余年内发展起来的新技术，与RTO相比具有催化反应温度低且高效回收能量的优点。

RCO（图8-3）是将催化剂置于蓄热材料的顶部，来使净化达到最优，其热回收率高达95%。RCO系统性能优良的关键是使用专用的、浸渍在鞍状或是蜂窝状陶瓷上的贵金属或过渡金属催化剂，氧化发生在250~500℃低温，既降低了燃料消耗，又降低了设备造价。现在有的国家已经开始使用RCO技术取代催化氧化（CO）进行有机废气的净化处理，很多RTO设备也已经开始转变成RCO，这样可以降低操作费用达33%~50%。反应后，挥发性有机物转化为无毒的CO_2和H_2O，从而使污染得到治理。

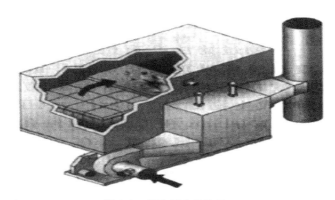

图8-3　蓄热催化燃烧装置

无论是RTO还是RCO，在设计时都要特别注意两个问题：一是要选择好的蓄热材料，它直接关系着能源消耗；二是切换阀的选择，因为切换阀切换频繁，切换速度一般均在0.5s/次左右，也就是说，每年要切换上千万次，为此，要选择耐磨、密封性好的切换阀。

8.4　生物法处理挥发性有机污染物

8.4.1　概述

生物法是指利用微生物吸附分解有机物的能力降解挥发性有机物的方法。该法可在常温常压下进行，工艺设备简单可靠、运行稳定、管理操作简单、能耗低、投资运行费用低，对挥发性有机物净化效果好，无二次污染。该法是针对既无回收价值又严重污染环境的中低浓度有机废气的处理而研究开发的。尤其对大气量、低浓度、生物降解性好的挥发性有机物具有良好的适用性和经济性。

8.4.1.1　生物过滤法与物理化学方法的比较

根据具体的挥发性有机物的来源、组成、性质以及具体的处理要求，可以选用不同的处理方法。生物法由于其在技术和经济上的优越特点而具有良好的发展和应用前景。对于挥发性有机物的处理，生物法与部分传统物理化学方法的特点比较如表8-5所示，典型的生物过滤器适用范围见表8-6。

表8-5 VOCs处理的生物法与传统物理化学方法比较

处理技术	适用范围	优点	缺点
冷凝法	高浓度、高沸点、小气量单组分 VOCs	对高浓度单组分废气的处理费用低，回收率高（80%～90%以上）	工艺复杂；对复杂组分中等和高挥发性的组分回收率低，处理低浓度废气费用高
吸收法	大气量、高浓度、温度低和压力高 VOCs	VOCs 处理效率高，处理气量大，工艺成熟	高温废气需降温，压力低时，净化效率低；消耗吸收剂且吸收剂需回收，易形成二次污染
吸附法	大气量、低浓度、净化要求高 VOCs	可处理复杂组分 VOCs，应用范围广，净化率很高	吸附剂昂贵，且需再生；运行费用高
燃烧法	成分复杂、高浓度、小气量 VOCs	能有效去除各种可燃 VOCs，工艺简单、效率高	设备易腐蚀，消耗燃料，投资运行成本高，操作安全性差，易产生二次污染
膜分离法	高浓度、小气量和有较高回收价值 VOCs	流程简单，回收率高，能耗低，无二次染	设备投资费用高
臭氧分解法	低浓度、小气量 VOCs	对 VOCs 可氧化分解彻底，净化率高	能耗高，处理费用高，对人体和周围环境可能造成危害；处于实验研究阶段
电晕法	低浓度广范围的 VOCs	处理效率高，运行费用低，特别是对芳香烃的去除效率高	对高浓度 VOCs 处理效率一般，还停留在实验室阶段
生物法	中低浓度、大气量的可生物降解的 VOCs	适用范围广，处理效率高，工艺简单，投资运行费用低，无二次污染	对高浓度、生物降解性差及难生物降解的 VOCs 去除率低

表8-6 典型的生物过滤器适用范围

黏合剂生产	家具制造	印刷工业
养殖场	钢铁铸造	纸浆和造纸工业
化工生产	垃圾堆埋	打底和鞣革操作
化工贮存	油漆喷台	废水处理
涂料工业	石化加工	土壤的废气抽提
堆肥	汽油生产	木材加工
食品加工		

8.4.1.2 生物法处理挥发性有机物的原理及所用微生物

生物法处理挥发性有机物的实质就是微生物在适宜的环境条件下，利用废气中的有机物作为其生命活动的能源和养分，进行生长、繁殖，扩大种群，在此过程中产生大量的生物酶催化剂，微生物就是依靠其所产生的具有高度催化活性的生物酶，来对污染物进行降解的，最终将挥发性有机物转化成两部分代谢产物：一部分作为细胞代谢的能源和细胞组成物质，另一部分为无害的小分子无机物和不完全降解物质。其中，只含有碳氢元素的挥发性有机物的最终产物为 CO_2 和 H_2O；含有氮元素的挥发性有机物额外还会释放 NH_3，NH_3 在硝化反应作用下经亚硝酸而进一步氧化成硝酸；含硫元素的挥发性有机物产生 H_2S，H_2S 经氧化作用生成亚硫酸，进一步生成硫酸；含氯元素的挥发性有机物中的氯最终会被代谢成盐酸。

生物法处理含挥发性有机物的废气所用的微生物有两大类：自养型微生物和异养型微生物。自养型微生物由其生长是在无碳源条件下，靠 NH_3、H_2S、S 和 Fe^{2+} 等的氧化来获得能量，所以主要用于处理无机污染物。在废气处理领域，最常用的自养型微生物主要用于处理硫化氢和氨气。在有氧条件下，通过硫细菌的作用将硫化氢氧化为元素硫，再进而氧化为硫酸，这个过程称为硫化作用。参与硫化作用的微生物有硫化细菌和硫黄细菌。而处理含 VOCs 的废气，异养型微生物较为适合，它是通过氧化分解 VOCs 来获得营养物和能量。这类微生物主要有细菌、真菌、放线菌等。有报道采用真菌去除苯乙烯及类似物质。由于这类微生物主要是在好氧条件下降解污染物，所以氧的供给量、供给方式和速度都对降解过程产生很大的影响。对于处理具体的某种污染物，选择有利于其降解的微生物种群（如适于该污染物降解的专项菌），也是至关重要的。烃类物质也能被微生物氧化分解。引起烃类氧化的微生物很有价值。可以利用它们的特殊生理性质来勘探可燃性气体和石油。微生物还可以应用于石油生产上，如石油脱脂。引起石油烃类物质转化的有酵母菌和细菌。目前国内外正在大力研究以石油烃类为碳源培养菌体蛋白。

8.4.2 挥发性有机物生物法处理工艺

8.4.2.1 挥发性有机物处理工艺

挥发性有机物常见的生物处理工艺有生物过滤法、生物滴滤法、生物洗涤法，还有膜生物反应器、转鼓生物过滤器和复合悬浮生物过滤器。

8.4.2.2 常见的 VOCs 生物处理工艺比较

在实际应用中，常见的 VOCs 生物处理工艺是生物过滤法、生物滴滤法和生物洗涤法。它们的特点比较见表 8-7。

表 8-7 VOCs 生物处理工艺的比较

生物工艺	流动相	载体填料	微生物状态	优点	缺点	适用范围
生物过滤法	气体	有机填料合成填料	固定附着	只有一个反应器，设备少，操作启动容易，运行费用低	反应条件不易控制；对污染物的负荷变化适应能力差，易床层堵塞、气ނ短路、沟流；占地多	处理亨利系数<10、污染物浓度 < 1g/m³ 的 VOCs
生物滴滤法	液体气体	合成填料	固定附着	单位体积填料生物浓度高；反应条件（pH 值、营养、温度等）易控制，产物不积累，占地少，压力损失小，可截留生长缓慢的微生物	启动运行过程复杂，运行费用较高，产生剩余污泥需处理	处理亨利系数<1、浓度 < 0.5g/m³ 的 VOCs。对可能产生酸性代谢产物的 VOCs 也有较好去除效果
生物洗涤法	液体气体	无	分散悬浮	反应条件（pH 值、营养温度等）易控制；由两个独立的反应单元组成，易于分别控制；达到各自的最佳运行条件；产物不积累；占地少，压力损失小	传质表面积低，需大量供氧才能维持高降解率；易冲击微生物；产生剩余污泥；设备多，投资运行费用高	处理亨利系数<0.01、污染物浓度<5g/m³ 的 VOCs

8.4.2.3 生物法处理挥发性有机物的动力学模型

根据生物法处理挥发性有机物的各个工艺的特点及在实际中应用的范围与程度，目前的生物法处理的动力学研究主要是基于生物过滤和生物滴滤工艺。关于生物法处理有机物的传质机理有很多，但至今也没有统一的理论。世界比较公认的理论是荷兰学者 Ottengraf 在 Jennings 的数学模型的基础上，根据传统的双膜理论提出的生物膜理论。根据该理论，生物法处理有机物一般要经历以下几个过程：

（1）气液传质阶段。有机物首先与水接触并溶于水中，即由气膜扩散到液膜。

（2）生物吸附和吸收阶段。溶解（或混合）于液膜中的有机污染物成分在浓度差的推动下，进一步扩散到生物膜上，被生物膜上的微生物所捕获并吸收。

（3）生物降解阶段。进入微生物细胞的有机污染物在微生物体内的代谢过程中作为能源和营养被利用，经过生化反应转化为简单的化合物（如 H_2O 和 CO_2）。而生化降解过程中产生的气态代谢产物（如 CO_2）逆向扩散到液膜和气膜中。

由此理论可知，生物法处理有机废气总的效率依赖于有机物在气相和液相的传质扩散速率以及在生物膜内的生化降解反应速率。

动力学研究为生物法反应器的设计、操作参数的确定以及在实际中稳定运行提供了理论依据和指导。

A 微观动力学模型

挥发性有机物（VOCs）在生物膜内的生化降解速率与底物（VOCs）浓度的关系可以用 Monod 方程很好地表述：

$$\mu = \frac{\mu_m c}{K_s + c} \tag{8-1}$$

式中 μ——微生物比增长速率，即单位微生物量的增长速率，h^{-1}；

       μ_m——饱和浓度中微生物最大比增长速率，h^{-1}；

       K_s——Monod 饱和常数，为当 $\mu = 1/2\mu_m$ 时的底物浓度，也称之为半速率常数；

       c——底物（VOCs）浓度，g/m^3。

当 $c \gg K_s$ 时，$\mu = \mu_m$，微生物生长不依赖于底物浓度，遵循底物零级反应动力学；当 $c \ll K_s$ 时，$\mu = \frac{\mu_m c}{K_s}$，微生物增长率是底物浓度的一级反应动力学。

Ottengraf 等人建立的微观动力学是被研究者引用最多的，已经成为其他许多模型建立的基础。生物滤床中污染物降解模型见图 8-4。

该模型是在以下假设条件下建立的：

（1）在气相过滤床中，气相中的界面传质阻力很小，可以忽略，因此假设在气/湿生物膜界面上污染物浓度达到平衡，遵循亨利定律；

（2）生物膜中，污染物是通过扩散传质的，可以用有效扩散系数描述；

（3）生物膜厚度很小，远小于填料颗粒的大小；

（4）底物的去除反应微观动力学是零级（即假设 Monod 方程中 $c > K_s$ 的情况）；

（5）生物膜内好氧降解污染物过程中氧充足，不是限制因素；

（6）气流通过滤床是活塞流流动。

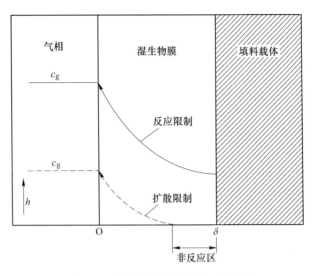

图 8-4　生物滤床中污染物降解模型

基于以上假设，Ottengraf 等人提出污染物在生物膜中降解的两种情况（反应限制和扩散限制）下的模型。

（1）反应限制。在湿生物膜内，没有扩散限制发生，污染物可以扩散到整个生物膜内（图 8-4 实线）。生物膜是完全具有活性的，污染物的降解速率只受反应速率的控制。模型如下：

$$\frac{c_{gh}}{c_{gi}} = 1 - \frac{Kh}{c_{go}U_g} \tag{8-2}$$

$$K = kA\sigma \tag{8-3}$$

式中　c_{gh}——在床层 h 高度处气相污染物浓度，g/m^3；

　　　c_{gi}——进气污染物浓度，g/m^3；

　　　K——反应速率常数，$g/(m^3 \cdot s)$；

　　　k——零级反应速率常数，$g/(m^3 \cdot s)$；

　　　A——生物膜比表面积，m^2/m^3；

　　　σ——生物膜厚度，m；

　　　U_g——气体表面气速，m/s；

　　　h——滤床床层高度，m；

　　　c_{go}——气相中污染物浓度，g/m^3。

（2）扩散限制。生物膜不是完全活性的，污染物扩散深度不能达到整个生物膜厚度（图 8-4 虚线）。污染物的降解速率受扩散速率控制。此现象发生在扩散速率比降解速率慢的时候。由于扩散速率是由生物膜中污染物的浓度梯度控制的，因此，扩散限制情况可能发生在低污染物浓度下。模型如下：

$$\frac{c_{gh}}{c_{gi}} = \left(1 - \frac{Ah}{U_g}\sqrt{\frac{kD}{2c_{gi}\beta}}\right)^2 \tag{8-4}$$

式中　β——污染物在气相和生物膜中的分配系数；

　　　D——污染物在生物膜中的有效扩散系数，m/s；

　　　其他符号含义同前。

由此可知，在扩散限制的情况下，底物的去除速率是由底物在生物膜中的降解速率和扩散速率共同控制的。

B　宏观动力学模型

宏观动力学模型避开了工艺在各个微观细节的计算，将生物反应器看作一个"黑匣子"整体，它只受操作参数（如底物浓度、流速、湿度以及温度）的影响。模型中的参数通常是通过实验来确定的，因此宏观动力学模型也被认为是实验模型。在宏观动力学模型中，通常假设氧的供给和底物的传质速率都不是生物降解速率的限制因素，而底物的降解反应是生物降解速率的限制因素。除以上假设外，模型还进行了如下的假设：

（1）应在稳态下进行，气/湿生物膜界面上污染物浓度达到平衡；

（2）反应只发生在生物膜内；

（3）稳态下，在滤床中无生物累积，生物膜表面的气速是恒定的；

（4）气流通过滤床是活塞流流动；

（5）填料颗粒表面的生物膜是均匀一致的，生物膜厚度是恒定的，与填料颗粒大小相比很薄，因此在计算中采用平面几何法；

（6）系统是在恒温下进行的。

Krailas 等人根据以上假设，在 Micheli-Menten 方程基础上建立了宏观动力学模型：

$$\frac{V/Q}{c_{gi} - c_{go}} = \frac{K_m}{R_m}\frac{1}{c_{ln}} + \frac{1}{R_m} \tag{8-5}$$

$$c_{ln} = \frac{c_{gi} - c_{go}}{\ln(c_{gi} - c_{go})} \tag{8-6}$$

式中　V——填料床体积，m^3；

　　　Q——体积流速，m^3/s；

　　　c_{gi}——底物初始进气浓度，g/m^3；

　　　c_{go}——底物出气浓度，g/m^3；

　　　c_{ln}——底物对数平均浓度，g/m^3；

　　　R_m——单位体积填料最大生化反应速率，g/(m^3·s)；

　　　K_m——Micheli-Menten 常数，g/m^3。

该模型比较适合低浓度有机废气的生物过滤处理。

8.4.2.4　生物过滤法处理挥发性有机物的影响因素

A　作为底物的挥发性有机物性质的影响

在生物过滤法处理挥发性有机物过程中，底物挥发性有机物的结构和性质是至关重要的。挥发性有机物的结构性质决定了其是否能被微生物降解和降解程度，同时也决定了VOCs 中各化合物的生物降解优先顺序。挥发性有机物的可生化降解性强烈地依赖于碳氢化合物上的杂原子取代基。甲基化的芳环化合物比卤化的芳环化合物更容易被生物所降解。有人建立了一预测生物过滤法对 VOCs 的去除负荷的模型（定量结构-活性关系模型），实验结果表明，生物对所选挥发性有机物的生物降解能力顺序是含氧的脂肪烃最大，其次是芳香族化合物，最后是卤代烃化合物。

总的来说，底物的结构和性质对其在生物法中的生物降解有至关重要的影响，是造成混合废气生物处理过程中的竞争和抑制的因素之一。因此应根据底物的性质，采取有效的方法、合理地设计操作工艺和操作条件，从而改善在生物法处理混合 VOCs 中竞争和抑制现象，以达到好的 VOCs 净化效果。微生物对各种挥发性有机污染物的生物降解效果见表8-8。

表 8-8 微生物对各种挥发性有机污染物的生物降解效果

化 合 物	生物降解效果
甲苯、二甲苯、甲醇、乙醇、丁醇、四氢呋喃、四醛、乙醛、丁醛、三甲胺	非常好
苯、苯乙烯、丙酮、乙酸乙酯、苯酚、二甲基硫、噻吩、甲基硫醇、二硫化碳、酰胺类、吡啶、乙腈、氯酚	好
甲烷、戊烷、环己烷、乙醚、二噁烷、三氯甲烷	较差
1，1，1-三氯乙烷	无
乙炔、异丁烯酸甲酯、异氰酸酯、三氯乙烯、四氯乙烯	不明

B 填料的影响

填料是生物过滤器的主体部分，填料的性质直接影响着 VOCs 的处理效果。生物过滤器处理的成功主要依赖于填料，它可以为微生物提供最佳的生存环境，以达到和维持高的生物降解速率，因此选择合适的填料是生物过滤法高效去除 VOCs 的关键。

C 营养的影响

在生物过滤处理挥发性有机物中，填料中的营养是微生物生长、代谢和保持良好活性的重要条件。营养物质主要包括氮和无机盐，无机盐一般有磷酸盐、硫酸盐、氯化物和含有钠、钾、钙、镁、铁等金属元素的化合物以及一些微量元素。对于有机填料来说，无机盐一般不会产生严重缺乏，而且有的还可以重复利用，如磷酸盐。而氮占微生物细胞干重的15%，是微生物细胞蛋白质和核酸的重要组成元素，因此在生物过滤反应器填料中如果缺乏可利用的氮，会对微生物的活性和降解能力产生限制。因此，目前对填料营养的研究主要集中在氮的研究。

D 床层压降的影响

采用生物过滤法处理废气时，经济考虑是至关重要的。在生物过滤反应器的长期运行中，床层压降是一个重要的评价参数，它决定了操作费用。在维持好的生物过滤反应器性能时，高的床层压降将导致高的能量消耗，从而增加了操作费用。一般床层压降与废气的流速和填料的状态有关。在处理大流量废气时，填料床层高度越高，床层压降越大，因此在设计处理大气量的生物过滤反应器时，应避免过高的填料高度。有人报道了在填料介质颗粒大小为 1~12mm 内，床层压降随着气体流速增加（0~0.3m/s）而呈线性增加。而且床层压降还随着填料颗粒的减小呈指数增加，特别是在填料颗粒小于 1mm 时。

E 温度的影响

凡是影响微生物生长和繁殖的因素均可影响生物过滤反应器的性能。生物过滤反应器中的微生物大部分是中温菌，一般可接受的床层温度为 10~42℃，最佳的微生物活性温度范围是 30~35℃。床层温度超出 10~45℃ 范围时，会导致对污染物去除率的下降。

低温废气需加热，而高温废气需冷却，这也增加了操作费用。个别地考虑到废气温度或气候条件，在高温或低温下运行生物过滤器也是可能的，甚至是必要的。

F　氧气浓度的影响

到目前为止，关于生物过滤反应器中氧气限制的报道很少，这是因为生物过滤反应器一般是处理大气量低浓度挥发性有机物的。可以经验地认为氧气限制一般发生在高浓度或高污染负荷下，或者形成的生物膜厚的反应器中。此外，填料湿度过大的反应器也会存在氧气限制而产生厌氧区，使生物过滤反应器性能下降。一般来说，生物过滤反应器在实际操作中要避免出现厌氧区。

8.5　挥发性有机污染物回收技术

根据回收的经典定义，回收是指从废物中分离出来的有用物质，经过物理或机械加工成为再利用的物品。按照这个定义，人们把挥发性有机物从混合废气中分离出来，利用物理方法进行加工，得到有用的纯净物质而重新加以利用，这是人们对挥发性有机物处理的工艺路线。

目前回收挥发性有机物的方法主要有冷凝法、吸收法、吸附法、膜分离法和变压吸附法。冷凝法只适用于高浓度的挥发性有机物的回收；吸收法由于挥发性有机物多数为非极性物质，采用廉价的水作吸收剂，很难达到回收目的，因而应用得不多；膜分离法和变压吸附法特别适用于回收挥发性有机物，但是由于这两项是近些年才发展起来的新技术，目前应用还不太广泛。目前应用最广的 VOCs 回收方法当属吸附法。

8.5.1　冷凝法回收挥发性有机物

一般情况下，冷凝法多用于高浓度挥发性有机物的回收。

8.5.1.1　冷凝法回收挥发性有机物的原理及特点

在一定条件下，气液两相共存体系中，气液之间会达到一个平衡状态。此时，液面处的蒸气压即为该条件下的溶质的饱和蒸气压。如改变这种平衡状态，则会出现溶质在气液两相间的转移，从而建立新的平衡。

同一物质的饱和蒸气压是随着温度变化而变化的，温度越低，其值越小。当降到某一温度时，该物质在气相中的分压高于它在此温度下的饱和蒸气压时，该物质就会被冷凝下来变成液态。根据这一原理，通过将操作温度控制在 VOCs 的沸点以下而将 VOCs 冷凝下来，从而达到回收 VOCs 的目的。

冷凝法回收 VOCs 就是利用冷凝装置产生低温来降低 VOCs 空气混合气体的温度。当混合气体进入冷凝装置时，VOCs 中具有不同露点温度的组分会依次被冷凝成液态而分离出来。冷凝法回收 VOCs 技术简单，受外界温度、压力影响小，也不受液气比的影响，回收效果稳定，可在常压下直接冷凝，工作温度皆低于 VOCs 各成分的闪点，安全性好；可以直接回收到有机液体，无二次污染；适用于常温、高湿、高浓度的场合，尤其适合于处理高浓度、中流量的 VOCs。

8.5.1.2　冷凝装置系统

A　冷凝法的设备

冷凝法所用的主要设备就是冷凝器，分为表面冷凝器和接触冷凝器两大类。

（1）表面冷凝器将冷却介质与废气隔离，通过间壁传热方式实现热交换使废气冷却。典型的设备有列管式冷凝器、喷洒式蛇管冷凝器。使用这种装置，回收效率低。

（2）接触冷凝器将冷却介质与废气直接接触进行热交换，如喷淋塔、填料塔、板式塔、喷射塔等。

B　冷凝装置系统

冷凝装置系统按照冷凝温度一般分为预冷、机械制冷、液氮制冷等部分。预冷器运行温度在混合气各组分的凝固点以上，进入装置的混合气温度降到4℃左右，可将大部分水除去，机械制冷可使大部分 VOCs 冷凝为液体而回收，若需要更低的冷凝温度，可以再连接液氮制冷，这样可使 VOCs 回收率达到99%左右。

但是，首先，采用液氮制冷，相应的制冷系统也会比较复杂，尤其是对低浓度 VOCs 的回收不经济；其次，混合气体和制冷剂之间是间接传热，为了保证较高的回收率，需要很低的操作温度，故深冷回收工艺，能耗较大，设备材质及保温要求严格，从而对设备性能要求严格，设备投资及运行费均很高。因此，在一般 VOCs 回收上很少采用深冷工艺。

8.5.1.3　冷凝法的适用范围

冷凝法特别适用于处理体积分数在1%以上的 VOCs，在理论上可达到很高的净化程度。当体积分数低于10^{-4}时，不宜采取冷冻措施，因为处理成本太高。

本法适用于以下场合：

（1）处理高浓度挥发性有机物，特别是组分单纯的气体；

（2）作为吸附净化或燃烧的预处理，以减轻后续操作的负担；

（3）处理含有大量水蒸气的高温气体。

在实践中，一般要求 VOCs 浓度在0.5%以上时方采用冷凝法处理，其回收效率在50%~85%之间。

8.5.2　吸收法回收挥发性有机物

利用气体混合物中各组分在一定液体中溶解度的不同而分离气体混合物的操作称为吸收。在空气污染控制工程中，这种方法尤其是在无机气体如含 SO_2、NO_x、HF、H_2S 等气态污染物的废气净化上，已得到广泛的应用，但是在挥发性有机物污染治理中应用并不广泛。具体吸收基础理论见第2章。

吸收法治理挥发性有机物污染，主要是两个方面。

（1）用于高浓度、可溶性、挥发性有机物的吸收。对于高浓度可溶于水的挥发性有机物，往往采用水作吸收剂，如 DMF、丙酮等，水吸收后采用精馏方法进一步分离、提纯后回用。不过这种方法往往不能达标，为此，在不少情况下，这种方法仅作为预吸收使用。

（2）用于大风量、低浓度的 VOCs 的吸收，作为微生物处理工艺的组成部分，所得吸收液再用生物法处理。此方法常用于恶臭气体的处理。

采用吸收法回收挥发性有机物按照使用的溶剂不同，分为水吸收、有机溶剂吸收和复合溶剂吸收。

（1）以水作为吸收剂。对于可溶于水的挥发性有机物如 DMF（N，N-二甲基甲酰胺）、丙酮等和水混溶的以及在水中溶解度较大的挥发性有机物如 MEK（丁酮）等，均可采用吸收法进行回收。用水吸收后，一般采用精馏的方法，将挥发性有机物分离出来回用。用水作吸收剂时，为了得到较浓的吸收液，以便减轻后续处理工艺的负担，工艺上常采用多级吸收的方法。但是这里必须提醒一下，即使是对可以和水混溶的挥发性有机物，当用水吸收时，也不可能一下子得到很浓的溶液，因为还有个吸收速率的问题。比如用水吸收 DMF 时，一般都采用三级吸收工艺，最后一级吸收液达到 21% 左右时导出后，送去精馏。

（2）以高沸点有机溶剂作吸收剂。很久以前人们就采用矿物油如煤油作吸收剂，吸收沸点相对较低的 VOCs。采用高沸点有机溶剂吸收低沸点 VOCs 的原理是，由于高沸点有机溶剂的饱和蒸气压远低于低沸点的 VOCs 的饱和蒸气压，因此，可以用来吸收低沸点的 VOCs。

目前使用较多的高沸点有机溶剂有 BDO（1，4 丁二醇）、DEHP［邻苯二甲酸二（2-乙基）己酯］、DEHA（N，N-二乙基羟胺）等，其中 DEHA 的吸收效果最好。

（3）采用复合吸收剂。在水中加入表面活性剂制成复合吸收剂，用来吸收不溶于水的物质，如甲苯等，此项研究比较活跃。其基本原理是，在水中加入的表面活性剂，其本身既含亲水基，又含亲油基。当这些表面活性剂溶入水中后，其在水溶液表面的活性剂分子，就利用其伸向气相中的亲油基对气相中的 VOCs 分子进行吸附，形成胶束从而转移到水相，经过胶束的不断形成转移，逐步使 VOCs 分子从混合气体中分离出来。

研究发现，除加入表面活性剂之外，还有再加入无机助剂的报道，如硅酸钠、磷酸钠、碳酸钠等强碱弱酸盐，以改善吸收液的吸收性能和最后处理时的洗涤性能。

由于复合吸收剂对 VOCs 的去除率不是很高，因此至今未获得工业化应用。

8.5.3 吸附法回收挥发性有机物

吸附法是一种行之有效的净化挥发性有机物的方法，在挥发性有机物治理中得到广泛的应用。其机理是吸附剂能够有效地捕集气体中较低浓度的有毒、有害物质，改善大气的质量。早期的吸附法主要是采用颗粒活性炭等作吸附剂的直接吸附法。它是利用吸附剂对气体中的有机物进行捕集从而净化气体；因所使用的吸附剂的吸附容量有限，其吸附量只占到饱和吸附量的 30%~40%，在吸附剂吸附饱和失去吸附能力后必须对吸附剂进行再生，同时得到高浓度的有机气体，再进行冷凝，得到液态有机物进行回收，而再生后的吸附剂可以循环使用，使得吸附剂的利用率得到提高，降低运行成本。具体吸附基础理论见第3章。

该工艺所采用的是变温吸附法（temperature swing adsorption），它是一种成熟的、稳定的治理工艺技术，既能够减少尾气中的有机物排放、改善环境质量，同时能够资源再生，回收高价值的有机物循环利用，具有可观的经济效益。经过多年的改进、提升、衍生、完善，这种吸附法已经成为工艺多元化的挥发性有机物治理技术。

利用吸附剂的平衡吸附量随温度升高而降低的特性，采用常温吸附、升温脱附的操作方法。除吸附和脱附外，整个变温吸附操作中还包括对脱附后的吸附剂进行干燥、冷却等辅助环节。变温吸附用于常压气体及空气的减湿,空气中溶剂蒸气的回收等。

目前采用变温吸附法回收挥发性有机物较为成熟的工艺主要有两类,即吸附—水蒸气脱附—冷凝回收、吸附—氮气脱附—冷凝回收两类,以下就这两类工艺技术分别进行介绍。

8.5.3.1 吸附—水蒸气脱附—冷凝回收工艺

挥发性有机物排放的情况特别复杂,各行各业均有其特殊性,就其废气成分,有含尘、含水、油滴、漆雾等,而且多数情况下都是多种气体的混合物;其排放方式(稳定性、连续性、分散或集中等)也各不相同;其废气参数(浓度、温度、压力等)差别也很大。这些因素都决定了应该采用不同的工艺路线。

A 工艺系统的组成及要求

该回收工艺包含预处理系统、吸附系统、脱附再生系统、冷凝回收系统、后处理系统、自动控制系统等多个子系统。

(1)预处理系统。按照《吸附法工业有机废气治理工程技术规范》(HJ 2026—2013)的要求:

1)预处理设备应根据废气的成分、性质和影响吸附过程的物质性质及含量进行选择。

2)当废气中颗粒物含量超过 $1mg/m^3$ 时,应先采用过滤或洗涤等方式进行预处理。

3)当废气中含有吸附后难以脱附或造成吸附剂中毒的成分时,应采用洗涤或预吸附等预处理方式处理。

4)当废气中有机物浓度较高时,应采用冷凝或稀释等方式调节至其极限下限的25%(实际操作时可以按照40%设计);当废气温度较高(或较低)时,采用换热方式将废气温度调节至40℃以下。

(2)吸附系统。吸附系统是整个工艺技术的核心,吸附系统的性能决定该技术的处理效果和回收效果。其主要包括系统阀门、吸附器、吸附剂。

1)阀门的选择。因为挥发性有机物大都易燃易爆,因而,阀门开关驱动尽量采用气动控制,安全性较高,同时阀门密封性要好,绝对不能出现泄漏。

2)吸附器的形式。该工艺多采用固定床环式吸附器,用活性碳纤维作吸附剂;因其占地面积小、阻力小而且易于组合,常被用于自动化回收装置中。

吸附器的设计要注意几个重要细节:

① 气体进、出口设计要合理,气流分布要均匀;

② 需要考虑吸附剂装填空间、吸附器检修空间;

③ 仪器、仪表预留口(包括监测口)须设计准确;

④ 增加安全措施,如吸附剂内部的温度控制、泄压阀、必要的液封等。

根据企业生产流程,排气气量、排气连续或间歇性,吸附床可采用单、双或多床组合,连续排气的工况需要配有备用床,在某些特定行业还需要配有事故床,以便在不停机的情况下对吸附床进行检修。

3)吸附剂的选择。目前,挥发性有机物回收多使用炭基吸附剂,它们包括颗粒活性炭、蜂窝活性炭、活性碳纤维毡等,有时候也使用沸石分子筛或硅胶作吸附剂。环式固定床多使用活性碳纤维毡,在处理大风量、低浓度废气时,使用蜂窝活性炭居多;而利用移动床和流化床时，需要选择特别耐磨的颗粒活性炭。这里还需要一提的是，在回收混合溶剂（如汽油、涂布行业的 VOCs）时，当废气中所含成分的分子动力学直径范围较宽时，应采用以中孔为主的活性炭。在采用转轮进行浓缩回收时，多采用沸石分子筛作吸附剂。

目前对于各类活性炭已出台了一系列国家标准，这些标准中均以四氯化碳吸附率、比表面积、碘值等为判断依据。

采用活性炭为吸附剂、蒸汽脱附工艺回收有机物的工程，对某些有机物具有局限性，实际工程实施中必须注意。

① 具有危险性的有机物，代表性有机物是环己酮，容易积蓄在活性炭上，会发生急剧的链式反应，使得系统产生安全隐患，如尾气中含有该物质，须避免采用活性炭基吸附剂；其他酮类物质如丁酮、异氟尔酮也具有一定危险性，设计时必须考虑多重防护措施。

② 对于一些不易从炭基吸附剂上脱附的物质（见第 3 章），要考虑适当的处理方法。

③ 由于活性炭表面存在一些催化活性点，这些点能够催化一些易氧化易聚合的物质发生反应，如可催化氧化负二价硫离子成为单质硫，催化苯乙烯、甲醛等物质的聚合反应而生成它们的聚合物，这些单质硫和聚合物覆盖在吸附剂上，使吸附剂失去吸附功能。

（3）脱附再生系统。当吸附操作接近床层破点时，要对吸附剂进行脱附。脱附介质采用低压水蒸气。水蒸气气源一般是 0.6MPa，经减压阀对其进行降压后为 0.1MPa 左右，此时蒸汽温度在 100℃左右。采用蒸汽脱附完成后，床层内残留较多的水分，需采用热空气对其干燥再生，或者采用真空泵对其进行微负压抽气，减少床层内水分和溶剂残留。干燥完成后还须通入冷风对床层降温，达到吸附要求后备用。

（4）冷凝回收系统。经过加热脱附，出口部分为水蒸气和高浓度有机物的混合物，经过冷凝、静置后，不溶于水的有机物和水分离，直接回收利用，水溶性有机物则处于水相中，需要进行后处理。产生的废水需要经过处理达标排放。

该部分主要设备有冷凝器和分层槽，冷凝器可采用列管式冷凝器或板式换热器，在实际应用中，一般采用列管式冷凝器，板式换热器整体占用空间小，但若产生堵塞、结垢很难清理；另外，由于制造工艺的问题，板式换热器因腐蚀原因，还常常出现泄漏。为此不主张使用板式换热器。分层槽用于不溶性有机物和冷凝水自动分离，通过密度差形成上层或者下层的有机物相，设计时需要考虑静置停留时间以及有机物的转移。

（5）后处理系统。

1）对不溶于水的回收溶剂的后处理。一般情况下，由于采用的吸附剂在吸附前均经过清洗，而在吸附过程中又没有杂质进入，因此，如果回收的是单一组分，如甲苯，就可将分离出的有机物直接送入原料罐。如果回收品是混合物，而且是由同一个生产工序排放的，则不必进行严格的分离，只需对其进行成分的调整，达到原来的标准，即可直接作原料使用。这里需要一提的是，如果对回收品有严格的含水率要求，则需要进一步除水。

2）对于溶于水的回收溶剂的后处理。若回收品是溶于水的，则采用水蒸气脱附后的冷凝液，如丙酮、二甲基甲酰胺等，则需采用蒸馏的办法对其进行分离。

（6）自动控制系统。对于连续运行的吸附回收工艺，一般都设置自动控制系统。控制系统一般采用 PLC 对整个系统的运行操作进行自动控制，并设有控制面板。控制系统设计要严格按照规范要求。

B 系统的运行和管理（以三吸附床工艺为例说明）

三床组成的 VOCs 自动回收系统工艺流程如图 8-5 所示。

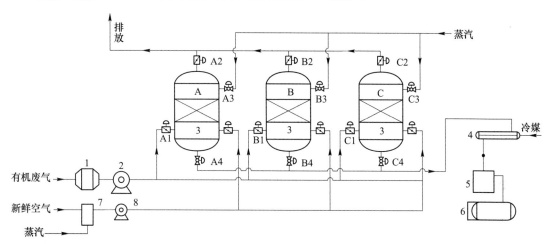

图 8-5 三床组成的 VOCs 自动回收系统工艺流程示意图

1—预处理器；2—主风机；3—固定吸附床；4—冷凝器；

5—油水分离器；6—储罐；7—加热器；8—烘干风机

由图 8-5 可知，废气先经过预处理器去除粉尘、杂质（必要时需降温），经过引风机先后依次经吸附床 A、B 吸附净化后，进入烟囱达标排放。吸附床 A、B 依次进入脱附再生状态。此时将减压后的蒸汽通入吸附床对 A、B 床中吸附饱和的活性炭进行脱附再生。脱附出的蒸汽与有机物混合气进入冷凝回收系统，脱附结束后，启动风机 8，用经过加热后的热空气对吸附剂进行干燥，然后，通入冷风对吸附剂进行冷却降温、备用。三个吸附床通过时间差控制，轮流切换工作状态。

脱附出的混合气体经过冷凝器冷凝，冷凝液流入分层槽后，进行后续处理。

8.5.3.2 吸附-氮气脱附-冷凝回收系统

随着工业有机废气治理范围的扩大，废气中含有的有机物种类越来越多，尤其是某些行业排放的有机物大部分是可溶性溶剂，另有部分工厂受限于水蒸气来源等原因，因此，在原有水蒸气脱附的工艺基础上衍生出热气体脱附，而出于安全考虑，热气体多采用热烟气或氮气作为脱附介质，以避免有机物在高温下被氧化以及冷凝后的分离。

A 工艺系统的组成及设计要点

该工艺目前在尾气治理工程上已经实现工业化，和蒸汽脱附工艺一样，包含预处理系统、吸附系统、脱附再生系统、冷凝回收系统。与蒸汽脱附工艺的主要区别在于脱附再生系统，其他子系统基本类同，这里不再赘述。

（1）脱附再生系统。此工艺采用氮气为介质对完成吸附操作的活性炭进行脱附再生，所用氮气为工业氮气，纯度达 99% 以上，含氧量低，可有效抑制活性炭自燃或装置爆炸。

脱附再生系统设备主要包含制氮机组（空压机、制氮机、氮气储罐）、脱附风机、冷凝器、加热器、氧含量分析仪、温控仪表等。

开始脱附操作前，首先采用氮气对所有与脱附有关的系统进行气体置换，使之充满氮气，当其气体中氧含量低于控制值后，开启加热器间接对氮气进行加热至设定温度后，将热氮气通入吸附床层，将有机溶剂从活性炭上脱附下来形成高浓度有机气体，然后经冷凝后回收有机物；由于尾气中夹带水汽，导致回收品中含有少量的水，因此需设置油水分离器以除去水分，从而得到纯净的回收品；冷凝后分离出的氮气经过再次加热进入吸附床，形成密闭循环系统进行循环脱附，直至脱附完成后，氮气转入另一个吸附箱进行脱附。经过脱附再生的吸附床，待冷却后备用下一循环吸附工作。

（2）系统设计要点：

1）氮气的使用量设计。首先要满足脱附系统置换空气使用，同时在切换第二吸附床脱附时氮气的储存量应满足脱附所用氮气的量。

2）脱附风量的确定。一般脱附风量设计为单床吸附风量的 1/10~1/3，不同吸附质的脱附风量不同，越是难脱附的吸附质所需风量越大。

3）脱附时间的控制。与脱附风量有一定关联，脱附时间包括预热、循环再生、吸附床冷却时间。

4）脱附温度的控制。不同有机物物理性质（主要是饱和蒸气压）决定所需脱附热能不同，温度控制不同，不过，对于一般的吸附质，温度控制在 102℃ 以下足以。

5）氧含量的控制。循环氮气脱附时，氮气中的氧含量应控制在 5% 以下。

B 运行和管理（以三吸附床工艺为例说明）

采用氮气脱附的三床层吸附回收系统工艺流程如图 8-6 所示。

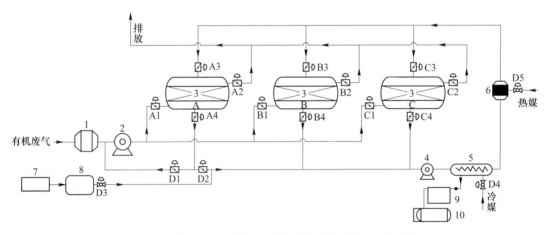

图 8-6 采用氮气脱附的三床层吸附回收系统工艺流程图

1—预处理器；2—主风机；3—固定吸附床；4—脱附风机；5—冷凝器；
6—加热器；7—制氮机；8—氮气储罐；9—油水分离器；10—储罐

由图 8-6 可知，废气经过收集汇总、预处理，去除粉尘、杂质（必要时须降温）后，依次送入吸附床 A、B 吸附净化，达标后由烟囱排放。A、B 床先后吸附饱和后，依次进入脱附状态（此时 C 床已处在脱附再生状态），此时将储存在氮气储罐 8 中的氮气减压后通入脱附系统。在脱附系统，氮气经加热、脱附、冷凝后送入氮气储罐，于是完成了一个循环。在吸附床吸附前需要用氮气进行吹扫，将吸附床中的空气置换出来，置换出来的空气送回主风机前端，进行二次吸附。脱附出来的混合气体经过冷凝器冷凝，冷凝液进入收集装置后，集中进行后续处理、回收。吸附、脱附再生的全过程通过 PLC 或者 DCS 等自动控制系统控制，按照设定的程序自动、连续地运行。

8.6 燃烧法治理挥发性有机污染物

8.6.1 燃烧及催化燃烧

8.6.1.1 挥发性有机物燃烧转化原理及燃烧动力学

A 燃烧反应

燃烧反应是放热的化学反应，可用普通的热化学反应方程式来表示，例如：

$$C_8H_{17} + 12.25O_2 \longrightarrow 8CO_2 + 8.5H_2O + Q$$
$$C_6H_6 + 7.5O_2 \longrightarrow 6CO_2 + 3H_2O + Q$$
$$H_2S + 1.5O_2 \longrightarrow SO_2 + H_2O + Q$$

式中　Q——反应时放出的热量，kJ。

热化学反应方程式是进行物料衡算、热量计算及设计燃烧装置的依据。

每摩尔物质燃烧时放出的热量称为该物质的燃烧热，单位为 kJ/mol。部分 VOCs 物质的燃烧热见表 8-9。

表 8-9　部分有机物的燃烧热（1atm，298K）

物质	$-\Delta H/\text{kJ} \cdot \text{mol}^{-1}$	物质	$-\Delta H/\text{kJ} \cdot \text{mol}^{-1}$
甲烷	890.3	甲醛	570.8
乙烷	1559.8	乙醛	1166.4
丙烷	2219.9	丙醛	1816.0
正戊烷	3536.1	丙酮	1790.4
正己烷	1463.1	甲酸	254.6
乙烯	1411.0	乙酸	847.5
乙炔	1299.6	丙酸	1527.3
环丙烷	2091.5	丙烯酸	1368.0
环丁烷	2720.5	正丁酸	2183.5
环戊烷	3290.9	乙酸酐	1806.2
环己烷	3919.9	甲酸甲酯	979.5
苯	3267.5	苯酚	3035.5
萘	5135.9	苯甲醛	3528.0
甲醇	726.5	苯乙酮	4148.9
乙醇	1366.8	苯甲酸	3226.9
正丙醇	2019.8	邻苯二甲酸	3223.5
正丁醇	2675.8	邻苯二甲酯	3958.0
二乙醚	2751.1		

注：1atm = 101325Pa。

B　燃烧动力学

VOCs 燃烧反应速率，即单位时间浓度减少量，可以表示为：

$$-\frac{\mathrm{d}c_{\mathrm{VOCs}}}{\mathrm{d}t} = v = k'c_{\mathrm{VOCs}}^n c_{\mathrm{O_2}}^m \tag{8-7}$$

多数情况下，氧气的浓度远远高于 VOCs 的浓度，式 8-7 可简化为：

$$v = -\frac{\mathrm{d}c_{\mathrm{VOCs}}}{\mathrm{d}t} = kc_{\mathrm{VOCs}}^n \tag{8-8}$$

式中　v——燃烧速率；

　　　k——燃烧动力学速率常数；

　　　t——反应时间；

　c_{VOCs}——VOCs 浓度；

　　　n——反应级数，实验表明，碳氢氧化的反应级数在 0 和 1 之间。

对多数化学反应，动力学速率常数 k 和温度之间的关系可用阿伦尼乌斯方程表示：

$$k = A\exp\left(-\frac{E}{RT}\right) \tag{8-9}$$

式中　A——频率分数，实验常数，与反应分子的碰撞频率有关，s^{-1}；

　　　E——活化能，实验常数，与分子的键能有关，J/mol（式中的活化能区别于由动力学推导出来的活化能，又称阿伦尼乌斯活化能、标贯活化能或经验活化能）；

　　　R——摩尔气体常数，8.314J/(mol·K)；

　　　T——反应温度，K。

8.6.1.2　直接燃烧和热力燃烧

目前，对于采用回收法比较困难的挥发性有机物及其混合物，燃烧法是常用的方法。在 VOCs 污染控制方面主要应用的有直接燃烧、热力燃烧、蓄热燃烧、催化燃烧、蓄热催化燃烧等，也把它们统称为焚烧法。燃烧法净化时所发生的化学反应主要是燃烧氧化作用及高温下的热分解。因此，这种方法只能用于净化那些可燃的或在高温情况下可以分解的有害物质。燃烧法广泛用于石油化工、喷漆、绝缘材料、包装印刷等行业排放的挥发性有机物的处理，燃烧法还可以用来消除恶臭。由于挥发性有机物燃烧氧化的最终产物是 CO_2 和 H_2O，因而使用这种方法不能回收到有用的物质，但可以回收热量。

A　直接燃烧

直接燃烧，是将可燃挥发性有机物当作燃料进行燃烧处理的方法，也称为火焰燃烧。通常能够进行直接燃烧处理的挥发性有机物，其可燃组分含量较高，或者是燃烧氧化反应放出的热量较高，能够维持持续燃烧的气体混合物。有一类是不需要辅助燃料，但需要补充一定的空气才可以维持燃烧的气体，这种废气中可燃物成分超过爆炸上限，在与空气混合后，这种物质是非爆炸状态，采用这种方式，废气没有回火的危险，即火焰不会通过废气输送管道往回传播，如炼油与化工行业的火炬就是这种类型。

挥发性有机物燃烧需要有充足的氧气，才能保证燃烧反应不断地、充分地进行下去。因此为保证这类废气良好的燃烧，充足的氧以及气体与氧的均匀混合是重要的，一般混合气中的含氧量应不低于 15%，没有充分燃烧的有机废气会产生 CO 或炭粒。

当挥发性有机物的浓度在其爆炸极限范围内时，易燃易爆，因而极其危险，火焰能够从着火点通过输送废气的管道回火。因此，处理此类废气，在设计和调试中必须严格遵守安全技术规范，特别强调，必须采取安全措施（一般是要求安装阻火器），在一些关键场合，还需要设计灵敏度高的废气浓度检测与火焰检测仪器进行在线检测与控制，以防给生产系统带来安全隐患。

直接燃烧的设备可以是一般的炉、窑，也常采用火炬。例如炼油厂氧化沥青产生的废气经过冷却后，可以送入生产用的加热炉直接燃烧净化，并回收燃烧产生的热量。又例如，溶剂厂的甲醛尾气经吸收处理后，若仍含有甲醛 $0.75mg/m^3$、氢 $17\% \sim 18\%$、甲烷 0.04%，可以送到锅炉进行直接燃烧。直接燃烧通常在 1100℃ 以上进行，在处理有机废气过程中应该满足燃烧的"3T"条件，即在供氧充分的情况下，燃烧的"3T"条件是指反应温度（temperature）、停留时间（time）和湍流（turbulence）程度。燃烧完全的产物是二氧化碳和水蒸气等。

B 热力燃烧

热力燃烧法（包括蓄热燃烧法）：当有机废气浓度较低或燃烧热较低，仅靠本身燃烧产生的热量不足以维持继续燃烧时，则需要向燃烧系统补充燃料才能维持燃烧，此种燃烧技术称为热力燃烧。在热力燃烧工艺中，依靠辅助燃料的燃烧，将有机废气加热到着火温度，进行充分氧化（燃烧）反应，使废气中的挥发性有机物转化为二氧化碳和水蒸气。

（1）热力燃烧的"3T"条件。为了使废气中的有机污染物充分氧化转化，达到理想的燃烧净化效果，除了过量的氧外，还需要足够的反应温度（一般在 760℃ 左右）及在此温度下足够长的停留时间（一般在 0.5s），以及废气与氧的充分混合（高度湍流）。此"3T"条件是互相关联的，在一定范围内改善其中一个条件，可以使得其他两个条件要求降低。例如，提高反应温度，可以缩短停留时间，并可以降低湍流混合度的要求。其中提高反应温度将多消耗辅助燃料；延长停留时间将增大燃烧设备的尺寸，因此改进湍流混合最为经济，这是设计有机废气燃烧炉时要注意的重要方面。

（2）有机废气燃烧炉内总的停留时间的估算。停留时间可用下式估算：

$$\xi = V_R \times 3600 / [Q_{标}(T/293)] \tag{8-10}$$

式中 　ξ——燃烧炉内总停留时间，s；

　　V_R——燃烧室体积，m^3；

　　$Q_{标}$——废气与高温气体在标准状态（293K，101325Pa）下的体积流量，m^3/h；

　　T——燃烧室反应温度，即被处理有机物的销毁温度，K。

总停留时间包括低温的旁通废气与高温燃气均匀混合、均匀升温、进行氧化反应和销毁的全部时间，其中大部分时间用于废气升温。表 8-10 列出了部分有机废气燃烧净化所需要的温度及停留时间。一般在工程设计时，可以取 760℃ 与 0.5s；有雾滴与黑烟的燃烧净化需要升高温度、增加停留时间。

表 8-10　部分有机废气燃烧净化所需要的温度及时间条件

废气净化范围	停留时间/s	反应温度/℃
碳氢化合物（HC 销毁 90% 以上）	0.3 ~ 0.5	590 ~ 680[①]
碳氢化合物+CO（HC+CO 销毁 90% 以上）	0.3 ~ 0.5	680 ~ 820

废气净化范围		停留时间/s	反应温度/℃
臭味	销毁 50%~90%	0.3~0.5	540~650
	销毁 90%~99%	0.3~0.5	590~700
	销毁 99%以上	0.3~0.5	650~820
烟和缕烟	白烟（雾滴）缕烟消除	0.3~0.5	430~540[②]
	HC+CO 销毁 90%以上	0.3~0.5	680~820
	黑烟（炭粒和可燃粒）	0.7~1.0	760~1100

① 如甲烷、溶纤剂［$C_2H_3O(CH)_2OH$］及甲苯、二甲苯等存在，需要 760~820℃。

② 缕烟消除一般是不实用的，因为有机物氧化反应不完全又产生臭味问题。

（3）热力燃烧的燃料消耗。热力燃烧的燃料消耗，可以由热量平衡来计算。辅助燃料的消耗，以满足将全部废气升温至反应温度（760~820℃）即可。燃烧计算中，确定空气燃料比很重要。设 W_1 为燃料的质量，W_2 为燃料燃烧需要的空气量，则空气与燃料的质量比 AF 为：

$$AF = W_1/W_2 = 28.97n_a/(M_f n_f) \tag{8-11}$$

式中　n_a——空气（O_2+N_2）的物质的量，mol；

　M_f，n_f——分别为燃料相对应的相对分子质量与物质的量，mol；

　28.97——空气的平均相对分子质量。

（4）热力燃烧设备的应用场合及范围。热力燃烧可以在专用的燃烧装置中进行，也可以在普通的燃烧炉中进行。热力燃烧的专用装置称为热力燃烧炉，其结构应满足热力燃烧时的条件要求，即应保证获得760℃以上的温度和0.5s左右的接触时间，这样才能保证对大多数碳氢化合物的燃烧净化。热力燃烧炉的主体结构包括两部分：燃烧器（使辅助燃料燃烧生成高温燃气）和燃烧室（使高温燃气与旁通废气湍流混合达到反应温度，并满足停留时间）。

8.6.1.3　催化燃烧概述

A　历史和现状

1949 年，美国催化燃烧公司（环球油品公司大气净化部）研制成第一套催化燃烧系统并安装于某化工厂，用纯铂及钯作催化剂，燃烧爆炸下限以下的低浓度可燃挥发性有机废气。1953 年以后，则把铂或钯或其他贵金属载于耐热、导电的金属表面上做成催化剂，用于有机废气的催化燃烧。特别是 20 世纪 70 年代，节约能源的要求日益迫切，促使催化燃烧装置不仅在西欧，继而在日本、东欧以及中国也迅速发展起来。

我国自 20 世纪 70 年代以来，先后在漆包线和绝缘材料行业曾试用纯铂网（80 目）、镀铂网（80 目不锈钢丝上镀 0.3%铂）、镀钯网（80 目）、镀钯带（0.2mm×4mm 不锈钢条上镀 0.3%~0.5%钯）、陶瓷蜂窝催化剂等，应用于漆包机和上胶涂布机废气的催化燃烧。同时出现了研制用于催化燃烧法处理挥发性有机物催化剂的热潮。如天津市漆包线厂研制的蓬体球形钯/镍金属催化剂，除本厂使用外已推广到制苯厂、绝缘材料厂等行业；成都工学院（现四川大学）等单位研制的多孔陶瓷钯催化剂，也正试用于漆包机废气、苯蒸气、石蜡氧化尾气的处理；昆明贵金属研究所和北京工业大学研制处理汽车尾气用的多孔陶瓷催化剂；上海内燃机研究所、北京大学等单位，也在研制内燃机尾气处理用的催化剂；北京向阳化工厂筛选了催化燃烧法处理异丙苯氧化尾气的催化剂；上海中国电工厂试制了5328铜/三氧化二铝催化剂用于生产漆包线所产生的废气处理；哈尔滨电线厂选用了抚顺石油三厂产的1226铂催化剂来处理上述问题。迄今，我国国内已经有几十家专门生产有机废气催化燃烧用的专业催化剂工厂，在催化燃烧技术与催化剂开发方面都取得了很大的进展。

至今，贵金属燃烧催化剂在世界各国仍然广泛地应用，原因是其活性和寿命均优于其他类型的催化剂。贵金属中作为活性金属的有钯、铂、锇、铑、铱等，最广泛使用过的是铂及钯合金，而优先使用的是钯，因为钯是铂族金属中最便宜的。

B　催化燃烧的优点

催化燃烧反应温度低，燃料消耗少，装置简小，操作安全，建设费及成本都低，并且不产生氮氧化物。如果把催化燃烧法与直接（热力）燃烧法进行对比（见表8-11），则可以明显地看出催化燃烧法的优点。

表 8-11　催化燃烧法和直接（热力）燃烧法对照

对比指标	直接（热力）燃烧法	催化燃烧法	备　注
处理温度/℃	600~800	200~400	处理100m³/min 含1000μL/L 以碳氢化合物的气体计
炉内温度/℃	1350	300~700	
燃烧状态	火焰燃烧	接触燃烧	
停留时间/s	0.3~0.5	0.05~0.14	
气体空速/h^{-1}	7500~1200	15000~70000	
净化率/%	48~80	99.95	
燃料耗量/$m^3 \cdot a^{-1}$	588.00	90.00	
年燃料费（比例）	1.00	0.15~0.40	
年运转费（比例）	1.00	0.26~0.40	
装置建设费（比例）	1.00	0.10~0.35	
成本（包括年催化剂费）（比例）	1.00	0.26~0.40	

C　催化燃烧反应过程

催化燃烧是典型的气-固相催化反应，其实质是活性氧参与的深度氧化作用。在催化燃烧过程中，催化剂表面先通过吸附，使反应物分子富集于表面，进而进行催化反应。由于催化剂能够降低反应的活化能，因此可使有机废气在较低温度下发生无焰燃烧，分解为CO_2和H_2O，同时放出大量的热，从而使废气中的有害物质得以清除。其反应过程为：

$$C_nH_m + (n + m/4)O_2 \xrightarrow{\text{催化剂}} nCO_2 \uparrow + \frac{m}{2}H_2O \uparrow + 热量$$

D　催化燃烧用催化剂

a　催化剂在催化燃烧中所处的环境

有催化剂存在，VOCs的燃烧反应转化率在97%以上，表明该催化剂的活性较高。催化剂有一定的使用限期，工业上使用的催化剂的寿命一般为2~4年。使用期的长短与活性组分结构的稳定性有关，而稳定性取决于耐热、抗毒的能力。对催化燃烧所用催化剂则要求具有较高的耐热和抗毒性能。有机废气的催化燃烧一般不会在很严格的操作条件下进行，这是由于废气的浓度、流量、成分等往往不稳定，因此要求催化剂具有较宽的操作适应性。一般情况下，挥发性有机物处理的废气量往往很大，所以催化燃烧工艺操作时气体流速较大，气流对催化剂的冲击力较强，同时由于床层温度常常发生变化，造成热胀冷缩，易使催化剂载体破裂，因而催化剂要具有较大的机械强度和良好的抗热胀冷缩性能。

b　催化燃烧使用催化剂应考虑的主要因素及注意事项

VOCs 的催化燃烧过程是将混合废气预热到起燃温度之后，在催化剂的作用下，通过催化燃烧生成无毒的二氧化碳和水，并且释放大量的热，整套净化装置的核心是催化剂。

采用催化燃烧法处理挥发性有机物所使用的催化剂通常是以铂、钯为活性组分的贵金属催化剂，也可使用钛、铈等稀土金属氧化物为活性组分的催化剂。在使用催化剂时应根据使用温度、催化剂的耐毒性及热稳定性等综合因素考虑。

催化燃烧多采用蜂窝式催化剂，蜂窝式催化剂阻力小，可使用大的风速，在处理同等风量中，催化燃烧装置的占地面积及所占空间相对较小。为了更有效地对有机废气进行催化燃烧，在催化剂的使用上需注意以下几点：

（1）床层预热。在每次使用催化剂前，必须首先用新鲜热空气在高于可燃物起燃温度 $100 \sim 150 ℃$ 的温度范围内（一般在 $300 \sim 400 ℃$）循环半小时以上，充分预热催化床层；绝对禁止当催化剂床层温度低于起燃温度时引入有机废气，否则很容易使催化剂中毒失效及反应器出现"闷堵"现象。

（2）掌控温度。催化燃烧用催化剂的最佳使用温度范围一般在 $400 \sim 700 ℃$，尽可能避免使催化剂长时间处于 $800 ℃$ 以上高温。

（3）停车时必须先切断废气源。切断废气源后应继续通入新鲜热空气加热并保持半小时以上方可安全停车，避免急冷。

（4）严禁催化剂毒物进入催化床层。不可让催化剂毒物如含硫、铅、汞、砷及卤素等进入催化床层，以免使催化剂中毒。这一点要特别引起注意

（5）根据具体设备使用情况，当催化剂使用较长时间后活性有可能下降时，可把上下（前后）层的催化剂进行对调放置，必要时适当提高催化剂床层高度和废气的预热温度。

E　催化燃烧用催化剂的选择

目前，催化燃烧使用的具有代表性的催化剂有铂、钯系列。两者的催化温度是不同的，铂比钯的催化温度低，活性高于钯。铂最低的有机溶剂催化燃烧的起燃温度为 $200 ℃$。此时像甲醇、甲醛等就可完全氧化。但是，一般溶剂催化燃烧的起燃温度在 $300 ℃$，如甲酚、醋酸等。因此催化温度的选择，首先取决于有机溶剂的成分，这样才能保证净化效率。

在催化剂中铂比钯贵，因此，实际选用钯作催化剂比较多。为了使溶剂充分燃烧，可以适当提高起燃温度。因此，在对有机物进行催化燃烧之前，必须了解有机废气中的有机成分，才能使溶剂氧化完全，实现达标排放。表 8-12 是有催化剂和无催化剂时的氧化温度比较，表 8-13 是各种有机化合物的催化燃烧反应温度和处理后的浓度，在实际工程中可以进行参考。

表 8-12　有催化剂和无催化剂的氧化温度比较

序号	物质	无催化剂的起燃温度/℃	有催化剂的起燃温度/℃	完全氧化温度/℃
1	甲苯	552	160	240
2	二甲苯	482	160	270
3	酚、苯酚、碳酸	700	180	330
4	甲醇	464	20	150
5	丁醇	343	150	250
6	甲醛溶液（福尔马林）	—	40	130
7	丙酮	650	130	250
8	甲乙酮（MEK）	516	145	300
9	甲基异丁基甲酮（MIBK）		170	320
10	醋酸	427	217	300
11	氨	651	210	240

注：催化剂是贵金属催化剂，完全氧化是转化率99.9%以上。

表 8-13　各种有机化合物的催化燃烧反应温度和处理后的浓度

序号	有机物名称	入口气体温度/℃	处理前浓度/μL·L^{-1}	处理后浓度/μL·L^{-1}
1	苯	210	380	<1（无臭）
2	甲苯	210	320	<1（无臭）
3	二甲苯	210	270	<1（无臭）
4	苯乙烯	210	370	<1（无臭）
5	丁酮	220	380	<1（无臭）
6	甲基异丁基甲酮	250	270	<1（无臭）
7	甲醇	150	830	<1（无臭）
8	甲醛	150	410	<1（无臭）
9	丙烯醛	180	500	<1（无臭）
10	乙醛	330	90	<1（无臭）
11	正丁醇	300	550	<1（无臭）
12	乙酸	350	590	<1（无臭）
13	丁酸	250	370	<1（无臭）
14	乙酸乙酯	350	350	<1（无臭）
15	苯酚	300	380	<1（无臭）
16	甲硫醇	350	130	未检出
17	乙硫醇	350	50	未检出
18	硫化氢	350	830	未检出
19	氨	20	500	<1（无臭）
20	三甲基胺	220	40	<1（无臭）
21	一氧化碳	150	4000	<1（无臭）

注：使用两种催化剂：氧化催化剂 DASH-220 和 Pt/Al$_2$O$_3$ 催化剂，Pt/Al$_2$O$_3$ 催化剂是以 Pt 为活性组分、Al$_2$O$_3$ 为载体的催化剂。

催化剂除了贵金属外，还有稀土金属催化剂。稀土金属系列催化剂的价格远低于贵金属催化剂，前景广阔。我国又是稀土矿源十分丰富的国家。目前稀土催化剂的研究已取得一定成效。

国内已研制使用的催化剂有：以 Al$_2$O$_3$ 为载体的催化剂，此载体可做成蜂窝状或颗粒状等，然后将活性组分负载其上，现已使用的有蜂窝陶瓷钯催化剂、蜂窝陶瓷铂催化剂、蜂窝陶瓷非贵金属催化剂、γ-Al_2O_3粒状铂催化剂、γ-Al_2O_3稀土催化剂等；以金属作为载体的催化剂，可用镍铬合金、镍铬镍铝合金、不锈钢等金属作为载体，已经应用的有镍铬丝蓬体球钯催化剂、铂钯/镍60铬15带状催化剂、不锈钢丝网钯催化剂以及金属蜂窝体的催化剂等。表 8-14 为贵金属催化剂与其他催化剂的比较。

表 8-14　贵金属催化剂与其他催化剂的比较

项　　目	贵金属催化剂	其他催化剂
甲苯完全氧化温度/℃	250~300	350~400
催化剂耐热温度/℃	700	500
空间速率（SV）/h^{-1}	20000~40000	5000~10000
卤族元素毒性	无	有（中毒）
硫化物毒性	无	有（中毒）

8.6.2　蓄热燃烧（RTO）和蓄热催化燃烧（RCO）

8.6.2.1　蓄热燃烧

A　蓄热燃烧的定义

采用蓄热式烟气余热回收装置，交替切换空气或气体燃料与烟气，使之流经蓄热体，能够在最大程度上回收高温烟气的显热，排烟温度可降到180℃以下，可将助燃介质或气体燃料预热到1000℃以上，形成与传统火焰不同的新型火焰类型，并通过换向燃烧使炉内温度分布更趋均匀。

B　发展历史及现状

蓄热燃烧（RTO）实际上是一项古老的换热方式，19世纪中期就在平炉和高炉上采用并延续至今。一开始该技术被称作蓄热式高温空气燃烧技术，在日本、美国等国家简称为 HTAC 技术，在西欧一些国家简称为 HPAC（highly preheated air combustion）技术，其基本思想是让燃料在高温低氧浓度气氛中燃烧，使燃烧效率高达95%、热回收率达80%以上，极大限度回收燃烧产物中的显热，用于预热助燃空气，获得温度为800~1000℃甚至更高的高温助燃空气，此项技术一直在钢铁、玻璃等制造业中应用。到了20世纪70年代，美国、日本等发达国家将该技术引入环保领域，该技术是在对挥发性有机物高温燃烧（直接燃烧、热力燃烧）技术的基础上发展起来的一种有机废气治理技术。到了20世纪90年代，该项技术在我国刚刚开始应用。

C　蓄热燃烧的基本原理及在挥发性有机物处理上的应用

a　蓄热燃烧的基本原理

蓄热燃烧的基本原理如图 8-7 所示，是让 VOCs 在高温低氧浓度（体积）气氛中燃烧，采用热回收率达80%以上的蓄热式换热装置，极大限度回收 VOCs 燃烧后产物中的显热，用于预热切换过来的含 VOCs 的混合气体，使之加热到800~1000℃进行燃烧。具体流程是：当含有机污染物废气由换向阀切换进入蓄热室1后，在经过蓄热室陶瓷球或陶瓷蜂窝蓄热体等时被加热，在极短时间内低温废气被加热到接近炉膛温度（一般比炉膛温度低50~100℃），高温废气进入炉膛后，抽引周围炉内的气体形成一股含氧量大大低于21%的稀薄贫氧高温气流，同时往稀薄高温空气附近注入燃料（燃油或燃气），这样燃料在贫氧（2%~20%）状态下实现燃烧；与此同时炉膛内燃烧后的烟气经过另一个蓄热室排入大气，炉膛内高温热烟气通过蓄热体时将显热储存在蓄热体内，然后以150~200℃的低温烟气经过换向阀排出。工作温度不高的换向阀以一定的频率进行切换，使两个蓄热体（或者多个蓄热体）处于蓄热与放热交替的工作状态，常用的切换周期为30~200s。

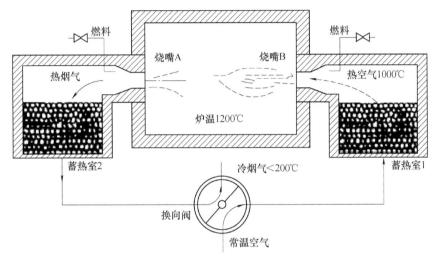

图 8-7　蓄热燃烧基本原理示意图

b　蓄热燃烧技术在挥发性有机物处理上的应用

挥发性有机废气蓄热燃烧技术广泛应用于处理化工高浓度有机废气，也应用在喷涂制造、印刷、食品加工等行业生产过程中所产生的各类废气，其工艺流程示意如图8-8所示。

类别	过程 1	过程 2	过程 3
示意图	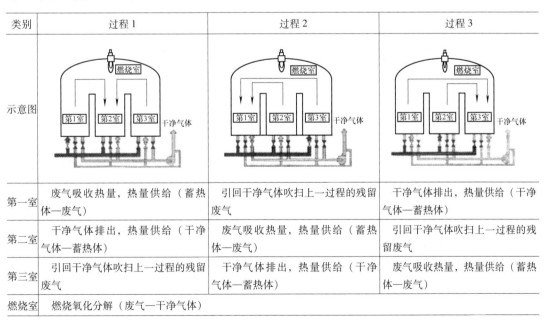		
第一室	废气吸收热量，热量供给（蓄热体—废气）	引回干净气体吹扫上一过程的残留废气	干净气体排出，热量供给（干净气体—蓄热体）
第二室	干净气体排出，热量供给（干净气体—蓄热体）	废气吸收热量，热量供给（蓄热体—废气）	引回干净气体吹扫上一过程的残留废气
第三室	引回干净气体吹扫上一过程的残留废气	干净气体排出，热量供给（干净气体—蓄热体）	废气吸收热量，热量供给（蓄热体—废气）
燃烧室	燃烧氧化分解（废气—干净气体）		

图 8-8　三室蓄热燃烧工艺示意图

8.6.2.2　蓄热催化燃烧

A　概述

a　蓄热式催化燃烧技术来源

挥发性有机废气蓄热式催化燃烧技术（RCO）出现在 20 世纪 90 年代，是在高温燃烧和催化燃烧基础上发展起来的一种新的有机废气治理技术，该技术的出现，进一步推动了挥发性有机物治理技术的发展。

b　蓄热催化燃烧技术的优势及特点

蓄热催化燃烧技术的优势及特点具体如下：

（1）与高温燃烧和催化燃烧等工艺相比，由于采用了专门的蜂窝陶瓷蓄热体以及性能良好的催化剂，所以使得挥发性有机物的氧化反应更加完全，热效率高，可以达到 95% 以上，而高温燃烧和催化燃烧的热效率只能达到 90%；同时不会产生二次污染；又因为热效率高，当废气达到一定浓度时，其燃烧热量足以维持设备正常运转，无须外加燃料，使运行费用降低。

（2）更适合处理大风量、低浓度废气（工程实践中的处理规模已经达到 30000/h）。

（3）系统运行时装置的出口温度略高于进口温度，使得热能回收利用更充分。

（4）蓄热式催化燃烧装置自动化程度高，设有高温报警、差压保护、旁路保护等，操作简便，结构简单，维护保养容易。

目前，挥发性有机废气蓄热式催化燃烧技术在国内外大量用于汽车、摩托车、自行车、印刷、玩具、电子等金属或塑料件的喷漆房及烘道中各类有机废气的处理。

B　蓄热式催化燃烧装置工作原理及工艺流程

二室蓄热式催化燃烧装置工作原理如图 8-9 所示。

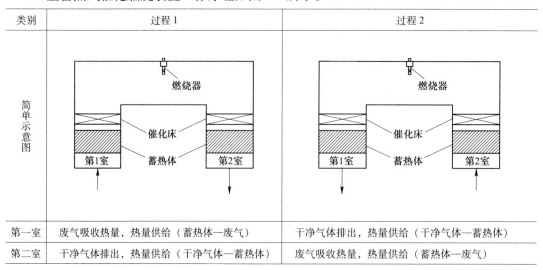

图 8-9　二室蓄热式催化燃烧装置工作原理示意图

二室蓄热催化燃烧工艺流程如图 8-10 所示。由图 8-10 可以看出，有机废气经过预处理后进入蓄热式催化燃烧装置。在装置内，由于燃料的燃烧使废气的温度升高到 280℃。高温废气经过催化床时，废气中的有机成分被氧化分解为二氧化碳和水，反应后的高温净化气进入特殊多孔蜂窝结构的陶瓷蓄热体，绝大部分热量被陶瓷蓄热体吸收（95%以上），净化后的气体温度降至接近进口温度经烟筒排放。燃烧装置由两个蓄热室构成，废气在 PLC 程序的控制下，循环执行以下操作流程：废气进入已蓄热的蓄热室预热后进入催化床，净化后的废气经未蓄热的蓄热室放热后排放。图 8-11 所示为二室蓄热催化燃烧装置现场照片。

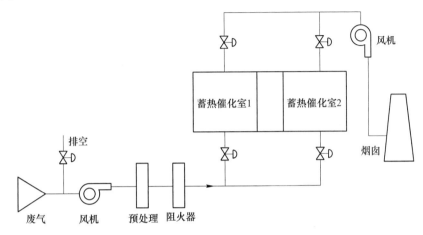

图 8-10　二室蓄热催化燃烧工艺流程示意图

图 8-11　二室蓄热催化燃烧装置现场照片

C　蓄热式催化燃烧装置的主要部件要求

蓄热式催化燃烧装置的主要部件要求具体如下：

（1）装置本体。装置本体内壁及支撑结构要求用优质耐热材料制作，内外壁之间要求衬优质绝热材料，保证炉体外壁温度在 60℃以下。

（2）蓄热体。一般选用新型高效多孔蜂窝陶瓷蓄热材料，比表面积大，压力损失小，热胀冷缩系数小，抗热性能好。

（3）催化剂。根据有机废气的气体成分，以及要求的净化效率下的起燃温度，一般以堇青石薄壁蜂窝陶瓷为载体，采用稀土金属及过渡金属制备的复合材料为助剂，以铂、钯等贵金属为活性组分制得的整体催化剂具有比表面积大、气流阻力小、起燃温度低、净化率高、耐热性能好等优点。

（4）燃烧系统。按实际所能够提供的燃料品种进行选择，油/气都可以作为燃烧用燃料；而对于燃烧器，目前采用进口或国产的可比例调节燃烧器；系统控制采用 PID 温度控制，设置有超温报警、差压保护等。

（5）高温风机。风机的选择需要按照风机在高温下工作的温度条件，以及系统所需要提供的压头和风量，并且留有 15% 的风量余量，选择国内名厂优质高温风机。

（6）高温自动切换阀门。要求开启灵活，泄漏量小（≤1%），气动转向阀控制。此阀门也是蓄热催化燃烧系统中的最重要部件，在实际应用中要高度重视其性能与质量。

（7）蓄热式催化燃烧装置的安全运行问题。在蓄热式催化装置中，当蓄热层的设计不完善，释放的热量不均匀，蓄热时间较长时，释放的热量极高，时常出现 110℃，加之静电处理不妥，遇上低闪点的有机物，那时挥发性有机废气又是高峰期，很容易发生爆炸。

因此，在蓄热式催化装置中一定要设置好废气浓度和温度检测仪器进行在线检测，并且完善控制和采取符合安全规定的阻火防爆措施，同时要求制定出可靠的发生事故时的应急处理预案。

8.6.3　蓄热燃烧用的蓄热体

8.6.3.1　蓄热体在 RTO 装置中的作用和装置对蓄热体的要求

A　蓄热体在 RTO 装置中的作用

蓄热体也称蓄热填充物，是 RTO 装置中的一个重要组成部分，它相当于一个换热器，即蓄热式换热器。其作用是：当气体进入燃烧室，经燃烧后温度升高而成为高温净化气，通过冷的蓄热体时，蓄热体吸收净化气体的热量，蓄热体被加热（热周期），而净化后的气体被冷却后排放。切换过来后，冷的废气由相反方向通过热的蓄热体，此时，蓄热体将储存的热量释放，使废气加热到所需的预热温度而蓄热体本身被冷却（冷周期）。

B　RTO 装置对蓄热体的要求

RTO 装置对蓄热体的要求主要包括蓄热体材质的物理、化学性能，蓄热体结构的力学性能，以及蓄热体几何结构的流体力学和换热性能。具体要求如下：

（1）耐高温。RTO 装置的操作温度一般为 760~1050℃，因此要选用能耐温度 1100~1150℃ 的材质作为蓄热体，通常用陶瓷材料。

（2）具有较高的热容量。蓄热体蓄热能力的大小主要取决于其质量及其材料的密度和比热容。密度与比热容之积越大，则表示其单位容积的蓄热能力越大，即在达到同样的蓄热量情况下，装置的容积可以做得小些。因此，蓄热体的材料应具有高密度和高比热容的特性。

（3）具有良好的热传性能和优良的导热和热辐射性能。即在冷周期时能将热量迅速传递给较冷的废气，而在热周期时又能迅速吸收净化气的热量。

（4）具有良好的抗热震性能。因为蓄热体是处于周期性的冷却和加热状态，所以必须能抵抗经常冷、热交替的温度变化。若蓄热体不能经受反复的温度变化，则蓄热体就会破碎而堵塞气流通道，从而使床层压降升高，甚至不能操作。

（5）在高温下具有足够的机械强度。陶瓷材料自身很重，不允许受压而破裂，否则会增加床层的阻力。

（6）高温氧化和耐化学腐蚀。例如能耐废气燃烧后产生的 SO_2、HCl 等腐蚀性气体。

（7）蓄热体的几何结构应具有足够的流通截面积，并具有使气体分布均匀、阻力低等特性，并尽可能具有较大的比表面积，以确保蓄热体具有较大的有效传热面积。

（8）价格应尽可能低廉，而使用寿命又要长。就目前 RTO 装置常用的蓄热体而言，陶瓷矩鞍的寿命要求达到 5 年，陶瓷蜂窝填料的寿命要求达到 3 年，前者的价格仅为后者的 1/5 左右。

8.6.3.2 蓄热体的材料

一般来讲，蓄热体的材料主要有陶瓷和金属两种。金属类蓄热体如钢、铝等材料只能用于低温或中等温度的场合。由于 RTO 装置的操作温度较高，因此不能用金属材料。陶瓷材料具有优良的耐高温、抗氧化、耐腐蚀性能，以及足够的机械强度和价廉等优点，其性能基本上能满足 RTO 的要求，所以 RTO 都采用陶瓷材料作为蓄热体。

目前在 RTO 装置中采用的陶瓷原材料主要有黏土、刚玉、莫来石、锆英石、钛酸铝和堇青石等。通常蜂窝状蓄热体的材料主要是堇青石、莫来石，而球状和一般陶瓷填料蓄热体的材料主要是三氧化二铝（或高铝材质）和莫来石。陶瓷材料的性能如表 8-15 所示。

表 8-15 各种陶瓷材料的性能

材料	密度 /g·cm⁻³	热容 /J·K⁻¹	耐火度 /℃	最高使用温度/℃	抗折强度/MPa	热膨胀系数（室温~900℃）/℃⁻¹	抗热震性	热辐射率 /%	热导率 /W·(m·K)⁻¹
莫来石	3.23	4.55	1850	1400~1500	25	4.3×10^{-6}	良好	0.49~0.8	5.20
锆英石	3.2~3.5	0.71	>2000	1150	25	3.3×10^{-6}	良好	0.4~0.8	2.20
刚玉（80%~85%Al_2O_3）	2.5~3.2	1.05	1850	1400	25	$>7.2\times10^{-6}$	一般	0.5~0.7	2.20
黏土	1.7~2.1	1.00	1700	1350	10~20	$(4.3\sim7.5)\times10^{-6}$	一般~良好	0.8~0.9	1.39~2.40
钛酸铝	3.34	0.92	>1500	1350	5~20	1.22×10^{-6}	优	0.55	0.78
堇青石	1.7	0.92	1450	1200	10~20	$(1\sim2)\times10^{-6}$	优良	0.5~0.7	1.97~2.32

堇青石虽然抗热震性能较好，但其烧成温度范围很窄，一般为 1250~1350℃，温度低时会欠烧，而达不到低的热膨胀系数和优良的抗热震性能；温度过高时，堇青石会分解为莫来石和玻璃相。堇青石使用温度仅为 1100℃，使用温度低，只能耐碱；钛酸铝在高温下易分解；锂辉石、磷酸锆钠、氧化铝等抗热震性能较差而成本高；碳化硅、氮化硅的抗热震性能虽较好，但价格昂贵。因此该研究提出了选用以莫来石为主原料并加"三石"（蓝晶石红柱石、硅线石）增韧的配料方案，合成以莫来石为主的蜂窝陶瓷。

RTO 装置中常用陶瓷填料作为蓄热体，该陶瓷材料的主要化学成分是二氧化硅和三氧化铝，如表 8-16 所示。

表 8-16　常用陶瓷填料的化学成分及物理性能

化学成分/%			物理性能		
	SiO_2	65~72		密度/g·cm^{-3}	2.10~2.40
	Al_2O_3	>23		吸水率/%	0.30~0.60
	$SiO_2+Al_2O_3$	>90		气孔率/%	0.6~1.10
	TiO_2	0.5~0.6		耐酸度/%	99.0
	Fe_2O_3	约1.0		耐碱度/%	86
	Fe	0.002		莫氏硬度	78
	CaO	约0.3		淬冷实验	240~20℃ 3次不裂
	MgO	0.3~0.5		冷压强度/MPa	约400次
	K_2O	1.8~2.5		热膨胀系数/℃$^{-1}$	5.5×10^{-6}
	Na_2O	约0.2		催化剂中毒可能性	无

8.7　处理挥发性有机污染物的其他技术简介

8.7.1　光解与光催化技术

光解与光催化是两种不同的处理技术。光解主要是利用波长为 185nm 的光波，使 O_2 结合产生的臭氧，对挥发性有机物进行分解。而光催化是利用一定波长的光波照射 TiO_2，产生自由基·OH 等，再由这个具有强氧化性的自由基去降解挥发性有机物。

8.7.1.1　光解技术

A　光解技术的原理

光解是利用 UV 紫外光的能量使空气中的分子变成游离氧，游离氧再与氧分子结合，生成氧化能力更强的臭氧，近而破坏 VOCs 中的有机或无机高分子化合物分子链，使之变成低分子化合物，如 CO_2、H_2O 等。

由于 UV 紫外光的能量远远高于一般有机化合物的结合能，因此，采用紫外光照射有机物，可以将它们降解为小分子物质。

主要有机化合物分子结合能见表 8-17。

表 8-17　主要有机化合物分子结合能

分子键	结合能/kJ·mol^{-1}	分子键	结合能/kJ·mol^{-1}
H—H	432.6	C—H	413.6
C—C	347.6	C—O	351.6
C＝C	607.0	C＝O	742.2

由表 8-17 可知，大多数化学物质的分子结合能比高效紫外线的光子能低，能被有效分解。以苯分子的光解机理为例，苯（C_6H_6）是最简单的芳香烃，常温下为一种无色、有甜味的透明液体，并具有强烈的芳香气味。苯难溶于水，易溶于有机溶剂，也可用作有机溶剂，苯分子键结合能为 150kJ/mol。用高能紫外线 647kJ/mol 的分解力去裂解苯分子键结合能 150kJ/mol，苯环将被轻易打开，形成离子状态的 C—C$^+$ 和 H—H$^+$，并极易分别

与臭氧发生氧化反应，将苯分子最终裂解氧化生成 CO_2 和 H_2O。因此，可以经过紫外光的照射，将污染物转化成简单的 CO_2 和 H_2O（表8-18）。

表8-18　常见的废气污染物化学性质及物质光解氧化转换

序号	名称	分子式	相对分子量	主要化学键	对应的化学键能 /kJ·mol^{-1}	光化学反应产物
1	苯	C_6H_6	78	C＝C, C—H	611, 414	CO_2, H_2O
2	甲苯	C_7H_8	92	C＝C, C—H, C—C	611, 414, 332	CO_2, H_2O
3	二甲苯	$C_6H_4(CH_3)_2$	106	C＝C, C—H, C—C	611, 414, 332	CO_2, H_2O
4	苯乙烯	C_8H_3	104	C＝C, C—H, C—C	611, 414, 332	CO_2, H_2O
5	乙酸乙酯	$C_2H_4O_2$	88	C—H, C＝O, C—O, C—C	414, 326, 728, 332	
6	甲醇	CH_3OH	32	C—H, C—O, O—H	414, 326, 464	CO_2, H_2O
7	乙醛	C_3H_4O	44	C＝O, C—O, C—H	611, 326, 414	CO_2, H_2O
8	丙烯醛	C_3H_4O	56	C＝O, C—O, C—H	611, 326, 414	CO_2, H_2O

B　光解工艺流程

a　水洗系统

设置水洗系统的目的主要是为了对废气进行预处理，其中包括除去粉尘和酸性气体，并进行降温处理等。

水洗装置主要分为雾化区、洗涤区、脱水除雾区。雾化区布有多组雾化喷头，喷射面覆盖整个过滤截面，喷射液滴较小，和杂质的接触性能好，起预过滤作用，去除杂质的同时对后续的洗涤区也起到了补充布水的作用；酸性气体等易溶于水的气体，在洗涤区多次通过液膜的过程中被去除，起到高效过滤的作用；而后有机废气再经水洗装置的脱水除雾区去除体积较大的液滴或水雾，再进入后续的净化装置。

对废气降温的目的，主要是预先除去一部分高沸点的VOCs，这一点在采用光解法处理餐厨油烟时作用特别显著。

除此之外，在排气浓度和气量不稳定的场合，还需设置废气缓冲装置，以获得稳定的废气流量和浓度，便于光解装置的正常工作。

b　净化系统

光解净化系统的设计比较简单，一般情况下，当废气的种类和浓度确定之后，主要任务是选择合适的紫外光能，一般情况下，对于大部分VOCs来说，当其浓度在 $200\mu L/L$ 左右时，选择 7kW 左右的紫外光基本可以满足要求。

C　光解技术的联合应用

在实际应用中，为了达到更好的处理效果，往往会采用光解技术与光催化技术联合应用的方法，称作光解催化氧化技术。这就是人们往往会把光解与光催化相混淆的原因。实际上，光催化反应只是在光解技术中加入了催化剂，从而增强了对VOCs的氧化能力。

有时候，光解技术还与其他技术，如吸附等联合应用，使它们能够处理较高浓度的VOCs。

8.7.1.2 光催化技术

A 半导体的能带结构

半导体的能带结构通常是由一个充满电子的低价带和一个高空的高能导带构成，价带和导带之间的区域称为禁带，域的大小称为禁带宽度。半导体的禁带宽度一般为 0.2~3.0eV，是一个不连续区域。半导体的光催化特性就是由它的特殊能带结构所决定的。当用能量等于或大于半导体带隙能的光波辐射半导体时，处于价带上的电子就会被激发到导带上并在电场作用下迁移到离子表面，于是在价带上形成了空穴，从而产生了具有高活性的空穴电子对。空穴可以夺取半导体表面被吸附物质或溶剂中的电子，使原本不吸收光的物质被激活并被氧化，电子受体通过接受表面的电子而被还原。

B 光催化技术原理

1972 年，日本 Fujishima 发现了光催化现象。1999 年由于纳米技术得到了突破性进展，光催化终于正式登上了国际研究舞台。经过多年的研究和积累，光催化产品的技术与应用等已相当成熟。

TiO_2属于一种 n 型半导体材料，它的禁带宽度为 3.2eV（锐钛矿），当它受到波长小于或等于 387.5nm 的光（紫外光）照射时，价带的电子就会获得光子的能量而跃迁至导带，形成光生电子（e^-）；而价带中则相应地形成光生空穴（h^+），如图 8-12 所示。

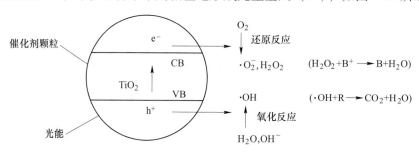

图 8-12 纳米 TiO_2光催化降解污染物的反应示意图

光催化是利用 TiO_2 作为催化剂的光催化过程，光催化是利用紫外光波照射 TiO_2，在有水分的情况下产生羟基自由基（·OH）和活性氧物质（$·O_2$，$H_2O·$），其中羟基自由基（·OH）是光催化反应中一种主要的活性物质，对光催化氧化起决定作用。羟基自由基具有很高的反应能（120kJ/mol），高于有机物中的各类化学键能，如 C—C(83kJ/mol)、C—H(99kJ/mol)、C—N(73kJ/mol)、C—O(84kJ/mol)、H—O(111kJ/mol)、N—H(93kJ/mol)，因而能迅速有效地分解挥发性有机物和构成细菌的有机物，再加上其他活性氧物质（$·O_2$，$H_2O·$）的协同作用，其氧化更加迅速。能氧化绝大部分的有机物及无机污染物，将其矿化为无机小分子、CO_2 和 H_2O 等无害物质。反应过程如下：

$$TiO_2 + h\nu \longrightarrow h^+ + e^-$$
$$h^+ + e^- \longrightarrow 热能$$
$$h^+ + OH^- \longrightarrow ·OH$$
$$h^+ + H_2O \longrightarrow ·OH + H^+$$
$$e^- + O_2 \longrightarrow ·O_2^-$$

$$O_2 + H^+ \longrightarrow HO_2 \cdot$$
$$2H_2O \cdot \longrightarrow O_2 + H_2O_2$$
$$H_2O_2 + O_2 \longrightarrow \cdot OH + H^+ + O_2$$
$$\cdot OH + dye \longrightarrow \cdots \longrightarrow CO_2 + H_2O$$
$$H^+ + dye \longrightarrow \cdots \longrightarrow CO_2 + H_2O$$

由机理反应可知，TiO_2光催化降解有机物，实质上是一种自由基反应。

光催化技术是在设备中添加纳米级活性材料，在紫外光的作用下，产生更为强烈的催化降解功能。纳米活性材料光生空穴的氧化电位（以标准氢电位为基准）为 3.0V，比臭氧的 2.07V 和氯气的 1.36V 高许多，具有很强的氧化性。在光照射下，活性材料能吸收相当于带隙能量以下的光能，使其表面发生激励而产生电子（e^-）和空穴（h^+），这些电子和空穴具有极强的还原和氧化能力，能与水或容存的氧反应，迅速产生氧化能力极强的氢氧根自由基（$\cdot OH$）和超氧阴离子（$\cdot O_2$）。$\cdot OH$ 具有很高的氧化电位，是一种强氧化基团，它能够氧化大多数有机污染物，使原本不吸收光的物质直接氧化分解。

常见的光催化剂多为金属氧化物和硫化物，如 TiO_2、ZnO、Cds、WO_3 等，其中 TiO_2 的综合性能最好，应用最广。

大多数挥发性的有机化合物在这种紫外光能和纳米活性催化氧化的共同作用下，能在 2~3s 时间内被充分降解，光催化氧化技术对挥发性有机废气污染物催化反应条件温和，有机物分解迅速，产物为 CO_2 和 H_2O 或其他小分子物质，而且适用范围广，包括烃、醇、醛、酮、氨等有机物，都能通过 TiO_2 光催化清除。

C 影响光催化性能的主要因素

影响光催化性能的主要因素如下：

（1）催化剂晶体结构的影响。以 TiO_2 为例，TiO_2 主要有两种晶型：锐钛矿型和金红石型，锐钛矿型和金红石型均属四方晶系，两种晶型都是由相互连接的 TiO_6 八面体组成的，每个 Ti 原子都位于八面体的中心，且被 6 个 O 原子围绕。两者的差别主要是八面体的畸变程度和相互连接方式不同，金红石型的八面体不规则，微显斜方晶，其中每个八面体与周围 10 个八面体相连（其中两个共边，8 个共顶角）；而锐钛矿型的八面体呈明显的斜方晶畸变，其对称性低于前者，每个八面体与周围 8 个八面体相连（4 个共边，4 个共顶角）。这些结构上的差异使得两种晶型有不同的电子能带结构。锐钛矿型 TiO_2 的禁带宽度 E_g 为 3.3eV，大于金红石型 TiO_2 的禁带宽度（E_g 为 3.1eV）。锐钛矿型 TiO_2 较负的导带对 O_2 的吸附能力较强，比表面积较大，光生电子和空穴容易分离，这些因素使得锐钛矿型 TiO_2 光催化活性高于金红石型 TiO_2 的光催化活性。

（2）催化剂颗粒粒径的影响。催化剂粒径的大小直接影响光催化活性。当粒子的粒径越小时，单位质量的粒子数越多，比表面积越大。对于一般的光催化反应，在反应物充足的条件下，当催化剂表面的活性中心密度一定时，表面积越大吸附的 OH 越多，生成更多的高活性的 $\cdot OH$，从而提高了催化氧化效率。当粒子大小在 1~100nm 级时，就会出现量子效应，成为量子化粒子，使得 h^+-e^- 对具有更强的氧化还原能力，催化活性将随尺寸量子化程度的提高而增加。另外，尺寸的量子化可以使半导体获得更大的电荷迁移速率，使 h^+ 与 e^- 复合的概率大大减小，因而提高催化活性。

（3）光催化剂用量的影响。TiO_2在光催化降解反应中，反应前后几乎没有消耗 TiO_2 的用量，对整个降解反应的速率是有影响的，在 TiO_2 光催化降解有机磷农药研究结果中表明，有机磷农药降解速率开始随 TiO_2 用量的增加而提高，当量增加到一定时降解速率不再提高，反而有所下降。一开始速率提高是因为催化剂的增加，产生的 $\cdot OH$ 增加。当催化剂增加到一定程度时，会对光吸收有影响。

（4）光源与光强的影响。光电压谱分析表明，TiO_2 表面杂质和晶格缺陷使它在一个较大的波长范围里均有光催化活性。因此，光源选择比较灵活，如黑光灯、高压汞灯、中压汞灯、低压汞灯、紫外灯、杀菌灯等，波长一般在 $250\sim400m$ 范围内。应用太阳光作为光源的研究也取得一定的进展，实验发现有相当多的有机物可以通过太阳光实现降解。有资料报道，在低光强下降解速率与光强呈线性关系，中等强度的光照下，降解速率与光强的平方根有线性关系。

（5）有机物的种类、浓度的影响。H. Hidaka 等研究表明，阳离子、阴离子及非离型表面活性剂如 DBS、SDS、BSD 等易于光催化降解，分子中芳香烃比链烃结构易于断裂而实现无机化。

8.7.2　低温等离子体技术

8.7.2.1　定义及分类

A　等离子体的定义

等离子体是原子及原子团失电子后，被电离产生正负离子组成的离子化气体状物质，常被视为是除固、液、气外，物质存在的第四种形态。等离子体由离子、电子、自由基等活性粒子组成，整体呈中性。等离子体是宇宙中物质的主要存在形式，占物质总量的 99% 以上。在地球上，等离子体物质远比固体、液体、气体物质少。

B　高温等离子体和低温等离子体

等离子体可分为高温等离子体和低温等离子体。低温等离子体是指电离度大于 0.1% 且其正负电荷相等的电离气体。由于在整个体系表观温度很低，所以称为低温等离子体技术。又因为在体系中电子温度远大于离子温度，系统在宏观上处于热力学非平衡状态，所以又称为非平衡等离子体技术。而高温等离子体，电离度接近 1，各种粒子温度几乎相同，体系在宏观上处于热力学平衡状态，所以又称为平衡等离子体技术，体系温度可达到上万摄氏度，主要应用于受控热核反应研究方面。

等离子体通常采用微波辐射、射频放电、电子束照射和高电场气体击穿等方式达到等离子体态。目前，不同能量状态的等离子体广泛应用在电子、化工、医疗、食品、机械和环保等领域。这里介绍低温等离子体在治理挥发性有机污染物方面的应用。

8.7.2.2　低温等离子体形成过程及发生技术

A　低温等离子体形成过程

低温等离子体在形成过程中，其电子能量可达到 $1\sim20eV$（$11600\sim250000K$），因此，其具有较高的化学反应活性。低温等离子体在残余化学反应的过程从时间尺度可分为以下几个过程，对应的示意图见图 8-13。

（1）第一步是皮秒级的电子跃迁，电子从基态跃迁到激发态。

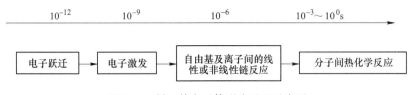

图 8-13 低温等离子体形成过程示意图

（2）第二步发生在纳秒级尺度。不同能量温度状态的电子通过旋转激发、振动激发、离解和电离等非弹性碰撞形式将内能传递给气体分子后，一部分以热量的形式散发掉，另一部分则用于产生自由基等活性离子。

（3）在形成自由基活性离子后，自由基及正负离子间会引发线性或非线性链反应，该反应发生在微秒级尺度。

（4）最后，是由链反应导致的毫秒到秒量级的分子间发生热化学反应。

低温等离子体净化 VOCs 时，其主要的反应进程与之前所述一致。首先是高能电子与分子间碰撞反应引发活性自由基，而后，自由基会与有机气体分子结合反应，达到净化气体的目的。低温等离子体净化 VOCs 的作用机理根据目标污染物的差异而不同。卤代烃分子具有较强的极性，具有较强的吸电子能力，因此，其易受到高能电子的攻击而降解；烃类 VOCs 化学性质相对活泼，其易与自由基结合而发生化学反应，但在高压放电过程中进行的化学反应主要是离子反应。反应的最终产物也因反应条件不同而异。在高温、高能量密度环境下处理低浓度有机气体时，氧化反应起到主导作用，最终的产物主要为 CO_2 和 H_2O；在低温、低能量密度下处理高浓度的有机气体时，生成产物的中间体更容易发生链加成反应而生成固态或液态的有机物。因此，在净化 VOCs 过程中，通过相关技术控制反应条件，对于 VOCs 的处理至关重要。

B 低温等离子体发生技术

在不同的激励电压波形下，反应器产生不同的放电模式。低温等离子体发生技术根据反应器类型主要分为电晕、沿面、介质阻挡等几种形式。在治理多组分 VOCs 污染气体时，通常采用多种放电方式相结合的方式，Mizuno 等研究采用毛细玻璃石英管和 Al_2O_3 球颗粒模拟蜂窝催化剂，通过交、直流电耦合的形式，证明可在催化剂表面产生大面积的等离子体，为净化汽车尾气提供了方向与依据。主要的放电技术简述如下。

a 电晕放电

（1）流电晕放电。在空气中直流电晕放电有流光与辉光两种形式。当电子跃迁产生的空间电荷诱导形成场强与外部施加电场的场强在同一数量级时，则形成流光电晕。形成的流光等离子体向场强增强的方向运动。据理论计算，流光等离子体在传播过程中速度在（$0.5\sim2$）$\times10^6$m/s；其头部的场强通常维持在 $100\sim200$kV/cm，远大于外部施加电场产生的自由基等活性离子。在流光等离子体产生过程中，需要施加特定强度的外部电场以产生长距离流光通道。电场场强不能过低，场强过低会使流光不能贯穿于高低压电极之间，影响放电区域的大小。

对于直流高压激励的等离子体系统，由于电压的变化速度很低，因此难以得到一个使流光通道形成的峰值场强。在这种情况下，放电装置会形成以离子电流为主的辉光电晕。

辉光电晕的放电区域仅局限在高压电极附近，在整个电场内产生的自由基较少，不利于氧化 VOCs 气体。因此，该技术主要应用在电除尘领域。有研究发现空气中掺杂一定量的二氧化碳会使辉光电晕向流光电晕转变。但该过程极易受到流场分布、气体成分和电极结构的影响，在实际应用中很难控制放电模式的变化。

（2）脉冲电晕放电。脉冲电晕放电系统中主要采用纳秒级脉冲供电系统，系统的放电效率主要受到开关性能、电源与反应器的匹配性等因素的影响。一般而言，目前常用的开关有火花开关、磁压缩开关和固体开关。开关的选择一般应优先考虑价格成本低、阻抗小、耐受电压性好、使用寿命长的开关。同时，也要对反应器进行精密设计，使其与电源进行合理匹配，这样将极大地提高能量从电源到负载的传输效率、延长开关的使用寿命。

（3）交直流叠加流光放电。交直流叠加流光放电系统过电压远小于纳秒短脉冲，流光特性也根据过电压系统高低有较大差别。在其放电区域存在约 20% 的离子电流，能够同时净化有机气体和收集细颗粒物。图 8-14 所示为典型的交直流叠加供电电源及相应电压波形图。交流电源与直流电源通过一个大电容耦合产生 AC/DC 电压波形。这种电源运行的峰值电压接近闪络值时，才会得到较大的等离子体注入功率。偶然的闪络会使耦合电容向反应器瞬间放电，造成耦合失败。此外，由于流光 AC/DC 等离子体是以自持放电的形式从高压电极随机产生，电晕电流远小于纳秒短脉冲的供电方式，因此一般单脉冲能量较低。

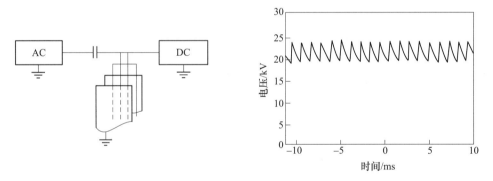

图 8-14　典型的电源及电压波形

b　沿面放电

沿面放电反应器的结构主体为致密的陶瓷材料，在陶瓷内部埋有金属板作为接地极，陶瓷一侧的沿面上布置导电条作为高压电极，另一侧作为反应器的散热面在中、高频电压作用下，电流从放电极沿陶瓷沿面延伸，在陶瓷沿面形成许多细微的流注通道，进行放电，使气态污染物反应降解。20 世纪 90 年代，日本科学家首先在世界上研制出了最先进的"陶瓷沿面放电技术"，此技术不仅使气体放电面积增大，同时电极温度也较低，从而大大延长了其使用的寿命。大气压下的沿面放电有着很好的工业应用前景，对于甲苯丙酮、氯氟烃等有机废气处理效果较好，适合处理 $CHCl_3$ 和 CFC-11 等难降解有机物。

c　介质阻挡放电

介质阻挡放电法是一种高气压下的非平衡放电过程，能够在高气压和宽频范围内工作，电极结构的设计形式多种多样。其工作原理是首先在两个放电电极间的孔隙间充满工作气体，并将部分电极用绝缘材料覆盖。其次，将介质直接悬挂在放电空间中间，或用介质填满放电空间，当两个电极间施加足够高的交流电压时，电极间的污染物会被击穿而产生放电，从而形成了介质阻挡放电。该过程中会产生大量的羟基自由基、氧自由基等活性自由基，它们的化学性质非常活跃，很容易和其他原子、分子或其他自由基发生反应而形成稳定的原子或分子，进而利用其处理 VOCs 气体。Chang 等报道了利用介质阻挡放电系统，在气体停留时间为 10s 左右、操作电压为 18kV、初始浓度为 147mg/m³ 的条件下，系统对于甲醛的去除率为 90%。在操作电压为 19kV，甲醛浓度为 134mg/m³ 时，对甲醛的去除率可高达 97%。

8.7.2.3 低温等离子体技术的应用

等离子体处理有机废气的典型工艺有脉冲电晕放电（PCR）治理技术、填充床式反应器（FPR）治理工艺、沿面放电和介质阻挡放电（DBD）治理工艺。工艺技术的核心是利用放电区域内产生的高能密度流光等离子体处理 VOCs 气体。早期 Van Veldhuizen、Penetrante 等研究认为这四种工艺在相同实验条件下处理废气时具有几乎相同的效果。但近年来的研究发现，对于不同的 VOCs 气体，这几种放电方式的净化效率各有不同。Kim 与 Futamura 研究认为：在干燥条件下处理苯时，填充床式反应器（FPR）的治理效率最高，但当有水蒸气存在时，脉冲电晕放电技术治理效率最高。不同的处理技术都具备各自的技术特点。介质阻挡放电技术的优势是可以增加介质与气体间的接触面积，增加自由基的生成效率，但缺点是接触面间产生很大的场强，压降较大，不能满足大风量工业有机废气的治理。高功率脉冲电晕工艺可在反应器内建立起较大的等离子区域，在保证反应器内流光横贯高低压极的情况下，单个反应器的直径通常可达 30~35cm，可有效降低反应器的压降；并联多个反应器可提高处理风量，从而提高对大风量工业废气治理的适应性。但是由于反应器尺寸过大，对于有机废气的治理效率不高。近年来，利用等离子体技术与其他工艺技术联合治理 VOCs 成为该技术应用的新趋势。相关的工艺技术应用简介如下。

（1）介质阻挡工艺。Anderson 等采用介质阻挡反应器降解 Ar/O₂ 背景气下的苯乙烯，结果表明较高的反应器温度有利于苯乙烯的氧化反应。Tanthapanichakoon 等研究的直流电晕反应器处理苯乙烯的情况表明，在 N₂ 背景下高湿度对处理效率有促进作用，而在空气背景下则是抑制作用。章旭明比较了苯乙烯在正、负直流电晕下的净化过程，实验结果说明正电压供电比负电压供电的氧自由基产额要大很多，在任何湿度下正电晕的能耗都要低得多，证明采用正电晕流光等离子体具有较好的处理效率。上述研究大多选用各自的反应器或电源在不同的环境背景中对苯乙烯的降解能耗做实验。由于实验条件的不同，很难对不同反应器或电源之间的处理效果做出一致的结论。

（2）交直流叠加电源系统净化工艺。目前，应用于净化室内空气的等离子体废气的交直流叠加电源系统（AC/DC）处理装置，仅限于处理气量小于 1000m³/h 的工业 VOCs 气体。唐海珏等人在国内首先研制了低温等离子体室内空气净化机，并应用在医院病房、医疗储藏室、办公楼、宾馆等场所。Mizuno 等也开发了等离子体（气速为 2.5m/s）结合 TiO₂ 光催化剂的室内污染控制技术，使细颗粒物的收集效率达到 70%，甲醛去除率大于 30%，臭氧的排放量小于 0.1μL/L，系统压降仅为 1mmH₂O（1mmH₂O = 9.80665Pa）。目前，在工业化废气治理过程中使用交直流叠加电源系统净化工艺还需克服两大技术困难：1）研究开发更大规模的易于发生流光放电的电源，并降低一次投入成本；2）二次污染问题，其中包括高效收集在降解过程中产生的气相副产物（有机中间产物、O_3）及固相副产物（气溶胶）。因此，该技术还有待于进一步放大试验。

（3）等离子体-催化剂协同工艺。在实际应用中，采用单一的等离子体技术净化 VOCs 气体存在能耗高和副产物难以控制的问题，而单独采用催化氧化/还原技术又存在催化剂处理能力、催化剂使用浓度等条件的限制。将两者相结合，既可降低处理成本，又可以延长催化剂的使用寿命和提高净化能力。相关的研究已发现等离子体-催化技术可产生协同效果，能耗仅是单独使用催化剂能耗的 1/5。有研究利用等离子体协同 Ag/TiO_2 催化剂填充反应器，研究其对苯及苯衍生物的净化效果。发现其净化效率明显提高，且有机副产物的生成量明显降低。在对苯的衍生物处理过程中，发现净化效率不再受气体停留时间的影响，仅与等离子体的能量密度有关；催化反应器中气体动力学规律从均相反应一级动力学关系向非均相反应的零级动力学关系转变。另有研究发现，在单独使用 Al_2O_3 催化剂时，苯和甲苯的净化效率分别为 5% 和 24%，而采用等离子体协同 Al_2O_3 催化剂时的净化效率可分别提高到 52% 和 65%，说明等离子体催化技术可以有效净化 VOCs 气体。

等离子体-催化技术采用的反应器可以分为一段式和两段式两种，两种反应器的结构与净化机制各不相同。

在一段式等离子体催化反应器中，产生等离子体的电极位于外侧，催化剂置于两个电极之间。当电极放电时，等离子体在催化剂表面及内部孔隙结构中生成。通过改变电极的放电形式可以控制催化剂中等离子体的生成位置与传播方式。而催化剂表面的物理化学性质如比表面积、表面金属含量等因素又可以影响等离子体放电的区域大小和强度。因此，在利用一段式等离子体-催化反应器净化 VOCs 气体时，选择具备特定物理化学性质的催化剂，同时控制电极的放电方式及强度对于提升 VOCs 气体的净化效率至关重要。一段式反应器协同作用明显，有较高的净化效率，是一种较为理想的工业废气治理技术，但一段式反应器催化剂失活问题较为突出，寿命较短。

相较一段式等离子体-催化反应器，两段式等离子体-催化反应器一般采用先等离子体后催化的方式，结构相对比较简单，VOCs 气体先通过等离子体技术进行净化，残余气体及产生的副产物共同进入催化装置，进行氧化还原反应。净化机理相对比较单一。常用的催化剂有重金属、过渡金属、γ-Al_2O_3、SiO_2、TiO_2 等物质及其组成的复合催化剂。在两段式体系中，催化剂的使用寿命较长，适用于室内空气净化，但催化剂段的温度影响较为明显，较低的反应温度下，CO_2 的选择性较差，副产物较多，温度过高会导致催化剂失活。

（4）等离子体-吸附/吸收联用工艺。Yan 等采用线筒式电晕放电净化含硫恶臭气体，研究结果表明：在仅采用电晕放电净化该气体时，以 H_2S 的净化效率作为标准，当 H_2S 气体净化到 90% 时，电流放电的能量密度为 10.8J/L。当在该系统中加入活性炭吸附装置后，该能量密度下降至 4.0J/L。活性炭可以吸附经等离子体处理的残余废气及产生的副产物，使气态污染物在活性炭表面富集并引发二次化学反应，显著提高了净化效率，并降低了副产物的排出。黄立维等在线筒式反应器壁镀上 $Ca(OH)_2$ 涂层，对卤代烃净化过程中产生的卤酸、NO_x 等副产物具有较好的吸收作用。此外，有机气体的氧化产物大多是醛或羧酸等液相溶解度相对较高的物质，采用等离子体与吸收剂相结合的方法是一种可行的净化处理工艺。有研究利用等离子体对甲苯进行氧化，将生成的副产物进行碱液原位吸收，使等离子过程产生的 O_3、H_2O_2 等活性物质进入液相中，增大了反应常数，并进一步氧化副产物，提高了活性物质的利用效率和有机气体的净化效率。

8.7.3　高温脉冲反应器（PDR）技术简介

高温脉冲反应器（pulse detonation reactor，PDR）是由辽宁润锋科技集团有限公司特聘首席专家张荣兴博士研发的专利产品。高温脉冲反应器是一种崭新的利用可控制气体逆向点燃爆轰的高温化学反应器。其原理是由原子弹爆破过程而研发的一种用于破坏高浓度挥发性有机物的技术，在破坏的同时，可以将90%以上的反应热回收回来。

8.7.3.1　PDR 装置的主要组成

PDR 装置主要由冷却炉管、点火器、火焰防阻器、安全控制回路组成，并安装有对爆轰温度、爆轰压力、爆轰频率的自动控制系统。其外形见图8-15。

图 8-15　PDR 高温脉冲反应装置

8.7.3.2　PDR 特点

PDR 的特点具体如下：

（1）提供高温脉冲波，在火焰区对 VOCs 进行破坏。

（2）提供高浓度 VOCs 的双重破坏。

（3）浓度范围 0.5%～100%VOCs。

（4）不需预热，可以随时启动、关闭。

（5）减少热破坏区所需要的滞留时间，降低所需要的操作温度，可以节约能源。

（6）可适应处理废气流量和 VOCs 浓度快速变化的场合。

8.7.3.3　VOCs 气体 PDR 工作原理

高温脉冲反应器是一种新的消除法处理挥发性有机物的装置，该装置的工作原理是采用可控爆轰的方法，使挥发性有机物迅速燃烧，并同时将其燃烧产生的热能回收回来，达到90%以上的回收率。

（1）爆炸（explosion）。爆炸又称爆燃（deflagration），一经点燃，火焰将停留在着火点处或从此处蔓延开来。如果蔓延的速率是亚声速的，这称为爆炸。爆炸时整个容器中的压力是相等的。

（2）爆轰（detonation）。爆轰时，点燃后火焰的蔓延速率是超声速的。

爆轰又称爆震，它是一个伴有大量能量释放的化学反应传输过程。爆轰产生的压力最高可达起始压力的 100 倍，其值可高达 10^3GPa。研究发现，爆轰波的结构分为两层，最外层是反应区前沿，它是一种以超声速运动的激波，反应物经爆轰波扫过后成为高温体系而迅速发生激烈的反应，同时放出大量的热。因此，爆轰是一种高速的能量转换方式，也是产生动态超高压的一种手段。

爆轰的对象可能是气相、液相（不含气泡和杂质）、固相（单晶）均匀系统，也可能是液、固态不均匀系统。而对于处理 VOCs，属于均匀体系。相比之下，处理起来比较容易。

这里介绍的高温脉冲反应器就是利用上述原理，在装置内部利用爆轰促进器促进可燃性气体及空气的激烈混合，发生点燃—逆流爆轰—熄焰的程序，使得可燃性气体能充分利用爆轰冲击波的高温、高压条件进行反应，达到消除 VOCs 的目的。图 8-16 为利用 PDR 处理 VOCs 的录像，图 8-17 为利用 PDR 处理 VOCs 的过程。

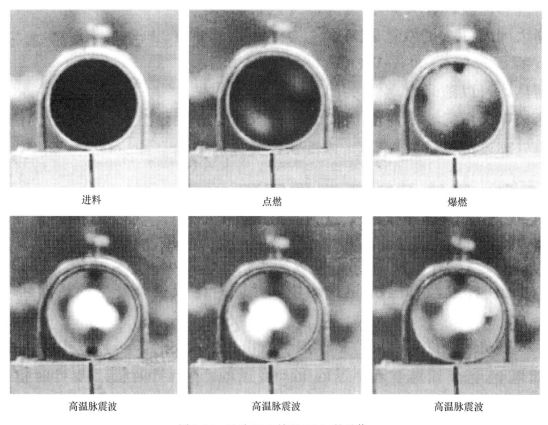

|进料|点燃|爆燃|
|高温脉震波|高温脉震波|高温脉震波|

图 8-16 显示 PDR 处理 VOCs 的录像

8.7.3.4 PDR 的应用

PDR 可以结合 RTO/RCO/TO 及废热回收锅炉，有效地回收能源，构成 VOCs 的有效处理及能源回收系统，回收效率高达 90% 以上，是火炬及高浓度 VOCs 一种全新的处理及能源回收技术，并且有以下优势：

（1）可以安全地处理高浓度/低浓度 VOCs，同时可以与其他技术整合成处理 VOCs 的集成技术，提供创新的技术方案。

（2）可以同时处理有机废液，一般 1t 有机废液最多可以产生 19t 蒸汽。

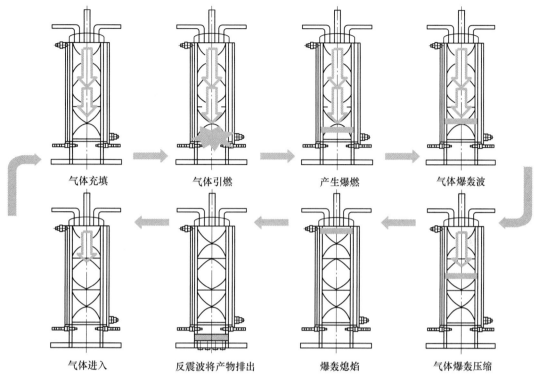

图 8-17 PDR 处理 VOCs 的反应过程

（3）可以高效且安全地回收能源：如采用 PDR-RTO 或 PDR-RCO 组合，能源回收效率可达 95%；如采用 PDR-TO 组合，能源回收效率也可达 75%~80%。因此，采用 PDR 处理 VOCs 所产生的能源能够大部分回收回来。

参 考 文 献

[1] 自然之友. 20 世纪环境警示录 [M]. 北京：华夏出版社，2001.

[2] 中华人民共和国生态环境部. 中国生态环境状况公报 [EB/OL]. http：//www. mee. gov. cn/hjzl/sthjzk/zghjzkgb/.

[3] 中华人民共和国生态环境部. 大气污染防治行动计划 [EB/OL]. http：//www. mee. gov. cn/home/ztbd/rdzl/dqst/.

[4] 中华人民共和国生态环境部. 国务院关于印发打赢蓝天保卫战三年行动计划的通知 [EB/OL]. http：//www. mee. gov. cn/ywgz/fgbz/gz/201807/t20180705_446146. shtml.

[5] 郝吉明，马广大. 大气污染控制工程 [M]. 北京：高等教育出版社，2002.

[6] 赵毅，李守信. 有害气体控制工程 [M]. 北京：化学工业出版社，2001.

[7] 童志权. 大气污染控制工程 [M]. 北京：机械工业出版社，2006.

[8] 羌宁，季学李，徐斌，等. 大气污染控制工程 [M]. 北京：化学工业出版社，2015.

[9] 马广大. 大气污染控制工程 [M]. 北京：中国环境科学出版社，2003.

[10] 吴春华，邝春兰，唐文浩. 大气氟化物对橡胶树的伤害实验研究 [J]. 农村生态环境，2001，4：31-35.

[11] 国际能源署. 能源与空气污染 [M]. 北京：机械工业出版社，2017.

[12] 雷宇，段雷，杨金田，等. 面向质量的大气污染物总量控制：框架与方法 [M]. 北京：中国环境出版社，2016.

[13] 陈喜红. 环境法规与标准 [M]. 北京：高等教育出版社，2015.

[14] （美）Chiristie John Geankoplis. 传递过程与分离过程原理（包括单元操作）（下册）[M]. 齐鸣斋，译. 上海：华东理工大学出版社，2007.

[15] 谭天恩，窦梅，等. 化工原理（下册）[M]. 北京：化学工业出版社，2013.

[16] 蒋维钧，雷良恒，刘茂林，等. 化工原理（下册）[M]. 北京：清华大学出版社，2010.

[17] 陈维枢. 传递过程与单元操作（下册）[M]. 杭州：浙江大学出版社，1994.

[18] 柴诚敬，贾绍义. 化工原理（下册）[M]. 3 版. 北京：高等教育出版社，2017.

[19] 李群生. 传质分离理论与现代塔器技术 [M]. 北京：化学工业出版社，2016.

[20] 党小庆，等. 大气污染控制工程技术与实践 [M]. 北京：化学工业出版社，2009.

[21] 郝吉明. 大气污染控制工程例题与习题集 [M]. 北京：高等教育出版社，2003.

[22] 陈礼辉. 化工原理学习指导及习题精解 [M]. 北京：中国林业出版社，2015.

[23] 范文元. 化工原理（天大修订版）全程导演及习题全解 [M]. 北京：中国时代经济出版社，2007.

[24] 俞晓梅，袁孝竞，等. 塔器 [M]. 北京：化学工业出版社，2010.

[25] 马建锋，李英柳. 大气污染控制工程 [M]. 北京：中国石化出版社，2013.

[26] 江晶. 大气污染治理技术与设备 [M]. 北京：冶金工业出版社，2018.

[27] 廖雷，解庆林，魏建文. 大气污染控制工程 [M]. 北京：中国环境出版社，2012.

[28] 吴忠标. 大气污染控制技术 [M]. 北京：化学工业出版社，2002.

[29] 赵振国. 吸附作用应用原理 [M]. 北京：化学工业出版社，2005.

[30] 冯孝庭. 吸附分离技术 [M]. 北京：化学工业出版社，2000.

[31] （日）近藤精一，等. 吸附科学 [M]. 李国希，译. 北京：化学工业出版社，2006.

[32] （日）北川浩，铃木谦一郎. 吸附的基础与设计 [M]. 鹿政理，译. 北京：化学工业出版社，1983.

[33] （美）杨祖保. 吸附剂应用与原理 [M]. 马丽萍，宁平，田森林，译. 北京：高等教育出版社，2010.

[34] 陈诵英，孙予罕，丁云杰，等. 吸附与催化 [M]. 郑州：河南科学技术出版社，2001.

［35］王桂茹. 催化剂与催化作用［M］. 大连：大连理工大学出版社，2007.

［36］高正中，戴洪兴. 实用催化［M］. 2 版. 北京：化学工业出版社，2011.

［37］唐晓东，王豪，汪芳. 工业催化［M］. 北京：化学工业出版社，2010.

［38］储伟. 催化剂工程［M］. 成都：四川大学出版社，2006.

［39］甄开吉，王国甲，毕颖丽，等. 催化作用基础［M］. 北京：科学出版社，2005.

［40］刘建周. 工业催化工程［M］. 徐州：中国矿业大学出版社，2017.

［41］陈诵英，陈平，李永旺，等，催化反应动力学［M］. 北京：化学工业出版社，2007.

［42］季生福，张谦温，赵彬侠. 催化剂基础及应用［M］. 北京：化学工业出版社，2011.

［43］辛勤. 固体催化剂研究方法［M］. 北京：科学出版社，2004.

［44］王幸宜. 催化剂表征［M］. 上海：华东理工大学出版社，2008.

［45］赵地顺，等. 催化剂评价与表征［M］. 北京：化学工业出版社，2011.

［46］吴越. 应用催化基础［M］. 北京：化学工业出版社，2008.

［47］张继光. 催化剂制备过程技术［M］. 北京：中国石化出版社，2011.

［48］黄仲涛. 工业催化剂手册［M］. 北京：化学工业出版社，2001.

［49］Salimian S, Hanson R K. A kinetic study of no removal from combustion gases by injection of NH_i-Containing compounds［J］. Combustion Science and Technology, 1980, 23: 225-230.

［50］Kee R J, Rupely F M, Miller J A. A chemical model for the selective reduction of nitric oxide by ammonia［J］. Combustion and Flame, 1981, 43: 81-98.

［51］Lyon R K H, James E. Discovery and development of the thermal DeNO$_x$ Process［J］. Ind. Eng. Chem. Fundam, 1986, 25 (1): 19-24.

［52］Hemberger R M S, Pleban K U, Wolfrum J. An experimental and modeling study of the selective noncatalytic reduction of ammonia in the presence of hydrocarbons［J］. Combustion and Flmae, 1994, 99 (34): 660-668.

［53］Leckner B, Maria K, Dam-Johansen K, et al. Influence of additives on selective noncatalytic reduction of nitric oxide with ammonia in circulating fluidized bed boilers［J］. Industrial & Engneering Chemistry Research, 1991, 30 (11): 2396-2404.

［54］Lyon R K. The NH_3-NO-O_2 reaction［J］. International Journal of Chemical Kinetics, 1976, 8: 315-318.

［55］Duo W, Johansen K D, Ostergaard K. Kinetics of the gas phase reaction between nitric oxide, ammonia and oxygen［J］. The Canadian Journal of Chemical Engineerning, 1992, 70: 1014-1020.

［56］Takahashi S, Yamashita I, Korematsu K. Influence of initial concentration on DeNO$_x$ process by ammonia addition［J］. JSME International Journal, 1990, 33 (2): 377-383.

［57］Kasuya F G, Johnsson J E, Dam Johansen K. The thermal DeNO$_x$ process: influence of partial pressures and temperature［J］. Science, 1995, 50: 1455-1466.

［58］Ostberg M, Kim D J. Empirical modeling of the selective non catalytic reduction of NO: comparison with large-scale experiments and detailed kinetic modeling［J］. Chemical Engineering Science, 1994, 49 (12): 1897-1904.

［59］Lucas D, Brown N J. Characterization of the selective reduction of NO by NH_3［J］. Combustion and Flame, 1982, 47: 219-234.

［60］Alemany L J, Lietti L, Ferlazzo N, et al. Reactivity and physicochemical characterization of V_2O_5-WO_3/TiO_2 De NO$_x$ catalysts［J］. Journal of Catalysis, 1995, 155 (1): 117-130.

［61］Busca G, Lietti L, Ramis G, et al. Chemical and mechanistic aspects of the selective catalysis reduction of NO_x by ammonia over oxide catalysts: A review［J］. Applied Catalysis B Environmental, 1998, 18 (1): 1-36.

[62] Svachula J, Alemany L J, Ferlazzop N, et al. Oxidation of sulfur dioxide to sulfur trioxide over honeycomb DeNoxing catalysts [J]. Industrial & Engineering Chemistry Research, 1993, 32 (5): 826-834.

[63] Amiridis M D, Duevel R V, Wachs I E. The effect of metal oxide additives on the activity of V_2O_5/TiO_2 catalysts for the selective catalytic reduction of nitric oxide by ammonia [J]. Applied Catalysis. B. Environmental, 1999, 20 (2): 11-122.

[64] Finocchio E, et al. A study of the abatement of V_2O_5-WO_3/TiO_2 and alternative SCR catalysts [J]. Catalysis Today, 2000, 59 (3): 261-268.

[65] Choo S T, Lee Y G, Nam S I, et al. Characteristics of V_2O_5 supported on sulfated TiO_2 for selective catalytic reduction of NO by NH_3 [J]. Applied Catalysis A: General, 2000, 200 (1): 177-188.

[66] Vuurman M A, Wachs I E, Hirt A M. Structural determination of supported V_2O_5-WO_3/TiO_2 catalysts by insitu Raman-spectroscopy and X ray photoelectron spectroscopy [J]. Journal of Physical Chemistry, 1991, 95 (24): 9928-9937.

[67] Kompio P G W A, Bruckner A, Hipler F, et al. A new view on the relations between tungsten and vanadium in V_2O_5-WO_3/TiO_2 catalysts for the selective reduction of NO with NH_3 [J]. Journal of Catalysis, 2012, 286 (0): 237-247.

[68] Busca G. Acid catalysts in industrial hydrocarbon chemistry [J]. Chemical Reviews, 2007, 107 (11): 5366-5410.

[69] Topsoe N, Dumesic J, Topsoe H. Vanadia-titania catalysts for selective catalytic reduction of nitric-oxide by ammonia II studies of active sites and formulation of catalytic cycles [J]. Journal of Catalysis, 1995, 151 (1): 241-252.

[70] Topsoe N, Topsoe H, Dumesic J. Vanadia/Titania catalysts for selective catalytic reduction (SCR) of nitric oxide by ammonia I. combined temperature programmed in situ FTIR and on-line mass-spetroscopy studies [J]. Journal of Catalysis, 1995, 151 (1): 226-240.

[71] Inomata M, Miyamoto A, Murakami Y. Mechanism of the reaction of NO and NH_3 on vanadium oxide catalyst in the presence of oxygen under the dilute gas condition [J]. Journal of catalysis, 1980, 62 (1): 140-148.

[72] Inomata M, et al. Activities of V_2O_5/TiO_2 and V_2O_5/Al_2O_3 Catalysts for the Reaction of NO and NH_3 in the Presence of O_2 [J]. Industrial & Engineering Chemistry Product Research and Development, 1982, 21 (3): 424-428.

[73] Miyamoto A, Kobayashi K, Inomata M, et al. Nitrogen-15 tracer investigation of the mechanism of the reaction of nitric oxide with ammonia on vanadium oxide catalysts [J]. The Journal of Physical Chemistry, 1982, 86 (15): 2945-2950.

[74] Janssen F J, Van den Kerkhof F MG, Bosch H, et al. Mechanism of the reaction of nitric oxide, ammonia and oxygen over vanadia catalysts. I. The role of oxygen studied by way of isotopic transients under dilute conditions [J]. Journal of Physical Chemistry, 1987, 91 (23): 5921-5927.

[75] Janssen F J, Van den Kerkhof F MG, Bosch H, et al. Mechanism of the reaction of nitric oxide, ammonia and oxygen over vanadia catalysts. 2. Isotopic transient studies with oxygen-18 and nitrogen-15 [J]. Journal of Physical Chemistry, 1987, 91 (27): 6633-6638.

[76] Ozkan U S, Cai Y, Kumthekar M W. Investigation of the mechanism of ammonia oxidation and oxygen exchange over vanadia catalysts using N-15 and O-18 tracer studies [J]. Journal of Catalysis, 1994, 149 (2): 375-389.

[77] Efstathiou A, Verykios X. Transient methods in heterogeneous catalysis: Experimental features and appication to study mechanistic aspects of the CH_4/O_2 (OCM), NH_3/O_2 and NO/He reactions [J]. Applied Ca-

talysis A：General，1997，151（1）：109-166.

［78］Kumthekar M W，Ozkan U S. Use of isotopic transient techniques in the study of NO reduction reactions ［J］. Applied Catalysis A：General，1997，151（1）：289-303.

［79］Ramis G，Busca G，Bregani F. Fourier transform infrared study of the adsorption and coadsorption of nitric oxide，nitrogen dioxide and ammonia on vanadia-titania and mechanism of selective catalytic reduction ［J］. Applied Catalysis，1990，64：259-278.

［80］Ramis G，Yi L，Busca G，et al. Adsorption，activation and oxidation of ammonia over SCR catalysts ［J］. Journal of Catalysis，1995，157（2）：523-535.

［81］Anstrom M，Topsoe N Y，Dumesic J. Density functional theory studies of mechanistic aspects of the SCR reaction on vanadium oxide catalysts ［J］. Journal of Catalysis，2003，213（2）：115-125.

［82］Farber M，Harris S P. Kinetics of ammonia nitric oxide reactions on vanadium oxide catalysts ［J］. The Journal of Physical Chemistry，1984，88（4）：680-682.

［83］Topsoe N Y. Mechanism of the selective catalytic reduction of nitric-oxide by ammonia elucidated by in-situ online fourier-transform infrared-spectroscopy ［J］. Science，1994，265（5176）：1217-1219.

［84］Chen L，Li J H，Ge M F. Promotional Effect of Ce doped V_2O_5-WO_3/TiO_2 with Low Vanadium Loadings for Selective Catalytic Reduction of NO_x by NH_3 ［J］. Journal of Physical Chemistry C，2009，113（50）：21177-21184.

［85］Li Y T，Zhong Q. The characterization and activity of F-doped vanadia/titania for the selective catalytic reduction of NO with NH_3 at low temperatures ［J］. Journal of Hazardous Materials，2009，172（2-3）：635-640.

［86］Li Q，Yang H S，Nie A M，et al. Catalytic Reduction of NO with NH_3 over V_2O_5-MnO_x/TiO_2-Carbon Nanotube Composites ［J］. Catalysis Letters，2011，141（8）：1237-1242.

［87］Lin Z M，Zhang S X，Li J H，et al. Novel V_2O_5-CeO_2/TiO_2 catalyst with low vanadium loading for the selective catalytic reduction of NO_3 by NH_3 ［J］. Applied Catalysis B：Environmental，2014，158-159：11-19.

［88］Schill L，Putluruss R，Jensen A D，et al. Effect of Fe doping on low temperature $deNO_x$ activity of high-performance vanadia anatase nanoparticles ［J］. Catalysis Communications，2014，56：110-114.

［89］李芳芹. 煤的燃烧与气化手册［M］. 北京：化学工业出版社，1997.

［90］李志东，张坤民，周风起，等. 中国能源环境研究文集［M］. 北京：中国环境科学出版社，1993.

［91］童志权，陈焕钦. 工业废气污染控制与利用［M］. 北京：化学工业出版社，1989.

［92］A.J. 博尼科，L. 西奥多. 气态污染物工业控制设备［M］. 化学工业部化工设计公司，译. 北京：化学工业出版社，1982.

［93］F.C. 里森费尔德，A.L. 科耳. 气体净化［M］. 沈余生，等译. 北京：中国建筑工业出版社，1982.

［94］李荫堂. 环境保护与节能［M］. 西安：西安交通大学出版社，1998.

［95］郑楚光. 洁净煤技术［M］. 武汉：华中理工大学出版社，1996.

［96］俞誉福，叶明吕，郑志坚. 环境化学导论［M］. 上海：复旦大学出版社，1997.

［97］任守政，张子平，张双全. 洁净煤技术与矿区大气污染防治［M］. 北京：煤炭工业出版社，1998.

［98］林肇信. 大气污染控制工程［M］. 北京：高等教育出版社，1991.

［99］宋文彪. 空气污染控制工程［M］. 北京：冶金工业出版社，1985.

［100］季学李. 大气污染控制工程［M］. 上海：同济大学出版社，1992.

［101］刘天齐. 三废处理工程技术手册·废气卷［M］. 北京：化学工业出版社，1993.

［102］国家环保局. 电力工业废气治理［M］. 北京：中国环境科学出版社，1993.

［103］赵坚行．热动力装置的排气污染与噪声［M］．北京：科学出版社，1995.

［104］曾汉才．燃烧与污染［M］．武汉：华中理工大学出版社，1992.

［105］毛健雄，毛健全，赵树敏．煤的清洁燃烧［M］．北京：科学出版社，1998.

［106］蒲恩奇．大气污染治理工程［M］．北京：高等教育出版社，1999.

［107］袁盈，肖亚平，傅立新．机动车污染控制100问［M］．北京：化学工业出版社，2000.

［108］徐新华．环境保护与可持续发展［M］．北京：化学工业出版社，2000.

［109］门玉琢．汽车尾气排放分析及治理技术［M］．北京：机械工业出版社，2017.

［110］刘旦初．多相催化原理［M］．上海：复旦大学出版社，1997.

［111］韩维建．汽车尾气净化处理技术［M］．北京：机械工业出版社，2017.

［112］郭静，阮宜伦．大气污染控制工程［M］．北京：化学工业出版社，2001.

［113］李守信．挥发性有机物污染控制［M］．北京：化学工业出版社，2017.